Einführung in die Analysis II

T0255757

Winfried Kaballo

Einführung in die Analysis II

Spektrum Akademischer Verlag   Heidelberg · Berlin · Oxford

Die Deutsche Bibliothek – CIP-Einheitsaufnahme

Kaballo, Winfried:
Einführung in die Analysis / Winfried Kaballo. – Heidelberg ; Berlin ; Oxford :
Spektrum, Akad. Verl.
  (Spektrum-Hochschultaschenbuch)
2 (1997)
  ISBN 3-8274-0198-4 kart.

Einbandgestaltung: Eta Friedrich, Berlin
Druck und Verarbeitung: Franz Spiegel Buch GmbH, Ulm

Auch dieser Band ist für

Paz, Michael und Angela

Vorwort

Hiermit liegt nun der zweite Band der „Einführung in die Analysis" vor;
wie der erste ist er aus Vorlesungen entstanden, die der Autor mehrfach
an der Universität Dortmund und an der University of the Philippines ge-
halten hat. Auch dieser Band wendet sich an Studenten von Diplom- und
Lehramtsstudiengängen (Sekundarstufe I oder Sekundarstufe II) der Fachrichtungen Mathematik, Physik, Informatik und Statistik sowie an Lehrer
der genannten Fachrichtungen.

Der Schwerpunkt dieses zweiten Bandes liegt auf der Differentialrechnung für Funktionen von mehreren reellen Veränderlichen, also auf dem
zentralen Thema einer „Analysis II"-Vorlesung; die mehrdimensionale Integralrechnung wird, anders als in Band 1 angekündigt, erst in einem folgenden dritten Band behandelt.

Das vorliegende Buch sollte als Begleittext zu einer Vorlesung „Analysis II" wie auch zum Selbststudium gut geeignet sein. Der Autor hat
sich wieder sehr um eine für Studienanfänger möglichst gut verständliche
Darstellung bemüht; die entwickelte Theorie wird durch viele Beispiele und
Abbildungen (die mit Hilfe der Programme *texcad, gnuplot, mathematica*
und *maple* v auf einem Pentium PC hergestellt wurden) illustriert. Zum
Verständnis des Buches werden natürlich Vorkenntnisse aus der „Analysis I"
und auch einige aus der „Linearen Algebra I" benötigt, die üblicherweise
im ersten Semester erworben werden (für Konzepte und Ergebnisse aus der
„Analysis I" wird meist auf Band 1 dieser „Einführung in die Analysis"
verwiesen; dabei bezeichnet etwa „Theorem I.18.2" das Theorem 18.2 aus
Band 1).

In Kapitel I werden die topologischen Grundlagen der Analysis im
Rahmen metrischer und normierter Räume behandelt, insbesondere stetige
Abbildungen, speziell lineare, verschiedene Konvergenzbegriffe in Funktionenräumen, Vollständigkeit, Kompaktheit, Zusammenhang, Wege und Kurven; anschließend werden verschiedene Ergänzungen zu dem Themenkreis
von Kapitel I vorgestellt. In Kapitel II werden für Funktionen von mehreren reellen Veränderlichen Differenzierbarkeitsbegriffe und lokale Extrema
untersucht, auch solche auf Kurven, Flächen oder p-dimensionalen Mannigfaltigkeiten im $\mathbb{R}^n$. Wesentliche Ergebnisse sind die Sätze über inverse und
implizite Funktionen zur lokalen Auflösbarkeit nichtlinearer Gleichungssysteme. Auch an Kapitel II schließen sich weitere Ergänzungen an. In Kapitel
III werden mit Hilfe von in diesem Buch entwickelten Methoden einige kon-
krete Differentialgleichungen gelöst und die allgemeinen Existenzsätze von
Picard-Lindelöf und Peano bewiesen. Genauere Angaben zum Inhalt des

Buches findet man zu Beginn der einzelnen Kapitel und natürlich im Inhaltsverzeichnis.

Den Kern des Buches bilden die (vom Rest des Buches unabhängig lesbaren) Kapitel I und II; ihr Umfang entspricht etwa $3/4$ des Umfangs einer „Analysis II"-Vorlesung in einem Sommersemester. In dem verbleibenden Viertel einer solchen Vorlesung können natürlich einige der Ergänzungen zu den Kapiteln I und II oder (Teile von) Kapitel III behandelt werden; aus der Sicht des Autors sind vor allem die Abschnitte 10, 13 und 25 besonders zu empfehlen.

Auch den Lesern von Band 2 sei wieder sehr empfohlen, diesen „mit Papier und Bleistift durchzuarbeiten" und sich mit möglichst vielen Übungsaufgaben ernsthaft zu beschäftigen; am Ende des Buches sind die Lösungen der meisten Aufgaben skizziert.

Danken möchte ich meiner Frau M. Sc. Paz Kaballo sowie den Herren Dr. P. Furlan, Dipl.-Math. E. Köhler, Priv.-Doz. Dr. F. Mantlik, Priv.-Doz. Dr. M. Poppenberg und Dr. R. Vonhoff für die kritische Durchsicht von Teilen früherer Versionen des Textes, Herrn Dr. P. Furlan insbesondere auch für die Beratung bei der Herstellung der Abbildungen. Nicht zuletzt gilt mein Dank dem Spektrum Akademischer Verlag für die vertrauensvolle Zusammenarbeit.

Dortmund, im Januar 1997   Winfried Kaballo

Inhalt

I. Konvergenz, Stetigkeit und Lineare Algebra

In diesem ersten Kapitel werden die grundlegenden Konzepte und Ergebnisse aus Band 1 über *Konvergenz* und *Stetigkeit* auf allgemeinere Situationen *erweitert* und gleichzeitig wesentlich *vertieft*.

In Abschnitt 1 wird das zentrale Thema dieses Buches, das Studium von *Funktionen von mehreren reellen Veränderlichen*, eingeführt. Während im Fall einer Veränderlichen meist nur Intervalle als Definitionsbereiche vorkommen, gibt es im Fall mehrerer Veränderlicher eine Fülle interessanter Definitionsbereiche für Funktionen. Es sind daher Eigenschaften von *Punktmengen* im $\mathbb{R}^n$ eingehend zu untersuchen; die Grundbegriffe der *Topologie* werden ab Abschnitt 4 allgemeiner für Teilmengen *metrischer Räume* entwickelt. *Metriken* und *Normen* auf *Funktionenräumen* und von diesen induzierte *Konvergenzbegriffe* werden ab dem zweiten Abschnitt vorgestellt; auf das *Cauchysche Konvergenzkriterium* wird in Abschnitt 5 eingegangen. *Stetige Abbildungen* zwischen metrischen Räumen werden ab Abschnitt 3 untersucht; diese sind auf *kompakten* Mengen *gleichmäßig stetig* und besitzen dort *Maxima* und *Minima* (falls sie reellwertig sind). Kompaktheit wird in Abschnitt 6 mittels *konvergenter Teilfolgen* eingeführt; auf *offene Überdeckungen* wird in dem ergänzenden Abschnitt 10 eingegangen. In Abschnitt 7 werden *stetige lineare Abbildungen* zwischen normierten Räumen untersucht, und mit Hilfe der entwickelten abstrakten Begriffe wird die *Integralkonstruktion* aus Abschnitt I. 17 noch einmal beleuchtet. Der *Zwischenwertsatz* gilt für stetige reellwertige Funktionen auf *(weg)zusammenhängenden* Mengen; dieser Begriff wird in Abschnitt 8 studiert. *Wege* beschreiben Bewegungen von (Massen-) Punkten in einem Raum; sie werden zusammen mit ihren (Bahn-) Kurven in Abschnitt 9 weiter diskutiert.

1 Funktionen von mehreren Veränderlichen

Hauptthema dieses zweiten Bandes der „Einführung in die Analysis" sind Funktionen von mehreren Veränderlichen $x_1, \ldots, x_n \in \mathbb{R}$ $(n \in \mathbb{N})$. Es ist bequem, die Veränderlichen oder Variablen zu einem *Tupel* $x = (x_1, \ldots, x_n)$ zusammenzufassen; mit

$$\mathbb{R}^n := \{x = (x_1, \ldots, x_n) \mid x_\nu \in \mathbb{R} \text{ für } \nu = 1, \ldots, n\} \tag{1}$$

wird die Menge aller n-Tupel bezeichnet. Wie in Band 1 lassen sich die Elemente von $\mathbb{R}^2$ als *Punkte* einer *Ebene* auffassen, entsprechend die von

$\mathbb{R}^3$ als *Punkte* des *Raumes* und allgemein die von $\mathbb{R}^n$ als **Punkte** eines *„n -dimensionalen Raumes"*. Tupel im $\mathbb{R}^n$ können gemäß

$$(x_1,\ldots,x_n) + (y_1,\ldots,y_n) := (x_1 + y_1,\ldots,x_n + y_n) \tag{2}$$

addiert und gemäß

$$\alpha\,(x_1,\ldots,x_n) := (\alpha\,x_1,\ldots,\alpha\,x_n) \tag{3}$$

mit Skalaren $\alpha \in \mathbb{R}$ *multipliziert* werden. Zur Veranschaulichung dieser Operationen interpretiert man Tupel auch als **Vektoren**. Ein Vektor v ist eine *Translation* oder *Parallelverschiebung* des Raumes $\mathbb{R}^n$, d. h. eine Abbildung $v : \mathbb{R}^n \mapsto \mathbb{R}^n$ der Form

$$v : (x_1,\ldots,x_n) \mapsto (x_1 + v_1,\ldots,x_n + v_n) \quad \text{mit } v_1,\ldots,v_n \in \mathbb{R}. \tag{4}$$

Offenbar ist ein Vektor v durch seine Wirkung auf *einen* Punkt $p \in \mathbb{R}^n$ eindeutig festgelegt; mit $v(p) = q$ kann daher v als *gerichtete Strecke* $\overrightarrow{pq}$ von p nach q veranschaulicht werden (vgl. Abb. 1a). Für jedes feste p liefert $v \mapsto v(p)$ eine Bijektion zwischen Vektoren und Punkten des Raumes, die im Fall des Nullpunktes $p = o$ die Vektoren v mit den Tupeln $(v_1,\ldots,v_n)$ aus (4) identifiziert. Mit $q = v(0) = (v_1,\ldots,v_n)$ heißt die gerichtete Strecke $\overrightarrow{oq}$ *Ortsvektor* zum Punkt q (vgl. Abb. 1a).

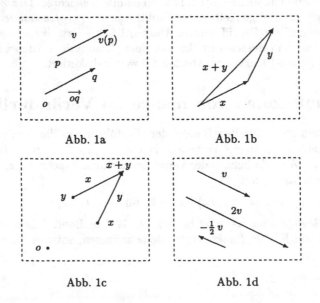

Abb. 1a   Abb. 1b

Abb. 1c   Abb. 1d

Für Vektoren entspricht nun die in (2) definierte Addition einfach der Hintereinanderausführung der Abbildungen (vgl. Abb. 1b). Man kann $x + y$ auch als Bild des Punktes x unter der Translation y oder umgekehrt als Bild des Punktes y unter der Translation x interpretieren und erhält dann wieder einen Punkt (vgl. Abb. 1c). Durch die skalare Multiplikation eines Vektors v mit einer Zahl α wird dessen *Länge* mit $|\alpha|$ multipliziert sowie dessen *Richtung* im Fall $\alpha > 0$ beibehalten und im Fall $\alpha < 0$ umgekehrt (vgl. Abb. 1d).

Die *Länge* oder *(Euklidische) Norm* eines Vektors $v = (v_1, \ldots, v_n)$ ist gegeben durch

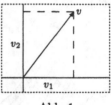

$$|v| := \sqrt{\langle v, v \rangle} = \sqrt{\sum_{\nu=1}^{n} v_\nu^2} \qquad (5)$$

(vgl. Abb. 1e); hierbei ist

$$\langle v, w \rangle := \sum_{\nu=1}^{n} v_\nu w_\nu \qquad (6)$$

Abb. 1e

das *Skalarprodukt* von zwei Vektoren $v = (v_1, \ldots, v_n)$ und $w = (w_1, \ldots, w_n)$. Die Vektoren v und w heißen *orthogonal*, d. h. „stehen senkrecht aufeinander", wenn $\langle v, w \rangle = 0$ ist; allgemeiner gilt

$$\langle v, w \rangle = |v| \, |w| \cos \alpha, \qquad (7)$$

wobei $\alpha \in [0, \pi]$ der Winkel zwischen v und w ist (vgl. etwa [23], Abschnitt 0.3 oder [3], §1.3). Weiter ist für Punkte $x, y \in \mathbb{R}^n$

$$d(x,y) := |x - y| = \sqrt{\sum_{\nu=1}^{n} (x_\nu - y_\nu)^2} \qquad (8)$$

der *(Euklidische) Abstand* oder die *(Euklidische) Distanz* dieser Punkte.

Im folgenden werden Punkte, Vektoren und Ortsvektoren des $\mathbb{R}^n$ meist kommentarlos miteinander identifiziert; an einigen Stellen wird sich aber ihre Unterscheidung als sinnvoll erweisen[1].

Es werden also nun reellwertige Funktionen $f(x_1, \ldots, x_n)$ der Variablen $x = (x_1, \ldots, x_n)$ untersucht, die auf Mengen $X \subseteq \mathbb{R}^n$ definiert sind. Im Fall $n = 1$ kann bekanntlich f durch seinen *Graphen*

$$\Gamma(f) = \{(x, f(x)) \mid x \in X\}, \qquad (9)$$

---

[1]Die skizzierten Zusammenhänge zwischen Punkten und Vektoren im $\mathbb{R}^n$ lassen sich formal durch den Begriff des affinen Raumes erfassen, auf dem der Vektorraum der Translationen operiert, vgl. dazu etwa [22], §4A.

bei „vernünftigem" f also durch eine „*Kurve*" in der Ebene $\mathbb{R}^2$ *veranschau-licht* werden. Analog dazu ist $\Gamma(f)$ im Fall $n = 2$ (ebenfalls bei „vernünf-tigem" f) als „*Fläche*" im Raum $\mathbb{R}^3$ zu interpretieren. Die Zeichnung von Flächen ist mit Hilfe von Computern recht gut möglich (vgl. dazu etwa [14]); die Abbildungen 1f und 1g zeigen dies für die *Polynome*

$$P(x,y) := x^2 + 2y^2 \quad \text{und} \quad Q(x,y) := xy . \tag{10}$$

Hier wie auch oft im folgenden wird die Notation (x, y) statt (x_1, x_2) für Punkte im $\mathbb{R}^2$ benutzt (entsprechend schreibt man oft (x, y, z) für Punkte im $\mathbb{R}^3$).

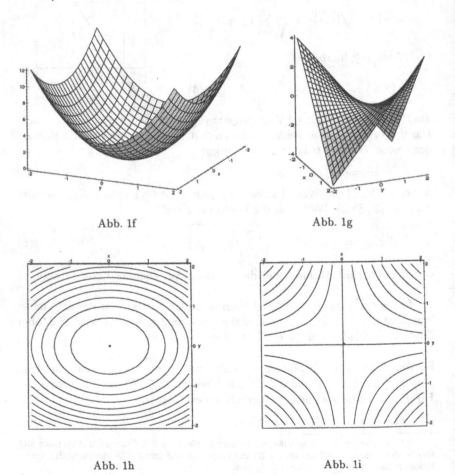

Abb. 1f   Abb. 1g

Abb. 1h   Abb. 1i

Eine weitere Möglichkeit der Veranschaulichung von Funktionen von zwei Veränderlichen bieten die *„Niveaumengen"*

$$N_\alpha(f) := \{(x,y) \in \mathbb{R}^2 \mid f(x,y) = \alpha\}, \quad \alpha \in \mathbb{R}, \tag{11}$$

von f; die von P sind *Ellipsen* (vgl. Abb. 1h), die von Q *Hyperbeln* (vgl. Abb. 1i). Unter geeigneten Bedingungen[2] sind die Niveaumengen „Kurven" in der Ebene und heißen dann *„Niveaulinien"* oder *„Höhenlinien"* von f.

Für $X \subseteq \mathbb{R}^n$ werden neben Funktionen $f : X \mapsto \mathbb{R}$ auch *Abbildungen* $f : X \mapsto \mathbb{R}^m$ ($m \in \mathbb{N}$) untersucht, wobei der Fall $m = n$ besonders wichtig ist. Mittels

$$f(x) = (f_1(x), \ldots, f_m(x)), \quad x \in X, \tag{12}$$

läßt sich $f : X \mapsto \mathbb{R}^m$ als ein m-Tupel $(f_1, \ldots, f_m)$ von Funktionen $f_\mu : X \mapsto \mathbb{R}$, $\mu = 1, \ldots, m$, auffassen.

Wegen $\mathbb{R}^2 \cong \mathbb{C}$ kann f im Fall $m = 2$ auch als *komplexe Funktion* interpretiert werden; für $n = 2$ hat man wie in den Abschnitten I. 27 und I. 37* Veranschaulichungen durch die Bilder geeigneter Kurvenscharen, vgl. Abb. 1j.

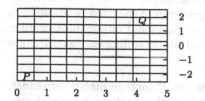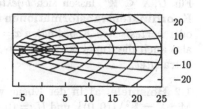

Abb. 1j : $z \mapsto z^2$

1.1 Beispiele. a) Wegen $(x + iy)^2 = (x^2 - y^2) + 2ixy$ entspricht der komplexen Funktion $z \mapsto z^2$ die Abbildung (vgl. Abb. 1j)

$$f : \mathbb{R}^2 \mapsto \mathbb{R}^2, \quad f(x,y) = (x^2 - y^2, 2xy). \tag{13}$$

b) Wegen $e^{x+iy} = e^x e^{iy} = e^x(\cos y + i\sin y)$ entspricht der komplexen Exponentialfunktion die Abbildung (vgl. Abb. I. 37a)

$$g : \mathbb{R}^2 \mapsto \mathbb{R}^2, \quad g(x,y) = (e^x \cos y, e^x \sin y). \quad \square \tag{14}$$

---

[2]Vgl. dazu Abschnitt 22.

Für $X \subseteq \mathbb{R}^n$ lassen sich n-Tupel $f = (f_1, \ldots, f_n)$ von Funktionen auf X auch als **Vektorfelder** auf X auffassen; $f(x)$ wird dann nicht als ein Punkt, sondern als ein in x startender Vektor interpretiert. Abb. 1k zeigt dies für das 2-Tupel aus (13).

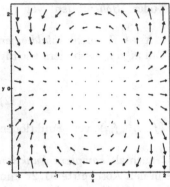

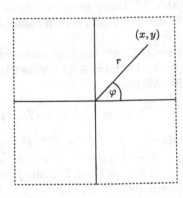

Abb. 1k: ein Vektorfeld   Abb. 1ℓ: Polarkoordinaten

Für $U, X \subseteq \mathbb{R}^n$ lassen sich *bijektive* Abbildungen $\Phi : U \mapsto X$ auch als **Koordinatentransformationen** interpretieren. Neben den *rechtwinkligen* oder *kartesischen Koordinaten* $x = (x_1, \ldots, x_n)$ von Punkten in X werden also auch die Tupel $\Phi^{-1}(x) = (u_1, \ldots, u_n)$ als Koordinaten dieser Punkte betrachtet.

1.2 Beispiele. a) In der Ebene werden oft *Polarkoordinaten* verwendet. Mit $X = \mathbb{R}^2 \backslash \{(0,0)\}$ und $U := (0, \infty) \times (-\pi, \pi]$ sind diese gegeben durch

$$\Psi(r, \varphi) := (r \cos \varphi, r \sin \varphi); \tag{15}$$

sie wurden bereits in Band 1 ausführlich besprochen (vgl. auch Abb. 1ℓ und Abb. 3a). Die Berechnung von $\Psi^{-1}(x, y)$, insbesondere die des Arguments $\varphi = \text{Arg}\,(x + iy)$ findet man in Bemerkung I.27.5 b). Mit

$$\text{sign}\, y := \left\{ \begin{array}{ll} 1 & , \quad y \geq 0 \\ -1 & , \quad y < 0 \end{array} \right. \tag{16}$$

hat man die Formel

$$\Psi^{-1}(x, y) = (\sqrt{x^2 + y^2}, \text{sign}\, y \arccos \frac{x}{\sqrt{x^2 + y^2}}). \tag{17}$$

b) Nach Bemerkung I. 27.7 a) liefert die komplexe Multiplikation mit $e^{i\alpha} = \cos\alpha + i\sin\alpha$ eine *Drehung* D_α der Ebene um den Winkel α. Durch Ausrechnen des Produkts $(\cos\alpha + i\sin\alpha)(u + iv)$ erhält man die reelle Schreibweise

$$D_\alpha(u,v) = (\cos\alpha \cdot u - \sin\alpha \cdot v, \ \sin\alpha \cdot u + \cos\alpha \cdot v). \tag{18}$$

Für $\alpha = \frac{\pi}{4}$ gilt $\sin\alpha = \cos\alpha = \frac{1}{2}\sqrt{2}$; die Drehung D_α führt das Polynom $Q(x,y) = xy$ (vgl. Abb. 1g) über in $(Q \circ D_\alpha)(u,v) = \frac{1}{2}(u^2 - v^2)$. Die beiden Komponenten der Abbildung f aus (13) gehen also durch Drehung um $\pm\frac{\pi}{4}$ auseinander hervor.   □

2 Metriken und Normen

Aufgabe: Man versuche, möglichst viele verschiedene Konvergenzbegriffe für Folgen im Funktionenraum $C^\infty[0,1]$ zu finden.

Die Konvergenz von Folgen im $\mathbb{R}^n$ kann mit Hilfe des in (1.8) definierten *Euklidischen Abstands* erklärt werden. Allgemeiner können mittels geeigneter *Abstandsbegriffe* auch viele[3] *Konvergenzbegriffe für Funktionenfolgen* erklärt werden, etwa die bereits in Band 1 ausführlich behandelte *gleichmäßige Konvergenz* oder die für die Integrationstheorie wichtige *Konvergenz im Mittel*.

2.1 Definition. *Es sei X eine Menge. Eine Abbildung $d : X \times X \mapsto [0,\infty)$ heißt* **Metrik** *auf X, falls stets gilt*

$$d(x,y) = 0 \iff x = y, \tag{1}$$

$$d(x,y) = d(y,x) \quad \textit{(Symmetrie)} \quad \textit{und} \tag{2}$$

$$d(x,y) \leq d(x,z) + d(z,y) \quad \textit{(Dreiecks-Ungleichung)}. \tag{3}$$

Das Paar (X,d) heißt **metrischer Raum.**

2.2 Beispiele. a) Auf $\mathbb{R}$ wird durch $d(x,y) := |x-y|$ eine Metrik definiert.
b) Auf $\mathbb{R}^n$ wird wie in (1.8) durch $d(x,y) := \left(\sum_{\nu=1}^{n} (x_\nu - y_\nu)^2 \right)^{1/2}$ eine Metrik definiert; die Dreiecks-Ungleichung ergibt sich aus der *Minkowskischen Ungleichung* (I. 21.8)* für $p = 2$ (vgl. Feststellung 2.7 und Beispiel 2.8 a)).

---

[3]Dies gilt i. a. nicht für die punktweise Konvergenz, vgl. dazu Abschnitt 17.

c) Ein „exotisches" Beispiel einer Metrik ist die durch

$$d(x,y) := \begin{cases} 0 & , \quad x = y \\ 1 & , \quad x \neq y \end{cases} \tag{4}$$

auf einer beliebigen Menge X definierte *diskrete Metrik;* diese ist gelegentlich zur Konstruktion von Gegenbeispielen nützlich.   □

Für einen metrischen Raum (X,d) schreibt man kurz X, wenn klar ist, welche Metrik gemeint ist. Wie in I. 27.11 trifft man die folgende

2.3 Definition. *Eine Folge* (x_n) *in einem metrischen Raum* X *heißt* **konvergent** *gegen* $x \in X$, *falls* $d(x,x_n) \to 0$ *gilt. Man schreibt dann* $x = \lim\limits_{n\to\infty} x_n$ *oder* $x_n \to x$.

2.4 Beispiele und Bemerkungen. a) In einem metrischen Raum X gilt $x_n \to x$ genau dann, wenn die folgende Bedingung erfüllt ist:

$$\forall\, \varepsilon > 0 \;\exists\, n_0 \in \mathbb{N} \;\forall\, n \geq n_0 \;:\; d(x_n,x) < \varepsilon. \tag{5}$$

b) Nach (3) gilt $d(x,y)-d(z,y) \leq d(x,z)$ und auch $d(z,y)-d(x,y) \leq d(z,x)$ für $x,y,z \in X$, wegen (2) also

$$|\,d(x,y) - d(z,y)\,| \leq d(x,z) \quad \text{für} \quad x,y,z \in X. \tag{6}$$

c) Aus $x_n \to x$ und $y_n \to y$ folgt wegen (6) und (2) sofort

$$\begin{aligned} |\,d(x_n,y_n) - d(x,y)\,| &\leq |\,d(x_n,y_n) - d(x,y_n)\,| + |\,d(x,y_n) - d(x,y)\,| \\ &\leq d(x_n,x) + d(y_n,y) \to 0. \end{aligned}$$

d) Aus $x_n \to x$ und $x_n \to y$ folgt also $d(x,y) = \lim\limits_{n\to\infty} d(x_n,x_n) = 0$; wegen (1) sind daher Grenzwerte in metrischen Räumen eindeutig bestimmt.

e) In einem Raum X mit diskreter Metrik gilt $x_n \to x$ nur dann, wenn bereits $x_n = x$ ab einem $n_0 \in \mathbb{N}$ erfüllt ist.   □

Die Konvergenz von Folgen im $\mathbb{R}^n$ kann auf die von Folgen in $\mathbb{R}$ zurückgeführt werden:

2.5 Feststellung. *Eine Folge* $(x_j) = ((x_{j\nu}))$ *in* $\mathbb{R}^n$ *konvergiert genau dann gegen* $x = (x_\nu) \in \mathbb{R}^n$, *falls* $\lim\limits_{j\to\infty} x_{j\nu} = x_\nu$ *für* $\nu = 1,\dots,n$ *gilt.*

Dies folgt unmittelbar aus den Definitionen 2.3 der Konvergenz und (1.8) der Metrik; die Konvergenz in $\mathbb{R}^n$ findet also einfach *koordinatenweise* statt. Im $\mathbb{R}^2$ hat man beispielsweise $(\frac{\cos j}{j}, \frac{\sin j}{j}) \to (0,0)$ (vgl. Abb. 2a), im $\mathbb{R}^3$

etwa $(\sqrt[j]{j},\ \frac{\log j}{j},\ (1+\frac{2}{j})^j) \to (1,0,e^2)$.

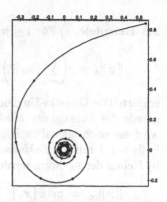

Viele der in der Analysis wichtigen metrischen Räume besitzen zusätzlich eine *Vektorraum-Struktur* (über den Körpern $\mathbb{K} = \mathbb{R}$ oder $\mathbb{K} = \mathbb{C}$); dies ist insbesondere der Fall für $\mathbb{K}^n$ und für *Funktionenräume*, d. h. für *Unterräume* des Vektorraumes $\mathcal{F}(M,\mathbb{K})$ aller Funktionen auf einer Menge M mit Werten in $\mathbb{K}$. Die Metriken sind meist *translationsinvariant*, erfüllen also

Abb. 2a

$$d(x,y) = d(x - y, 0) \qquad (7)$$

für $x, y \in X$, und sind daher bereits durch die Distanzen $d(x,0)$ der Punkte $x \in X$ zum Nullpunkt eindeutig festgelegt. Für die Abbildungen $x \mapsto d(x,0)$ gelten oft die folgenden *Normeigenschaften* (8)–(10):

2.6 Definition. *Es sei E ein Vektorraum über $\mathbb{K}$. Eine Abbildung $\| \ \| : E \mapsto [0,\infty)$ heißt* **Norm** *auf E, falls stets gilt*

$$\|x\| = 0 \ \Leftrightarrow \ x = 0, \qquad (8)$$

$$\|\alpha x\| = |\alpha|\,\|x\| \quad \textit{für } \alpha \in \mathbb{K} \ \textit{und} \ x \in E, \qquad (9)$$

$$\|x + y\| \le \|x\| + \|y\| \quad \textit{(Dreiecks-Ungleichung).} \qquad (10)$$

Das Paar $(E, \| \ \|)$ heißt **normierter Raum.**

Statt $(E, \| \ \|)$ schreibt man kurz E, wenn klar ist, welche Norm auf E gemeint ist.

2.7 Feststellung. *Auf einem normierten Raum $(E, \| \ \|)$ wird durch*

$$d(x,y) := \|x - y\| \quad \textit{für } x, y \in E \qquad (11)$$

eine Metrik definiert.

In der Tat folgt (1) aus (8), (3) aus (10) und (2) aus (9); für die letztgenannte Implikation würde auch die schwächere Bedingung „$\| - x \| = \| x \|$ " genügen. Die stärkere Bedingung (9) sichert die *Stetigkeit der Skalarmultiplikation* (vgl. Beispiel 3.2 b) und Aufgabe 2.1).

2.8 Beispiele. a) Für $1 \leq p < \infty$ wird auf $\mathbb{K}^n$ die ℓ_p-*Norm* durch

$$\| x \|_p := \left(\sum_{\nu=1}^{n} | x_\nu |^p \right)^{1/p} , \quad x = (x_1, \ldots, x_n) \in \mathbb{K}^n , \tag{12}$$

erklärt. Die Dreiecks-Ungleichung (10) ist für $p = 1$ klar und für $p \geq 1$ gerade die Aussage der *Minkowskischen Ungleichung* (I. 21.8)* (für $p = 2$ wird sie noch einmal in Folgerung 13.4 gezeigt). Im Fall $\mathbb{K} = \mathbb{R}$ stimmt $\| \;\|_2 = | \;\;|$ mit der *Euklidischen Norm* aus (1.5) überein.
b) Neben der ℓ_2-Norm werden vor allem die ℓ_1-Norm und die durch

$$\| x \|_\infty := \max_{\nu=1}^{n} | x_\nu | , \quad x = (x_1, \ldots, x_n) \in \mathbb{K}^n , \tag{13}$$

erklärte ℓ_∞-*Norm* oder *Maximum-Norm* auf $\mathbb{K}^n$ verwendet. Die Notation wird durch $\| x \|_\infty = \lim_{p \to \infty} \| x \|_p$ für $x \in \mathbb{K}^n$ motiviert. Für $1 \leq p \leq \infty$ schreibt man kurz ℓ_p^n oder $\ell_p^n(\mathbb{K})$ für $(\mathbb{K}^n , \| \;\|_p)$.   □

2.9 Definition. *Zwei Normen* $\| \;\|_A$ *und* $\| \;\|_B$ *auf einem Vektorraum E heißen äquivalent, falls die folgenden Abschätzungen gelten:*

$$\exists \, c, C > 0 \; \forall \, x \in E \; : \; c \| x \|_A \leq \| x \|_B \leq C \| x \|_A . \tag{14}$$

Äquivalente Normen liefern den *gleichen Konvergenzbegriff* auf E.

2.10 Beispiele. Für $1 \leq p \leq q < \infty$ und $x \in \mathbb{K}^n$ gilt

$$\| x \|_\infty \leq \| x \|_q \leq \| x \|_p \leq \| x \|_1 \leq n \| x \|_\infty \tag{15}$$

(vgl. Aufgabe I. 21.8*); somit sind also alle ℓ_p-Normen auf $\mathbb{K}^n$ äquivalent. In Satz 6.13 wird gezeigt, daß sogar *alle* Normen auf $\mathbb{K}^n$ äquivalent sind.   □

2.11 Beispiele. Für metrische Räume $(X_1, d_1), \ldots, (X_n, d_n)$ wird auf dem Produkt $X := X_1 \times \ldots \times X_n$ etwa durch

$$d(x, y) := d_\infty(x, y) := \max_{\nu=1}^{n} d_\nu(x_\nu, y_\nu) \tag{16}$$

für $x = (x_1, \ldots, x_n) , y = (y_1, \ldots, y_n) \in X$ eine Metrik definiert. Sind die X_ν normierte Räume, so wird diese von der Norm

$$\| x \| := \| x \|_\infty := \max_{\nu=1}^{n} \| x_\nu \|_\nu \tag{17}$$

induziert. Wie im Fall des $\mathbb{K}^n$ liefert d die *koordinatenweise Konvergenz*

$$x_j \to x \Leftrightarrow x_{j\nu} \to x_\nu \quad \text{für } \nu = 1, \ldots, n . \quad □ \tag{18}$$

2.12 Beispiele und Bemerkungen. a) Die Konvergenzbedingung (5) kann mit Hilfe der *„offenen ε-Kugeln"*

$$K_\varepsilon(x) := \{y \in X \mid d(y,x) < \varepsilon\}, \quad \varepsilon > 0, \tag{19}$$

auch so formuliert werden:

$$\forall \varepsilon > 0 \; \exists \, n_0 \in \mathbb{N} \; \forall \, n \geq n_0 \; : \; x_n \in K_\varepsilon(x); \tag{20}$$

statt der offenen kann man auch die *„abgeschlossenen ε-Kugeln"*

$$\overline{K}_\varepsilon(x) := \{y \in X \mid d(y,x) \leq \varepsilon\}, \quad \varepsilon \geq 0, \tag{21}$$

verwenden.

b) Die in (19) und (21) definierten ε-Kugeln sind nur im Fall der Euklidischen Norm „rund" (und im $\mathbb{R}^2$ natürlich Kreise); für $p = \infty$ und $\mathbb{K} = \mathbb{R}$ hat man Quadrate im $\mathbb{R}^2$ und Würfel im $\mathbb{R}^3$. Abb. 2b zeigt die *Einheitskugeln* $\overline{K}_1(0)$ im $\mathbb{R}^2$ für die ℓ_p-Normen mit $p = 1, 2, \infty$.

c) Für ein Produkt $X := X_1 \times \ldots \times X_n$ metrischer Räume mit der Metrik d_∞ aus (16) hat man

$$K_\varepsilon(x_1, \ldots, x_n) = K_\varepsilon(x_1) \times \cdots \times K_\varepsilon(x_n). \tag{22}$$

d) Für einen Raum X mit diskreter Metrik gilt $K_\varepsilon(x) = \{x\}$ für $\varepsilon \leq 1$ und $K_\varepsilon(x) = X$ für $\varepsilon > 1$. $\quad\square$

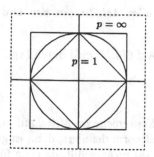

Abb. 2b: Einheitskugeln

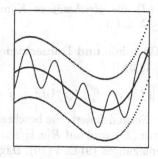

Abb. 2c: ein ε-Schlauch

Es werden nun wichtige Beispiele *normierter Funktionenräume* vorgestellt:

2.13 Beispiele und Bemerkungen. a) In Band 1 wurde bereits die durch

$$\| f \|_{\sup} := \| f \|_\infty := \| f \|_M := \sup_{x \in M} |f(x)|, \quad f \in \mathcal{B}(M, \mathbb{K}), \tag{23}$$

auf dem Vektorraum $\mathcal{B}(M, \mathbb{K})$ aller auf einer Menge M *beschränkten Funktionen* erklärte *Supremums-Norm* ausgiebig verwendet. Sie beschreibt die

gleichmäßige Konvergenz von Funktionenfolgen (vgl. Feststellung I. 14.8).
Für Intervalle $I \subseteq \mathbb{R}$ und $\mathbb{K} = \mathbb{R}$ ist $\overline{K}_\varepsilon(f)$ die Menge aller Funktionen in
$\mathcal{B}(I, \mathbb{R})$, deren Graph in einem ε -*Schlauch* um den Graphen von f liegt (vgl.
Abb. 2c). Für $M = \{1, \ldots, n\}$ kann $\mathcal{B}(M, \mathbb{K})$ mit $(\mathbb{K}^n, \| \ \|_\infty)$ identifiziert
werden. Für *abzählbare* M ist $\mathcal{B}(M)$ ein *Folgenraum* und wird dann meist
mit $\ell_\infty(M)$ bezeichnet; speziell hat man die Notation $\ell_\infty = \ell_\infty(\mathbb{N}) = \mathcal{B}(\mathbb{N})$.
b) Teilmengen normierter Räume sind genau dann ebenfalls normierte
Räume, wenn sie *Unterräume* im Sinn der Linearen Algebra sind, sonst
jedenfalls metrische Räume. Für kompakte Intervalle $J \subseteq \mathbb{R}$ sind etwa die
Räume $\mathcal{C}(J)$ der *stetigen Funktionen*, $\mathcal{T}(J)$ der *Treppenfunktionen* oder
$\mathcal{R}(J)$ der *Regelfunktionen* interessante Unterräume von $\mathcal{B}(J)$.
c) Dem Unterraum $\mathcal{C}^1(J)$ von $\mathcal{C}(J)$ ist die Supremums-Norm nicht ange-
messen, da die $\mathcal{C}^1$ -Eigenschaft bei gleichmäßiger Konvergenz *nicht* erhalten
bleibt (vgl. Beispiel I. 22.13 a) und den Weierstraßschen Approximationssatz
I. 40.12*). Zur Vererbung der $\mathcal{C}^1$ -Eigenschaft auf Grenzfunktionen benötigt
man gleichmäßige Konvergenz der Funktionenfolge *und* die der *Folge der
Ableitungen* (vgl. Theorem I. 22.14 für eine etwas schärfere Aussage); diese
wird von der $\mathcal{C}^1$ -*Norm* $\| f \|_{\mathcal{C}^1} := \max \{ \| f \|_{\text{sup}}, \| f' \|_{\text{sup}} \}$ beschrieben.
Analog dazu beschreibt für $k \in \mathbb{N}$ die $\mathcal{C}^k$ -*Norm*

$$\| f \|_{\mathcal{C}^k} := \max_{j=0}^{k} \| f^{(j)} \|_{\text{sup}} \tag{24}$$

auf $\mathcal{C}^k(J)$ die *gleichmäßige Konvergenz aller Ableitungen der Ordnung*
$0 \leq j \leq k$ auf J. □

2.14 Beispiele und Bemerkungen. a) Auf $\mathcal{C}[a, b]$ wird durch (vgl. Aufgabe I. 18.3 a))

$$\| f \|_1 := \int_a^b | f(x) | \, dx, \quad f \in \mathcal{C}[a, b], \tag{25}$$

die $\mathcal{L}_1$ -Norm definiert. Sie beschreibt die *Konvergenz im Mittel* auf $[a, b]$.
b) Durch (25) wird auf $\mathcal{R}[a, b]$ nur eine *Halb*norm definiert, d. h., es gelten
die Bedingungen (9) und (10). Dagegen ist (8) *nicht* erfüllt, da etwa für die
charakteristischen Funktionen

$$\chi_M(x) := \begin{cases} 1 & , \quad x \in M \\ 0 & , \quad x \notin M \end{cases} \tag{26}$$

endlicher Mengen $M \subseteq [a, b]$ stets $\| \chi_M \|_1 = 0$ gilt. Der Konvergenzbegriff
aus Definition 2.3, der in Definition 3.1 folgende Stetigkeitsbegriff und viele
der im folgenden für normierte Räume formulierten Begriffe und Resultate
sind auch in *halbnormierten* Räumen sinnvoll und richtig; allerdings sind
dann Grenzwerte i. a. *nicht eindeutig* (vgl. Aufgabe 2.8). □

Bemerkung: Im Gegensatz zu Normen, die stets auf $\mathbb{K}$-Vektorräumen „leben", können Metriken auf beliebigen Mengen definiert werden; es gibt aber auch interessante Metriken auf Vektorräumen, die nicht durch eine Norm induziert werden können (vgl. dazu die Bemerkungen 16.4). Der Begriff der Metrik ist also allgemeiner und flexibler als der der Norm, allerdings auch manchmal der „Anschauung" weniger angepaßt (vgl. etwa Beispiel 4.2 d)).

Aufgaben

2.1 a) Es gelte $\alpha_j \to \alpha$ in $\mathbb{K}$ und $x_j \to x$, $y_j \to y$ in einem normierten Raum E. Man zeige $\| x_j \| \to \| x \|$ und $\alpha_j x_j + y_j \to \alpha x + y$.
b) Im Fall $E = \mathbb{R}^n$ zeige man auch $\langle x_j, y_j \rangle \to \langle x, y \rangle$.

2.2 Man untersuche, ob die folgenden Formeln Normen oder Halbnormen auf $\mathbb{K}^3$ definieren:
a) $\| x \| := | x_1 + x_2 | + | x_3 |$,   b) $\| x \| := | x_1 | + 2 | x_2 | + 3 | x_3 |$,
c) $\| x \| := | x_1 | + | x_2 x_3 |$,   d) $\| x \| := | x_1 |^{1/2} + | x_2 |^{1/2} + | x_3 |^{1/2}$,
e) $\| x \| := (x_1^2 + \max\{x_2^2, x_3^2\})^{1/2}$,   f) $\| x \| := | x_1 | + (| x_2 |^2 + | x_3 |^2)^{1/2}$.

2.3 Es sei d eine translationsinvariante Metrik auf einem Vektorraum E. Welche der Normeigenschaften (8)–(10) gelten dann für $x \mapsto d(x, 0)$? Man beantworte diese Frage insbesondere auch für die diskrete Metrik auf E.

2.4 Eine Teilmenge B eines normierten Raumes F heißt *beschränkt*, wenn es $C > 0$ mit $\| x \| \leq C$ für alle $x \in B$ gibt. Man untersuche, ob folgende Mengen M in den angegebenen normierten Räumen beschränkt sind:
a) $M = \{(x, y) \mid x^2 - y^2 \leq 1\}$ in $\ell_2^2(\mathbb{R})$,
b) $M = \{(z, w) \mid z^2 + w^2 = 1\}$ in $\ell_2^2(\mathbb{C})$,
c) $M = \{f \in C^1[0, 1] \mid \| f' \|_{\sup} \leq 1\}$ in $(C[0, 1], \| \ \|_{\sup})$.

2.5 a) Sind die Normen $\| \ \|_{\sup}$ und $\| \ \|_{C^1}$ auf $C^1[a, b]$ äquivalent?
b) Sind die Normen $\| \ \|_{\sup}$ und $\| \ \|_1$ auf $C[a, b]$ äquivalent?
c) Impliziert die punktweise Konvergenz auf $C[a, b]$ die im Mittel? Gilt die umgekehrte Implikation?

2.6 Man erkläre analog zu Definition 2.9 einen *Äquivalenzbegriff* für Metriken und zeige, daß die durch

$$d_p(x, y) := \Big(\sum_{\nu=1}^{n} d_\nu(x_\nu, y_\nu)^p \Big)^{1/p}, \quad 1 \leq p < \infty,$$

auf einem Produkt $X := X_1 \times \ldots \times X_n$ metrischer Räume definierten Metriken d_p zu d_∞ (vgl. (16)) äquivalent sind.

2.7 Es sei (X, d) ein metrischer Raum. Man beweise, daß durch

$$d^*(x, y) = \frac{d(x,y)}{1+d(x,y)}$$

eine neue Metrik auf X definiert wird. Man zeige $d^* \leq \min\{1, d\}$ und $d^*(x_n, x) \to 0 \Leftrightarrow d(x_n, x) \to 0$. Ist d^* *äquivalent* zu d?

2.8 Es sei $(E, \| \ \|)$ ein halbnormierter Raum. Man zeige, daß

$$N := \{x \in E \mid \|x\| = 0\}$$

ein Unterraum von E ist und daß auf dem Quotientenraum E/N durch

$$\|x + N\| := \|x\|, \quad x \in E,$$

eine Norm definiert wird (vgl. auch Aufgabe I. 18.3).

3   Stetige Abbildungen

Aufgabe: Für die durch $f(x, y) := \frac{xy}{x^2+y^2}$ auf $\mathbb{R}^2 \backslash \{(0,0)\}$ definierte Funktion bestimme man alle möglichen Grenzwerte $\lim\limits_{n\to\infty} f(x_n, y_n)$ für Folgen $x_n \to 0$ und $y_n \to 0$.

In diesem Abschnitt wird der **Stetigkeitsbegriff** für Abbildungen zwischen metrischen Räumen eingeführt und untersucht. Wie in I. 27.13 trifft man die folgende

3.1 Definition. *Es seien X, Y metrische Räume. Eine Abbildung $f : X \mapsto Y$ heißt stetig in $a \in X$, falls für jede Folge $(x_n) \subseteq X$ gilt:*

$$x_n \to a \ \Rightarrow \ f(x_n) \to f(a). \tag{1}$$

Weiter heißt f stetig auf X, falls f in jedem Punkt von X stetig ist. $\mathcal{C}(X, Y)$ bezeichnet die Menge aller stetigen Abbildungen von X nach Y.

3.2 Beispiele. a) Für einen metrischen Raum X ist nach Bemerkung 2.4 c) und (2.18) die Metrik $d : X \times X \mapsto \mathbb{R}$ stetig.
b) Für einen normierten Raum E sind die Norm $\| \ \| : E \mapsto \mathbb{R}$, die Addition $+ : E \times E \mapsto E$ und die Skalarmultiplikation $\cdot : \mathbb{K} \times E \mapsto E$ stetig (vgl. Aufgabe 2.1). $\qquad \square$

3.3 Beispiele. a) Die beiden *Polynome* $P : (x, y) \mapsto x^2 + 2y^2$ und $Q : (x, y) \mapsto xy$ aus (1.10) sind auf $\mathbb{R}^2$ stetig; aus $(x_j, y_j) \to (x, y)$ folgt ja in der Tat auch $P(x_j, y_j) = x_j^2 + 2y_j^2 \to x^2 + 2y^2 = P(x, y)$ und ebenso $Q(x_j, y_j) = x_j y_j \to xy = Q(x, y)$.

b) Die Polarkoordinaten-Abbildung
$\Psi : (r, \varphi) \mapsto (r\cos\varphi, r\sin\varphi)$
aus (1.15) ist auf $\mathbb{R}^2$ stetig; aus
$(r_j, \varphi_j) \to (r, \varphi)$ folgt ja auch
$r_j \cos\varphi_j \to r\cos\varphi$ und genauso
$r_j \sin\varphi_j \to r\sin\varphi$. Die erste Komponente $\Psi_1^{-1}(x, y) = \sqrt{x^2 + y^2}$
der auf $X = \mathbb{R}^2 \backslash \{(0,0)\}$ definierten Umkehrabbildung Ψ^{-1} von
$\Psi|_{(0,\infty) \times (-\pi,\pi]}$ ist ebenfalls stetig,
die zweite Komponente $\Psi_2^{-1}(x, y) =$
$\mathrm{Arg}(x + iy)$ aber *unstetig* auf

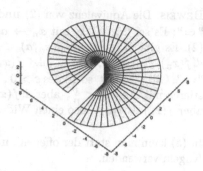

Abb. 3a

$\mathbb{R}_- := \{(x,0) \mid x < 0\}$: für $x < 0$ und $y_j \to 0$ gilt ja $\mathrm{Arg}(x+iy_j) \to +\pi$ für
$(y_j) \subseteq (0,\infty)$ und $\mathrm{Arg}(x + iy_j) \to -\pi$ für $(y_j) \subseteq (-\infty, 0)$ (vgl. Abb. 3a).
In der Tat gibt es *keine stetige Argumentfunktion* auf X (vgl. Bemer-
kung I. 27.15 b) und Beispiel 8.5 c)) und somit auch *keine stetige* Abbildung
$\Phi : X \mapsto \mathbb{R}^2$ mit $\Psi \circ \Phi = I_X$.
c) Ψ^{-1} ist also auf $X = \mathbb{R}^2 \backslash \{(0,0)\}$ *unstetig*; die *Einschränkung* dieser
Abbildung auf $Y := \{(x, y) \in X \mid y \geq 0\}$ ist jedoch stetig, auch auf $\mathbb{R}_-$.
Die Stetigkeit einer Abbildung hängt also wesentlich von der Wahl ihres
Definitionsbereichs ab.
d) Nach Feststellung 2.5 ist eine Abbildung $f = (f_1, \ldots, f_m) : X \mapsto \mathbb{R}^m$ genau dann in $a \in X$ stetig, wenn dies auf alle ihre Komponenten
$f_\mu : X \mapsto \mathbb{R}$, $\mu = 1, \ldots, m$, zutrifft.
e) Durch $f : \phi \mapsto \sin\phi$ wird eine stetige Abbildung $f : \mathcal{B}(M, \mathbb{R}) \mapsto \mathcal{B}(M, \mathbb{R})$
definiert. In der Tat gilt für $s, t \in \mathbb{R}$ stets

$$|\sin s - \sin t| = |\textstyle\int_t^s \cos u\, du| \leq |s - t|;$$

gilt nun $\phi_n \to \phi$ in $\mathcal{B}(M)$, so folgt wegen

$$|\sin\phi(x) - \sin\phi_n(x)| \leq |\phi(x) - \phi_n(x)| \leq \|\phi - \phi_n\|_{\mathrm{sup}} \quad \text{für} \quad x \in M$$

auch $\| \sin\phi - \sin\phi_n \|_{\mathrm{sup}} \leq \| \phi - \phi_n \|_{\mathrm{sup}} \to 0$. $\qquad\qquad\square$

Analog zu I. 8.11 gilt die folgende

3.4 Feststellung. *Eine Abbildung $f : X \mapsto Y$ ist genau dann stetig in
$a \in X$, falls eine der folgenden äquivalenten Bedingungen erfüllt ist:*

$$\forall\, \varepsilon > 0\ \exists\, \delta > 0\ \forall\, x \in X : d(x, a) < \delta \;\Rightarrow\; d(f(x), f(a)) < \varepsilon, \qquad (2)$$

$$\forall\, \varepsilon > 0\ \exists\, \delta > 0 : f(K_\delta(a)) \subseteq K_\varepsilon(f(a)). \qquad\qquad\qquad (3)$$

BEWEIS. Die Äquivalenz von (2) und (3) ist klar.

"$\Leftarrow$": Es sei $(x_n) \subseteq X$ mit $x_n \to a$. Zu $\varepsilon > 0$ wählt man $\delta > 0$ gemäß (2). Es gibt $n_0 \in \mathbb{N}$ mit $d(x_n, a) < \delta$ für $n \geq n_0$. Für diese n gilt dann $d(f(x_n), f(a)) < \varepsilon$, und es folgt $f(x_n) \to f(a)$.

"$\Rightarrow$": Gilt (2) nicht, so gibt es $\varepsilon > 0$, so daß zu $\delta_n := \frac{1}{n}$ Punkte $x_n \in X$ existieren mit $d(x_n, a) < \frac{1}{n}$, aber $d(f(x_n), f(a)) \geq \varepsilon$. Dies bedeutet $x_n \to a$, aber $f(x_n) \not\to f(a)$, also einen Widerspruch. $\Diamond$

In (3) kann man statt der offenen auch die entsprechenden abgeschlossenen Kugeln verwenden.

3.5 Feststellung. *Es seien X, Y, Z metrische Räume.*

a) Ist $f : X \mapsto Y$ stetig in $a \in X$ und $g : Y \mapsto Z$ stetig in $f(a) \in Y$, so ist $g \circ f : X \mapsto Z$ stetig in $a \in X$.

b) Sind $f, g : X \mapsto \mathbb{K}$ stetig in $a \in X$, so gilt dies auch für $f + g$, $f \cdot g$ und, im Fall $g(a) \neq 0$, für f/g.

BEWEIS. a) Aus $x_n \to a$ in X folgt zunächst $f(x_n) \to f(a)$ in Y und dann $g(f(x_n)) \to g(f(a))$ in Z.

b) Für $x_n \to a$ in X folgt $f(x_n) \to f(a)$ und $g(x_n) \to g(a)$, und die Behauptung ergibt sich aus Satz I.5.8. $\Diamond$

3.6 Beispiele. a) Die Koordinatenfunktionen $x \mapsto x_\nu$, $\nu = 1, \ldots, n$, sind stetig auf $\mathbb{R}^n$; dies gilt dann auch für *Polynome*, d. h. für endliche Linearkombinationen endlicher Produkte dieser Funktionen.

b) Funktionen wie $(x, y, z) \mapsto \sin(e^{xy^2} + \sqrt{y^2 + z^4} - \arctan(\cos \frac{xyz}{1+z^2}))$ sind ebenfalls stetig (auf $\mathbb{R}^3$). $\Box$

Ein interessantes Beispiel einer *isolierten Unstetigkeitsstelle* einer Funktion von zwei Veränderlichen ist das folgende:

3.7 Beispiel und Definition. a) Es sei $f : \mathbb{R}^2 \mapsto \mathbb{R}$ definiert durch

$$f(x, y) := \begin{cases} \frac{2xy}{x^2+y^2} & , \quad (x, y) \neq (0, 0) \\ 0 & , \quad (x, y) = (0, 0) \end{cases}, \tag{4}$$

vgl. Abb. 3b. Offenbar ist f auf $\mathbb{R}^2 \backslash \{(0, 0)\}$ stetig, wegen $(\frac{1}{j}, \frac{1}{j}) \to (0, 0)$ und $f(\frac{1}{j}, \frac{1}{j}) = 1 \not\to 0$ aber *unstetig* im Nullpunkt $(0, 0)$. Andererseits gilt stets $f(x, 0) = f(0, y) = 0$, und f ist in $(0, 0)$ *partiell stetig*. Dieser Begriff wird allgemein so erklärt:

b) Es seien X, Y, Z metrische Räume. Eine Abbildung $g : X \times Y \mapsto Z$ heißt *partiell stetig* in $(x_0, y_0) \in X \times Y$, falls die *partiellen Funktionen*

$$g_{x_0} : y \mapsto g(x_0, y) \quad \text{und} \quad g^{y_0} : x \mapsto g(x, y_0) \tag{5}$$

in y_0 und x_0 stetig sind. Für Folgen $x_j \to x_0$ und $y_j \to y_0$ muß also nur $g(x_0, y_j) \to g(x_0, y_0)$ und $g(x_j, y_0) \to g(x_0, y_0)$ gelten, während Stetigkeit die wesentlich stärkere Bedingung $g(x_j, y_j) \to g(x_0, y_0)$ bedeutet. Abb. 3c zeigt im $\mathbb{R}^2$ solche speziellen Folgen (x_0, y_j) und (x_j, y_0) im Gegensatz zu allgemeinen Folgen $(x_j, y_j) \to (x_0, y_0)$ (vgl. etwa Abb. 2a).

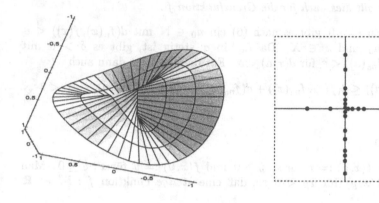

Abb. 3b: $z = \sin 2\varphi$ Abb. 3c

c) Die Funktion f aus (4) läßt sich mittels Polarkoordinaten gut analysieren; es gilt nämlich $(f \circ \Psi)(r, \varphi) = \frac{2r^2 \cos \varphi \sin \varphi}{r^2} = \sin 2\varphi$. Wie die Argumentfunktion ist f vom Radius r unabhängig (die Höhenlinien sind vom Nullpunkt ausgehende *Strahlen*); wegen der 2π-Periodizität des Sinus ist f im Gegensatz zu Arg *stetig* auf $\mathbb{R}^2 \setminus \{(0,0)\}$. Auf jeder Kreislinie um 0 oszilliert f zweimal zwischen den Werten -1 und $+1$. *Jeder* Wert $\ell \in [-1, 1]$ ist Limes einer geeigneten Folge $(f(x_j, y_j))$ mit $(x_j, y_j) \to (0, 0)$; dazu wählt man einfach φ mit $\sin 2\varphi = \ell$ und dann $(x_j, y_j) = \Psi(\frac{1}{j}, \varphi) = \frac{1}{j}(\cos \varphi, \sin \varphi)$. Für Folgen (x_j, y_j), die *spiralförmig* gegen $(0, 0)$ streben (vgl. Abb. 2a), kann $(f(x_j, y_j))$ divergent sein; so gilt etwa für $(x_j, y_j) = \frac{1}{j}(\cos j\frac{\pi}{4}, \sin j\frac{\pi}{4})$ offenbar $f(x_j, y_j) = \sin j\frac{\pi}{2}$.

d) Durch Multiplikation mit r^α $(\alpha > 0)$ wird die Oszillation von f *gedämpft*; wegen $|f| \leq 1$ entstehen *stetige* Funktionen $(x, y) \mapsto r^\alpha f(x, y)$. $\qquad \square$

Für metrische Räume Y und Mengen M hat man den Begriff der **gleichmäßigen Konvergenz** für Folgen $(f_n) \subseteq \mathcal{F}(M, Y)$:

3.8 Definition. *Eine Folge* $(f_n) \subseteq \mathcal{F}(M,Y)$ *konvergiert gleichmäßig auf* M *gegen* $f \in \mathcal{F}(M,Y)$, *falls gilt*

$$\forall\, \varepsilon > 0 \;\exists\, n_0 \in \mathbb{N}\; \forall\, n \geq n_0 \;\forall\, x \in M \;:\; d(f_n(x), f(x)) < \varepsilon. \qquad (6)$$

Im Gegensatz zur *punktweisen* Konvergenz muß also $n_0 = n_0(\varepsilon)$ *unabhängig von* $x \in M$ wählbar sein. Wie in Theorem I. 14.5 vererbt sich bei gleichmäßiger Konvergenz die Stetigkeit auf die Grenzfunktion:

3.9 Satz. *Es seien* X, Y *metrische Räume, und* $(f_n) \subseteq \mathcal{F}(X,Y)$ *konvergiere gleichmäßig auf* X *gegen* $f \in \mathcal{F}(X,Y)$. *Sind dann alle* f_n *stetig in* $a \in X$, *so gilt dies auch für die Grenzfunktion* f.

BEWEIS. Zu $\varepsilon > 0$ gibt es nach (6) ein $n_0 \in \mathbb{N}$ mit $d(f_n(x), f(x)) < \varepsilon$ für $n \geq n_0$ und $x \in X$. Da f_{n_0} in a stetig ist, gibt es $\delta > 0$ mit $d(f_{n_0}(x), f_{n_0}(a)) < \varepsilon$ für $d(x,a) < \delta$. Für diese x folgt dann auch

$$d(f(x), f(a)) \leq d(f(x), f_{n_0}(x)) + d(f_{n_0}(x), f_{n_0}(a)) + d(f_{n_0}(a), f(a)) < 3\varepsilon \diamond$$

Aufgaben

3.1 Es sei $f(x,y) := x$ für $x, y \geq 0$ und $f(x,y) := y$ für $x, y \leq 0$. Man definiere $f(x,y)$ für $xy < 0$ so, daß eine *stetige* Funktion $f : \mathbb{R}^2 \mapsto \mathbb{R}$ entsteht.

3.2 Für die Polarkoordinatenabbildung zeige man die Stetigkeit von Ψ^{-1} auf $\mathbb{R}^2 \backslash \{(x,0) \mid x \leq 0\}$ und die Unstetigkeit von Ψ^{-1} auf $\mathbb{R}_-$ nur mit Hilfe von Formel (1.17).

3.3 Man zeige, daß durch $f : \phi \mapsto e^\phi$ eine stetige Abbildung auf $\mathcal{B}(M, \mathbb{R})$ definiert wird. Wie läßt sich dies verallgemeinern?

3.4 Man untersuche die folgenden auf $\mathbb{R}^2$ definierten Funktionen auf Stetigkeit:

a) $f(x,y) := \begin{cases} \frac{x^2 - y^2}{x^2 + y^2} & , \ (x,y) \neq (0,0) \\ 0 & , \ (x,y) = (0,0) \end{cases}$, b) $g(x,y) := x\, f(x,y)$,

c) $h(x,y) := \operatorname{sign}(x+y)\, \sin(x^2 + y^2)$.

3.5 Gegeben sei die Funktion $f(x,y) := \begin{cases} \frac{xy^2}{x^2 + y^4} & , \ (x,y) \neq (0,0) \\ 0 & , \ (x,y) = (0,0) \end{cases}$.

Man zeige, daß f partiell stetig und sogar auf jeder Geraden durch den Nullpunkt stetig ist. Ist f im Nullpunkt stetig?

3.6 Es seien $J \subseteq \mathbb{R}$ ein kompaktes Intervall und $f \in \mathcal{R}(J)$. Für die Funktion $F : J^2 \mapsto \mathbb{K}$, $F(u,v) := \int_u^v f(x)\,dx$, zeige man

$$| F(u_1, v_1) - F(u_2, v_2)| \leq \|f\| (|u_1 - u_2| + |v_1 - v_2|),$$

insbesondere also ihre Stetigkeit auf J^2.

3.7 Es seien $I \subseteq \mathbb{R}$ ein offenes Intervall und $f \in \mathcal{C}^1(I, \mathbb{R})$. Man zeige die Stetigkeit der folgenden Funktion auf $I^2 = I \times I$ (vgl. (I. 19.3)):

$$\tilde{\Delta}f : I \times I \to \mathbb{R}, \quad \tilde{\Delta}f(x,y) := \left\{ \begin{array}{ll} \frac{f(y)-f(x)}{y-x} & , \quad y \neq x \\ f'(x) & , \quad y = x \end{array} \right. .$$

3.8 Für eine Menge M und einen metrischen Raum Y gebe man eine Metrik auf $\mathcal{F}(M, Y)$ an, die die gleichmäßige Konvergenz induziert. HINWEIS. Man beachte Aufgabe 2.7.

3.9 Es sei E ein Vektorraum mit der diskreten Metrik (2.4). Sind dann die Addition und die Skalarmultiplikation stetig?

4   Grundbegriffe der Topologie

Aufgabe: Es seien $M \subseteq \mathbb{R}^2$ und $f : M \mapsto \mathbb{R}$ stetig. Man suche Bedingungen an M, unter denen f beschränkt ist und solche, unter denen $f(M)$ ein Intervall ist.

Die wichtigsten Ergebnisse zur Stetigkeit wurden in Band 1 für Funktionen formuliert, die auf *Intervallen* definiert sind. Nun gibt es schon in der Ebene $\mathbb{R}^2$ viele verschiedene Typen von Mengen, die vernünftige Definitionsbereiche für stetige Funktionen sein können, etwa Rechtecke, Streifen, Halbebenen, Kreise, Ovale, Ellipsen oder allgemeinere Mengen, die von geeigneten Kurven begrenzt sind (vgl. Abb. 4a); mindestens ebenso vielfältig ist die Auswahl an Definitionsbereichen im $\mathbb{R}^n$ ($n \geq 3$) oder in allgemeinen metrischen Räumen. Es ist daher nötig, durch geeignete Konzepte eine Ordnung in diese Vielfalt zu bringen und diejenigen Eigenschaften von Mengen zu bestimmen, unter denen die wesentlichen Aussagen über Konvergenz und Stetigkeit gelten.

Alle angegebenen Mengen in der Ebene besitzen einen offensichtlichen „Rand"; daher wird zunächst dieser Begriff präzise gefaßt. Für Mengen $M \subseteq X$ wird mit $M^c := X \backslash M$ das Komplement von M in X bezeichnet.

4.1 Definition. *Es seien X ein metrischer Raum und $M \subseteq X$. Ein Punkt $x \in X$ heißt* Randpunkt *von M (vgl. Abb. 4a), falls für alle $\varepsilon > 0$ sowohl*

$K_\varepsilon(x) \cap M \neq \emptyset$ *als auch* $K_\varepsilon(x) \cap M^c \neq \emptyset$ *gilt. Die Menge aller Randpunkte von M heißt* Rand ∂M *von M (in X).*

4.2 Beispiele und Bemerkungen. a) Es gilt genau dann $x \in \partial M$, wenn es Folgen $(a_n) \subseteq M$ und $(b_n) \subseteq M^c$ mit $a_n \to x$ und $b_n \to x$ gibt. Dazu wählt man einfach $a_n \in K_{1/n}(x) \cap M$ und $b_n \in K_{1/n}(x) \cap M^c$; die Umkehrung ist klar.

b) Es seien $M := K_r(a)$ und $x \in \partial M$. Nach a) gibt es Folgen $(a_n) \subseteq M$ und $(b_n) \subseteq M^c$ mit $a_n \to x$ und $b_n \to x$; aus $d(a_n, a) < r$ folgt dann $d(x, a) \leq r$, und aus $d(b_n, a) \geq r$ ergibt sich auch $d(x, a) \geq r$ (vgl. Bemerkung 2.4 c)). Dies zeigt

$$\partial K_r(a) \subseteq S_r(a) := \{x \in X \mid d(x, a) = r\}, \tag{1}$$

und genauso ergibt sich auch

$$\partial \overline{K}_r(a) \subseteq S_r(a). \tag{2}$$

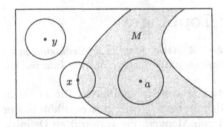
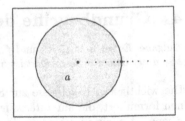

Abb. 4a: $x \in \partial M$, $a \in M^\circ$, $y \in \overline{M}^c$ Abb. 4b: $\partial K_r(a) = \partial \overline{K}_r(a) = S_r(a)$

c) Es sei nun E ein *normierter* Raum. Für $x \in S_r(a)$ folgt dann wegen $K_r(a) \ni a + (1 - \frac{1}{n})(x - a) \to x$ und $\overline{K}_r(a)^c \ni a + (1 + \frac{1}{n})(x - a) \to x$ sofort $x \in \partial K_r(a)$ und auch $x \in \partial \overline{K}_r(a)$ (vgl. Abb. 4b). In diesem Fall gilt also *Gleichheit* in (1) und (2).

d) Für allgemeine *metrische* Räume können die Inklusionen in (1) und (2) *echt* sein. Für die diskrete Metrik etwa ist $S_1(a) = X \backslash \{a\}$, aber $\partial M = \emptyset$ für jede Menge $M \subseteq X$.

e) Für die Menge $\mathbb{Q} \subseteq \mathbb{R}$ der rationalen Zahlen hat man $\partial \mathbb{Q} = \mathbb{R}$. $\square$

Mengen, die *keinen* ihrer Randpunkte oder *alle* ihre Randpunkte enthalten, sind besonders interessant:

4.3 Definition. *Es seien* X *ein metrischer Raum und* $M \subseteq X$.
a) Die Menge $M^\circ := M \backslash \partial M$ *heißt* Inneres *von* M. *Die Menge* M *heißt*
offen, *wenn* $M = M^\circ$, *also* $\partial M \cap M = \emptyset$ *gilt.*
b) Die Menge $\overline{M} := M \cup \partial M$ *heißt* Abschluß *von* M. *Die Menge* M *heißt*
abgeschlossen, *wenn* $M = \overline{M}$, *also* $\partial M \subseteq M$ *gilt.*

Bemerkungen: a) Die Beispiele 4.2 d) und e) zeigen, daß der Rand in gewissen Fällen unanschaulich sein kann. Trotzdem sind Abbildungen wie Abb. 4a zur Veranschaulichung der in diesem Abschnitt eingeführten Konzepte nützlich, wobei die Beweise natürlich formal geführt werden müssen.

b) Die wichtigen Begriffe „offen" und „abgeschlossen" wurden in 4.3 mit Hilfe des Randbegriffs definiert. Statt dessen werden oft auch die in den folgenden Bemerkungen 4.4 a) und c) formulierten äquivalenten Charakterisierungen verwendet.

4.4 Bemerkungen und Definitionen. a) Es sei $M \subseteq X$. Für $a \in M$
gilt genau dann $a \notin \partial M$, wenn es $\varepsilon > 0$ mit $K_\varepsilon(a) \subseteq M$ gibt. Somit folgt

$$M^\circ = \{a \in M \mid \exists\, \varepsilon > 0 : K_\varepsilon(a) \subseteq M\}; \tag{3}$$

insbesondere ist $M \subseteq X$ *genau dann* **offen,** wenn zu jedem $a \in M$ ein
$\varepsilon > 0$ mit $K_\varepsilon(a) \subseteq M$ existiert (vgl. Abb. 4a).
b) Eine Menge $U \subseteq X$ heißt **Umgebung** von $x \in X$, wenn es eine in X
offene Menge D mit $x \in D \subseteq U$ gibt. Dies ist genau dann der Fall, wenn
es $\varepsilon > 0$ mit $K_\varepsilon(x) \subseteq U$ gibt.
c) Es gilt $x \in \overline{M}$ genau dann, wenn $K_\varepsilon(x) \cap M \neq \emptyset$ für alle $\varepsilon > 0$ gilt.
Ist in der Tat diese Bedingung erfüllt, so gilt $x \in M$ oder $x \in \partial M$; die
Umkehrung ist klar. Wie in Bemerkung 4.2 a) ergibt sich daraus auch

$$\overline{M} = \{x \in X \mid \exists\, (a_n) \subseteq M \text{ mit } a_n \to x\}. \tag{4}$$

Insbesondere ist also $M \subseteq X$ *genau dann* **abgeschlossen,** wenn jeder
Punkt $x \in X$, für den eine Folge $(a_n) \subseteq M$ mit $a_n \to x$ existiert, bereits selbst in M liegt.
d) Zu $y \in \overline{\overline{M}}$ und $\varepsilon > 0$ gibt es $x \in K_\varepsilon(y) \cap \overline{M}$ und dann $a \in K_\varepsilon(x) \cap M$.
Es folgt $a \in K_{2\varepsilon}(y) \cap M$ und somit $y \in \overline{M}$. Es ist also $\overline{M}$ stets abgeschlossen. Aus $M \subseteq N$ folgt $\overline{M} \subseteq \overline{N}$; insbesondere ist $\overline{M}$ die *kleinste
abgeschlossene* Menge, die M enthält.
e) Nach (1) und (2) sind offene Kugeln offen in X und abgeschlossene
Kugeln abgeschlossen in X. Mengen, die ihren Rand *teilweise* enthalten,
sind natürlich weder offen noch abgeschlossen, so etwa $\mathbb{Q}$ oder halboffene
Intervalle in $\mathbb{R}$.
f) Die Begriffe „offen" und „abgeschlossen" sind *relativ* zu einem Oberraum
erklärt. So ist etwa $(-1, 1]$ in $X = \mathbb{R}$ weder offen noch abgeschlossen,

in $X = (-\infty, 1]$ jedoch offen und in $X = (-1, \infty)$ abgeschlossen. Beide Eigenschaften können also beim Übergang zu einem größeren Oberraum verloren gehen. $\Box$

4.5 Feststellung. *Eine Menge $M \subseteq X$ in einem metrischen Raum X ist genau dann abgeschlossen, wenn ihr Komplement M^c offen ist.*

BEWEIS. „$\Rightarrow$": Ist $x \in M^c$, so gilt $x \notin M = \overline{M}$; daher gibt es $\varepsilon > 0$ mit $K_\varepsilon(x) \cap M = \emptyset$, also $K_\varepsilon(x) \subseteq M^c$.
„$\Leftarrow$": Ist $x \notin M$, so folgt $x \in M^c$ und $K_\varepsilon(x) \subseteq M^c$ für ein $\varepsilon > 0$. Dies zeigt auch $x \notin \overline{M}$; folglich gilt $\overline{M} \subseteq M$. $\Diamond$

4.6 Feststellung. *Es sei X ein metrischer Raum.*
a) X und $\emptyset$ sind offen und abgeschlossen.
b) Beliebige Vereinigungen und endliche Durchschnitte offener Mengen sind offen.
c) Beliebige Durchschnitte und endliche Vereinigungen abgeschlossener Mengen sind abgeschlossen.

BEWEIS. a) ist klar wegen $\partial X = \partial \emptyset = \emptyset$.
b) Es seien $\{M_i\}_{i \in I}$ offene Mengen und $V := \bigcup_{i \in I} M_i$. Zu $x \in V$ gibt es $i \in I$ mit $x \in M_i$ und dann $\varepsilon > 0$ mit $K_\varepsilon(x) \subseteq M_i \subseteq V$; also ist auch V offen. Nun sei I *endlich* und $D := \bigcap_{i \in I} M_i$. Zu $x \in D$ und $i \in I$ gibt es $\varepsilon_i > 0$ mit $K_{\varepsilon_i}(x) \subseteq M_i$, und für $\varepsilon := \min_{i \in I} \varepsilon_i$ gilt dann $\varepsilon > 0$ und $K_\varepsilon(x) \subseteq D$.
c) folgt aus b) und Feststellung 4.5. $\Diamond$

4.7 Beispiele und Bemerkungen. a) Die Beispiele $\bigcap_{n=1}^{\infty} (-\frac{1}{n}, \frac{1}{n}) = \{0\}$

und $\bigcup_{n=1}^{\infty} [\frac{1}{n}, 1] = (0, 1]$ zeigen, daß *unendliche* Durchschnitte offener Mengen i. a. *nicht* offen und *unendliche* Vereinigungen abgeschlossener Mengen i. a. *nicht* abgeschlossen sind.
b) Jede offene Menge $D \subseteq \mathbb{R}$ ist abzählbare disjunkte Vereinigung offener Intervalle, vgl. Aufgabe 4.5.
c) Für ein kompaktes Intervall H in $\mathbb{R}$ bezeichne $\omega(H)$ das offene mittlere Drittel, und es sei $\gamma(H) := H \backslash \omega(H)$. Für eine *disjunkte* Vereinigung $A := \bigcup_j H_j$ von r kompakten Intervallen setzt man $\gamma(A) := \bigcup_j \gamma(H_j)$; dann ist $\gamma(A)$ disjunkte Vereinigung von $2r$ kompakten Intervallen.
Es sei nun $C_0 := [0, 1]$, und rekursiv wird $C_n := \gamma(C_{n-1})$ für $n \in \mathbb{N}$ definiert (Abb. 4c zeigt die Menge C_2). Der Durchschnitt $C := \bigcap_{n=1}^{\infty} C_n$ heißt

Cantor-Menge. Nach Feststellung 4.6 sind alle C_n und auch C *abgeschlossene* Teilmengen von $\mathbb{R}$.

Es sei nun $x = 0, x_1 x_2 x_3 \ldots$ die *triadische Entwicklung* von $x \in [0,1]$ (vgl. (I. 7.3)* mit $g = 3$). Schreibt man stets $\ldots 02222 \ldots$ statt $\ldots 10000 \ldots$, so gilt $x \in C$ genau dann, wenn in der Entwicklung von x keine 1 auftritt. Somit ist C gleichmächtig zu $[0,1]$ und damit *überabzählbar*.   □

$$0 \quad {}^1\!/_9 \quad {}^2\!/_9 \quad {}^1\!/_3 \qquad\qquad {}^2\!/_3 \quad {}^7\!/_9 \quad {}^8\!/_9 \quad 1$$

Abb. 4c: die Menge C_2

4.8 Definition. *Es sei X ein metrischer Raum.*
a) Eine Menge $M \subseteq X$ heißt dicht *in X, falls $\overline{M} = X$ gilt.*
b) Der Raum X heißt separabel, *falls es eine abzählbare dichte Menge in X gibt.*

4.9 Beispiel. Die abzählbare Menge $\mathbb{Q}^n$ ist dicht in $\mathbb{R}^n$; somit ist $\mathbb{R}^n$ separabel.   □

4.10 Satz. *Es sei X ein separabler metrischer Raum. Dann ist auch jeder Teilraum $Y \subseteq X$ separabel.*

BEWEIS. a) Es sei $A \subseteq X$ eine abzählbare dichte Menge in X. Es seien $\mathfrak{A}_1 := \{K_r(a) \mid a \in A, 0 < r \in \mathbb{Q}\}$ die Menge der offenen Kugeln mit rationalen Radien um Punkte aus A und $\mathfrak{A}_2 := \{K_r(a) \in \mathfrak{A}_1 \mid K_r(a) \cap Y \neq \emptyset\}$; dann sind $\mathfrak{A}_1$ und $\mathfrak{A}_2$ ebenfalls abzählbar. Für jede Kugel $K_r(a) \in \mathfrak{A}_2$ wählt man ein $b \in K_r(a) \cap Y$ und erhält so eine abzählbare Menge $B \subseteq Y$.
b) Es seien nun $y \in Y$ und $\varepsilon > 0$. Man wählt $a \in A$ mit $d(y,a) < \frac{\varepsilon}{3}$ und $r \in \mathbb{Q}$ mit $\frac{\varepsilon}{3} < r < \frac{\varepsilon}{2}$. Dann ist $y \in K_r(a)$ und somit $K_r(a) \in \mathfrak{A}_2$; es gibt also $b \in B \cap K_r(a)$. Es folgt $d(y,b) \leq d(y,a) + d(a,b) < \frac{\varepsilon}{3} + r < \varepsilon$; B ist also dicht in Y.   ◇

Für die allgemeine Definition von *Grenzwerten* von Abbildungen wird der Begriff des *Häufungspunktes* benötigt:

4.11 Definition. *Es seien X ein metrischer Raum und $M \subseteq X$.*
a) Ein Punkt $c \in X$ heißt Häufungspunkt *von M, wenn es eine Folge $(x_n) \subseteq M \backslash \{c\}$ mit $x_n \to c$ gibt.*
b) Ein Punkt $a \in M$ heißt isolierter Punkt *von M, wenn es eine Umgebung U von a mit $U \cap M = \{a\}$ gibt.*

4.12 Beispiele und Bemerkungen. a) Nach (4) ist $c \in X$ genau dann Häufungspunkt von M, wenn $c \in \overline{M \backslash \{c\}}$ gilt, wenn also jede Umgebung von c Punkte aus $M \backslash \{c\}$ enthält.

b) Ein Punkt $a \in M$ ist genau dann ein isolierter Punkt von M, wenn $a \notin \overline{M \backslash \{a\}}$ gilt.

c) Die Menge $M := \{0\} \cup (1,2) \subseteq \mathbb{R}$ besitzt den isolierten Punkt 0, und $[1,2]$ ist die Menge aller Häufungspunkte von M. $\qquad\qquad$ □

4.13 Definition. *Es seien X, Y metrische Räume und $c \in X$ ein Häufungspunkt von $M \subseteq X$. Eine Abbildung $f : M \backslash \{c\} \mapsto Y$ strebt gegen $\ell \in Y$ für $M \ni x \to c$, falls für jede Folge $(x_n) \subseteq M \backslash \{c\}$ mit $x_n \to c$ stets $f(x_n) \to \ell$ gilt. Man schreibt $f(x) \to \ell$ für $(M \ni) x \to c$ oder auch $\lim\limits_{(M \ni) x \to c} f(x) = \ell$.*

ℓ heißt Grenzwert oder Limes von f in c (bzgl. M).

Offenbar gilt genau dann $\lim\limits_{x \to c} f(x) = \ell$, wenn die durch $f(c) := \ell$ *fortgesetzte* Funktion $f : M \cup \{c\} \mapsto Y$ in c stetig ist.

Die Stetigkeit von Abbildungen läßt sich folgendermaßen charakterisieren (man beachte aber Aufgabe 4.12):

4.14 Satz. *Es seien X, Y metrische Räume. Für eine Abbildung $f : X \mapsto Y$ sind äquivalent:*

(a) f ist stetig auf X.

(b) Für alle $M \subseteq X$ gilt $f(\overline{M}) \subseteq \overline{f(M)}$.

(c) Für abgeschlossene Mengen $A \subseteq Y$ ist $f^{-1}(A)$ in X abgeschlossen.

(d) Für offene Mengen $D \subseteq Y$ ist $f^{-1}(D)$ in X offen.

BEWEIS. „(a) $\Rightarrow$ (b)" : Zu $x \in \overline{M}$ gibt es eine Folge $(a_n) \subseteq M$ mit $a_n \to x$. Es folgt $f(a_n) \to f(x)$ und somit $f(x) \in \overline{f(M)}$.

„(b) $\Rightarrow$ (c)" : Für $M := f^{-1}(A)$ gilt $f(\overline{M}) \subseteq \overline{f(M)} \subseteq \overline{A} = A$, und es folgt $\overline{M} \subseteq f^{-1}(A) = M$.

„(c) $\Rightarrow$ (d)" folgt wegen Feststellung 4.5 durch Komplementbildung.

„(d) $\Rightarrow$ (a)" : Es seien $a \in X$, $\varepsilon > 0$ und $V := K_\varepsilon(f(a))$. Es ist $f^{-1}(V)$ in X offen; somit gibt es $\delta > 0$ mit $K_\delta(a) \subseteq f^{-1}(V)$. Dies bedeutet $f(K_\delta(a)) \subseteq V = K_\varepsilon(f(a))$, wegen (2.3) also die Stetigkeit von f in a. $\diamond$

4.15 Definitionen und Bemerkungen. Es seien X ein metrischer Raum und $M \subseteq X$. Für $x \in X$ wird die *Distanz* von x zu M durch

$$d_M(x) := \inf \{d(x,a) \mid a \in M\} \qquad\qquad (5)$$

definiert. Es seien $x, y \in X$ mit $d(x,y) > 0$ und $\varepsilon > 0$. Man wählt $a \in M$ mit $d(x,a) < d_M(x) + \varepsilon d(x,y)$ und erhält

$$d_M(y) \leq d(y,a) \leq d(y,x) + d(x,a) \leq d_M(x) + (1+\varepsilon)\, d(x,y),$$

also $d_M(y) - d_M(x) \leq (1 + \varepsilon)\, d(x,y)$. Vertauscht man noch die Rollen von x und y, so ergibt sich mit $\varepsilon \to 0$:

$$| d_M(x) - d_M(y) | \; \leq \; d(x,y)\,. \tag{6}$$

Insbesondere ist die Funktion $d_M : X \mapsto \mathbb{R}$ stetig. Nach Satz 4.14 ist $d_M^{-1}(0)$ abgeschlossen, und aus $M \subseteq d_M^{-1}(0)$ folgt auch $\overline{M} \subseteq d_M^{-1}(0)$. Ist umgekehrt $d_M(x) = 0$, so gibt es eine Folge $(a_n) \subseteq M$ mit $d(a_n, x) \to 0$, und man hat $x \in \overline{M}$. Somit gilt also $d_M(x) = 0 \Leftrightarrow x \in \overline{M}$. □

Aufgaben

4.1 Für die folgenden Mengen $M \subseteq \mathbb{R}^2$ bestimme man jeweils $\overline{M}$, M° und ∂M :

a) $M := \{(x,y) \in \mathbb{R}^2 \mid x^2 + y^2 \leq 1\} \cup \{(x,y) \in \mathbb{R}^2 \mid xy = 0\}$,

b) $M := \{(x, \cos \frac{1}{x}) \mid 0 < x \leq \frac{1}{\pi}\}$,

c) $M := \{(x,y) \in \mathbb{R}^2 \mid 1 < \frac{x^2}{4} + y^2 \leq 4\}$,   d) $M := \mathbb{Q}^2$.

4.2 Es seien X ein metrischer Raum und $M \subseteq X$.
a) Man zeige $M^\circ = \overline{M^c}^{\,c}$.
b) Man zeige, daß M° stets offen ist und jede in M enthaltene offene Menge umfaßt.

4.3 Man gebe einen direkten Beweis für Feststellung 4.6 c) an.

4.4 Für das System $\mathfrak{U}(x)$ aller Umgebungen eines Punktes x in einem metrischen Raum X zeige man die folgenden Eigenschaften:
a) $U \in \mathfrak{U}(x) \Rightarrow x \in U$,
b) $U \in \mathfrak{U}(x)$, $U \subseteq V \Rightarrow V \in \mathfrak{U}(x)$,
c) $U, V \in \mathfrak{U}(x) \Rightarrow U \cap V \in \mathfrak{U}(x)$,
d) $U \in \mathfrak{U}(x) \Rightarrow \exists\, V \in \mathfrak{U}(x)$ mit $V \subseteq U$ und $V \in \mathfrak{U}(y)$ für alle $y \in V$.

4.5 Man beweise die Aussage von Bemerkung 4.7 b).

HINWEIS. Man vereinige möglichst große offene Intervalle um die rationalen Punkte von D.

4.6 Das Komplement $[0,1] \backslash C$ der Cantor-Menge ist eine abzählbare disjunkte Vereinigung offener Intervalle. Man berechne die Summe der entsprechenden Intervallängen.

4.7 Es seien X ein metrischer Raum und $M \subseteq X$. Man zeige, daß $\overline{M}$ die disjunkte Vereinigung der Menge der Häufungspunkte und der Menge der isolierten Punkte von M ist.

4.8 Es seien X ein metrischer Raum, $(a_n) \subseteq X$ eine Folge und $M = \{a_n \mid n \in \mathbb{N}\}$. Man zeige, daß jeder Häufungs*punkt* von M ein Häufungs*wert* von (a_n) (vgl. Definition I.12.7) ist. Gilt auch die Umkehrung dieser Aussage?

4.9 Existiert $\lim\limits_{(x,y)\to(0,0)} f(x,y)$ für die Funktion f aus Beispiel 3.7?

4.10 Es seien X ein metrischer Raum und $M \subseteq Y \subseteq X$. Man zeige: M ist genau dann offen bzw. abgeschlossen in Y, wenn es eine offene bzw. abgeschlossene Menge N in X mit $M = N \cap Y$ gibt.

4.11 Man gebe ein Beispiel einer stetigen Abbildung $f : X \to Y$ und einer Menge $M \subseteq X$ mit $f(\overline{M}) \neq \overline{f(M)}$ an.

4.12 Es seien X, Y metrische Räume und $f : X \to Y$ stetig. Ist $f(X)$ stets offen oder stets abgeschlossen in Y?

4.13 Es seien X, Y metrische Räume, $M \subseteq X$ dicht in X und $f \in C(X, Y)$, so daß die Einschränkung $f|_M$ von f auf M injektiv ist. Ist dann f injektiv auf X?

4.14 Man untersuche die folgenden Räume auf Separabilität:
$$\ell_\infty,\ (C[a,b], \|\ \|_{\text{sup}}),\ (\mathcal{R}[a,b], \|\ \|_{\text{sup}}),\ (\mathcal{R}[a,b], \|\ \|_1).$$

4.15 Es seien X, Y metrische Räume und $f \in C(X, Y)$. Man zeige, daß mit X auch $f(X)$ separabel ist.

4.16 Man zeige, daß ein metrischer Raum X genau dann separabel ist, wenn es ein abzählbares System $\mathfrak{B}$ von offenen Mengen in X gibt, so daß jede offene Menge in X eine Vereinigung von Mengen aus $\mathfrak{B}$ ist.

4.17 Es seien $M := \{(x,y) \in \mathbb{R}^2 \mid x^2 + y^2 \leq 1\}$, $p = (2,0)$ und $q = (2,1)$. Man berechne $d_M(p)$ und $d_M(q)$ in den Normen $\|\ \|_1$, $\|\ \|_2$ und $\|\ \|_\infty$.

4.18 Es seien X ein metrischer Raum und $M \subseteq X$. Man zeige $d_M(x) = d_{\overline{M}}(x)$ für $x \in X$.

5 Cauchy-Folgen und Vollständigkeit

Aufgabe: In welchen der bisher untersuchten Funktionenräumen gilt das Cauchysche Konvergenzkriterium?

Für Folgen in $\mathbb{R}$ oder $\mathbb{C}$ spielt das *Cauchysche Konvergenzkriterium* eine wesentliche Rolle. Allgemein trifft man die folgende

5.1 Definition. *Es sei* X *ein metrischer Raum.*
a) *Eine Folge* $(x_n) \subseteq X$ *heißt* Cauchy-Folge, *falls gilt:*

$$\forall\, \varepsilon > 0 \;\exists\, n_0 \in \mathbb{N} \;\forall\, n, m \geq n_0 \;:\; d(x_n, x_m) < \varepsilon. \tag{1}$$

b) X *heißt* **vollständig**, *wenn jede Cauchy-Folge in* X *konvergiert.*
c) *Ein vollständiger normierter Raum heißt* Banachraum.

Wegen $d(x_n, x_m) \leq d(x_n, x) + d(x, x_m)$ sind konvergente Folgen natürlich stets Cauchy-Folgen.

5.2 Beispiele. a) Nach Theorem I. 6.7 ist $\mathbb{R}$ vollständig.
b) Auch $\mathbb{R}^n$ ist bzgl. der Euklidischen oder einer der ℓ_p-Normen vollständig. Ist nämlich $(x_j) = (x_{j\nu})$ eine Cauchy-Folge in $\mathbb{R}^n$, so sind für alle $\nu = 1, \ldots, n$ wegen $|x_{j\nu} - x_{k\nu}| \leq \|x_j - x_k\|$ die Komponenten $(x_{j\nu})$ Cauchy-Folgen in $\mathbb{R}$. Somit existieren die Grenzwerte $x_\nu := \lim\limits_{j \to \infty} x_{j\nu} \in \mathbb{R}$, und für $x := (x_1, \ldots, x_n) \in \mathbb{R}^n$ gilt dann $\|x_j - x\| \to 0$ aufgrund von Feststellung 2.5.
c) Auch $\mathbb{C}^n \cong \mathbb{R}^{2n}$ ist bzgl. einer der ℓ_p-Normen vollständig.
d) Wie in b) zeigt man, daß für vollständige metrische Räume $X_1, \ldots, X_n$ auch das *Produkt* $X = X_1 \times \ldots \times X_n$ (bzgl. $d = d_\infty$) vollständig ist.
e) In einem diskreten metrischen Raum X ist jede Cauchy-Folge ab einem Index $n_0 \in \mathbb{N}$ konstant und somit konvergent. X ist also vollständig.   □

Eine *Teilmenge* A eines metrischen Raumes (X, d) heißt vollständig, wenn der Raum (A, d) vollständig ist.

5.3 Feststellung. *Es seien* X *ein metrischer Raum und* $A \subseteq X$.
a) *Ist* X *vollständig und* A *abgeschlossen in* X, *so ist auch* A *vollständig.*
b) *Ist* A *vollständig, so ist* A *abgeschlossen in* X.

BEWEIS. a) Eine Cauchy-Folge (a_n) in A ist auch eine Cauchy-Folge in X. Da X vollständig ist, existiert $x := \lim\limits_{n \to \infty} a_n \in X$, und man hat $x \in \overline{A} = A$ aufgrund von (4.4).
b) Es sei $x \in \overline{A}$. Nach (4.4) gibt es eine Folge $(a_n) \subseteq A$ mit $a_n \to x$. Dann ist (a_n) Cauchy-Folge in X, also auch in A. Da A vollständig ist, existiert $\lim\limits_{n \to \infty} a_n = a \in A$, und es folgt $x = a \in A$.   ◇

5.4 Beispiele und Bemerkungen. a) Die metrischen Räume $\mathbb{Q}$ oder $(0, 1)$ sind nicht vollständig, da sie in $\mathbb{R}$ nicht abgeschlossen sind.
b) Für $k \in \mathbb{N}$ ist nach dem *Weierstraßschen Approximationssatz* I. 40.12* der Raum $C^k[a, b]$ in $(C[a, b], \|\; \|_{\sup})$ dicht und daher nicht abgeschlossen (vgl. auch Beispiel I. 22.13 a) für $k = 1$); somit ist also $(C^k[a, b], \|\; \|_{\sup})$

nicht vollständig. Dagegen ist $C^k[a,b]$ vollständig unter der C^k-Norm (2.24), vgl. Aufgabe 5.2.

c) Im Gegensatz zur Abgeschlossenheit (vgl. Bemerkung 4.4 f)) ist die Eigenschaft der *Vollständigkeit* ein *absoluter* Begriff, d. h. sie hängt nur vom Raum selbst und nicht von einem diesen enthaltenden Oberraum ab. Nach Feststellung 5.3 b) sind vollständige metrische Räume *in jedem metrischen Oberraum abgeschlossen.*   □

Das folgende Resultat wurde im wesentlichen bereits in Abschnitt I. 14 gezeigt:

5.5 Satz. *a) Der Raum* $\mathcal{B}(M,\mathbb{K})$ *der beschränkten Funktionen auf einer Menge* M *ist unter der* sup *-Norm vollständig, also ein* Banachraum.
b) Der Raum $\mathcal{C}[a,b]$ *der stetigen Funktionen auf einem kompakten Intervall* $[a,b]$ *ist unter der* sup *-Norm vollständig, also ein* Banachraum.

BEWEIS. a) Es sei (f_n) eine Cauchy-Folge in $\mathcal{B}(M)$. Für festes $x \in M$ gilt $|f_n(x) - f_m(x)| \leq \|f_n - f_m\|$, und daher ist $(f_n(x))$ eine Cauchy-Folge in $\mathbb{K}$. Diese ist konvergent, und man definiert $f \in \mathcal{F}(M)$ durch $f(x) := \lim\limits_{n\to\infty} f_n(x)$, $x \in M$. Da (f_n) eine Cauchy-Folge bezüglich der sup-Norm ist, gilt

$$\forall\, \varepsilon > 0 \;\exists\, n_0 \in \mathbb{N} \;\forall\, n,m \geq n_0 \;\forall\, x \in M \;:\; |f_n(x) - f_m(x)| < \varepsilon.$$

Für festes x und n liefert dann $m \to \infty$ auch $|f_n(x) - f(x)| \leq \varepsilon$, und daraus folgt $\|f_n - f\| \leq \varepsilon$ für $n \geq n_0$. Insbesondere ist $f - f_n \in \mathcal{B}(M)$ und dann auch $f = (f - f_n) + f_n \in \mathcal{B}(M)$.

b) Nach Satz 3.9 ist $\mathcal{C}[a,b]$ in $\mathcal{B}[a,b]$ *abgeschlossen;* die Behauptung folgt also aus a) und Feststellung 5.3 a).   ◇

5.6 Beispiel. Es wird nun gezeigt, daß $\mathcal{C}[0,1]$ mit der $\mathcal{L}_1$-Norm (2.25) *nicht vollständig* ist. Für $0 < \alpha < 1$ und

$$f_n(x) := \begin{cases} n^{1+\alpha}x & , \;\; 0 \leq x \leq \frac{1}{n} \\ x^{-\alpha} & , \;\; \frac{1}{n} \leq x \leq 1 \end{cases} \;, \quad n \in \mathbb{N},$$

hat man für $m \geq n$ die Abschätzung (vgl. Abb. 5a)

$$\|f_n - f_m\|_1 \;=\; \int_0^{1/n}(f_m(x) - f_n(x))\,dx \;\leq\; \tfrac{1}{2}\tfrac{m^\alpha}{m} + \int_{1/m}^{1/n} x^{-\alpha}\,dx$$

$$\leq\; \tfrac{1}{2}n^{\alpha-1} + \tfrac{x^{1-\alpha}}{1-\alpha}\Big|_{1/m}^{1/n} \;\leq\; (\tfrac{1}{2} + \tfrac{1}{1-\alpha})\,n^{\alpha-1}\,.$$

Wegen $\alpha < 1$ ist (f_n) eine Cauchy-Folge in $(\mathcal{C}[0,1], \|\;\|_1)$. Der punktweise Grenzwert $f(x) := \begin{cases} x^{-\alpha} & , \;\; x > 0 \\ 0 & , \;\; x = 0 \end{cases}$ ist auf $[0,1]$ offenbar unbeschränkt und daher sicher unstetig. Dies impliziert nicht unmittelbar die Divergenz der Folge (f_n) in $(\mathcal{C}[0,1], \| \ \|_1)$ (vgl. Aufgabe 2.5 c)); diese läßt sich jedoch leicht indirekt beweisen: Es sei $g \in \mathcal{C}[0,1]$ beliebig und $C := \| g \|_{\sup}$. Es gibt $\delta > 0$ mit $(2\delta)^{-\alpha} > C + 1$, und für $\frac{1}{n} \le \delta$ hat man (vgl. Abb. 5b)

$$\| f_n - g \|_1 \ge \int_\delta^{2\delta} | x^{-\alpha} - g(x) | \, dx \ge \int_\delta^{2\delta} (x^{-\alpha} - C) \, dx \ge \delta.$$

Folglich kann (f_n) keinen $\mathcal{L}_1$-Limes in $\mathcal{C}[0,1]$ haben. Das Argument zeigt auch, daß (f_n) keinen $\mathcal{L}_1$-Limes in $\mathcal{R}[0,1]$ hat.   □

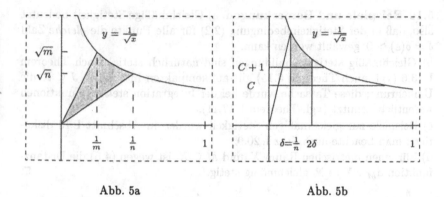

Abb. 5a   Abb. 5b

Es werden nun die Bilder von Cauchy-Folgen unter stetigen Abbildungen untersucht; in diesem Zusammenhang sind die in den folgenden Definitionen 5.7 und 5.9 eingeführten Begriffe interessant:

5.7 Definition. *Es seien X, Y metrische Räume.*
a) Eine Abbildung $i : X \mapsto Y$ mit $d(i(x_1), i(x_2)) = d(x_1, x_2)$ für alle $x_1, x_2 \in X$ heißt Isometrie.
b) X und Y heißen isometrisch, *wenn es eine Isometrie von X auf Y gibt.*
c) X und Y heißen homöomorph, *wenn es eine Bijektion $f : X \mapsto Y$ gibt, so daß f und f^{-1} stetig sind. Die Abbildung f heißt dann* Homöomorphie.

Offenbar bilden Isometrien Cauchy-Folgen wieder in Cauchy-Folgen ab; daher bleibt die *Vollständigkeit* unter *Isometrien erhalten*. Dies gilt *nicht* für stetige Abbildungen und Homöomorphien:

5.8 Beispiele. a) Die Funktion $g : (0,1) \mapsto \mathbb{R}$, $f(x) = \cos \frac{1}{x}$, ist stetig und beschränkt (vgl. Abb. I. 24f). Es ist $(\frac{1}{n\pi})$ eine Cauchy-Folge in $(0,1)$, aber trotzdem ist $(g(\frac{1}{n\pi}) = (-1)^n)$ keine Cauchy-Folge in $\mathbb{R}$.

b) Die Abbildung arctan : $\mathbb{R} \mapsto (-\frac{\pi}{2}, \frac{\pi}{2})$ ist eine Homöomorphie; arctan und tan sind sogar C^∞-Funktionen. Trotzdem ist $\mathbb{R}$ vollständig, $(-\frac{\pi}{2}, \frac{\pi}{2})$ aber nicht. Der Cauchy-Folge $(\frac{\pi}{2} - \frac{1}{n})$ in $(-\frac{\pi}{2}, \frac{\pi}{2})$ etwa entspricht in $\mathbb{R}$ die unbeschränkte Folge $\tan(\frac{\pi}{2} - \frac{1}{n})$. $\qquad\square$

5.9 Definition. *Es seien* X, Y *metrische Räume. Eine Abbildung* $f : X \mapsto Y$ *heißt gleichmäßig stetig auf* X, *falls folgendes gilt:*

$$\forall\, \varepsilon > 0 \; \exists\, \delta > 0 \; \forall\, x_1, x_2 \in X \; : \; d(x_1, x_2) < \delta \;\Rightarrow\; d(f(x_1), f(x_2)) < \varepsilon. \quad (2)$$

5.10 Beispiele und Bemerkungen. a) Gleichmäßige Stetigkeit bedeutet also, daß in der Stetigkeitsbedingung (2.2) für alle Punkte die *gleiche* Zahl $\delta = \delta(\varepsilon) > 0$ gewählt werden kann.

b) Gleichmäßig stetige Abbildungen sind natürlich stetig. Nach Theorem I.13.6 (vgl. auch Theorem 6.15) gilt auf kompakten Intervallen $J \subseteq \mathbb{R}$ die Umkehrung; diese Tatsache wurde bei der Integration stetiger Funktionen wesentlich benutzt (vgl. Theorem I.17.11).

c) Beispiele zur gleichmäßigen Stetigkeit wurden in Abschnitt I.13 diskutiert; man beachte auch Satz I.20.9.

d) Für einen metrischen Raum X und $M \subseteq X$ ist wegen (4.6) die Distanzfunktion $d_M : X \mapsto \mathbb{R}$ gleichmäßig stetig. $\qquad\square$

5.11 Satz. *a) Es sei* $f : X \mapsto Y$ *gleichmäßig stetig auf* X. *Für eine Cauchy-Folge* $(x_n) \subseteq X$ *ist dann* $(f(x_n))$ *eine Cauchy-Folge in* Y.

b) Es sei $f : X \mapsto Y$ *eine Homöomorphie, so daß* f *und* f^{-1} *sogar gleichmäßig stetig sind. Dann ist* X *genau dann vollständig, wenn dies auf* Y *zutrifft.*

BEWEIS. a) Zu $\varepsilon > 0$ wählt man $\delta > 0$ gemäß (2). Gilt dann $d(x_n, x_m) < \delta$ für $n, m \geq n_0$, so folgt sofort $d(f(x_n), f(x_m)) < \varepsilon$ für diese n, m.

b) Es sei Y vollständig und $(x_n) \subseteq X$ eine Cauchy-Folge. Nach a) ist dann $(f(x_n))$ eine Cauchy-Folge in Y und somit konvergent. Da f^{-1} stetig ist, ist auch $(x_n) = (f^{-1}(f(x_n)))$ konvergent. Die Umkehrung folgt genauso. $\diamond$

Die Vollständigkeit normierter Räume E kann mit Hilfe von **Reihen** charakterisiert werden. Diese werden wie in Abschnitt I.31 definiert:

5.12 Definition. *a) Für eine Folge* (a_k) *in einem normierten Raum* E *heißt* $\sum a_k$ *unendliche Reihe, kurz: Reihe.*[4]

---

[4]Formal betrachtet, ist $\sum a_k$ nichts anderes als die Folge (s_n).

b) *Eine Reihe* $\sum a_k$ *heißt* konvergent, *falls die Folge der* Partialsummen $(s_n := \sum\limits_{k=1}^{n} a_k)$ *konvergiert. In diesem Fall heißt*

$$\sum_{k=1}^{\infty} a_k := s := \lim_{n\to\infty} s_n \tag{3}$$

die Summe *der Reihe. Nicht konvergente Reihen heißen* divergent.

c) *Eine Reihe* $\sum a_k$ *heißt* absolut konvergent, *falls* $\sum\limits_{k=1}^{\infty} \| a_k \| < \infty$ *gilt.*

5.13 Feststellung. *In einem* Banachraum *E ist jede absolut konvergente Reihe $\sum a_k$ konvergent.*

BEWEIS. Für $m > n$ gilt $\| s_m - s_n \| = \| \sum\limits_{k=n+1}^{m} a_k \| \le \sum\limits_{k=n+1}^{m} \| a_k \|$; wegen $\sum\limits_{k=1}^{\infty} \| a_k \| < \infty$ ist (s_n) eine Cauchy-Folge in E und damit konvergent. $\diamond$

Für die Umkehrung dieser Aussage wird ein Lemma über Cauchy-Folgen mit konvergenter Teilfolge benötigt. Wie in Abschnitt I.12 erklärt man:

5.14 Definition. *Es seien $f = (x_n)$ eine Folge in einer Menge M und $\varphi : \mathbb{N} \mapsto \mathbb{N}$ eine streng monoton wachsende Abbildung. Dann heißt die Komposition $f \circ \varphi$ Teilfolge von f. Man schreibt $n_j := \varphi(j)$ und (x_{n_j}) für $f \circ \varphi$.*

5.15 Lemma. *Gegeben sei eine Cauchy-Folge (x_n) in einem metrischen Raum X. Hat (x_n) eine konvergente Teilfolge $x_{n_j} \to x \in X$, so konvergiert auch (x_n) selbst gegen x.*

BEWEIS. Zu $\varepsilon > 0$ gibt es $n_0 \in \mathbb{N}$ mit $d(x_n, x_m) < \varepsilon$ für $n, m \ge n_0$ und $j_0 \in \mathbb{N}$ mit $d(x_{n_j}, x) < \varepsilon$ für $j \ge j_0$. Man wählt dann $m = n_j$ mit $j \ge \max\{j_0, n_0\}$ und erhält $d(x_n, x) \le d(x_n, x_{n_j}) + d(x_{n_j}, x) < 2\varepsilon$ für $n \ge n_0$. $\diamond$

5.16 Satz. *Ein normierter Raum E ist genau dann vollständig, wenn in E jede absolut konvergente Reihe konvergiert.*

BEWEIS. Zu zeigen ist nur noch „$\Leftarrow$": Es sei (s_n) eine Cauchy-Folge in E. Zu $\varepsilon := 2^{-j}$ gibt es dann $n_j \in \mathbb{N}$ mit $\| s_n - s_m \| \le 2^{-j}$ für $n, m \ge n_j$. Man kann $n_j > n_{j-1}$ annehmen. Es sei nun $a_1 := s_{n_1}$ und $a_k := s_{n_k} - s_{n_{k-1}}$ für $k \ge 2$; dann gilt

$$s_{n_j} = \sum_{k=1}^{j} a_k \quad \text{für alle } j \in \mathbb{N}.$$

Nach Konstruktion gilt $\| a_k \| \leq 2^{-(k-1)}$, also $\sum_{k=1}^{\infty} \| a_k \| < \infty$. Nach Voraussetzung ist dann (s_{n_j}) in E konvergent, und nach Lemma 5.15 ist somit auch (s_n) konvergent.   ◇

Aufgaben

5.1 Für eine Teilmenge J eines metrischen Raumes X bezeichne $\Delta(J) := \sup \{ d(x, y) \mid x, y \in J \} (\in [0, \infty])$ den *Durchmesser* von J.
Man beweise die Äquivalenz der Vollständigkeit von X zu dem folgenden *„Intervallschachtelungsprinzip"*:
Es sei $(J_n) \subseteq X$ eine Folge abgeschlossener Mengen mit $J_n \supseteq J_{n+1}$ für $n \in \mathbb{N}$ und $\Delta(J_n) \to 0$. Dann existiert $x \in \bigcap_{n=1}^{\infty} J_n$.

5.2 Für $k \in \mathbb{N}$ zeige man die Vollständigkeit von $(\mathcal{C}^k[a, b], \| \ \|_{\mathcal{C}^k})$.

5.3 Es sei F ein normierter Raum. Eine Funktion $f : M \mapsto F$ heißt *beschränkt*, falls $f(M)$ in F beschränkt ist (vgl. Aufgabe 2.4). Man zeige:
a) Auf dem Vektorraum $\mathcal{B}(M, F)$ aller auf M *beschränkten F-wertigen Funktionen* wird durch

$$\| f \|_{\mathrm{sup}} := \| f \|_{\infty} := \| f \|_M := \sup_{x \in M} \| f(x) \|_F \tag{4}$$

eine Norm erklärt, die die gleichmäßige Konvergenz auf $\mathcal{B}(M, F)$ beschreibt.
b) Ist F vollständig, so gilt dies auch für $(\mathcal{B}(M, F), \| \ \|_{\mathrm{sup}})$.

5.4 Man zeige, daß $f : X \mapsto Y$ genau dann gleichmäßig stetig ist, falls für zwei Folgen (x_n), $(y_n) \subseteq X$ gilt: $d(x_n, y_n) \to 0 \Rightarrow d(f(x_n), f(y_n)) \to 0$.

6   Konvergente Teilfolgen und Kompaktheit

Aufgabe: Man beweise den Satz von Bolzano-Weierstraß für Folgen im $\mathbb{R}^n$. Gilt dieser auch für Folgen in dem Funktionenraum $(\mathcal{C}[0, 1], \| \ \|_{\mathrm{sup}})$?

Eines der wichtigsten Ergebnisse zur Konvergenz von Folgen in $\mathbb{R}$ ist der Satz von Bolzano-Weierstraß. Die in der Analysis oft verwendete Auswahl konvergenter Teilfolgen ist allgemeiner in *„kompakten"* metrischen Räumen möglich:

6.1 Definition. *Ein metrischer Raum* X *heißt* folgenkompakt, *kurz* kompakt, *wenn jede Folge in* X *eine in* X *konvergente Teilfolge besitzt.*

6.2 Beispiele und Bemerkungen. a) Wie Vollständigkeit ist auch Kompaktheit ein *absoluter* Begriff. Eine Teilmenge K eines metrischen Raumes (X, d) heißt kompakt, wenn dies auf den metrischen Raum (K, d) zutrifft.

b) Eine abgeschlossene und beschränkte Menge $K \subseteq \mathbb{R}$ ist kompakt: Eine Folge $(x_n) \subseteq K$ ist beschränkt, hat also nach dem Satz von Bolzano-Weierstraß eine konvergente Teilfolge $x_{n_j} \to x \in \mathbb{R}$, und wegen der Abgeschlossenheit von K gilt $x \in K$.

c) Insbesondere sind *kompakte Intervalle* $J = [a, b] \subseteq \mathbb{R}$ kompakt; ein komplizierteres Beispiel ist etwa die Cantor-Menge C aus 4.7 c).   □

6.3 Feststellung. *a) Ein kompakter metrischer Raum ist vollständig und somit in jedem Oberraum abgeschlossen.*

b) Es sei X *ein kompakter metrischer Raum. Eine Teilmenge* $A \subseteq X$ *ist genau dann kompakt, wenn* A *in* X *abgeschlossen ist.*

BEWEIS. a) folgt sofort aus Lemma 5.15 und Feststellung 5.3 b).
b) „⇒" folgt aus a), und „⇐" ergibt sich wie in Beispiel 6.2 b).   ◇

Für Teilmengen *normierter* Räume hat man einen natürlichen *Beschränktheitsbegriff* (vgl. Aufgabe 2.4):

6.4 Definition. *Es sei* F *ein normierter Raum.*
a) Eine Menge $B \subseteq F$ *heißt* beschränkt, *wenn es* $C > 0$ *mit* $\|x\| \leq C$ *für alle* $x \in B$ *gibt.*
b) Eine Funktion $f : M \mapsto F$ *heißt* beschränkt, *falls* $f(M) \subseteq F$ *beschränkt ist.*

Man beachte, daß dieser Beschränktheitsbegriff *nicht* ohne weiteres auf *metrische* Räume übertragbar ist; für die Metrik d^* aus Aufgabe 2.7 etwa gilt $d^*(x, y) \leq 1$ für *alle* $x, y \in X$ (vgl. aber Definition 16.4 e)).

6.5 Feststellung. *a) Kompakte Teilmengen* $K \subseteq E$ *normierter Räume sind beschränkt und abgeschlossen.*
b) Kompakte Mengen $K \subseteq \mathbb{R}$ *besitzen ein Maximum und ein Minimum.*

BEWEIS. a) Ist K nicht beschränkt, so gibt es zu $n \in \mathbb{N}$ ein $x_n \in K$ mit $\|x_n\| > n$; die Folge $(x_n) \subseteq K$ hat dann keine konvergente Teilfolge. Nach Feststellung 6.3 b) ist K auch abgeschlossen.

b) Es sei $s := \sup K$. Nach Feststellung I. 9.3 existiert eine Folge $(x_n) \subseteq K$ mit $x_n \to s$. Da K abgeschlossen ist, folgt $s \in K$ und somit $s = \max K$. Die Existenz des Minimums ergibt sich genauso. $\Diamond$

Wie in $\mathbb{R}$ gilt die Umkehrung von Feststellung 6.5 a) auch im $\mathbb{K}^n$ (zunächst bezüglich jeder ℓ_p-Norm, aufgrund von Satz 6.13 dann bezüglich *jeder* Norm auf $\mathbb{K}^n$). Zum Beweis wird zunächst gezeigt:

6.6 Feststellung. *Es seien X, Y metrische Räume. Das Produkt $X \times Y$ ist genau dann kompakt, wenn X und Y kompakt sind.*

BEWEIS. „$\Rightarrow$": Es sei $(x_n) \subseteq X$ eine Folge. Für ein beliebig gewähltes $y_0 \in Y$ hat dann die Folge $(x_n, y_0) \subseteq X \times Y$ eine konvergente Teilfolge $(x_{n_j}, y_0) \to (x_0, y_0) \in X \times Y$, und man hat $x_{n_j} \to x_0$ in X. Genauso ergibt sich die Kompaktheit von Y.

„$\Leftarrow$": Es sei $(x_n, y_n) \subseteq X \times Y$ eine Folge. Die Folge $(x_n) \subseteq X$ hat eine konvergente Teilfolge $x_{n_j} \to x \in X$; dann hat auch die Folge $(y_{n_j}) \subseteq Y$ eine konvergente Teilfolge $y_{n_{j_k}} \to y \in Y$. Insgesamt ergibt sich daraus $(x_{n_{j_k}}, y_{n_{j_k}}) \to (x, y)$ in $X \times Y$. $\Diamond$

6.7 Satz. *Eine Menge $K \subseteq \mathbb{K}^n$ ist genau dann kompakt, wenn sie beschränkt und abgeschlossen ist.*

BEWEIS. Es ist nur noch „$\Leftarrow$" zu zeigen. Wegen $\mathbb{C}^n \cong \mathbb{R}^{2n}$ kann man $\mathbb{K} = \mathbb{R}$ annehmen. Da K in $\mathbb{R}^n$ beschränkt ist, gibt es $L > 0$ mit $K \subseteq [-L, L]^n$. Da K in $[-L, L]^n$ abgeschlossen ist, ist nach Feststellung 6.3 b) nur die Kompaktheit von $[-L, L]^n$ zu zeigen; diese ergibt sich aber sofort induktiv mittels Feststellung 6.6 aus Beispiel 6.2 c). $\Diamond$

6.8 Folgerung (Bolzano-Weierstraß). *Jede beschränkte Folge im $\mathbb{K}^n$ besitzt eine konvergente Teilfolge.*

Satz 6.7 und Folgerung 6.8 gelten *nicht* in *unendlichdimensionalen* normierten Räumen E, vgl. Aufgabe 11.7. In Theorem 11.7 werden die kompakten Teilmengen des Raumes $E = (\mathcal{C}[a, b], \| \ \|_{\sup})$ charakterisiert.

6.9 Beispiele. a) Abgeschlossene *Quader* $Q := \prod_{k=1}^{n} [a_k, b_k]$ im $\mathbb{R}^n$ sind *kompakt,* ebenso auch abgeschlossene *Kugeln* $\overline{K}_r(a)$, $0 < r < \infty$, im $\mathbb{K}^n$; nach Satz 6.13 unten können diese Kugeln bezüglich *irgendeiner* Norm auf $\mathbb{K}^n$ gebildet werden.

b) Für $a < b \in \mathbb{R}$ sind die *Streifen*

$$S_{a,b} := \{(x,y) \in \mathbb{R}^2 \mid a \le x + y \le b\}$$

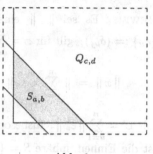

in $\mathbb{R}^2$ abgeschlossen, aber nicht beschränkt, also auch *nicht kompakt;* dies gilt auch für die *Quadranten*

$$Q_{c,d} := \{(x,y) \in \mathbb{R}^2 \mid x \ge c, y \ge d\}$$

mit $c,d \in \mathbb{R}$. Für $(x,y) \in S_{a,b} \cap Q_{c,d}$ gilt
$c \le x \le b-d$ und $d \le y \le b-c$; die Durch-

Abb. 6a

schnitte $S_{a,b} \cap Q_{c,d}$ sind also beschränkt und abgeschlossen und somit *kompakt* (vgl. Abb. 6a). □

Es werden nun *stetige Funktionen auf kompakten Räumen* untersucht.

6.10 Theorem. *Es seien X, Y metrische Räume und $f : X \mapsto Y$ stetig. Ist X kompakt, so auch $f(X) \subseteq Y$.*

BEWEIS. Es sei $(y_n) \subseteq f(X)$ eine Folge. Man wählt $x_n \in X$ mit $f(x_n) = y_n$. Da X kompakt ist, hat (x_n) eine Teilfolge $x_{n_j} \to x \in X$. Da f stetig ist, folgt $y_{n_j} = f(x_{n_j}) \to f(x) \in f(X)$ und somit die Behauptung.   ◇

Theorem I. 13.1 kann nun folgendermaßen verallgemeinert werden:

6.11 Folgerung. *Es seien X ein kompakter metrischer Raum, F ein normierter Raum und $f : X \mapsto F$ stetig. Dann ist f beschränkt. Im Fall $F = \mathbb{R}$ besitzt f ein Maximum und ein Minimum, d. h. es gilt:*

$$\exists\, x_1, x_2 \in X \;\; \forall\, x \in X : \; f(x_1) \le f(x) \le f(x_2)\,. \tag{1}$$

BEWEIS. Da $f(X)$ nach Theorem 6.10 kompakt ist, ergibt sich die Behauptung aus Folgerung 6.5.   ◇

6.12 Bemerkung. Nach Folgerung 6.11 ist also für kompakte Räume X und normierte Räume F der Raum $\mathcal{C}(X, F)$ der *stetigen F-wertigen Funktionen* im Raum $\mathcal{B}(X, F)$ der *beschränkten F-wertigen Funktionen* enthalten, und nach Satz 3.9 ist $\mathcal{C}(X, F)$ in $(\mathcal{B}(X, F), \|\ \|_{\sup})$ abgeschlossen. Mit F sind dann auch $\mathcal{B}(X, F)$ und $\mathcal{C}(X, F)$ *Banachräume* (vgl. Satz 5.5 und Aufgabe 5.3). Im folgenden wird, sofern nichts anderes gesagt ist, auf $\mathcal{B}(X, F)$ und $\mathcal{C}(X, F)$ immer die Supremums-Norm verwendet.   □

Folgerung 6.11 erlaubt den Beweis des folgenden Resultats:

6.13 Satz. *Alle Normen auf $\mathbb{K}^n$ sind äquivalent.*

BEWEIS. Es sei $\| \quad \|$ eine Norm auf $\mathbb{K}^n$. Mit den *Einheitsvektoren*
$\{e_\nu\} := (\delta_{\nu j})_j$ gilt für $x = \sum\limits_{\nu=1}^{n} x_\nu e_\nu \in \mathbb{K}^n$ die Abschätzung

$$\| x \| = \| \sum_{\nu=1}^{n} x_\nu e_\nu \| \leq \sum_{\nu=1}^{n} |x_\nu| \| e_\nu \| \leq C \| x \|_\infty$$

mit $C = \sum\limits_{\nu=1}^{n} \| e_\nu \|$. Insbesondere ist $\| \quad \| : \ell_\infty^n \mapsto \mathbb{R}$ stetig. Nach Satz 6.7 a)
ist die Einheitssphäre $S = \{ x \in \mathbb{K}^n \mid \| x \|_\infty = 1 \}$ *kompakt* in ℓ_∞^n. Wegen
$\| \quad \| > 0$ auf S gibt es nach Folgerung 6.11 ein $\alpha > 0$ mit $\| y \| \geq \alpha$ für
alle $y \in S$. Ist nun $0 \neq x \in \mathbb{K}^n$, so gilt $\frac{x}{\| x \|_\infty} \in S$, also $\| \frac{x}{\| x \|_\infty} \| \geq \alpha$ und
damit $\| x \| \geq \alpha \| x \|_\infty$.   ◇

Das folgende Resultat zur *Stetigkeit von Umkehrabbildungen* verallgemeinert
Satz I. 9.10:

6.14 Theorem. *Es seien X, Y metrische Räume und X kompakt.
Ist $f : X \to Y$ stetig und injektiv, so ist auch die Umkehrabbildung
$f^{-1} : f(X) \to X$ stetig.*

BEWEIS. Es sei $A \subseteq X$ abgeschlossen. Nach Satz 4.14 ist zu zeigen, daß
$(f^{-1})^{-1}(A) = f(A)$ in $f(X)$ abgeschlossen ist. Nun ist aber A nach Feststellung 6.3 a) *kompakt,* und nach Theorem 6.10 gilt dies auch für $f(A)$.
Somit folgt die Behauptung aus Feststellung 6.3 b).   ◇

Man hat die folgende wichtige Verallgemeinerung von Theorem I. 13.6, die
genauso wie in diesem früheren Spezialfall gezeigt werden kann:

6.15 Theorem. *Es seien X, Y metrische Räume, X kompakt und
$f : X \mapsto Y$ stetig. Dann ist f gleichmäßig stetig.*

BEWEIS. Ist (5.2) nicht richtig, so gilt

$$\exists\, \varepsilon > 0 \,\forall\, n \in \mathbb{N} \,\exists\, x_n, y_n \in X \;:\; d(x_n, y_n) < \tfrac{1}{n}, \quad d(f(x_n), f(y_n)) \geq \varepsilon.$$

Nun hat (x_n) eine Teilfolge $x_{n_j} \to a \in X$; wegen $d(x_n, y_n) < \tfrac{1}{n}$ gilt auch
$y_{n_j} \to a$. Da f in a stetig ist, gilt $f(x_{n_j}) \to f(a)$ und auch $f(y_{n_j}) \to f(a)$,
und man erhält den Widerspruch

$$d(f(x_{n_j}), f(y_{n_j})) \leq d(f(x_{n_j}), f(a)) + d(f(a), f(y_{n_j})) \to 0.\qquad ◇$$

Der Satz I. 14.19* von Dini gilt über kompakten metrischen Räumen. Er soll
in Band 3 bei der Konstruktion des Lebesgue-Integrals verwendet werden:

6.16 Satz (Dini). *Es seien* X *ein kompakter metrischer Raum und* $(f_n) \subseteq C(X, \mathbb{R})$ *eine Funktionenfolge mit* $f_1 \le f_2 \le \dots \le f$ *und* $f_n \to f$ *punktweise auf* X. *Gilt* $f \in C(X, \mathbb{R})$, *so konvergiert* (f_n) *gleichmäßig auf* X *gegen* f.

BEWEIS. Nach Folgerung 6.11 gilt $\delta_n := \| f - f_n \| = f(x_n) - f_n(x_n)$ für geeignete Punkte $(x_n) \subseteq X$. Wegen $\delta_n \le f(x_n) - f_{n-1}(x_n) \le \delta_{n-1}$ ist die Folge (δ_n) monoton fallend. Ist (δ_n) keine Nullfolge, so gibt es daher $\varepsilon > 0$ mit $\delta_n \ge \varepsilon$ für alle $n \in \mathbb{N}$. Es sei nun $m \in \mathbb{N}$ beliebig, aber fest gewählt. Für $n \ge m$ gilt $f_n \ge f_m$, und somit folgt

$$f(x_n) - f_m(x_n) \ge f(x_n) - f_n(x_n) = \delta_n \ge \varepsilon \quad \text{für} \ n \ge m. \qquad (2)$$

Nun hat (x_n) eine konvergente Teilfolge $x_{n_j} \to x \in X$. Da f und f_m stetig sind, liefert $n = n_j$ und $j \to \infty$ in (2) auch $f(x) - f_m(x) \ge \varepsilon$. Dies widerspricht aber der Voraussetzung $\lim\limits_{m \to \infty} f_m(x) = f(x)$. ◇

Natürlich gilt eine analoge Aussage für monoton fallende Funktionenfolgen. Ein direkter Beweis des Satzes von Dini folgt in Beispiel 10.6.

Aufgaben

6.1 Man zeige, daß ein metrischer Raum X genau dann kompakt ist, wenn jede unendliche Menge $M \subseteq X$ einen Häufungspunkt besitzt.

6.2 Es seien X ein metrischer Raum und $A, B \subseteq X$ kompakt. Man zeige, daß auch $A \cap B$ und $A \cup B$ kompakt sind.

6.3 Es seien X, Y metrische Räume und $A \subseteq X \times Y$ kompakt. Man zeige $A \subseteq K \times L$ für geeignete kompakte Mengen $K \subseteq X$ und $L \subseteq Y$.

6.4 Die *Summe* von Teilmengen A, B eines Vektorraums wird definiert durch $A + B := \{ a + b \mid a \in A, \, b \in B \}$.
Es seien E ein normierter Raum und $A \subseteq E$ kompakt. Man zeige, daß für abgeschlossene bzw. kompakte Mengen $B \subseteq E$ auch $A + B$ abgeschlossen bzw. kompakt ist. Ist auch die Summe zweier abgeschlossener Mengen wieder abgeschlossen?

6.5 Es sei X ein metrischer Raum. Die *Distanz* zweier Mengen $A, B \subseteq X$ wird erklärt durch

$$d(A, B) := \inf \{ d(x, y) \mid x \in A, \, y \in B \}.$$

a) Es seien A abgeschlossen, B kompakt und $A \cap B = \emptyset$. Man zeige $d(A, B) > 0$.

b) Man finde abgeschlossene disjunkte Mengen $A, B \subseteq \mathbb{R}^2$ mit $d(A, B) = 0$.

6.6 Für den Durchmesser eines kompakten metrischen Raumes X zeige man $\Delta(X) = d(x_0, x_1)$ für geeignete $x_0, x_1 \in X$ (vgl. Aufgabe 5.1).

6.7 Gilt Theorem 6.14 für beliebige Räume X?

6.8 Man zeige, daß der Satz von Dini nicht mehr gilt, wenn eine der drei Bedingungen „X kompakt", „f stetig" oder „Konvergenz ist monoton" weggelassen wird.

7   Stetige lineare Abbildungen

In diesem Abschnitt werden *lineare Abbildungen* oder *lineare Operatoren* zwischen *normierten Räumen* und ihre Stetigkeitseigenschaften untersucht, im endlichdimensionalen Fall auch *Matrizen* und *Matrizennormen*. Es wird ein abstrakter *Fortsetzungssatz* formuliert, der die wesentlichen Elemente der *Integralkonstruktion* aus Abschnitt I. 17 klar herausstellt und in Band 3 auch zur *Konstruktion des Lebesgue-Integrals* verwendet wird.

Eine Abbildung $T : E \mapsto F$ zwischen Vektorräumen heißt *linear*, falls $T(\alpha x + y) = \alpha T(x) + T(y)$ für $x, y \in E$ und $\alpha \in \mathbb{K}$ gilt. Mit

$$N(T) := \{x \in E \mid T(x) = 0\} \subseteq E, \quad R(T) := \{T(x) \mid x \in E\} \subseteq F \qquad (1)$$

werden *Kern* und *Bild* von T bezeichnet.

7.1 Satz. *Es seien E, F normierte Räume und $T : E \mapsto F$ linear. Dann sind äquivalent:*

(a) $\exists\, C \geq 0 \;\forall\, x \in E:\; \|T(x)\| \leq C\,\|x\|$.

(b) T ist gleichmäßig stetig auf E.

(c) T ist in 0 stetig.

(d) Es gilt $\|T\| := \sup\limits_{\|x\| \leq 1} \|T(x)\| < \infty$.

BEWEIS. „$(a) \Rightarrow (b)$": Man hat $\|T(x) - T(y)\| = \|T(x-y)\| \leq C\,\|x-y\|$ aufgrund der Linearität von T; in (5.2) kann also $\delta = \frac{\varepsilon}{C}$ gewählt werden. „$(b) \Rightarrow (c)$" ist klar.
„$(c) \Rightarrow (d)$": Zu $\varepsilon := 1$ gibt es $\delta > 0$ mit $\|x\| \leq \delta \Rightarrow \|T(x)\| \leq 1$. Für $\|x\| \leq 1$ gilt dann $\|\delta x\| \leq \delta$, also $\|T(\delta x)\| \leq 1$ und somit $\|T(x)\| \leq \frac{1}{\delta}$.
„$(d) \Rightarrow (a)$": Für $x \neq 0$ ist $\|\frac{x}{\|x\|}\| = 1$, also $\|T(\frac{x}{\|x\|})\| \leq \|T\|$ und

$$\|T(x)\| \leq \|T\|\,\|x\| \quad \text{für alle } x \in E. \quad \diamond \qquad (2)$$

7.2 Definitionen und Bemerkungen. a) Das in 7.1 (d) definierte Supremum $\|T\|$ heißt *Norm* von T. Nach (2) kann man $C = \|T\|$ in 7.1 (a) nehmen. Gilt umgekehrt 7.1 (a), so folgt $\|T(x)\| \leq C$ für $\|x\| \leq 1$ und somit $\|T\| \leq C$; es ist also $\|T\|$ die minimal mögliche Konstante C in 7.1 (a).

b) Nach Satz 7.1 ist ein linearer Operator $T : E \mapsto F$ genau dann stetig, wenn er beschränkte Teilmengen von E in beschränkte Teilmengen von F abbildet.

c) Für normierte Räume E, F wird mit $L(E, F)$ die Menge aller *stetigen* (oder *beschränkten*) linearen Abbildungen von E nach F bezeichnet; offenbar ist $L(E, F)$ ein Vektorraum über $\mathbb{K}$ (vgl. Aufgabe 2.1). Statt $L(E, E)$ schreibt man einfach $L(E)$. Der Raum $E' := L(E, \mathbb{K})$ heißt *Dualraum* von E, seine Elemente heißen *stetige* oder *beschränkte Linearformen* auf E. $\square$

7.3 Feststellung. *a)* *Für normierte Räume* E, F *wird durch*

$$\|T\| := \|T\|_{L(E,F)} := \sup_{\|x\| \leq 1} \|T(x)\| \tag{3}$$

eine Norm auf $L(E, F)$ *definiert.*

b) *Für normierte Räume* E, F, G *sowie* $T \in L(E, F)$ *und* $S \in L(F, G)$ *gilt* $\|S \circ T\| \leq \|S\| \|T\|$.

BEWEIS. a) Offenbar gilt $\|T\| \geq 0$. Aus $\|T\| = 0$ folgt sofort $\|T(x)\| = 0$, also $T(x) = 0$ für $\|x\| \leq 1$ und dann für alle $x \in E$.

Wegen $\|(\alpha T)(x)\| = |\alpha| \|T(x)\|$ hat man $\|\alpha T\| = |\alpha| \|T\|$ für $\alpha \in \mathbb{K}$.

Aus $\|(T_1 + T_2)(x)\| \leq \|T_1(x)\| + \|T_2(x)\| \leq (\|T_1\| + \|T_2\|) \|x\|$ für $x \in E$ ergibt sich wegen Bemerkung 7.2 a) die Dreiecks-Ungleichung.

b) Für $x \in E$ gilt $\|S(T(x))\| \leq \|S\| \|T(x)\| \leq \|S\| \|T\| \|x\|$, und man verwendet wieder Bemerkung 7.2 a). $\diamond$

Im Fall linearer Operatoren schreibt man einfach ST statt $S \circ T$.

7.4 Beispiele. a) Es sei X ein kompakter metrischer Raum. Für $a \in X$ wird das δ-*Funktional* $\delta_a \in C(X)'$ definiert durch

$$\delta_a(f) := f(a), \quad f \in C(X). \tag{4}$$

Wegen $|\delta_a(f)| = |f(a)| \leq \|f\|$ gilt $\|\delta_a\| \leq 1$, und wegen $|\delta_a(1)| = \|1\|$ hat man $\|\delta_a\| = 1$.

b) Für $b > 0$ ist der lineare *Differentialoperator*

$$D : f \mapsto \tfrac{df}{dx}, \quad f \in C^1[0, b], \tag{5}$$

unstetig als Operator von $(C^1[0,b], \| \ \|_{\text{sup}})$ nach $(C[0,b], \| \ \|_{\text{sup}})$: Für die Funktionenfolge $(f_n(x) := \frac{1}{n} \sin n^2 x)$ in $C^1[0,b]$ gilt $\| f_n \|_{\text{sup}} = \frac{1}{n} \to 0$, aber $\| D(f_n) \|_{\text{sup}} = \| n \cos n^2 x \|_{\text{sup}} = n$. Wegen $\| D(f) \|_{\text{sup}} \le \| f \|_{C^1}$ ist dagegen $D : (C^1[0,b], \| \ \|_{C^1}) \mapsto (C[0,b], \| \ \|_{\text{sup}})$ stetig mit $\| D \| \le 1$. $\square$

Für *endlichdimensionale* Räume und auf diesen definierte lineare Operatoren gilt:

7.5 Satz. *Es seien E, F normierte Räume und* $\dim E = n < \infty$.
a) Es gibt eine lineare Homöomorphie $V : \mathbb{K}^n \mapsto E$.
b) E ist vollständig.
c) Jede lineare Abbildung $T : E \mapsto F$ ist stetig.

BEWEIS. a) Ist $\{v_1, \ldots, v_n\}$ eine *Basis* von E, so wird durch

$$V : (x_1, \ldots, x_n) \mapsto \sum_{\nu=1}^{n} x_\nu v_\nu \tag{6}$$

eine lineare Bijektion von $\mathbb{K}^n$ auf E definiert. Daher ist $\| x \|_V := \| Vx \|_E$ eine Norm auf $\mathbb{K}^n$. Nach Satz 6.13 gibt es $c, C > 0$ mit

$$c \| x \|_2 \le \| x \|_V = \| Vx \|_E \le C \| x \|_2 \quad \text{für} \quad x \in \mathbb{K}^n ;$$

folglich sind V und V^{-1} stetig.
b) Nach Satz 7.1 sind V und V^{-1} *gleichmäßig* stetig; nach Satz 5.11 impliziert dann die Vollständigkeit von $\mathbb{K}^n$ die von E.
c) Zunächst sei $E = \ell_1^n$. Mit den *Einheitsvektoren* $e_\nu := (\delta_{\nu j})_j$ (vgl. den Beweis von Satz 6.13) gilt $x = \sum_{\nu=1}^{n} x_\nu e_\nu$ für $x = (x_1, \ldots, x_n) \in \mathbb{K}^n$. Es folgt

$$\| T(x) \| = \| T (\sum_{\nu=1}^{n} x_\nu e_\nu) \| = \| \sum_{\nu=1}^{n} x_\nu T(e_\nu) \| \le \sum_{\nu=1}^{n} | x_\nu | \| T(e_\nu) \| \tag{7}$$

und somit $\| T(x) \| \le \max_{\nu=1}^{n} \| Te_\nu \| \| x \|_1$, d. h. $T : \ell_1^n \mapsto F$ ist stetig. Die allgemeine Behauptung ergibt sich daraus dann aufgrund von a). $\diamond$

7.6 Bemerkungen. a) Eine lineare Abbildung $T \in L(\mathbb{K}^n, \mathbb{K}^m)$ kann eindeutig durch eine **Matrix** $A = (a_{\mu\nu}) = \mathrm{M}(T) \in \mathrm{M}(m, n) = \mathrm{M}_\mathbb{K}(m, n)$ repräsentiert werden; die *Matrixelemente* $a_{\mu\nu} \in \mathbb{K}$ werden durch die Gleichungen

$$T(e_\nu) = \sum_{\mu=1}^{m} a_{\mu\nu} e_\mu, \quad \nu = 1, \ldots, n, \tag{8}$$

festgelegt. Für $x = \sum\limits_{\nu=1}^{n} x_\nu e_\nu \in \mathbb{K}^n$ gilt dann

$$T(x) = \sum_{\nu=1}^{n} x_\nu T(e_\nu) = \sum_{\mu=1}^{m} \sum_{\nu=1}^{n} a_{\mu\nu}\, x_\nu\, e_\mu, \tag{9}$$

d. h. der Vektor $y := T(x) = \sum\limits_{\mu=1}^{m} y_\mu e_\mu \in \mathbb{K}^m$ läßt sich als *Matrizenprodukt*

$$\begin{pmatrix} y_1 \\ y_2 \\ \vdots \\ y_m \end{pmatrix} = \begin{pmatrix} a_{11} & a_{12} & \cdots & a_{1n} \\ a_{21} & a_{22} & \cdots & a_{2n} \\ \vdots & \vdots & \ddots & \vdots \\ a_{m1} & a_{m2} & \cdots & a_{mn} \end{pmatrix} \begin{pmatrix} x_1 \\ x_2 \\ \vdots \\ x_n \end{pmatrix}$$

schreiben. Im folgenden werden im Zusammenhang mit dem Matrizenkalkül *Vektoren* $x \in \mathbb{K}^n$ stets als *Spaltenvektoren* geschrieben; *Zeilenvektoren* repräsentieren *Linearformen* auf $\mathbb{K}^n$. Aus Platzgründen schreibt man meist Spaltenvektoren in der Form

$$x = (x_1, x_2, \ldots, x_n)^\top,$$

wobei „$^\top$" allgemeiner die *Transposition* von Matrizen bezeichnet.
b) Wegen $\| Te_\nu \| \leq \| T \|$ erhält man aus dem Beweis von Satz 7.5 c)

$$\| T \|_{L(\ell_1^n, F)} = \max_{\nu=1}^{n} \| Te_\nu \|. \tag{10}$$

Im Fall $F = \mathbb{K}^m$ ist $T(e_\nu)$ nach (8) die ν-te Spalte der Matrix $A = (a_{\mu\nu}) = M(T)$; wegen (10) ist daher

$$\| T \|_{L(\ell_1^n, \ell_1^m)} = \| A \|_{SS} := \max_{\nu=1}^{n} \sum_{\mu=1}^{m} |a_{\mu\nu}| \tag{11}$$

die *Spaltensummen-Norm* der Matrix A. $\qquad\square$

Es sei darauf hingewiesen, daß die Identifikation linearer Abbildungen $T \in L(\mathbb{K}^n, \mathbb{K}^m)$ mit Matrizen $M(T) \in M(m,n)$ gemäß (8) oder (9) natürlich auf der Verwendung der *Standardbasen* aus Einheitsvektoren in $\mathbb{K}^n$ und $\mathbb{K}^m$ beruht; bei Verwendung *anderer Basen* ist T durch andere Matrizen zu beschreiben. Entsprechendes gilt für lineare Abbildungen zwischen endlichdimensionalen Vektorräumen (vgl. [22], § 8a oder [23], Abschnitte 3.4 und 3.5).

Nun wird die Konstruktion des Integrals für Regelfunktionen aus Abschnitt I. 17 mit Hilfe der in diesem Kapitel entwickelten abstrakten Begriffe noch einmal beleuchtet:

Ausgangspunkt der Konstruktion ist das Integral für Treppenfunktionen. Es seien

$$Z = \{a = x_0 < x_1 < \ldots < x_r = b\}, \quad r \in \mathbb{N},$$

eine Zerlegung eines kompakten Intervalls $J = [a, b] \subseteq \mathbb{R}$, $|J| = b - a$ die Intervallänge und $t \in \mathcal{T}(J, \mathbb{K})$ eine Treppenfunktion mit $t|_{(x_{k-1}, x_k)} =: t_k$. Das *Integral* von t wird dann definiert durch

$$\mathsf{S}(t) := \int_J t(x)\, dx := \sum_{k=1}^{r} t_k \, (x_k - x_{k-1}), \tag{12}$$

wobei dieser Ausdruck von der Wahl der Zerlegung unabhängig ist (vgl. Lemma I. 17.3).

Der Raum $\mathcal{T}(J)$ der Treppenfunktionen ist ein *Unterraum* des normierten Raumes $(\mathcal{B}(J), \|\ \|_{\sup})$. Wegen $|\mathsf{S}(t)| \le |J| \, \|t\|$ ist das Integral

$$\mathsf{S} : (\mathcal{T}(J), \|\ \|_{\sup}) \mapsto \mathbb{K} \tag{13}$$

eine *stetige Linearform* auf $\mathcal{T}(J)$ mit $\|\mathsf{S}\| \le |J|$ (vgl. Satz I. 17.6). Eine Funktion $f \in \mathcal{B}(J)$ heißt *Regelfunktion*, falls eine Folge $(t_n) \subseteq \mathcal{T}(J)$ mit $\|f - t_n\| \to 0$ existiert; der Raum $\mathcal{R}(J)$ aller Regelfunktionen auf J ist also genau der *Abschluß* von $\mathcal{T}(J)$ in $\mathcal{B}(J)$. Die Fortsetzung des Integrals auf $\mathcal{R}(J)$ ergibt sich nun aus dem folgenden allgemeineren Resultat:

7.7 Satz. *Es seien E ein normierter Raum, F ein Banachraum, $T \subseteq E$ ein Unterraum und $S : T \mapsto F$ eine stetige lineare Abbildung. Dann existiert genau eine stetige Fortsetzung $\overline{S} : \overline{T} \mapsto F$ von S. Auch $\overline{T}$ ist ein Unterraum von E, und $\overline{S}$ ist linear mit $\|\overline{S}\| = \|S\|$.*

BEWEIS. Es sei $x \in \overline{T}$ und $(t_n) \subseteq T$ mit $\|x - t_n\| \to 0$. Falls eine stetige Fortsetzung $\overline{S}$ von S existiert, so muß jedenfalls

$$\overline{S}(x) = \lim_{n \to \infty} S(t_n) \tag{14}$$

gelten, d.h. $\overline{S}$ ist eindeutig bestimmt. Umgekehrt ist nun wegen

$$\|S(t_n) - S(t_m)\| = \|S(t_n - t_m)\| \le \|S\| \, \|t_n - t_m\|$$

die Folge $(S(t_n)) \subseteq F$ stets eine Cauchy-Folge, und wegen der Vollständigkeit von F existiert der Grenzwert $\lim\limits_{n \to \infty} S(t_n)$.

Für eine weitere Folge $(u_n) \subseteq T$ mit $\|x - u_n\| \to 0$ gilt

$$\|S(t_n) - S(u_n)\| \le \|S\| \, \|t_n - u_n\| \le \|S\| \, (\|t_n - x\| + \|x - u_n\|) \to 0,$$

d.h. durch (14) kann $\overline{S}$ auf $\overline{T}$ (wohl)definiert werden. Offenbar ist $\overline{T}$ ein Unterraum von E, und $\overline{S}$ ist linear (vgl. Aufgabe 7.8). Aus $\|S(t_n)\| \le \|S\| \, \|t_n\|$ folgt mit $n \to \infty$ sofort auch $\|\overline{S}(x)\| \le \|S\| \, \|x\|$ für $x \in \overline{T}$; somit ist $\overline{S}$ stetig, und es gilt $\|\overline{S}\| \le \|S\|$. $\diamond$

7.8 Bemerkungen. a) In Abschnitt 14 wird mit Hilfe von Satz 7.7 das Integral für Regelfunktionen mit Werten in einem Banachraum konstruiert. b) Die Aussagen 7.1–7.3 und insbesondere Satz 7.7 gelten auch für *halb-normierte Räume E*. Die $\mathcal{L}_1$-Halbnorm auf $\mathcal{T}(J)$ kann zu einer Halbnorm $\|\ \|_R$ auf $\mathcal{B}(J)$ und sogar zu einer kleineren Halbnorm $\|\ \|_L$ auf einen $\mathcal{B}(J)$ echt enthaltenden Funktionenraum $\mathcal{L}(J)$ fortgesetzt werden; Satz 7.7 liefert dann das *Riemann-Integral* (vgl. Aufgabe 7.7) und das *Lebesgue-Integral* (vgl. Band 3) auf J. □

Die *Vollständigkeit* von F impliziert stets die von $L(E,F)$:

7.9 Satz. *Es seien E ein normierter Raum und F ein Banachraum. Dann ist auch $L(E,F)$ ein Banachraum.*

BEWEIS. Es sei $(T_n) \subseteq L(E,F)$ eine Cauchy-Folge. Für festes $x \in E$ gilt $\|T_m(x) - T_n(x)\| \le \|T_m - T_n\|\,\|x\|$, und somit ist $(T_n(x))$ eine Cauchy-Folge in F. Durch $T(x) := \lim_{n\to\infty} T_n(x)$ wird dann eine lineare Abbildung $T : E \mapsto F$ definiert (vgl. Aufgabe 7.9). Zu $\varepsilon > 0$ gibt es $n_0 \in \mathbb{N}$ mit $\|T_m(x) - T_n(x)\| \le \|T_m - T_n\|\,\|x\| \le \varepsilon\|x\|$ für $n, m \ge n_0$. Mit $m \to \infty$ folgt auch $\|T(x) - T_n(x)\| \le \varepsilon\|x\|$ für $n \ge n_0$. Somit ist $T - T_n$, also auch $T = (T - T_n) + T_n$ stetig, und es gilt $\|T - T_n\| \le \varepsilon$ für $n \ge n_0$. ◇

Insbesondere ist der Dualraum $E' = L(E, \mathbb{K})$ eines normierten Raumes stets ein Banachraum.

Aufgaben

7.1 Für normierte Räume E, F, G zeige man die Stetigkeit der Abbildungen

$$L(E,F) \times E \mapsto F \quad , \quad (T,x) \mapsto T(x) \quad \text{und}$$
$$L(F,G) \times L(E,F) \mapsto L(E,G) \quad , \quad (S,T) \mapsto ST.$$

7.2 Gegeben seien die Linearformen $\mathsf{S} : f \mapsto \int_{-1}^{1} f(x)\,dx$ und $\delta : f \mapsto f(0)$ auf $\mathcal{C}^1[-1,1]$. Für die folgenden Normen auf $\mathcal{C}^1[-1,1]$ entscheide man, ob S und δ stetig sind, und berechne gegebenenfalls $\|\mathsf{S}\|$ und $\|\delta\|$:
$\|\ \|_{\sup}$, $\|\ \|_1$, $\|\ \|_2$, $\|\ \|_{\mathcal{C}^1}$.

7.3 Gegeben seien verschiedene Punkte $x_1, \ldots, x_r \in [a,b]$ sowie Zahlen $c_1, \ldots, c_r \in \mathbb{K}$. Man berechne die Norm von $\sum_{k=1}^{r} c_k \delta_{x_k} \in (\mathcal{C}[a,b])'$.

7.4 Es seien $1 \leq p, q \leq \infty$ und $\frac{1}{p} + \frac{1}{q} = 1$. Für $y \in \mathbb{K}^n$ zeige man

$$\| y \|_q \; = \; \max \{ |\, y^\top x \,| \mid x \in \mathbb{K}^n , \, \| x \|_p \leq 1 \}$$

und schließe, daß durch $y \mapsto y^\top$ eine lineare Isometrie von ℓ_q^n auf $(\ell_p^n)'$ definiert wird.

7.5 Man zeige, daß die ℓ_∞-Norm von $T \in L(\mathbb{K}^n, \mathbb{K}^m)$ durch die *Zeilensummen-Norm* der Matrix $A = (a_{\mu\nu}) = \mathbb{M}(T)$ gegeben ist:

$$\| T \|_{L(\ell_\infty^n, \ell_\infty^m)} \; = \; \| A \|_{ZS} := \max_{\mu=1}^{m} \sum_{\nu=1}^{n} |\, a_{\mu\nu} \,| .$$

7.6 Es seien $T \in L(\mathbb{K}^n, \mathbb{K}^m)$ und $\mathbb{M}(T) = (a_{\mu\nu})$. Man beweise

$$\max_{\mu,\nu} |\, a_{\mu\nu} \,| \; \leq \; \| T \|_{L(\ell_2^n, \ell_2^m)} \; \leq \; \Big(\sum_{\mu=1}^{m} \sum_{\nu=1}^{n} |\, a_{\mu\nu} \,|^2 \Big)^{1/2}$$

und zeige, daß die Ungleichungen i. a. strikt sind.

7.7 a) Man zeige, daß für kompakte Intervalle $J \subseteq \mathbb{R}$ durch

$$\| f \|_R := \; \inf \{ \mathsf{S}(t) \mid |\, f \,| \leq t \in \mathcal{T}(J) \}$$

eine Halbnorm (die *Riemann-Halbnorm*) auf $\mathcal{B}(J)$ definiert wird.
b) Für $t \in \mathcal{T}(J)$ zeige man $|\, \mathsf{S}(t) \,| \leq \mathsf{S}(|\, t \,|) = \| t \|_R$.
c) Gemäß Satz 7.7 hat S eine Fortsetzung $\overline{\mathsf{S}} : \mathcal{R}_0(J) \mapsto \mathbb{K}$ auf den Abschluß $\mathcal{R}_0(J)$ von $\mathcal{T}(J)$ in $(\mathcal{B}(J), \| \; \|_R)$; diese heißt *Riemann-Integral*.
Man zeige $\| f \|_R \leq |\, J \,| \| f \|_{\text{sup}}$ für $f \in \mathcal{B}(J)$ und schließe $\mathcal{R}(J) \subseteq \mathcal{R}_0(J)$ sowie $\overline{\mathsf{S}}(f) = \int_J f(x)\, dx$ für $f \in \mathcal{R}(J)$. Für $f \in \mathcal{R}_0(J)$ zeige man schließlich $\| f \|_R = \overline{\mathsf{S}}(|\, f \,|)$.
d) Für $f \in \mathcal{B}(J, \mathbb{R})$ beweise man

$$f \in \mathcal{R}_0(J) \; \Leftrightarrow \; \forall\, \varepsilon > 0 \; \exists\, u, t \in \mathcal{T}(J, \mathbb{R}) \; : \; u \leq f \leq t, \quad \mathsf{S}(t - u) < \varepsilon .$$

e) Man untersuche, ob die folgenden Funktionen auf $[0,1]$ in $\mathcal{R}_0[0,1]$ liegen:

$$u(x) := \left\{ \begin{array}{ll} \cos \frac{1}{x} & , \; x > 0 \\ 0 & , \; x = 0 \end{array} \right. , \qquad D(x) := \left\{ \begin{array}{ll} 1 & , \; x \in \mathbb{Q} \\ 0 & , \; x \notin \mathbb{Q} \end{array} \right. .$$

7.8 Es seien E, F normierte Räume, $M \subseteq E$ ein Unterraum und $T : \overline{M} \mapsto F$ eine stetige Abbildung. Man zeige:
a) $\overline{M}$ ist ein Unterraum von E.
b) Ist $T|_M$ linear, so ist T auch linear auf $\overline{M}$.

7.9 Es seien E, F normierte Räume und $(T_n) \subseteq L(E, F)$ eine Folge, so daß $T(x) := \lim_{n \to \infty} T_n(x)$ für alle $x \in E$ existiert. Man zeige, daß $T : E \mapsto F$ linear ist. Unter welcher zusätzlichen Bedingung folgt auch $T \in L(E, F)$?

7.10 Man beweise Satz 7.9 mit Hilfe von Satz 5.16.

8 Wege und Zusammenhang

Aufgabe: Es seien X ein metrischer Raum und $A \subseteq X$. Kann A gleichzeitig offen und abgeschlossen in X sein?

In diesem Abschnitt wird der *Zwischenwertsatz* auf „wegzusammenhängende" Räume verallgemeinert.

8.1 Definition. *Es sei X ein metrischer Raum.*

a) Ein **Weg** *in X ist eine* stetige *Abbildung $\gamma : I \mapsto X$ eines Intervalls $I \subseteq \mathbb{R}$ nach X. Die Menge $(\gamma) := \gamma(I) \subseteq X$ heißt* Spur *oder* Bahn *des Weges γ.*

b) X heißt **wegzusammenhängend***, falls es zu $x, y \in X$ stets einen Weg $\gamma : [a, b] \mapsto X$ mit Anfangspunkt $\gamma(a) = x$ und Endpunkt $\gamma(b) = y$ gibt.*

8.2 Beispiele und Bemerkungen. a) Eine Menge $I \subseteq \mathbb{R}$ ist genau dann wegzusammenhängend, wenn I ein *Intervall* ist. Ist in der Tat I ein Intervall, so wird für $x < y \in I$ durch

$$\sigma(t) := \sigma[x, y](t) := x + t(y - x), \quad t \in [0, 1], \tag{1}$$

ein Weg $\sigma : [0, 1] \mapsto I$ mit $\sigma(0) = x$ und $\sigma(1) = y$ definiert.

Umgekehrt seien I wegzusammenhängend, $x, y \in I$ und $x < \xi < y$. Ist dann $\gamma : [a, b] \mapsto I$ ein Weg mit $\gamma(a) = x$ und $\gamma(b) = y$, so gibt es nach dem Zwischenwertsatz ein $\tau \in [a, b]$ mit $\xi = \gamma(\tau)$. Folglich gilt $\xi \in I$, und I ist ein Intervall (vgl. Satz I.9.6).

b) Es seien $\gamma : [a, b] \mapsto X$ wie in Definition 8.1 b) und $c < d \in \mathbb{R}$. Mit der Homöomorphie $\alpha : [c, d] \mapsto [a, b]$, $\alpha(t) := c + \frac{d-c}{b-a}(t - a)$, ist dann auch $\gamma_1 := \gamma \circ \alpha : [c, d] \mapsto X$ ein Weg in X mit $\gamma_1(c) = x$ und $\gamma_1(d) = y$; man kann also in Definition 8.1 b) als Definitionsbereich des Weges ein beliebig vorgegebenes kompaktes Intervall $[c, d]$ verwenden. □

8.3 Satz. *Es seien X, Y metrische Räume und $f : X \mapsto Y$ stetig. Ist dann X wegzusammenhängend, so gilt dies auch für $f(X)$.*

BEWEIS. Zu $w, z \in f(X)$ gibt es $x, y \in X$ mit $f(x) = w$ und $f(y) = z$. Ist nun $\gamma : [a, b] \mapsto X$ ein Weg mit $\gamma(a) = x$ und $\gamma(b) = y$, so ist $f \circ \gamma : [a, b] \mapsto f(X)$ ein Weg mit $(f \circ \gamma)(a) = w$ und $(f \circ \gamma)(b) = z$. ◇

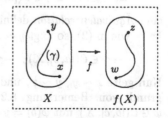

Satz 8.3 wird in Abb. 8a illustriert. Zusammen mit Beispiel 8.2 a) ergibt sich daraus die folgende Verallgemeinerung des Zwischenwertsatzes:

Abb. 8a

8.4 Folgerung. *Es seien X ein wegzusammenhängender metrischer Raum und $f : X \mapsto \mathbb{R}$ stetig. Dann ist $f(X)$ ein Intervall in $\mathbb{R}$.*

8.5 Beispiele. a) Durch $E : t \mapsto e^{it}$ wird eine stetige Surjektion von $\mathbb{R}$ auf die Kreislinie $S = \{z \in \mathbb{C} \mid |z| = 1\}$ definiert. Nach Satz 8.3 ist also S wegzusammenhängend.

b) Für eine stetige Funktion $f : S \mapsto \mathbb{R}$ betrachtet man die Hilfsfunktion $h : z \mapsto f(z) - f(-z)$. Dann gilt $h(-z) = -h(z)$, und nach Folgerung 8.4 gibt es $z_0 \in S$ mit $h(z_0) = 0$, also $f(z_0) = f(-z_0)$. Insbesondere kann f *nicht injektiv* sein!

c) Es sei $a : S \mapsto \mathbb{R}$ eine *Argumentfunktion*, d. h. es gelte $z = E(a(z))$ für $z \in S$. Dann ist a injektiv und muß nach b) *unstetig* sein (vgl. die Bemerkungen I. 27.15 b) und 3.3 b)). □

8.6 Bemerkungen. a) Es ist ein wichtiges und i. a. schwieriges *Problem der Topologie*, zu entscheiden, ob *zwei vorgegebene Räume homöomorph* sind. Eine negative Antwort auf diese Frage hat man stets dann, wenn einer der Räume eine unter Homöomorphien invariante Eigenschaft besitzt, der andere aber nicht.

b) Da S kompakt ist, $\mathbb{R}$ aber nicht, können S und $\mathbb{R}$ nicht homöomorph sein. Nach dem Zusammenhangsargument in Beispiel 8.5 b) ist S sogar zu keiner Teilmenge von $\mathbb{R}$ homöomorph. Dies gilt dann auch für jede Kreislinie $S_r(a)$ in $\mathbb{C}$ oder in $\mathbb{R}^n$ mit $n \geq 2$ und somit auch für jede offene Menge $D \subseteq \mathbb{R}^n$ für $n \geq 2$.

c) Insbesondere sind offene Mengen in $\mathbb{R}^n$ ($n \geq 2$) und in $\mathbb{R}$ nicht homöomorph. Allgemeiner sind offene Mengen in $\mathbb{R}^n$ und in $\mathbb{R}^m$ für $n \neq m$ nicht homöomorph; ein Beweis dieser Aussage ist jedoch wesentlich schwieriger als im Spezialfall $m = 1$ (vgl. auch Aufgabe 21.7). □

8.7 Definitionen und Bemerkungen. a) Auf einem metrischen Raum X wird durch

$$x \sim y :\Leftrightarrow \exists\, \gamma \in \mathcal{C}([a,b], X) \; : \; \gamma(a) = x\,, \gamma(b) = y \tag{2}$$

eine *Äquivalenzrelation* definiert: Mit $\gamma(t) := x$ erhält man sofort $x \sim x$. Ist γ wie in (2), so folgt $y \sim x$ mittels des *umgekehrt durchlaufenen Weges*

$$-\gamma \in \mathcal{C}([a,b], X)\,, \quad -\gamma(t) := \gamma(a + b - t)\,. \tag{3}$$

Nun gelte $x \sim y$, $y \sim z$, und γ sei ein Weg von x nach y wie in (2). Aufgrund von Bemerkung 8.2 b) findet man $c > b$ und einen Weg $\varphi \in \mathcal{C}([b,c], X)$ mit $\varphi(b) = y$ und $\varphi(c) = z$; durch (vgl. Abb. 8b)

$$(\gamma + \varphi)(t) := \begin{cases} \gamma(t) & , \quad a \leq t \leq b \\ \varphi(t) & , \quad b \leq t \leq c \end{cases} \tag{4}$$

wird dann ein Weg $\gamma + \varphi \in C([a,c], X)$ definiert, der x mit z verbindet.

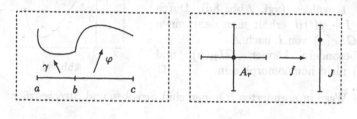

Abb. 8b: Summe von Wegen   Abb. 8c

b) Die durch (2) induzierten Äquivalenzklassen heißen *Wegzusammenhangs-komponenten* oder *Wegkomponenten* von X; diese bilden maximale wegzu-sammenhängende Teilmengen von X. Eine stetige Abbildung $f : X \mapsto Y$ zwischen metrischen Räumen induziert wegen Satz 8.3 eine Abbildung $\pi_0(f) : \pi_0(X) \mapsto \pi_0(Y)$ zwischen den Mengen der entsprechen-den Wegkomponenten; ist f eine *Homöomorphie,* so ist $\pi_0(f)$ *bijektiv.* □

8.8 Beispiel. Es sei $A_r = \{(x,y) \in \mathbb{R}^2 \mid x^2 + y^2 \leq r, \, xy = 0\}$ für $r > 0$ ein $(0,0)$ enthaltender Teil des „Achsenkreuzes" (vgl. Abb. 8c). Es ist A_r kompakt und wegzusammenhängend; für eine stetige Abbildung $f : A_r \mapsto \mathbb{R}$ ist daher $J := f(A_r)$ ein kompaktes Intervall. Ist nun f eine Homöomorphie, so gilt dies auch für $f : A_r \backslash \{(0,0)\} \mapsto J \backslash \{f(0,0)\}$; dies ist aber unmöglich, da $\pi_0(A_r \backslash \{(0,0)\})$ aus 4 Elementen, $\pi_0(J \backslash \{f(0,0)\})$ aber aus höchstens 2 Elementen besteht. Somit ist A_r zu keiner Teilmenge von $\mathbb{R}$ homöomorph. □

8.9 Beispiele. a) Für die Gruppen $GL_{\mathbb{K}}(n)$ invertierbarer Matrizen gilt

$$GL_{\mathbb{K}}(n) = \{A \in M_{\mathbb{K}}(n) \mid \det A \neq 0\} \tag{5}$$

(vgl. etwa [22], Korollar 9.C.10 oder [23], Satz 4.4.B). Die Determinante $\det : M_{\mathbb{K}}(n) \mapsto \mathbb{K}$ ist ein *Polynom* in den Matrixelementen und somit *stetig;* nach (5) ist daher $GL_{\mathbb{K}}(n)$ *offen* in $M_{\mathbb{K}}(n)$. Weiter ist die Determinante $\det : GL_{\mathbb{K}}(n) \mapsto \mathbb{K} \backslash \{0\}$ surjektiv. Da $\mathbb{R} \backslash \{0\}$ nicht wegzusammenhängend ist, kann nach Satz 8.3 auch $GL_{\mathbb{R}}(n)$ nicht wegzusammenhängend sein.

c) Dagegen ist $GL_{\mathbb{C}}(n)$ *wegzusammenhängend:* Nach Bemerkung 8.7 a) ist zu jedem $A \in GL_{\mathbb{C}}(n)$ ein Weg in $GL_{\mathbb{C}}(n)$ von I nach A zu konstruie-ren. Nun ist für $B := I - A$ die Menge S der Nullstellen des Polynoms $P_B : \lambda \mapsto \det(I - \lambda B)$ *endlich* (und besteht genau aus den Inversen der Eigenwerte $\neq 0$ von B). Man hat $0 \notin S$ und wegen $I - B = A \in GL_{\mathbb{C}}(n)$

auch $1 \notin S$; daher kann man einen Weg
$\varphi \in \mathcal{C}([0,1], \mathbb{C}\backslash S)$ mit $\varphi(0) = 0$ uhd
$\varphi(1) = 1$ wählen (vgl. Abb. 8d). Durch
$\gamma(t) := I - \varphi(t)B$ erhält man dann einen
Weg in $GL_{\mathbb{C}}(n)$ von I nach A.

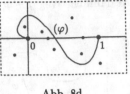

d) Insbesondere können $GL_{\mathbb{R}}(n)$ und
$GL_{\mathbb{C}}(m)$ nicht homöomorph sein.   □

Abb. 8d

Spezielle Wege in normierten Räumen sind *Strecken* und *Streckenzüge:*

8.10 Definition. *Es sei E ein normierter Raum.*

a) Für $x_0, x_1, \ldots, x_r \in E$ heißt der Weg $\sigma[x_0, \ldots, x_r] : [0,r] \mapsto E$,

$$\sigma[x_0, \ldots, x_r](t) := x_j + (t - j)(x_{j+1} - x_j)$$
$$\text{für } j \leq t \leq j+1 \quad \text{und } j = 0, \ldots, r-1 \qquad (6)$$

*wie auch seine Spur $[x_0, \ldots, x_r] := (\sigma[x_0, \ldots, x_r])$ Streckenzug (im Fall
$r = 1$ Strecke) oder Polygonzug von x_0 nach x_r (vgl. Abb. 8g).*

b) Eine Menge $S \subseteq E$ heißt sternförmig *bezüglich $a \in S$, falls für alle
$x \in S$ auch stets $[a,x] \subseteq S$ gilt.*

c) Eine Menge $C \subseteq E$ heißt **konvex**, *falls für alle $x,y \in C$ auch stets
$[x,y] \subseteq C$ gilt.*

8.11 Beispiele und Bemerkungen. a) Konvexe Mengen sind sternförmig
(bezüglich aller ihrer Punkte), und sternförmige Mengen sind wegzusammenhängend. Abb. 8e und das Beispiel $\mathbb{R}^2 \backslash K_r(a)$ (vgl. Abb. 8f) zeigen,
daß die Umkehrungen dieser Aussagen falsch sind.

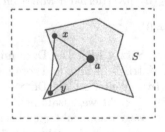
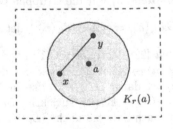

Abb. 8e   Abb. 8f

b) Kugeln $K_r(a) \subseteq E, 0 < r < \infty$, sind konvex (vgl. Abb. 8f). Für
$x,y \in K_r(a)$ gilt ja $\| x - a \| < r, \| y - a \| < r$, also auch

$$\| \sigma[x,y](t) - a \| \;=\; \| x + t(y-x) - a \| = \| (1-t)(x-a) + t(y-a) \|$$
$$\leq \; (1-t)\| x-a \| + t\| y-a \| < r \,. \qquad\qquad \square$$

Für *offene* Teilmengen normierter Räume E hat man die folgende wichtige Charakterisierung des Wegzusammenhangs:

8.12 Theorem. *Es sei E ein normierter Raum. Für eine* offene *Menge $D \subseteq E$ sind folgende Aussagen äquivalent:*

(a) *Zu $x,y \in D$ existiert ein Polygonzug σ in D von x nach y.*
(b) *D ist wegzusammenhängend.*
(c) *Ist $\emptyset \neq M \subseteq D$ in D offen und abgeschlossen, so folgt $M = D$.*

BEWEIS. „$(a) \Rightarrow (b)$“ ist klar.
„$(b) \Rightarrow (c)$“ : Es sei $x \in M$. Zu $y \in D$ wählt man einen Weg $\gamma \in \mathcal{C}([0,1], D)$ mit $\gamma(0) = x$ und $\gamma(1) = y$. Für $s := \sup \{ t \in [0,1] \mid \gamma(t) \in M \}$ gibt es eine Folge $t_n \to s$ mit $\gamma(t_n) \in M$; dann folgt auch $\gamma(s) \in M$, da ja γ stetig und M in D abgeschlossen ist. Da M in D auch offen ist, gibt es $\delta > 0$ mit $\gamma(t) \in M$ für alle $t \in [0,1]$ mit $|t - s| < \delta$; dies erzwingt $s = 1$ und $y = \gamma(1) \in M$.

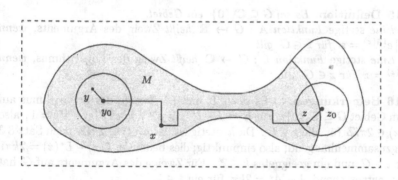

Abb. 8g

„$(c) \Rightarrow (a)$“ (vgl. Abb. 8g) : Es sei $x \in D$ fest und

$$M := \{ y \in D \mid \exists\, \sigma[x, \ldots, y] \subseteq D \}$$

die Menge der mit x durch einen Polygonzug in D verbindbaren Punkte. Zu $y_0 \in M$ sei $\sigma[x, \ldots, y_0]$ ein Polygonzug in D. Da D offen ist, gibt es $\delta > 0$ mit $K_\delta(y_0) \subseteq D$, und für $y \in K_\delta(y_0)$ ist offenbar auch $\sigma[x, \ldots, y_0, y] \subseteq D$. Es folgt $y \in M$, und M ist *offen in D*.

Nun sei $z_0 \in D \cap \overline{M}$ und $\delta > 0$ mit $K_\delta(z_0) \subseteq D$. Es gibt dann $z \in K_\delta(z_0) \cap M$ und daher einen Polygonzug $\sigma[x, \ldots, z]$ in D. Dann ist aber auch $\sigma[x, \ldots, z, z_0] \subseteq D$; es folgt $z_0 \in M$, und M ist auch *abgeschlossen in D*. Aus (c) folgt nun $M = D$ und somit Aussage (a).   ◇

8.13 Bemerkungen und Definition. a) Die Implikation „(b) $\Rightarrow$ (c)" gilt für beliebige metrische Räume D. Aussage (c) bedeutet, daß D *keine* Teilmengen enthält, die in D gleichzeitig offen und abgeschlossen sind; dies ist dazu äquivalent, daß D *nicht* als disjunkte Vereinigung zweier nichtleerer offener Teilmengen dargestellt werden kann (wegen Feststellung 4.5 kann man auch „abgeschlossen" statt „offen" sagen). Metrische Räume mit dieser Eigenschaft heißen *zusammenhängend*.

b) Im Fall $E = \mathbb{R}^n$ kann der Polygonzug in Theorem 8.12 (a) sogar *achsenparallel* gewählt werden, d.h. man hat $\sigma = \sigma[x = x_0, x_1, \ldots, x_r = y]$ mit $x_{j+1} - x_j = h_j e_{k(j)}$ für $0 \le j < r$ und geeignete Einheitsvektoren $e_{k(j)}$. □

8.14 Definition. *Eine offene und wegzusammenhängende Menge G in einem normierten Raum E heißt* **Gebiet** *in E*.

Nun wird auf *stetige Zweige* des *Arguments* und des *komplexen Logarithmus* eingegangen:

8.15 Definition. *Es sei $G \subseteq \mathbb{C} \backslash \{0\}$ ein Gebiet.*

a) Eine stetige *Funktion $A : G \mapsto \mathbb{R}$ heißt Zweig des Arguments, wenn $|z| \, e^{iA(z)} = z$ für $z \in G$ gilt.*

b) Eine stetige *Funktion $L : G \mapsto \mathbb{C}$ heißt Zweig des Logarithmus, wenn $e^{L(z)} = z$ für $z \in G$ gilt.*

8.16 Bemerkungen. a) Es seien L und L^* Zweige des Logarithmus auf dem Gebiet $G \subseteq \mathbb{C} \backslash \{0\}$. Für $h := L - L^*$ gilt $e^{h(z)} = e^{L(z)} e^{-L^*(z)} = 1$, also $h(z) \in 2\pi i \mathbb{Z}$ für alle $z \in G$. Da h stetig ist, ist $h(G) \subseteq 2\pi i \mathbb{Z}$ nach Satz 8.3 wegzusammenhängend, also einpunktig; dies bedeutet $L(z) - L^*(z) = 2k\pi i$ für $z \in G$ und ein geeignetes $k \in \mathbb{Z}$. Für Zweige des Arguments auf G hat man entsprechend $A - A^* = 2k\pi$ für ein $k \in \mathbb{Z}$.

b) Nach (I.37.13) gilt

$$e^z = w \;\Leftrightarrow\; z = \log|w| + i \, \arg w \quad \text{für } z \in \mathbb{C}, \; w \in \mathbb{C} \backslash \{0\}; \qquad (7)$$

daher existiert genau dann ein Zweig des Logarithmus auf $G \subseteq \mathbb{C} \backslash \{0\}$, wenn auf G ein Zweig des Arguments existiert. Nach Beispiel 8.5 c) ist dies auf $\mathbb{C} \backslash \{0\}$ *nicht* der Fall, wohl aber auf $\mathbb{C} \backslash \{te^{i\alpha} \mid t \ge 0\}$ für jedes $\alpha \in \mathbb{R}$ (vgl. Bemerkung I.27.15 a)).

c) Jeder Zweig des Logarithmus $L : G \mapsto \mathbb{C}$ ist komplex-differenzierbar mit $L'(z) = \frac{1}{z}$ für $z \in G$. Dies erhält man wie in Folgerung I.37.10* aus Satz

I. 37.9*. Weiter ergibt sich für $a \in G$ und $\rho > 0$ mit $K_\rho(a) \subseteq G$ genauso
wie in (I. 37.23)* die *Potenzreihenentwicklung*

$$L(z) \;=\; L(a) + \sum_{k=1}^{\infty} \frac{(-1)^{k-1}}{k\,a^k}\,(z-a)^k\,, \quad z \in K_\rho(a). \quad \Box \tag{8}$$

Aufgaben

8.1 Man zeige, daß metrische Räume X, Y genau dann wegzusammenhängend sind, wenn dies für $X \times Y$ gilt.

8.2 Man zeige, daß die folgenden Mengen paarweise nicht homöomorph
sind: $[0,1]$, $A_1 = \{(x,y) \in \mathbb{R}^2 \mid x^2 + y^2 \leq 1,\ xy = 0\}$,
$S = \{(x,y) \in \mathbb{R}^2 \mid x^2 + y^2 = 1\}$, $S^2 = \{(x,y,z) \in \mathbb{R}^3 \mid x^2 + y^2 + z^2 = 1\}$.

8.3 Man bestimme die Wegkomponenten von $GL_\mathbb{R}(n)$.

8.4 Es seien E ein normierter Raum und $D \subseteq E$ *offen*. Man zeige, daß die
Wegkomponenten von D in D gleichzeitig offen und abgeschlossen sind.

8.5 Man zeige, daß $A := \{(0,0)\}$ und $B := \{(x, \cos \frac{1}{x}) \mid 0 < x \leq 1\}$ die
Wegkomponenten der Menge $M := A \cup B$ sind, daß aber M im Sinne von
Bemerkung 8.13 a) zusammenhängend ist (vgl. Abb. I. 24 f). Sind A und B
offen oder abgeschlossen in M?

8.6 a) Es sei $\alpha : [a,b] \mapsto \mathbb{R}$ stetig und *lokal injektiv*, d. h. jeder Punkt
von $[a,b]$ besitze eine Umgebung, auf der α injektiv ist. Man zeige, daß α
(global) injektiv ist.
b) Gilt die Aussage in a) auch für Funktionen $\alpha : [a,b] \mapsto \mathbb{C}$?

Hinweis. In a) beachte man, daß α in lokalen Extremalstellen in (a,b)
nicht lokal injektiv ist.

8.7 Es seien E ein normierter Raum und $C \subseteq E$ konvex.
a) Man zeige, daß auch $\overline{C} \subseteq E$ konvex ist.
b) Für Punkte $x_1, \ldots, x_r \in C$ und $t_1, \ldots, t_r \in [0,1]$ mit $\sum_{k=1}^{r} t_k = 1$ zeige
man auch $\sum_{k=1}^{r} t_k x_k \in C$.

8.8 Es seien E ein normierter Raum und $M \subseteq E$. Man zeige, daß

$$\Gamma(M) := \{\sum_{k=1}^{r} t_k x_k \mid x_k \in M,\ t_k \in [0,1],\ \sum_{k=1}^{r} t_k = 1\}$$

die kleinste konvexe Obermenge von M ist, die *konvexe Hülle* von M.

8.9 Es seien E ein normierter Raum und $x_1, \ldots, x_r \in E$. Man zeige, daß $\Gamma\{x_1, \ldots, x_r\}$ kompakt ist.

8.10 Es seien E ein normierter Raum und $M \subseteq E$. Man zeige, daß mit M auch $\Gamma(M)$ beschränkt ist.

9   Weglängen und Kurven

In diesem Abschnitt werden *Wege* und *Kurven* im $\mathbb{R}^n$ mit Hilfe der *Differential- und Integralrechnung* untersucht. Eine Menge $\Gamma \subseteq \mathbb{R}^n$ heißt *Kurve*,[5] falls sie die Spur oder Bahn eines Weges $\gamma \in C(I, \mathbb{R}^n)$ ist; γ heißt dann *Parametrisierung* oder *Parameterdarstellung* von Γ. Oft faßt man $t \in I$ als *Zeitvariable* auf; $\gamma(t) \in \Gamma$ ist dann der Ort eines sich auf der Kurve bewegenden (Massen-) Punktes zur Zeit t. Kurven können i. a. auf sehr viele verschiedene Arten durchlaufen werden, haben also sehr viele verschiedene Parametrisierungen; so kann etwa eine Kreislinie von verschiedenen Anfangspunkten aus im Uhrzeigersinn oder umgekehrt, auch mit Richtungswechseln, einmal oder mehrmals umlaufen werden.

9.1 Definition. *a) Ein Weg* $\gamma = (\gamma_1, \ldots, \gamma_n) : I \mapsto \mathbb{R}^n$ *heißt differenzierbar in* $t \in I$, *falls alle Komponenten* γ_j *in* t *differenzierbar sind. In diesem Fall heißt*

$$\dot{\gamma}(t) := (\dot{\gamma}_1(t), \ldots, \dot{\gamma}_n(t)) \in \mathbb{R}^n \tag{1}$$

die Ableitung *von* γ *in* t.
b) Für $1 \leq k \leq \infty$ *heißt ein Weg* $\gamma : I \mapsto \mathbb{R}^n$ *ein* C^k-*Weg auf* I, *falls für alle Komponenten* $\gamma_j \in C^k(I, \mathbb{R})$ *gilt.*
c) Das Integral *eines Weges* $\gamma : [a, b] \mapsto \mathbb{R}^n$ *wird definiert durch*

$$\int_a^b \gamma(t)\, dt := \left(\int_a^b \gamma_1(t)\, dt, \ldots, \int_a^b \gamma_n(t)\, dt \right) \in \mathbb{R}^n. \tag{2}$$

9.2 Beispiele und Bemerkungen. a) In Randpunkten von I ist stets *einseitige* Differenzierbarkeit gemeint.
b) Es ist $\gamma : I \mapsto \mathbb{R}^n$ genau dann *differenzierbar* in $t \in I$, wenn der Limes

$$\dot{\gamma}(t) = \lim_{h \to 0} \frac{\gamma(t+h) - \gamma(t)}{h} \in \mathbb{R}^n \tag{3}$$

existiert. In diesem Fall ist $\dot{\gamma}(t)$ physikalisch als *Geschwindigkeitsvektor*[6] des Punktes zur Zeit t und geometrisch als Limes von skalierten Sekantenvektoren, also als *Tangentenvektor* an die Kurve (γ) im Punkt $\gamma(t)$ zu

---

[5] Die Terminologie ist in der Literatur nicht einheitlich!
[6] Aus diesem Grund wird oft die physikalische Notation $\dot{\gamma}(t)$ statt $\gamma'(t)$ benutzt.

interpretieren (vgl. Abb. 9a). Dieser hängt natürlich nicht nur von der Kurve, sondern auch von der gewählten Parametrisierung ab.

c) Der Mittelwertsatz der Differentialrechnung gilt *nicht* für Wege bzw. für vektorwertige Funktionen, was schon in I. 34.4 c) bemerkt wurde: Für die Funktion $E : \mathbb{R} \mapsto \mathbb{R}^2$, $E(t) := (\cos t, \sin t)$, gilt

$$(0,0) = E(2\pi) - E(0) = (\cos' \pi, \sin' \tfrac{\pi}{2})(2\pi - 0).$$

Die hier explizit angebbaren *Zwischenstellen* müssen in beiden Komponenten *verschieden* gewählt werden; offenbar gibt es kein $t \in \mathbb{R}$ mit $E'(t)(2\pi - 0) = 2\pi(-\sin t, \cos t) = (0,0) = E(2\pi) - E(0)$.

d) Dagegen ist der Hauptsatz der Differential- und Integralrechnung

$$\int_a^b \dot{\gamma}(t)\, dt \ = \ \gamma(b) - \gamma(a) \tag{4}$$

für C^1-Wege gültig, was sich sofort durch komponentenweise Anwendung von Theorem I. 22.3 ergibt.

e) Für einen Weg $\gamma : [a,b] \mapsto \mathbb{R}^n$ und jede Norm auf $\mathbb{R}^n$ gilt

$$\left\| \int_a^b \gamma(t)\, dt \right\| \ \leq \ \int_a^b \| \gamma(t) \|\, dt, \tag{5}$$

wie man durch Approximation der Integrale durch Riemannsche Zwischensummen einsieht (vgl. Aufgabe 9.1). □

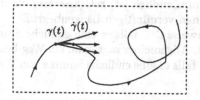
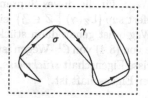

Abb. 9a: Tangentenvektor   Abb. 9b: Bogenlänge

Der Graph einer Funktion $f \in C^1([a,b], \mathbb{R})$ wird durch den C^1-Weg $\gamma : t \mapsto (t, f(t))$ parametrisiert; für solche Graphen wurde in Definition I. 23.1 bereits die *Bogenlänge* eingeführt. Allgemeiner ist für einen Weg $\gamma : [a,b] \mapsto \mathbb{R}^n$ und eine *Zerlegung* $Z = \{a = t_0 < t_1 < \ldots < t_r = b\}$ des Intervalls $[a,b]$

$$\mathsf{L}_Z(\gamma) := \sum_{k=1}^{r} |\gamma(t_k) - \gamma(t_{k-1})| \tag{6}$$

die *Länge* des γ *einbeschriebenen Polygonzugs* $\sigma[\gamma(t_0), \gamma(t_1), \ldots, \gamma(t_r)]$ bezüglich der Euklidischen Norm, vgl. Abb. 9b. Ist nun γ ein C^1-Weg und die Zerlegung genügend fein, so hat man

$$\mathsf{L}_Z(\gamma) \sim \sum_{k=1}^{r} |\dot{\gamma}(t_k)| (t_k - t_{k-1}) \sim \int_a^b |\dot{\gamma}(t)| \, dt \, ;$$

man verwendet daher dieses Integral zur Definition der Weglänge, und zwar etwas allgemeiner für *stückweise* C^1-Wege (vgl. Abb. 9a oder Abb. 8b):

9.3 Definition. *a) Ein Weg* $\gamma : [a, b] \mapsto \mathbb{R}^n$ *heißt* stückweise C^1, *falls es eine Zerlegung* $Z = \{a = t_0 < t_1 < \ldots < t_r = b\}$ *von* $[a, b]$ *gibt, so daß* $\gamma|_{[t_{k-1}, t_k]}$ *für* $k = 1, \ldots, r$ *ein* $C^1 - Weg$ *ist; man schreibt dann* $\gamma \in C^1_{st}([a, b], \mathbb{R}^n)$.

b) Die Länge *eines Weges* $\gamma \in C^1_{st}([a, b], \mathbb{R}^n)$ *wird erklärt durch*

$$\mathsf{L}(\gamma) := \mathsf{L}_a^b(\gamma) := \int_a^b |\dot{\gamma}(t)| \, dt \, . \tag{7}$$

9.4 Bemerkungen. a) Das Integral in (7) ist definiert, da $|\dot{\gamma}|$ eine *Regelfunktion* ist (bei beliebiger Definition von $\dot{\gamma}$ in den Zerlegungspunkten). Für $a \leq c \leq b$ gilt stets $\mathsf{L}_a^b(\gamma) = \mathsf{L}_a^c(\gamma) + \mathsf{L}_c^b(\gamma)$.
b) Für $\gamma \in C^1([a, b], \mathbb{R}^n)$ gilt (vgl. (8.3))

$$\mathsf{L}(-\gamma) = \int_a^b |-\dot{\gamma}(a + b - t)| \, dt = -\int_b^a |\dot{\gamma}(s)| \, ds = \mathsf{L}(\gamma) \, .$$

Wegen a) ist diese Aussage auch für *stückweise* C^1-Wege richtig.
c) In Satz 14.14 wird $\mathsf{L}(\gamma) = \sup \{\mathsf{L}_Z(\gamma) \mid Z \in \mathfrak{Z}\}$ gezeigt. Allgemeiner heißen Wege, für die dieses Supremum endlich ist, *rektifizierbar;* für diese Wege liefert $\sup \{\mathsf{L}_Z(\gamma) \mid Z \in \mathfrak{Z}\}$ einen vernünftigen Längenbegriff.
d) Ein Weg γ ist genau dann stückweise C^1, falls er eine endliche Summe im Sinne von (8.4) von C^1-Wegen ist. Allgemeiner sagt man, ein Weg besitze eine gewisse Eigenschaft *stückweise,* falls er eine endliche Summe von Wegen mit dieser Eigenschaft ist. $\square$

9.5 Beispiele. a) Für die Parametrisierung $\gamma : t \mapsto (t, f(t))$ eines Graphen einer Funktion $f \in C^1([a, b], \mathbb{R})$ erhält man sofort

$$\mathsf{L}(\gamma) = \int_a^b \sqrt{1 + |f'(t)|^2} \, dt \tag{8}$$

in Übereinstimmung mit (I. 23.3).
b) Für die *Schraubenlinie* $\gamma : [0, b] \mapsto \mathbb{R}^3$, $\gamma(t) := (R\cos t, R\sin t, At)$ mit $R, A > 0$, gilt $|\dot{\gamma}(t)| = \sqrt{R^2 + A^2}$ und somit (vgl. Abb. 9c mit $R = 1$, $A = \frac{1}{4}$)

$$\mathsf{L}_0^t(\gamma) = \int_0^t \sqrt{R^2 + A^2} \, d\tau = t\sqrt{R^2 + A^2} \, . \qquad\qquad \square$$

9.6 Beispiele. a) Es sei ein Weg in *Polarkoordinaten* (vgl. Beispiel 1.2) gegeben, d. h. ein Weg

$$\gamma : [a,b] \mapsto \mathbb{R}^2, \quad \gamma(\varphi) = (r(\varphi)\cos\varphi, r(\varphi)\sin\varphi), \tag{9}$$

kurz $r = r(\varphi)$. Dann ist

$$\dot{\gamma}(\varphi) = (\dot{r}(\varphi)\cos\varphi - r(\varphi)\sin\varphi, \dot{r}(\varphi)\sin\varphi + r(\varphi)\cos\varphi),$$
$$|\dot{\gamma}(\varphi)|^2 = \dot{r}^2\cos^2\varphi - 2r\dot{r}\cos\varphi\sin\varphi + r^2\sin^2\varphi$$
$$+ \dot{r}^2\sin^2\varphi + 2r\dot{r}\cos\varphi\sin\varphi + r^2\cos^2\varphi, \quad \text{also}$$
$$\mathsf{L}(\gamma) = \int_a^b \sqrt{r^2(\varphi) + \dot{r}^2(\varphi)}\, d\varphi. \tag{10}$$

b) Für eine Kreislinie um 0 mit Radius R gilt einfach $r(\varphi) = R$, also $\dot{r} = 0$ und $\mathsf{L} = \int_{-\pi}^{\pi} R\, d\varphi = 2\pi R$.

c) Durch $r(\varphi) = e^{k\varphi}$, $\varphi \in \mathbb{R}$, $k > 0$, wird eine *logarithmische Spirale* (vgl. Abb. 9d mit $k = \frac{1}{10}$) definiert. Ihre Länge über einem endlichen Intervall ist gegeben durch

$$\mathsf{L}_a^b = \int_a^b \sqrt{e^{2k\varphi} + k^2 e^{2k\varphi}}\, d\varphi = \sqrt{1+k^2}\int_a^b e^{k\varphi}\, d\varphi$$
$$= \frac{\sqrt{1+k^2}}{k}(e^{kb} - e^{ka}) = \frac{\sqrt{1+k^2}}{k}(r(b) - r(a)).$$

Der „innere Teil" hat also endliche Länge, speziell ist

$$\mathsf{L}_{-\infty}^0 = \frac{\sqrt{1+k^2}}{k}. \qquad\qquad \square$$

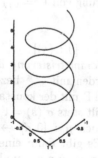

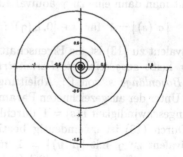

Abb. 9c: Schraubenlinie Abb. 9d: log. Spirale

Es wird nun eine Äquivalenzrelation auf $\mathcal{C}^1$-Wegen eingeführt:

9.7 Definition. a) *Eine* $\mathcal{C}^1$*-Bijektion* $\alpha : [a,b] \mapsto [c,d]$ *mit* $\dot{\alpha}(t) > 0$ *für alle* $t \in [a,b]$ *heißt* (orientierungserhaltende) Parametertransformation.

b) *Zwei C^1 -Wege $\gamma_1 : [a,b] \mapsto \mathbb{R}^n$ und $\gamma_2 : [c,d] \mapsto \mathbb{R}^n$ heißen* äquivalent, *Notation: $\gamma_1 \sim \gamma_2$, falls $\gamma_1 = \gamma_2 \circ \alpha$ für eine Parametertransformation $\alpha : [a,b] \mapsto [c,d]$ gilt.*

9.8 Bemerkungen. a) In Definition 9.7 b) wird tatsächlich eine Äquivalenzrelation erklärt. Äquivalente Wege durchlaufen die gleiche Kurve, und zwar wegen $\dot{\alpha}(t) > 0$ in der *gleichen Richtung*. Für die Geschwindigkeitsvektoren gilt $\dot{\gamma}_1(t) = \dot{\gamma}_2(\alpha(t))\,\dot{\alpha}(t)$; im Fall $\dot{\gamma}(t) \neq 0$ sind die entsprechenden *Tangenteneinheitsvektoren* $\mathfrak{t}(t) := \mathfrak{t}_\gamma(t) := \frac{\dot{\gamma}(t)}{|\dot{\gamma}(t)|}$ unter Parametertransformationen *invariant*. Mit der *Bahngeschwindigkeit* $v(t) := |\dot{\gamma}(t)|$ gilt dann $\dot{\gamma}(t) = v(t)\,\mathfrak{t}(t)$.

b) Äquivalente C^1 -Wege haben die *gleiche Länge*. In der Tat liefert die Substitutionsregel sofort

$$\mathsf{L}\,(\gamma_1) \;=\; \int_a^b |\dot{\gamma}_1(t)|\, dt \;=\; \int_a^b |\tfrac{d}{dt}\,(\gamma_2 \circ \alpha)(t)|\, dt$$
$$=\; \int_a^b |\dot{\gamma}_2(\alpha(t))|\,\dot{\alpha}(t)\, dt \;=\; \int_c^d |\dot{\gamma}_2(u)|\, du \;=\; \mathsf{L}\,(\gamma_2)\,.$$

9.9 Definitionen und Bemerkungen. a) Ein C^1 -Weg $\gamma : [a,b] \mapsto \mathbb{R}^n$ heißt *glatt*, wenn stets $\dot{\gamma}(t) \neq 0$ gilt. In diesem Fall ist die *Weglängenfunktion*

$$\varphi = \varphi_\gamma : [a,b] \mapsto [0,\mathsf{L}\,(\gamma)]\,, \quad \varphi(t) = \int_a^t |\dot{\gamma}(\tau)|\, d\tau\,, \tag{11}$$

eine Parametertransformation. Durch

$$\sigma : [0,\mathsf{L}\,(\Gamma)] \mapsto \mathbb{R}^n\,, \quad \sigma(s) := \gamma(\varphi^{-1}(s))\,, \tag{12}$$

erhält man dann eine zu γ äquivalente Parametrisierung von $\Gamma := (\gamma)$ mit

$$|\sigma'(s)| = 1 \quad \text{für} \quad s \in [0,\mathsf{L}\,(\gamma)]\,; \tag{13}$$

äquivalent zu (13) ist die Eigenschaft $\varphi_\sigma(s) = s$ für $s \in [0,\mathsf{L}\,(\gamma)]$.

b) σ heißt *ausgezeichnete Parametrisierung* oder *Parametrisierung durch die Bogenlänge s* von Γ; Ableitungen nach s werden mit „ ' " bezeichnet. Unter der ausgezeichneten Parametrisierung wird Γ mit der konstanten Bahngeschwindigkeit $v(s) = 1$ durchlaufen, und es gilt stets $\sigma'(s) = \mathfrak{t}'(s)$.

c) Durch (13) ist σ eindeutig bestimmt: Es sei auch $\mu : [0,d] \mapsto \mathbb{R}^n$ äquivalent zu γ mit $|\mu'(u)| = 1$ für $u \in [0,d]$. Es gibt dann eine Parametertransformation $\alpha : [0,\mathsf{L}\,(\gamma)] \mapsto [0,d]$ mit $\sigma = \mu \circ \alpha$, und aus $\sigma'(s) = \mu'(\alpha(s))\,\alpha'(s)$ folgt sofort $\alpha'(s) = 1$, also $\alpha(s) = s$ für alle $s \in [0,\mathsf{L}(\gamma)]$.   □

9.10 Beispiele. a) Für die *positiv orientierte* Kreislinie $S_R(0)$ mit Radius $R > 0$ ist

$$\sigma(s) \;=\; R\,(\cos \tfrac{s}{R}\,,\, \sin \tfrac{s}{R}) \tag{14}$$

die ausgezeichnete Parametrisierung, da stets $|\sigma'(s)| = 1$ gilt.

b) Die *Kettenlinie*, d. h. der Graph des hyperbolischen Kosinus, wird durch $\gamma(t) := (t, \cosh t)$, $t \in \mathbb{R}$, parametrisiert (vgl. Abb. 9e). Zählt man die Länge ab $(0,1) \in \mathbb{R}^2$, so ist

$$s = \varphi_\gamma(t) = \int_0^t \sqrt{1 + \sinh^2 \tau}\, d\tau = \int_0^t \cosh \tau\, d\tau = \sinh t\,.$$

Es folgt $t = \operatorname{Arsinh} s$, und

$$\sigma(s) = (\operatorname{Arsinh} s,\ \cosh \operatorname{Arsinh} s) = (\log(s + \sqrt{s^2 + 1}),\ \sqrt{s^2 + 1}) \quad (15)$$

ist die ausgezeichnete Parametrisierung der Kettenlinie.   □

Abschließend wird noch kurz auf *Kurven ohne Doppelpunkte* eingegangen (die Kurve in Abb. 9a besitzt einen Doppelpunkt):

9.11 Definition. *a) Ein injektiver Weg $\gamma : I \mapsto \mathbb{R}^n$ heißt* Jordanweg.
b) Eine Kurve $\Gamma \subseteq \mathbb{R}^n$ heißt Jordankurve, *falls ein Jordanweg γ mit $\Gamma = (\gamma)$ existiert. γ heißt dann* Jordan-Parametrisierung *oder* Jordan-Parameterdarstellung *von Γ.*

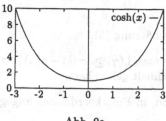

Abb. 9e

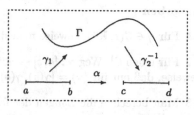

Abb. 9f

9.12 Bemerkungen und Definitionen. a) Nach Theorem 6.14 ist ein Jordanweg $\gamma_1 : [a,b] \mapsto \mathbb{R}^n$ eine *Homöomorphie* von $[a,b]$ auf $\Gamma := (\gamma_1)$. Ist $\gamma_2 : [c,d] \mapsto \mathbb{R}^n$ eine weitere Jordan-Parametrisierung von Γ, so ist

$$\alpha := \gamma_2^{-1} \circ \gamma_1 : [a,b] \mapsto [c,d] \quad (16)$$

eine *Homöomorphie* (vgl. Abb. 9f).

b) Offenbar gilt $\gamma_1 = \gamma_2 \circ \alpha$. Es seien nun γ_1 und γ_2 *glatte* C^1-Jordanwege. Für festes $t \in [a,b]$ gibt es dann $\nu \in \{1, \dots, n\}$ mit $\dot{\gamma}_{2\nu}(t) \neq 0$; daher ist $\alpha = \gamma_{2\nu}^{-1} \circ \gamma_{1\nu}$ nahe t eine C^1-Funktion, und wegen $\dot{\gamma}_1(t) \neq 0$ folgt auch $\dot{\alpha}(t) \neq 0$. Ist nun $\dot{\alpha} > 0$ auf $[a,b]$ (dies ist genau dann der Fall, wenn $\gamma_1(a) = \gamma_2(c)$ gilt), so ist α eine Parametertransformation, und man hat $\gamma_2 \sim \gamma_1$; ist $\dot{\alpha} < 0$ auf $[a,b]$, so ist $t \mapsto \alpha(a + b - t)$ eine solche, und man hat $-\gamma_1(t) = \gamma_1(a + b - t) = \gamma_2 \circ \alpha(a + b - t)$, also $\gamma_2 \sim -\gamma_1$.

c) Folgende Sprechweise ist nützlich: Eine Kurve Γ besitzt eine gewisse Eigenschaft, wenn sie eine Parametrisierung mit dieser Eigenschaft hat.

d) Für eine glatte C^1-Jordankurve Γ gibt es nach b) also genau *zwei Äquivalenzklassen* glatter C^1-Jordan-Parametrisierungen; jede dieser Äquivalenzklassen heißt eine *Orientierung* von Γ. Induziert γ eine dieser Orientierungen, so induziert $-\gamma$ die andere, und aufgrund der Bemerkungen 9.4 b) und 9.8 b) kann durch $\mathsf{L}(\Gamma) := \mathsf{L}(\gamma)$ die *Kurvenlänge* von Γ definiert werden.

e) Ein Weg $\gamma : [a,b] \mapsto \mathbb{R}^n$ heißt *geschlossen*, wenn $\gamma(b) = \gamma(a)$ gilt. In diesem Fall hat γ eine stetige $(b-a)$-*periodische Fortsetzung* $\tilde{\gamma} : \mathbb{R} \mapsto \mathbb{R}^n$; γ heißt C^k-*geschlossen*, wenn $\tilde{\gamma} \in C^k(\mathbb{R}, \mathbb{R}^n)$ gilt. *Kreislinien* im $\mathbb{R}^n$ sind C^∞-geschlossene Kurven, wegen Beispiel 8.5 und a) aber *keine* Jordankurven im Sinne von Definition 9.11. Sie sind jedoch C^∞-*geschlossene Jordankurven* in folgendem Sinn:

f) Ein geschlossener Weg $\gamma : [a,b] \mapsto \mathbb{R}^n$ heißt *geschlossener Jordanweg* und dann *Jordan-Parametrisierung* von $\Gamma = (\gamma)$, wenn $\gamma|_{[a,b)}$ injektiv ist. Für geschlossene Jordankurven gilt Bemerkung d) im wesentlichen ebenfalls, vgl. Aufgabe 9.9 b).   □

Aufgaben

9.1 Für $\gamma \in C(I, \mathbb{K}^n)$ beweise man die Abschätzung (5).

9.2 Für einen C^1-Weg $\gamma : [a,b] \mapsto \mathbb{R}^n$ zeige man $\mathsf{L}(\gamma) \geq |\gamma(b) - \gamma(a)|$ und beweise, daß nur für $(\gamma) = [\gamma(a), \gamma(b)]$ Gleichheit gelten kann.

9.3 Man berechne die Längen der folgenden, in Polarkoordinaten angegebenen Wege:
a) $r = a\varphi$; $0 \leq \varphi \leq 2\pi$, $a > 0$ fest *(Archimedische Spirale*, vgl. Abb. 9g),
b) $r = a(1 + \cos\varphi)$; $0 \leq \varphi \leq 2\pi$, $a > 0$ fest *(Kardioide*, vgl. Abb. 9h).

9.4 a) Es sei $f \in C^1(I, \mathbb{R})$. Man zeige, daß der Graph $\Gamma(f)$ von f eine glatte C^1-Jordankurve in $\mathbb{R}^2$ ist.
b) Es sei $\gamma = (x,y) : I \mapsto \mathbb{R}^2$ ein glatter C^1-Weg mit $\dot{x} \neq 0$ auf I. Mit $J := x(I)$ zeige man die Existenz von $f \in C^1(J, \mathbb{R})$ mit $\Gamma(f) = (\gamma)$. Man berechne f' und, für C^2-Wege γ, auch f'' auf J.

9.5 Zur Zeit $t = 0$ seien die Kreislinie $S_0 := S_1(0,1)$, der Kreismittelpunkt $M(0) = (0,1)$ und der Randpunkt $R(0) = (0,0)$ gegeben. Rollt die Kreislinie nun über die x-Achse, so hat man zur Zeit $t \in \mathbb{R}$ entsprechende Mittelpunkte $M(t)$ und Randpunkte $R(t)$. Für festes $b > 0$ sei $\gamma_b(t) = M(t) + b(R(t) - M(t))$; γ_b beschreibt dann eine *Zykloide* (vgl. Abb. 9i).

a) Man zeige $\gamma_b(t) = (t - b\sin t, 1 - b\cos t)$, $t \in \mathbb{R}$.

b) Man zeige $\mathsf{L}_0^{2\pi}(\gamma_b) = 4(1 + b)\, E(\frac{2\sqrt{b}}{1+b})$ mit dem vollständigen elliptischen Normalintegral zweiter Gattung E aus Abschnitt I. 30*. Was ergibt sich für $b = 1$?

c) Mittels Aufgabe 9.4 b) schreibe man die Spur der Zykloide über $I = (0, 2\pi)$ als Graphen einer Funktion f und zeige, daß f *konkav* ist.

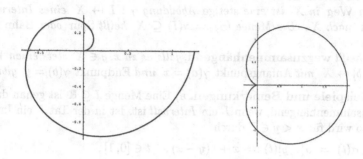

Abb. 9g: Arch. Spirale   Abb. 9h: Kardioide

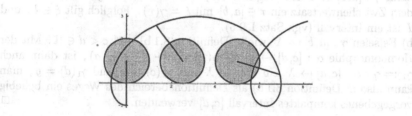

Abb. 9i: Zykloide mit $b = 2$

9.6 Ein Kreis mit Radius $\frac{a}{4}$ rolle innen auf einer Kreislinie mit Radius $a > 0$ ab; ein fester Randpunkt des kleinen Kreises beschreibt dann eine *Astroide* (vgl. Abb. 9j).

Man zeige, daß $\gamma : t \mapsto (a\cos^3 t, a\sin^3 t)$, $0 \leq t \leq 2\pi$, eine Jordan-Parametrisierung der Astroide ist und berechne ihre Länge.

9.7 Eine *Lemniskate* ist für $a > 0$ gegeben durch (vgl. Abb. 9k)

$$\Gamma := \{(x, y) \in \mathbb{R}^2 \mid ((x - a)^2 + y^2)\,((x + a)^2 + y^2) = a^4\}.$$

8 Wege und Zusammenhang

Aufgabe: Es seien X ein metrischer Raum und $A \subseteq X$. Kann A gleichzeitig offen und abgeschlossen in X sein?

In diesem Abschnitt wird der *Zwischenwertsatz* auf „wegzusammenhängende" Räume verallgemeinert.

8.1 Definition. *Es sei X ein metrischer Raum.*
a) Ein **Weg** *in X ist eine* stetige *Abbildung* $\gamma : I \mapsto X$ *eines Intervalls* $I \subseteq \mathbb{R}$ *nach X. Die Menge* $(\gamma) := \gamma(I) \subseteq X$ *heißt* Spur *oder* Bahn *des Weges* γ.
b) X heißt **wegzusammenhängend**, *falls es zu x,y $\in$ X stets einen Weg* $\gamma : [a,b] \mapsto X$ *mit* Anfangspunkt $\gamma(a) = x$ *und* Endpunkt $\gamma(b) = y$ *gibt.*

8.2 Beispiele und Bemerkungen. a) Eine Menge $I \subseteq \mathbb{R}$ ist genau dann wegzusammenhängend, wenn I ein *Intervall* ist. Ist in der Tat I ein Intervall, so wird für $x < y \in I$ durch

$$\sigma(t) := \sigma[x,y](t) := x + t(y-x), \quad t \in [0,1], \tag{1}$$

ein Weg $\sigma : [0,1] \mapsto I$ mit $\sigma(0) = x$ und $\sigma(1) = y$ definiert.
Umgekehrt seien I wegzusammenhängend, $x,y \in I$ und $x < \xi < y$. Ist dann $\gamma : [a,b] \mapsto I$ ein Weg mit $\gamma(a) = x$ und $\gamma(b) = y$, so gibt es nach dem Zwischenwertsatz ein $\tau \in [a,b]$ mit $\xi = \gamma(\tau)$. Folglich gilt $\xi \in I$, und I ist ein Intervall (vgl. Satz I.9.6).
b) Es seien $\gamma : [a,b] \mapsto X$ wie in Definition 8.1 b) und $c < d \in \mathbb{R}$. Mit der Homöomorphie $\alpha : [c,d] \mapsto [a,b]$, $\alpha(t) := c + \frac{d-c}{b-a}(t-a)$, ist dann auch $\gamma_1 := \gamma \circ \alpha : [c,d] \mapsto X$ ein Weg in X mit $\gamma_1(c) = x$ und $\gamma_1(d) = y$; man kann also in Definition 8.1 b) als Definitionsbereich des Weges ein beliebig vorgegebenes kompaktes Intervall $[c,d]$ verwenden. $\square$

8.3 Satz. *Es seien X,Y metrische Räume und $f : X \mapsto Y$ stetig. Ist dann X wegzusammenhängend, so gilt dies auch für $f(X)$.*

BEWEIS. Zu $w,z \in f(X)$ gibt es $x,y \in X$ mit $f(x) = w$ und $f(y) = z$. Ist nun $\gamma : [a,b] \mapsto X$ ein Weg mit $\gamma(a) = x$ und $\gamma(b) = y$, so ist $f \circ \gamma : [a,b] \mapsto f(X)$ ein Weg mit $(f \circ \gamma)(a) = w$ und $(f \circ \gamma)(b) = z$.
$\Diamond$

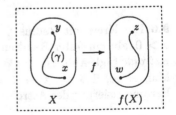

Abb. 8a

Satz 8.3 wird in Abb. 8a illustriert. Zusammen mit Beispiel 8.2 a) ergibt sich daraus die folgende Verallgemeinerung des Zwischenwertsatzes:

* Ergänzungen zu Kapitel I

Es werden nun weitere (hoffentlich) interessante Konzepte und Resultate aus dem Themenkreis von Kapitel I vorgestellt. Diese werden im Hauptteil von Band 2 nicht benutzt mit Ausnahme des *Satzes von Arzelà-Ascoli* 11.7, der für den Beweis des *Existenzsatzes von Peano* 37.2 für Lösungen von *Anfangswertproblemen* bei *gewöhnlichen Differentialgleichungen* benötigt wird. Viele dieser Konzepte und Resultate sollen jedoch in Band 3 verwendet werden, insbesondere die *Charakterisierung* 10.9 der *Kompaktheit* mittels *offener Überdeckungen*, der *Satz von Stone-Weierstraß* 12.3, die Resultate zu *Fourier-Entwicklungen* in Abschnitt 13 und der *Fortsetzungssatz von Tietze* 16.8.

Die Abschnitte 11 und 12 basieren auf dem wichtigen Abschnitt 10; ansonsten sind die folgenden ergänzenden Abschnitte zu Kapitel I weitgehend unabhängig voneinander. Genauere Angaben zu Inhalten und Querverbindungen findet man zu Beginn dieser Abschnitte.

10 Offene Überdeckungen und Kompaktheit

Der vorliegende Abschnitt schließt unmittelbar an Abschnitt 6 an. Es wird eine weitere wichtige *Formulierung der Kompaktheit* besprochen, die für diesen Begriff in dem allgemeineren Rahmen der *topologischen Räume* grundlegend ist (vgl. Abschnitt 17). Die Konzepte und Resultate dieses Abschnitts werden in den Abschnitten 11 und 12 sowie in Band 3 benutzt.

Zunächst werden schwächere Versionen des Kompaktheitsbegriffs diskutiert:

10.1 Definition. *Es sei X ein metrischer Raum. Eine Menge $Y \subseteq X$*
a) heißt präkompakt *oder* total beschränkt, *wenn jede Folge in Y eine Cauchy-Teilfolge besitzt,*
b) heißt relativ kompakt *(in X), wenn $\overline{Y}$ kompakt ist.*

10.2 Beispiele und Bemerkungen. a) Ein metrischer Raum X ist genau dann kompakt, wenn er präkompakt und vollständig ist.
b) Teilmengen präkompakter Räume sind wieder präkompakt. Insbesondere sind relativ kompakte Mengen präkompakt.
c) Ist $Y \subseteq X$ präkompakt, so auch $\overline{Y}$. Ist in der Tat (x_n) eine Folge in $\overline{Y}$, so wählt man $y_n \in Y$ mit $d(x_n, y_n) < \frac{1}{n}$ und findet eine Cauchy-Teilfolge (y_{n_j}); dann ist aber auch (x_{n_j}) Cauchy-Folge.
d) In vollständigen Räumen X sind präkompakte Mengen nach c) und a) auch relativ kompakt.

e) Präkompakte Teilmengen *normierter Räume* sind *beschränkt;* dies ergibt sich sofort aus dem Beweis von Festellung 6.5 a). Nach dem Satz von Bolzano-Weierstraß gilt im $\mathbb{K}^n$ auch die Umkehrung dieser Aussage. □

10.3 Definition. *Es seien X ein metrischer Raum und $\varepsilon > 0$. Eine Menge $N \subseteq X$ heißt ε-Netz von X, wenn $X \subseteq \bigcup \{K_\varepsilon(a) \mid a \in N\}$ gilt.*

10.4 Satz. *Ein metrischer Raum X ist genau dann präkompakt, wenn er für jedes $\varepsilon > 0$ ein endliches ε-Netz besitzt.*

BEWEIS. „⇒ ": Für ein $\varepsilon > 0$ gebe es kein endliches ε-Netz. Dann kann man rekursiv eine Folge $(x_n) \subseteq X$ wählen, für die stets

$$x_{n+1} \in X \setminus (K_\varepsilon(x_1) \cup \cdots \cup K_\varepsilon(x_n)),$$

also $d(x_n, x_m) \geq \varepsilon$ für $n \neq m$ gilt. Offenbar besitzt (x_n) keine Cauchy-Teilfolge.

„⇐ ": Es sei $(x_n) \subseteq X$ eine Folge. Zu $\varepsilon = 1$ gibt es $\{a_1, \ldots, a_r\} \subseteq X$ mit $X \subseteq \bigcup\limits_{j=1}^{r} K_1(a_j)$; folglich gibt es mindestens ein $\ell \in \{1, \ldots, r\}$, so daß $x_n \in K_1(a_\ell)$ für unendlich viele Indizes $n \in \mathbb{N}$ gilt. Somit existiert eine Teilfolge $(x_n^{(1)})$ von (x_n), die $(x_n^{(1)}) \subseteq K_1(a_\ell)$, also $d(x_n^{(1)}, x_m^{(1)}) \leq 2$ erfüllt. Genauso findet man eine Teilfolge $(x_n^{(2)})$ von $(x_n^{(1)})$ mit $d(x_n^{(2)}, x_m^{(2)}) \leq 1$, und entsprechend rekursiv Teilfolgen $(x_n^{(k+1)})$ von $(x_n^{(k)})$ mit $d(x_n^{(k+1)}, x_m^{(k+1)}) \leq 2^{-k}$. Aus diesen sukzessive ausgewählten Teilfolgen

$$
\begin{array}{cccccc}
x_1 & x_2 & x_3 & x_4 & x_5 & x_6 & \cdots \\
x_1^{(1)} & x_2^{(1)} & x_3^{(1)} & x_4^{(1)} & x_5^{(1)} & x_6^{(1)} & \cdots \\
x_1^{(2)} & x_2^{(2)} & x_3^{(2)} & x_4^{(2)} & x_5^{(2)} & x_6^{(2)} & \cdots \\
x_1^{(3)} & x_2^{(3)} & x_3^{(3)} & x_4^{(3)} & x_5^{(3)} & x_6^{(3)} & \cdots \\
x_1^{(4)} & x_2^{(4)} & x_3^{(4)} & x_4^{(4)} & x_5^{(4)} & x_6^{(4)} & \cdots \\
x_1^{(5)} & x_2^{(5)} & x_3^{(5)} & x_4^{(5)} & x_5^{(5)} & x_6^{(5)} & \cdots \\
\vdots & \vdots & \vdots & \vdots & \vdots & \vdots & \ddots
\end{array}
$$

bildet man nun die **Diagonalfolge** $(x_n^*) := (x_n^{(n)})$. Da $(x_n^*)_{n \geq k}$ Teilfolge von $(x_n^{(k)})$ ist, gilt $d(x_n^*, x_m^*) \leq 2^{-k+1}$ für $n, m \geq k$, d.h. (x_n^*) ist eine Cauchy-Teilfolge von (x_n). ◇

10.5 Folgerung. *Ein präkompakter metrischer Raum X ist* separabel.

BEWEIS. Zu $\varepsilon := \frac{1}{n}$ gibt es nach Satz 10.4 ein endliches $\frac{1}{n}$-Netz $M_n \subseteq X$. Dann ist $M := \bigcup\limits_{n=1}^{\infty} M_n$ eine abzählbare dichte Teilmenge von X. ◇

Zur Motivation von Theorem 10.9 diene ein *direkter Beweis des Satzes* 6.16
von Dini :

10.6 Beispiel. Es seien also X ein kompakter metrischer Raum und
$f_n, f \in C(X, \mathbb{R})$ mit $f_1 \leq f_2 \leq \ldots \leq f$ und $f_n \to f$ punktweise auf
X. Zu $\varepsilon > 0$ und $x \in X$ gibt es $n_x \in \mathbb{N}$ mit $f(x) - f_{n_x}(x) < \varepsilon$. Da die
Funktion $f - f_{n_x}$ stetig ist, gibt es eine offene Umgebung $U(x)$ von x mit
$f(y) - f_{n_x}(y) < \varepsilon$ für alle $y \in U(x)$. Die *offenen* Mengen $\{U(x) \mid x \in X\}$
bilden eine *Überdeckung* von X, d. h. es gilt $X \subseteq \bigcup \{U(x) \mid x \in X\}$. Wegen der Kompaktheit von X genügen nach Theorem 10.9 unten dann be-
reits *endlich viele* dieser Mengen zur Überdeckung von X; es gibt also
$a_1, \ldots, a_r \in X$ mit $X \subseteq \bigcup\limits_{j=1}^{r} U(a_j)$. Es sei nun $n_0 := \max\limits_{j=1}^{r} n_{a_j}$ und
$n \geq n_0$. Für jedes $x \in X$ gibt es ein j mit $x \in U(a_j)$, und wegen der
Monotoniebedingung folgt $0 \leq f(x) - f_n(x) \leq f(x) - f_{n_{a_j}}(x) < \varepsilon$. Dies
zeigt $\| f - f_n \|_{\sup} \leq \varepsilon$ für $n \geq n_0$, also $\| f - f_n \|_{\sup} \to 0$.   □

Zu zeigen bleibt natürlich noch, daß tatsächlich *endlich viele* der offenen
Mengen $\{U(x)\}$ zur Überdeckung von X genügen. Vor diesem Beweis wird
der Überdeckungsbegriff ausführlicher diskutiert:

10.7 Definition. *Es seien X ein metrischer Raum und $M \subseteq X$.*
a) *Ein System $\mathfrak{U}$ von offenen Teilmengen von X heißt* offene Überdeckung
von M, *falls $M \subseteq \bigcup \{U \mid U \in \mathfrak{U}\}$ gilt.*
b) *Ein Teilsystem $\mathfrak{V} \subseteq \mathfrak{U}$ heißt* Teilüberdeckung *(von M), falls auch*
$M \subseteq \bigcup \{U \mid U \in \mathfrak{V}\}$ *gilt.*

10.8 Beispiele und Bemerkungen. a) Eine offene Überdeckung von $\mathbb{Z}$
wird gegeben durch $\mathfrak{U} := \{U_j = (j - \frac{1}{2}, j + \frac{1}{2}) \mid j \in \mathbb{Z}\}$, vgl. Abb. 10a.
Wegen $k \notin \bigcup \{U_j \mid j \neq k\}$ für $k \in \mathbb{Z}$ bilden *echte* Teilsysteme $\mathfrak{V}$ von $\mathfrak{U}$
keine Teilüberdeckungen von $\mathbb{Z}$.
b) Es ist $\mathfrak{U} := \{U_j = (-j, j) \mid j \in \mathbb{Z}\}$ eine offene Überdeckung von $\mathbb{R}$,
vgl. Abb. 10b. Für jedes *unendliche* Teilsystem $\mathfrak{V}$ von $\mathfrak{U}$ gilt offenbar
$\mathbb{R} \subseteq \bigcup \{U_j \mid U_j \in \mathfrak{V}\}$, aber $\mathfrak{U}$ besitzt *keine endliche* Teilüberdeckung.

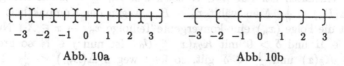

$$-3 \quad -2 \quad -1 \quad 0 \quad 1 \quad 2 \quad 3 \qquad\qquad -3 \quad -2 \quad -1 \quad 0 \quad 1 \quad 2 \quad 3$$

Abb. 10a   Abb. 10b

c) Es seien X ein metrischer Raum und $x_n \to x$ eine konvergente Folge in
X. Ist $\mathfrak{U}$ eine offene Überdeckung von $M := \{x_n \mid n \in \mathbb{N}\} \cup \{x\}$, so gibt
es $U_0 \in \mathfrak{U}$ mit $x \in U_0$. Da U_0 offen ist, gibt es $\ell \in \mathbb{N}$ mit $x_n \in U_0$ für

$n > \ell$. Wählt man noch $U_1, \dots, U_\ell \in \mathfrak{U}$ mit $x_n \in U_n$ für $n = 1, \dots, \ell$, so gilt offenbar $M \subseteq U_0 \cup U_1 \cup \dots \cup U_\ell$; $\mathfrak{U}$ besitzt also eine endliche Teilüberdeckung (vgl. Abb. 10c).

d) Die Aussage von c) ist dagegen nicht richtig, wenn der Grenzwert der Folge nicht zu M gehört. Es sei beispielsweise $M := \{\frac{1}{n} \mid n \in \mathbb{N}\} \subseteq \mathbb{R}$ und $U_j := (\frac{1}{j} - \frac{1}{2j(j+1)}, \frac{1}{j} + \frac{1}{2j(j+1)})$, $j \in \mathbb{N}$. Da die (U_j) disjunkt sind, ist $\mathfrak{U} := (U_j)_{j \in \mathbb{N}}$ eine offene Überdeckung von M, die *keine* echte Teilüberdeckung besitzt (vgl. Abb. 10d). □

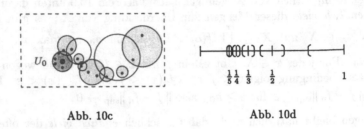

Abb. 10c   Abb. 10d

Wie in Aufgabe 5.1 bezeichne

$$\Delta(M) := \sup \{d(x,y) \mid x,y \in M\} \in [0, \infty] \tag{1}$$

den *Durchmesser* einer Menge M in einem metrischen Raum X.

10.9 Theorem. *Ein metrischer Raum X ist genau dann kompakt, wenn jede offene Überdeckung von X eine endliche Teilüberdeckung besitzt.*

BEWEIS. „⇐": Es sei $(x_n) \subseteq X$ eine Folge. Gibt es zu $x \in X$ keine gegen x konvergente Teilfolge von (x_n), so gibt es $\delta = \delta(x) > 0$, so daß $x_n \in K_\delta(x)$ für höchstens endlich viele Indizes $n \in \mathbb{N}$ gilt. Ist dies nun für alle $x \in X$ der Fall, so kann die offene Überdeckung $\mathfrak{U} := \{K_{\delta(x)}(x) \mid x \in X\}$ von X keine endliche Teilüberdeckung besitzen.

„⇒": Es sei $\mathfrak{U}$ eine offene Überdeckung von X.

a) Eine Menge $B \subseteq X$ heiße „*dick*" (bezüglich $\mathfrak{U}$), falls B in keiner Menge aus $\mathfrak{U}$ enthalten ist. Für $n \in \mathbb{N}$ seien nun $B_n \subseteq X$ dicke Mengen mit $0 \leq \Delta(B_n) < \frac{1}{n}$. Man wählt $x_n \in B_n$; wegen der Kompaktheit von X besitzt die Folge (x_n) eine konvergente Teilfolge $x_{n_j} \to x \in X$. Nun gibt es $U_0 \in \mathfrak{U}$ und $\delta > 0$ mit $K_{2\delta}(x) \subseteq U_0$. Ist nun $j \in \mathbb{N}$ so groß, daß $x_{n_j} \in K_\delta(x)$ und $\frac{1}{n_j} < \delta$ gilt, so folgt wegen $\Delta(B_{n_j}) < \frac{1}{n_j} < \delta$ der Widerspruch $B_{n_j} \subseteq K_{2\delta}(x) \subseteq U_0$.

b) Nach a) gibt es $\lambda > 0$, so daß alle Mengen mit Durchmesser $< \lambda$ in einer Menge aus $\mathfrak{U}$ enthalten sind. Nach Satz 10.4 gibt es zu $\varepsilon := \frac{\lambda}{3}$ endlich viele

Punkte $a_1, \ldots, a_r \in X$ mit $X \subseteq \bigcup\limits_{j=1}^{r} K_\varepsilon(a_j)$. Wegen $\Delta(K_\varepsilon(a_j)) \leq 2\varepsilon < \lambda$

gibt es dann $U_j \in \mathfrak{U}$ mit $K_\varepsilon(a_j) \subseteq U_j$, und man hat $X \subseteq \bigcup\limits_{j=1}^{r} U_j$. $\diamond$

10.10 Bemerkungen. a) Die in Theorem 10.9 formulierte Eigenschaft wird oft zur *Definition* der Kompaktheit verwendet, vgl. auch die Bemerkungen 17.6. Für kompakte Mengen im $\mathbb{K}^n$ ist Aussage „$\Rightarrow$" von Theorem 10.9 als *Satz von Heine-Borel* bekannt.

b) Nach dem Beweis von Theorem 10.9 gibt es zu jeder offenen Überdeckung $\mathfrak{U}$ eines kompakten Raumes X eine Zahl $\lambda > 0$, so daß alle Mengen mit Durchmesser $< \lambda$ in einer Menge aus $\mathfrak{U}$ enthalten sind. Jede solche Zahl $\lambda > 0$ heißt *Lebesgue-Zahl* der Überdeckung $\mathfrak{U}$.

c) Nach Aufgabe 4.10 sind die offenen Teilmengen von $M \subseteq X$ genau die Schnitte offener Teilmengen von X mit M; nach Theorem 10.9 ist daher M genau dann kompakt, wenn jede offene Überdeckung von M *bezüglich* X eine endliche Teilüberdeckung besitzt. $\square$

Aufgaben

10.1 Es seien E ein normierter Raum und $A, B \subseteq E$ präkompakt. Man zeige, daß auch $A \cap B$, $A \cup B$ und $A + B$ präkompakt sind.

10.2 Es sei X ein metrischer Raum, so daß es für jedes $\varepsilon > 0$ ein *präkompaktes ε-Netz* in X gibt. Man zeige, daß X präkompakt ist.

10.3 Es seien E ein normierter Raum und $M \subseteq E$ präkompakt. Man zeige, daß auch die konvexe Hülle $\Gamma(M) \subseteq E$ präkompakt ist (vgl. Aufgabe 8.8).
HINWEIS. Ist N ein ε-Netz von M, so ist $\Gamma(N)$ ein solches von $\Gamma(M)$.

10.4 Man gebe einen einfachen Beweis von Theorem 10.9 für kompakte Intervalle $[a, b]$ an.
HINWEIS. Für eine offene Überdeckung $\mathfrak{U}$ von $[a, b]$ setze man
$M := \{x \in [a, b] \mid [a, x]$ wird von endlich vielen Mengen aus $\mathfrak{U}$ überdeckt$\}$
und beweise $b = \max M$.

10.5 Für die Aussagen 6.6, 6.10 und 6.15 gebe man neue Beweise mit Hilfe von Theorem 10.9 an.
HINWEIS. Zum Beweis von Theorem 6.15 verwende man zu $\varepsilon > 0$ eine Lebesgue-Zahl der Überdeckung $\{f^{-1}(K_\varepsilon(f(x))) \mid x \in X\}$ von X.

10.6 Es sei X ein *separabler* metrischer Raum. Man zeige, daß jede offene Überdeckung von X eine *abzählbare* Teilüberdeckung besitzt.

11 Der Satz von Arzelà-Ascoli

Der vorliegende Abschnitt über die bereits nach Folgerung 6.8 angekündigte Charakterisierung der kompakten Mengen im Raum $C(X)$ schließt an Abschnitt 6 an; auch die Nummern 10.1–10.5 aus dem letzten Abschnitt werden benötigt. Der Satz von Arzelà-Ascoli wird im Beweis des Existenzsatzes von Peano für Anfangswertprobleme bei gewöhnlichen Differentialgleichungen 37.2 verwendet und hat auch wichtige Anwendungen in der Funktionalanalysis und der Funktionentheorie.

Zur Motivation des im Satz von Arzelà-Ascoli auftretenden Begriffs der *Gleichstetigkeit* diene:

11.1 Beispiel. a) Für die durch $f_n(x) := \cos 2^n x$ definierte Funktionenfolge $(f_n) \subseteq C[-\pi, \pi]$ (vgl. Abb. 11a) gilt stets $\| f_n \| = 1$; wegen $f_n(2^{-n}\pi) = \cos \pi = -1$ und $f_m(2^{-n}\pi) = \cos 2^{m-n}\pi = +1$ für $m > n$ hat man $\| f_m - f_n \| = 2$ für $m \neq n$. Daher hat die Folge (f_n) keine Cauchy-Teilfolge; der Satz von Bolzano-Weierstraß gilt also in $C[-\pi, \pi]$ *nicht*, und die abgeschlossene Einheitskugel $\overline{K}_1(0)$ dieses Raumes ist weder kompakt noch präkompakt.

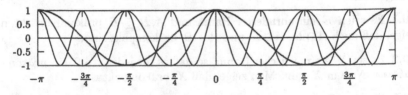

Abb. 11a: $\cos 2x$, $\cos 4x$, $\cos 8x$

b) Wegen $\| f_n' \| = \| -2^n \sin 2^n x \| = 2^n$ gilt nach dem *Mittelwertsatz der Differentialrechnung* $| f_n(x_1) - f_n(x_2) | \leq 2^n | x_1 - x_2 |$ für $x_1, x_2 \in [-\pi, \pi]$; daher kann in der gleichmäßigen Stetigkeitsbedingung (5.2) stets $\delta = 2^{-n} \varepsilon$ gewählt werden. Wegen $f_n(0) = 1$ und $f_n(2^{-n}\pi) = -1$ *muß* in der Tat $\delta \leq \frac{\pi}{2} 2^{-n} \varepsilon$ gewählt werden; $\delta = \delta_n$ hängt also von n ab, und man hat $\delta_n \to 0$ für $n \to \infty$. □

Das in Beispiel 11.1 beobachtete Phänomen führt auf den folgenden Begriff:

11.2 Definition. *Es seien* X, Y *metrische Räume. Eine* Funktionenmenge $M \subseteq C(X,Y)$ *mit der Eigenschaft*

$$\forall \, \varepsilon > 0 \, \exists \, \delta > 0 \, \forall \, x_1, x_2 \in X \, \forall \, f \in M :$$
$$d(x_1, x_2) < \delta \Rightarrow d(f(x_1), f(x_2)) < \varepsilon \tag{1}$$

heißt gleichstetig *oder* gleichgradig stetig.

Eine Funktionenmenge $M \subseteq C(X, Y)$ ist also genau dann gleichstetig, wenn für jedes $\varepsilon > 0$ die Zahl $\delta > 0$ aus (5.2) **unabhängig** von $f \in M$ (und von $x_1, x_2 \in X$) wählbar ist.

11.3 Beispiel. Nach Satz I. 20.9 impliziert die Beschränktheit der Ableitung die gleichmäßige Stetigkeit einer Funktion. Ist entsprechend $M \subseteq C^1[a, b]$ eine Funktionenmenge mit $\| f' \| \leq C$ für alle $f \in M$ und ein $C > 0$, so ergibt sich aus dem *Mittelwertsatz der Differentialrechnung* sofort $| f(x_1) - f(x_2) | \leq \| f' \| | x_1 - x_2 | \leq C | x_1 - x_2 |$ für $f \in M$ und $x_1, x_2 \in [a, b]$; somit ist (1) mit $\delta = \frac{\varepsilon}{C}$ erfüllt, und $M \subseteq C[a, b]$ ist gleichstetig.   □

11.4 Satz. *Es seien X ein kompakter metrischer Raum und $M \subseteq C(X)$ präkompakt. Dann ist M gleichstetig.*

BEWEIS. Zu $\varepsilon > 0$ gibt es nach Satz 10.4 endlich viele Funktionen $f_1, \ldots, f_r \in M$ mit $M \subseteq \bigcup\limits_{j=1}^{r} K_\varepsilon(f_j)$. Nach Theorem 6.15 ist jedes f_j *gleichmäßig* stetig, d.h. es gibt $\delta_j > 0$ mit $| f_j(x_1) - f_j(x_2) | < \varepsilon$ für $d(x_1, x_2) < \delta_j$. Es seien nun $\delta := \min\limits_{j=1}^{r} \delta_j > 0$ und $f \in M$. Man wählt $j \in \{1, \ldots, r\}$ mit $\| f - f_j \| < \varepsilon$ und erhält

$$| f(x_1) - f(x_2) | \leq | f(x_1) - f_j(x_1) | + | f_j(x_1) - f_j(x_2) | + | f_j(x_2) - f(x_2) |$$
$$\leq \| f - f_j \| + \varepsilon + \| f - f_j \| \leq 3\varepsilon$$

für $d(x_1, x_2) < \delta$.   □

Der Satz von Arzelà-Ascoli besagt, daß $M \subseteq C(X)$ genau dann präkompakt ist, wenn M gleichstetig und beschränkt ist. Zum Beweis von „$\Leftarrow$" werden zwei Hilfsaussagen verwendet:

11.5 Lemma. *Es seien Y eine abzählbare Menge und $(f_n) \subseteq \mathcal{F}(Y)$ eine punktweise beschränkte Folge, d. h. für alle $y \in Y$ seien die Folgen $(f_n(y))$ in $\mathbb{K}$ beschränkt. Dann hat (f_n) eine punktweise konvergente Teilfolge.*

BEWEIS. Es sei $Y = \{y_j \mid j \in \mathbb{N}.\}$ Da $(f_n(y_1))$ in $\mathbb{K}$ beschränkt ist, hat (f_n) eine Teilfolge $(f_n^{(1)})$, für die $(f_n^{(1)}(y_1))$ konvergiert. Dann hat $(f_n^{(1)})$ eine Teilfolge $(f_n^{(2)})$, für die $(f_n^{(2)}(y_2))$ konvergiert. So fortfahrend wählt man für $j \in \mathbb{N}$ rekursiv Teilfolgen $(f_n^{(j)})$ von $(f_n^{(j-1)})$, für die $(f_n^{(j)}(y_j))$ konvergiert. Nach Konstruktion konvergiert dann $(f_n^{(j)}(y_k))$ für $k \leq j$. Wie im Beweis von Satz 10.4 betrachtet man nun die *Diagonalfolge* $(f_n^*) := (f_n^{(n)})$. Diese ist Teilfolge von (f_n) und, für $n \geq j$, auch von $(f_n^{(j)})$; daher konvergiert $(f_n^*(y_j))$ für *alle* $j \in \mathbb{N}$.   ◇

11.6 Lemma. *Es seien X ein kompakter metrischer Raum und $(g_n) \subseteq C(X)$ eine gleichstetige Folge, die auf einer dichten Menge $Y \subseteq X$ punktweise konvergiert. Dann ist (g_n) gleichmäßig konvergent.*

BEWEIS. Zu $\varepsilon > 0$ wählt man $\delta > 0$ mit $|g_n(x_1) - g_n(x_2)| < \varepsilon$ für $n \in \mathbb{N}$ und $d(x_1, x_2) < 2\delta$. Nach Satz 10.4 gibt es $a_1, \ldots, a_r \in X$ mit $X \subseteq \bigcup_{j=1}^{r} K_\delta(a_j)$. Für $j = 1, \ldots, r$ wählt man $y_j \in Y$ mit $d(a_j, y_j) < \delta$. Da $(g_n(y_j))$ konvergiert, gibt es $n_0 \in \mathbb{N}$ mit $|g_n(y_j) - g_m(y_j)| < \varepsilon$ für $n, m \geq n_0$ und $j = 1, \ldots, r$.

Es seien nun $n, m \geq n_0$ und $x \in X$. Es gibt dann $j \in \{1, \ldots, r\}$ mit $d(x, y_j) < 2\delta$, und es folgt

$$
\begin{aligned}
|g_n(x) - g_m(x)| &\leq |g_n(x) - g_n(y_j)| + |g_n(y_j) - g_m(y_j)| \\
&+ |g_m(y_j) - g_m(x)| < 3\varepsilon.
\end{aligned}
$$

Somit gilt $\| g_n - g_m \| \leq 3\varepsilon$ für $n, m \geq n_0$, und (g_n) ist eine Cauchy-Folge in $C(X)$. ◇

11.7 Theorem (Arzelà-Ascoli). *Es sei X ein kompakter metrischer Raum. Eine Funktionenmenge $M \subseteq C(X)$ ist genau dann*
a) präkompakt, wenn M beschränkt und gleichstetig ist,
b) kompakt, wenn M beschränkt, abgeschlossen und gleichstetig ist.

BEWEIS. a) „$\Rightarrow$" folgt aus Bemerkung 10.2 d) und Satz 11.4.
„$\Leftarrow$": Nach Folgerung 10.5 ist X separabel; es gibt also eine abzählbare dichte Teilmenge Y in X. Es sei nun $(f_n) \subseteq M$ eine Folge. Da M beschränkt ist, besitzt diese nach Lemma 11.5 eine Teilfolge, die auf Y punktweise konvergiert. Da M gleichstetig ist, muß diese Teilfolge nach Lemma 11.6 dann sogar gleichmäßig konvergent sein.
b) Wegen der Vollständigkeit von $C(X)$ folgt nun b) aus a), Bemerkung 10.2 und Feststellung 6.3. ◇

Der Beweis zeigt, daß eine gleichstetige Menge $M \subseteq C(X)$ bereits dann präkompakt ist, wenn sie *punktweise* beschränkt ist.

11.8 Bemerkung. Nach Beispiel 11.3 und dem Satz von Arzelà-Ascoli besitzen beschränkte Folgen in $C^1[a, b]$ Teilfolgen, die in $C[a, b]$ konvergieren. Eine beschränkte Folge $(f_n) \subseteq C^{k+1}[a, b]$ besitzt also eine Teilfolge (f_{n_j}), für die $(f_{n_j}^{(k)})$ gleichmäßig konvergiert. Man kann annehmen, daß auch die Folgen $(f_{n_j}^{(\ell)}(a))$ für $0 \leq \ell \leq k$ konvergieren; andernfalls geht man einfach zu einer weiteren Teilfolge über. Wegen

$$
f_{n_j}^{(\ell)}(x) = f_{n_j}^{(\ell)}(a) + \int_a^x f_{n_j}^{(\ell+1)}(t)\, dt, \quad x \in [a, b],\ 0 \leq \ell \leq k, \tag{2}
$$

ergibt sich nacheinander die gleichmäßige Konvergenz der Folgen $(f_{n_j}^{(k-1)})$, $(f_{n_j}^{(k-2)})$, $\dots$, (f_{n_j}), also die Konvergenz von (f_{n_j}) in $C^k[a,b]$. Somit sind beschränkte Teilmengen von $C^{k+1}[a,b]$ relativ kompakt in $C^k[a,b]$. $\square$

Aufgaben

11.1 Es seien E, F normierte Räume. Man zeige, daß eine Menge $M \subseteq L(E,F)$ stetiger linearer Operatoren genau dann *gleichstetig* ist, wenn sie im Raum $L(E,F)$ *beschränkt* ist.

11.2 Gilt Lemma 11.5 auch für überabzählbare Mengen Y?

11.3 Gilt Lemma 11.6 für beliebige metrische Räume X? Man zeige jedenfalls, daß die Folge (g_n) dort auf ganz X punktweise konvergiert.

11.4 Es seien X, Y metrische Räume. Eine *Funktionenmenge* $M \subseteq C(X,Y)$ heißt *punktweise gleichstetig*, falls folgendes gilt:

$$\forall\, a \in X\, \forall\, \varepsilon > 0\, \exists\, \delta > 0\, \forall\, x \in X\, \forall\, f \in M\, : \, d(x,a) < \delta \Rightarrow d(f(x), f(a)) < \varepsilon.$$

a) Für eine Folge $(f_n) \subseteq C(X,Y)$ existiere $f(x) := \lim\limits_{n \to \infty} f_n(x)$ punktweise auf X. Man zeige, daß mit $\{f_n\}$ auch die Menge $\{f_n\} \cup \{f\}$ punktweise gleichstetig bzw. gleichstetig ist.
b) Man zeige, daß für *kompakte* Räume X jede punktweise gleichstetige Menge $M \subseteq C(X,Y)$ sogar gleichstetig ist.

11.5 Es seien X ein kompakter metrischer Raum und F ein Banachraum. Man zeige, daß eine Menge $M \subseteq C(X,F)$ genau dann kompakt ist, wenn M gleichstetig und abgeschlossen ist und wenn für alle $x \in X$ die Mengen $\{f(x) \mid f \in M\}$ in F relativ kompakt sind.

11.6 Ist die abgeschlossene Einheitskugel von $(C^1[a,b], \|\ \|_{C^1})$ im Banachraum $(C[a,b], \|\ \|_{\sup})$ abgeschlossen?

11.7 Es sei E ein normierter Raum, und $K := \{x \in E \mid \|x\| \le 1\}$ sei präkompakt. Man zeige $\dim E < \infty$.

HINWEIS. Es gibt $a_1, \dots, a_r \in E$ mit $K \subseteq \bigcup\limits_{j=1}^{r} K_{1/2}(a_j)$. Mit dem von den $a_1, \dots, a_r \in E$ aufgespannten Unterraum F von E gilt $K \subseteq F + \frac{1}{2}K$ und dann auch $K \subseteq F + 2^{-n}K$ für alle $n \in \mathbb{N}$, also $K \subseteq \overline{F} = F$.

12 Der Satz von Stone-Weierstraß

Der *Weierstraßsche Approximationssatz* I.40.12* besagt, daß die *Funktionenalgebra* aller Polynome auf $[a, b]$ in $C[a, b]$ *dicht* liegt. In diesem Abschnitt wird über kompakten metrischen Räumen X die Dichtheit geeigneter Funktionenräume $\mathcal{F}(X) \subseteq C(X)$ in $C(X)$ bewiesen und somit der Weierstraßsche Approximationssatz wesentlich verallgemeinert; für diesen erhält man gleichzeitig einen *neuen Beweis*. Folgerung 12.6 soll in Band 3 verwendet werden.

12.1 Satz. *Es seien X ein kompakter metrischer Raum und $\mathcal{F} \subseteq C(X, \mathbb{R})$ ein Unterraum mit den Eigenschaften*

(a) $1 \in \mathcal{F}$,

(b) $f \in \mathcal{F} \Rightarrow |f| \in \mathcal{F}$,

(c) *$\mathcal{F}$ trennt die Punkte von X, d.h. zu $x, y \in X$ mit $x \neq y$ gibt es $f \in \mathcal{F}$ mit $f(x) \neq f(y)$.*

Dann ist $\mathcal{F}$ dicht in $C(X, \mathbb{R})$.

BEWEIS. a) Es seien $x, y \in X$ mit $x \neq y$ und $a, b \in \mathbb{R}$. Nach (c) gibt es $h \in \mathcal{F}$ mit $h(x) \neq h(y)$. Nach (a) liegt dann auch die Funktion

$$g : t \mapsto b + (a - b) \, \tfrac{h(t) - h(y)}{h(x) - h(y)} \tag{1}$$

in $\mathcal{F}$, und es gilt $g(x) = a$, $g(y) = b$.

b) Wegen $\max\{f, g\} = \tfrac{1}{2}(f + g + |f - g|)$ und $\min\{f, g\} = \tfrac{1}{2}(f + g - |f - g|)$ und (b) ist $\mathcal{F}$ ein *Funktionenverband*, d.h. stabil unter der Bildung endlicher Maxima und Minima.

c) Es seien nun $f \in C(X, \mathbb{R})$ und $\varepsilon > 0$. Zu $x \in X$ und $y \in X$ mit $x \neq y$ gibt es nach Beweisteil a) eine Funktion $g_{x,y} \in \mathcal{F}$ mit $g_{x,y}(x) = f(x)$ und $g_{x,y}(y) = f(y)$. Es ist $U_y := \{t \in X \mid g_{x,y}(t) < f(t) + \varepsilon\} \subseteq X$ eine offene Menge mit $x, y \in U_y$, und man hat $X = \bigcup\{U_y \mid y \in X \backslash \{x\}\}$. Nach Theorem 10.9 gibt es daher endlich viele Punkte $y_1, \ldots, y_r \in X$ mit $X = \bigcup\{U_{y_j} \mid j = 1, \ldots, r\}$. Da $\mathcal{F}$ ein Funktionenverband ist, gilt

$$g_x := \min\{g_{x, y_j} \mid j = 1, \ldots, r\} \in \mathcal{F}, \tag{2}$$

und man hat $g_x(x) = f(x)$ sowie $g_x(t) < f(t) + \varepsilon$ für alle $t \in X$.

d) Auch $V_x := \{t \in X \mid g_x(t) > f(t) - \varepsilon\} \subseteq X$ ist offen, und wie in Beweisteil c) findet man Punkte $x_1, \ldots, x_s \in X$ mit $X = \bigcup\{V_{x_i} \mid i = 1, \ldots, s\}$. Da $\mathcal{F}$ ein Funktionenverband ist, gilt

$$g := \max\{g_{x_i} \mid i = 1, \ldots, s\} \in \mathcal{F}, \tag{3}$$

und man hat $f(t) - \varepsilon < g(t) < f(t) + \varepsilon$, also $|f(t) - g(t)| < \varepsilon$ für alle $t \in X$. ◇

Die *Verbandsbedingung* „$f \in \mathcal{F} \Rightarrow |f| \in \mathcal{F}$" aus Satz 12.1 (b) kann durch die *Algebrenbedingung* „$f \in \mathcal{F} \Rightarrow f^2 \in \mathcal{F}$" ersetzt werden:

12.2 Lemma. *Es sei $\mathcal{B} \subseteq \mathcal{C}(X, \mathbb{R})$ eine abgeschlossene Funktionenalgebra. Dann gilt:* $f \in \mathcal{B} \Rightarrow |f| \in \mathcal{B}$.

BEWEIS. Nach Division durch $\|f\|$ kann man $\|f\| \leq 1$, also $-1 \leq f \leq 1$ annehmen. Als Konsequenz aus der *Stirlingschen Formel* wurde in (I. 36.23)* gezeigt, daß die Entwicklung $|x| = \sum_{k=0}^{\infty} \binom{\frac{1}{2}}{k} (x^2 - 1)^k$ auf $[-1, 1]$ normal, insbesondere also gleichmäßig konvergiert; somit gilt also

$$|f(t)| = \sum_{k=0}^{\infty} \binom{\frac{1}{2}}{k} (f(t)^2 - 1)^k \tag{4}$$

gleichmäßig auf X. Da $\mathcal{B}$ abgeschlossen ist, folgt daraus $|f| \in \mathcal{B}$. ◇

Zum Beweis von Lemma 12.2 kann man statt (I. 36.23)* auch Aufgabe I. 14.10 oder den Weierstraßschen Approximationssatz I. 40.12* verwenden. Damit läßt sich nun das folgende Hauptergebnis dieses Abschnitts beweisen. Bedingung (b) ist im Fall $\mathbb{K} = \mathbb{R}$ automatisch erfüllt, im Fall $\mathbb{K} = \mathbb{C}$ aber eine wesentliche Voraussetzung (vgl. Aufgabe 12.2).

12.3 Theorem (Stone-Weierstraß). *Es seien X ein kompakter metrischer Raum und $\mathcal{A} \subseteq \mathcal{C}(X, \mathbb{K})$ eine Funktionenalgebra. Es gelte:*
(a) $1 \in \mathcal{A}$,
(b) $f \in \mathcal{A} \Rightarrow \bar{f} \in \mathcal{A}$,
(c) $\mathcal{A}$ *trennt die Punkte von X, d. h. zu $x, y \in X$ mit $x \neq y$ gibt es*
  $f \in \mathcal{A}$ *mit $f(x) \neq f(y)$.*
Dann ist $\mathcal{A}$ dicht in $\mathcal{C}(X, \mathbb{K})$.

BEWEIS. a) Es ist $\bar{\mathcal{A}} \subseteq \mathcal{C}(X, \mathbb{K})$ eine *abgeschlossene Funktionenalgebra*, die ebenfalls die Bedingungen (a)–(c) erfüllt; im Fall $\mathbb{K} = \mathbb{R}$ folgt dann die Behauptung sofort aus Lemma 12.2 und Satz 12.1.
b) Im Fall $\mathbb{K} = \mathbb{C}$ betrachtet man $\mathcal{B} := \{\text{Re } f \mid f \in \bar{\mathcal{A}}\} \subseteq \mathcal{C}(X, \mathbb{R})$. Wegen $\text{Re } f = \frac{1}{2}(f + \bar{f})$ und (b) gilt $\mathcal{B} \subseteq \bar{\mathcal{A}}$, und $\mathcal{B}$ ist eine *reelle abgeschlossene Funktionenalgebra*. Nach (a) gilt $1 \in \mathcal{B}$. Auch $\mathcal{B}$ *trennt die Punkte* von X : Zu $x, y \in X$ mit $x \neq y$ gibt es nach (c) und (1) ein $f \in \mathcal{A}$ mit $f(x) = 0$ und $f(y) = 1$; dann ist $g := \text{Re } f \in \mathcal{B}$, und man hat auch $g(x) = 0$ und $g(y) = 1$. Aus Beweisteil a) folgt nun $\mathcal{B} = \mathcal{C}(X, \mathbb{R})$; für $f \in \mathcal{C}(X, \mathbb{C})$ gilt

also $\operatorname{Re} f$, $\operatorname{Im} f \in \mathcal{B} \subseteq \overline{\mathcal{A}}$ und somit auch $f = \operatorname{Re} f + i \operatorname{Im} f \in \overline{\mathcal{A}}$. ◇

Die folgenden Spezialfälle ergeben sich unmittelbar durch Verifikation der Bedingungen (a)–(c):

12.4 Folgerung. *Es sei* $X \subseteq \mathbb{R}^n$ *kompakt. Die Algebra der* Polynome *mit Koeffizienten in* $\mathbb{K}$ *ist dicht in* $C(X, \mathbb{K})$.

Für $X = [a, b]$ erhält man wieder den Weierstraßschen Approximationssatz.

12.5 Folgerung. *Es sei* $S = \{z \in \mathbb{C} \mid |z| = 1\}$. *Die Algebra der* trigonometrischen Polynome

$$\mathcal{A} := \{ \sum_{k=-n}^{n} c_k \, z^k \mid n \in \mathbb{N}_0 \, , c_k \in \mathbb{C}\} \tag{5}$$

ist dicht in $C(S, \mathbb{C})$.

Dies folgt natürlich auch aus dem *Satz von Fejér* I. 40.7*.

12.6 Folgerung. *Es seien* X, Y *kompakte metrische Räume. Die Algebra*

$$C(X) \otimes C(Y) := \{ \sum_{k=1}^{n} f_k(x) \, g_k(y) \mid n \in \mathbb{N}, \, f_k \in C(X), \, g_k \in C(Y)\} \tag{6}$$

ist dicht in $C(X \times Y)$.

Aufgaben

12.1 a) Man zeige, daß $\operatorname{sp}\{x^{3k} \mid k \in \mathbb{N}_0\}$ in $C[a, b]$ dicht ist.
b) Ist auch $\operatorname{sp}\{x^{2k} \mid k \in \mathbb{N}_0\}$ in $C[a, b]$ dicht?
c) Man versuche, die Aussagen von a) und b) zu verallgemeinern.

12.2 Es sei $S = \{z \in \mathbb{C} \mid |z| = 1\}$. Man zeige $\|\bar{z} - p(z)\|_S \geq 1$ für jedes Polynom $p(z) = \sum_{k=0}^{n} a_k \, z^k$ in z.

HINWEIS. Man beachte die Orthogonalitätsrelationen bei Fourier-Reihen.

13 Skalarprodukte und Fourier-Reihen

In diesem Abschnitt wird mit Hilfe eines *Orthogonalitätsbegriffs* für Regelfunktionen die *Konvergenz* von *Fourier-Reihen im quadratischen Mittel* bewiesen. Er kann im Anschluß an Abschnitt 7 gelesen werden; es werden keine Resultate über Vollständigkeit oder Kompaktheit verwendet.

13.1 Definition. *Es sei E ein Vektorraum über $\mathbb{K}$. Eine Abbildung* $\langle \, , \, \rangle : E \times E \to \mathbb{K}$ *heißt* Halbskalarprodukt *auf E, falls gilt:*

$$\langle \alpha x_1 + x_2, y \rangle = \alpha \langle x_1, y \rangle + \langle x_2, y \rangle, \quad \alpha \in \mathbb{K}, \; x_1, x_2, y \in E, \quad (1)$$

$$\langle x, y \rangle = \overline{\langle y, x \rangle}, \quad x, y \in E, \tag{2}$$

$$\langle x, x \rangle \geq 0, \quad x \in E. \tag{3}$$

Gilt zusätzlich $\langle x, x \rangle > 0$ für $x \neq 0$, so heißt $\langle \, , \, \rangle$ definit und dann ein Skalarprodukt *auf E.*

13.2 Beispiele und Bemerkungen. a) Auf $\mathbb{R}^n$ wird durch (1.6) ein Skalarprodukt definiert, auf $\mathbb{C}^n$ entsprechend durch

$$\langle x, y \rangle := \sum_{\nu=1}^{n} x_\nu \overline{y_\nu}, \quad x = (x_1, \ldots, x_n), \; y = (y_1, \ldots, y_n) \in \mathbb{C}^n. \tag{4}$$

b) Auf dem Raum $\mathcal{R}[-\pi, \pi]$ der Regelfunktionen wird durch

$$\langle f, g \rangle := \frac{1}{2\pi} \int_{-\pi}^{\pi} f(x) \overline{g(x)} \, dx \tag{5}$$

ein Halbskalarprodukt definiert, das auf $\mathcal{C}[-\pi, \pi]$ definit ist (vgl. Aufgabe I. 18.4 a)). Da Fourier-Entwicklungen auch für *unstetige* Regelfunktionen interessant sind (vgl. Abschnitt I. 40*), werden in diesem Abschnitt *Halb*skalarprodukte betrachtet; statt dessen könnte man auch mit dem durch (5) auf dem Raum $\mathcal{R}[-\pi, \pi]/N$ von Äquivalenzklassen modulo Nullfunktionen (vgl. die Aufgaben 13.3 und I. 18.3 b)*) induzierten Skalarprodukt arbeiten.

c) Für $x, y \in E$ gilt nach (1) und (2) die „binomische Formel"

$$\langle x + y, x + y \rangle = \langle x, x \rangle + 2 \operatorname{Re} \langle x, y \rangle + \langle y, y \rangle. \quad \Box \tag{6}$$

13.3 Satz (Schwarzsche Ungleichung). *Es sei $\langle \, , \, \rangle$ ein Halbskalarprodukt auf E. Für alle $x, y \in E$ gilt dann*

$$|\langle x, y \rangle|^2 \leq \langle x, x \rangle \cdot \langle y, y \rangle. \tag{7}$$

BEWEIS. Für alle $\lambda \in \mathbb{K}$ gilt nach (6)

$$0 \leq \langle \lambda x + y, \lambda x + y \rangle = |\lambda|^2 \langle x, x \rangle + 2 \operatorname{Re} \langle \lambda x, y \rangle + \langle y, y \rangle.$$

Aus $\langle x, x \rangle = 0$ folgt dann auch $\langle x, y \rangle = 0$; im Fall $\langle x, x \rangle \neq 0$ setzt man $\lambda = -\frac{\langle y, x \rangle}{\langle x, x \rangle}$ und erhält (7) aus

$$0 \leq \frac{|\langle x, y \rangle|^2}{\langle x, x \rangle^2} \langle x, x \rangle - 2 \frac{|\langle x, y \rangle|^2}{\langle x, x \rangle} + \langle y, y \rangle. \qquad \Diamond$$

13.4 Folgerung. *Für ein (Halb-)Skalarprodukt* $\langle \, , \, \rangle$ *wird durch*

$$\| x \| := \sqrt{\langle x, x \rangle} \tag{8}$$

eine (Halb-)Norm auf E definiert.

BEWEIS. Zu zeigen ist nur die Dreiecks-Ungleichung (2.10). Wegen (6) und (7) ergibt sich diese aus

$$\| x + y \|^2 \le \| x \|^2 + 2 \| x \| \| y \| + \| y \|^2 = (\| x \| + \| y \|)^2 . \qquad \diamond$$

13.5 Bemerkung. Das Halbskalarprodukt (5) definiert auf $\mathcal{R}[-\pi, \pi]$ die Halbnorm

$$\| f \|_2 = \left(\tfrac{1}{2\pi} \int_{-\pi}^{\pi} | f(x) |^2 \, dx \right)^{1/2} , \tag{9}$$

die die *Konvergenz im quadratischen Mittel* beschreibt. Wie in Aufgabe 2.5 c) sieht man, daß diese weder die punktweise Konvergenz impliziert noch von jener impliziert wird. □

13.6 Definition. *Es sei E ein Vektorraum mit Halbskalarprodukt.*
a) Für $M \subseteq E$ wird durch $M^\perp := \{ x \in E \mid \langle x, a \rangle = 0 \;$ für alle $\; a \in M \}$
das Orthogonalkomplement *von M definiert.*
b) Zwei Mengen $M, N \subseteq E$ heißen orthogonal, *falls $M \subseteq N^\perp$ ist, falls also $\langle x, y \rangle = 0$ für alle $x \in M$ und $y \in N$ gilt; man schreibt dann $M \perp N$.*
c) Eine Menge $\{ v_k \}_{k \in \mathbb{Z}} \subseteq E$ heißt Orthonormalsystem, *falls stets $\| v_k \| = 1$ und $\langle v_k, v_\ell \rangle = 0$ für $k \ne \ell$ gilt.*

Für einpunktige Mengen schreibt man $x \perp N$ statt $\{ x \} \perp N$.

13.7 Beispiele und Bemerkungen. a) Im $\mathbb{K}^n$ bilden die *Einheitsvektoren* $\{ e_\nu = (\delta_{\nu j})_{j=1,\dots,n} \}_{\nu=1,\dots,n}$ ein Orthonormalsystem.
b) Man rechnet leicht nach, daß die Funktionen $\{ e^{ikx} \}_{k \in \mathbb{Z}}$ ein Orthonormalsystem in $\mathcal{R}[-\pi, \pi]$ bilden (vgl. Feststellung I. 40.1*). Die Halbskalarprodukte

$$\langle f, e^{ikx} \rangle = \widehat{f}(k) = \tfrac{1}{2\pi} \int_{-\pi}^{\pi} f(x) \, e^{-ikx} \, dx \tag{10}$$

sind gerade die *Fourier-Koeffizienten* von $f \in \mathcal{R}[-\pi, \pi]$ (vgl. Definition I. 40.2*); daher werden auch für ein allgemeines Orthonormalsystem $\{ v_k \}_{k \in \mathbb{Z}}$ in E die Zahlen $\widehat{x}(k) := \langle x, v_k \rangle$ Fourier-Koeffizienten von $x \in E$ bezüglich $\{ v_k \}_{k \in \mathbb{Z}}$ genannt.
c) Wegen (6) gilt der *Satz des Pythagoras*

$$\| x + y \|^2 = \| x \|^2 + \| y \|^2 \quad \text{für} \quad x \perp y . \tag{11}$$

Für ein *endliches Orthonormalsystem* $\{v_1, \ldots, v_m\}$ in E und $\alpha_\mu \in \mathbb{K}$ ergibt sich induktiv daraus

$$\|\sum_{\mu=1}^{m} \alpha_\mu v_\mu \|^2 = \sum_{\mu=1}^{m} |\alpha_\mu|^2. \tag{12}$$

d) Für eine Menge M in einem Vektorraum E wird mit

$$\operatorname{sp} M := \{ \sum_{k=1}^{n} \alpha_k x_k \mid n \in \mathbb{N},\ \alpha_k \in \mathbb{K},\ x_k \in M \} \tag{13}$$

die *lineare Hülle* von M, d. h. der von M aufgespannte Unterraum von E bezeichnet. Nach (12) ist ein Orthonormalsystem $\{v_1, \ldots, v_m\}$ *linear unabhängig*, also eine *Basis* von $F := \operatorname{sp}\{v_1, \ldots, v_m\}$, und das Halbskalarprodukt ist *definit* auf F. Das Orthonormalsystem $\{v_1, \ldots, v_m\}$ heißt dann *Orthonormalbasis* von F.   □

13.8 Satz. *Es seien* $\{v_1, \ldots, v_m\}$ *ein Orthonormalsystem in* E *und* $F = \operatorname{sp}\{v_1, \ldots, v_m\}$.
a) Zu $x \in E$ *gibt es genau einen Vektor* $Px \in F$ *mit der Eigenschaft* $x - Px \perp F$. *Dieser ist gegeben durch*

$$Px := P_F x := \sum_{\mu=1}^{m} \widehat{x}(\mu)\, v_\mu = \sum_{\mu=1}^{m} \langle x, v_\mu \rangle\, v_\mu. \tag{14}$$

b) Unter allen Vektoren $y \in F$ *wird der Abstand* $\|x - y\|$ *genau für* $y = Px$ *minimal. Insbesondere gilt* $\|x - Px\| = d_F(x) \le \|x - y\|$ *für alle* $y \in F$.
c) Die Abbildung $P : E \mapsto F$, $P(x) := Px$, *ist linear mit* $\|P\| = 1$ *und* $P(x) = x$ *für* $x \in F$.

BEWEIS. a) Es sei $Px \in F$ durch (14) definiert. Für $k = 1, \ldots, m$ ist dann

$$\langle x - Px, v_k \rangle = \langle x, v_k \rangle - \sum_{\mu=1}^{m} \langle x, v_\mu \rangle \langle v_\mu, v_k \rangle = \langle x, v_k \rangle - \sum_{\mu=1}^{m} \langle x, v_\mu \rangle\, \delta_{\mu k} = 0,$$

und es folgt $x - Px \perp F$. Ist umgekehrt $y = \sum_{\mu=1}^{m} \alpha_\mu v_\mu \in F$ mit $x - y \perp F$, so gilt $0 = \langle x - y, v_k \rangle = \langle x, v_k \rangle - \langle y, v_k \rangle = \langle x, v_k \rangle - \alpha_k$ für $k = 1, \ldots, m$, also $y = Px$.
b) Für $y \in F$ gilt auch $z := y - Px \in F$. Nach (11) folgt

$$\|x - y\|^2 = \|x - Px - z\|^2 = \|x - Px\|^2 + \|z\|^2, \tag{15}$$

und dies ist genau für $\|z\|^2 = 0$, wegen (12) also für $z = 0$ minimal.
c) Die Linearität von P folgt sofort aus (14), und $y := 0$ in (15) liefert $\|Px\|^2 \le \|x\|^2$. Nach b) gilt $Px = x$ für $x \in F$ und daher $\|P\| = 1$.   ◇

13.9 Bemerkungen. a) Die in (14) definierte lineare Abbildung
$P : E \mapsto F$ heißt *orthogonale Projektion* von E auf F (vgl. Abb. 13a);
nach Satz 13.8 b) liefert $P(x)$ die eindeutig bestimmte *bestmögliche Approximation* in F an den Vektor $x \in E$.
b) Offenbar gilt $R(P) = F$ und $N(P) = F^\perp$; wegen $x = P(x) + (I - P)(x)$
hat man die *direkte* Zerlegung

$$E = F \oplus F^\perp. \quad \square \qquad (16)$$

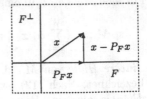

Die Existenz orthogonaler Projektionen ist grundlegend für die Theorie der Räume mit (Halb-)Skalarprodukt, insbesondere auch für den Rest dieses Abschnitts.

Abb. 13a

13.10 Gram-Schmidt-Orthonormalisierung. a) Es seien $\langle \, , \, \rangle$ ein (reelles oder komplexes) *Skalarprodukt* auf E und $\{x_1, x_2, x_3, \ldots\} \subseteq E$ eine endliche Menge oder eine Folge *linear unabhängiger* Vektoren. Es wird induktiv ein *Orthonormalsystem* $\{v_1, v_2, v_3, \ldots\}$ in E mit

$$F_k := \mathrm{sp}\{x_1, \ldots, x_k\} = \mathrm{sp}\{v_1, \ldots, v_k\} \quad \text{für} \quad k = 1, 2, 3, \ldots \qquad (17)$$

konstruiert: Zunächst setzt man einfach $v_1 := \frac{x_1}{\|x_1\|}$. Sind $\{v_1, \ldots, v_n\}$ mit
(17) für $k = 1, \ldots, n$ schon konstruiert, so ist $w := x_{n+1} - P_{F_n}(x_{n+1}) \neq 0$,
und man definiert $v_{n+1} = \frac{w}{\|w\|}$.
b) Nach a) besitzt jeder endlichdimensionale Unterraum F von E eine
Orthonormalbasis; somit gelten die Aussagen von Satz 13.8 und Bemerkung
13.9 für F. $\qquad \qquad \square$

13.11 Bemerkungen. a) Es seien $\langle , \rangle$ ein Skalarprodukt auf E und
$y \in E$. Durch

$$\eta(x) := \langle x, y \rangle \quad \text{für} \quad x \in E \qquad (18)$$

wird nach (1) eine Linearform auf E definiert. Wegen $|\eta(x)| \leq \|y\| \|x\|$
ist η stetig mit $\|\eta\| \leq \|y\|$, und wegen $\eta(y) = \|y\|^2$ ist $\|\eta\| = \|y\|$.
Insbesondere gilt also

$$\|y\| = \max\{|\langle x, y \rangle| \mid x \in E, \|x\| \leq 1\}. \qquad (19)$$

Die Abbildung

$$j = j_E : E \mapsto E', \quad j(y)(x) := \langle x, y \rangle, \quad x, y \in E, \qquad (20)$$

ist also eine *additive Isometrie* von E in E', die im Fall $\mathbb{K} = \mathbb{R}$ *linear* und
im Fall $\mathbb{K} = \mathbb{C}$ *antilinear* ist, d. h. $j(\alpha x) = \bar{\alpha} j(x)$ erfüllt.

b) Im Fall $\dim E < \infty$ ist j_E *surjektiv*, d. h. *alle* Linearformen $\eta \in E'$ sind von der Form (18). Ist in der Tat $\{v_k\}_{k=1,\ldots,n}$ eine Orthonormalbasis von E, so gilt $x = \sum\limits_{k=1}^{n} \widehat{x}(k) v_k$ für $x \in E$, und man hat

$$\eta(x) = \sum_{k=1}^{n} \widehat{x}(k) \eta(v_k) = \langle x, y \rangle \quad \text{mit} \quad y := \sum_{k=1}^{n} \overline{\eta(v_k)}\, v_k.$$
□

Ab jetzt sei wieder E ein Raum mit Halbskalarprodukt.

13.12 Satz (Besselsche Ungleichung). *Für ein Orthonormalsystem* $\{v_k\}_{k\in Z}$ *in E und jede endliche Teilmenge $Z' \subseteq Z$ gilt*

$$\sum_{k \in Z'} |\widehat{x}(k)|^2 \leq \|x\|^2, \quad x \in E. \tag{21}$$

BEWEIS. Mit $F := \mathrm{sp}\{v_k \mid k \in Z'\}$ gilt $\|x\|^2 = \|x - P_F(x)\|^2 + \|P_F(x)\|^2$, wegen (14) und (12) also

$$\left\| x - \sum_{k \in Z'} \widehat{x}(k) v_k \right\|^2 = \|x\|^2 - \sum_{k \in Z'} |\widehat{x}(k)|^2 \tag{22}$$

und insbesondere (21).   ◇

Für $x \in E$ ist also die Familie $(|\widehat{x}(k)|^2)_{k \in Z}$ *summierbar* im Sinne von Definition I. 39.3*.

Es werden nun *abzählbar unendliche* Orthonormalsysteme in (natürlich unendlichdimensionalen) Räumen E mit Halbskalarprodukt betrachtet; im Hinblick auf die Notation bei Fourier-Reihen wird dabei $\mathbb{Z}$ als Index-Menge verwendet.

13.13 Satz. *Für ein Orthonormalsystem $\{v_k\}_{k\in\mathbb{Z}}$ in E, $F := \mathrm{sp}\{v_k\}_{k\in\mathbb{Z}}$ und $x \in E$ sind äquivalent:*

(a) $x \in \overline{F}$,

(b) $x = \sum\limits_{k=-\infty}^{\infty} \widehat{x}(k) v_k$, *d. h.* $\left\| x - \sum\limits_{k=-n}^{n} \widehat{x}(k) v_k \right\| \to 0$ *für* $n \to \infty$,

(c) $\|x\|^2 = \sum\limits_{k=-\infty}^{\infty} |\widehat{x}(k)|^2$ *(Parsevalsche Gleichung).*

BEWEIS. „(b) ⇔ (c)" folgt sofort aus (22), „(b) ⇒ (a)" ist klar.
„(a) ⇒ (b)" : Für $n \in \mathbb{N}$ sei $F_n := \mathrm{sp}\{v_k\}_{-n \leq k \leq n}$. Zu $x \in \overline{F}$ und $\varepsilon > 0$ gibt es $y = \sum\limits_{k=-m}^{m} \alpha_k v_k \in F$ mit $\|x - y\| < \varepsilon$. Für $n \geq m$ ist dann $y \in F_n$, und aus Satz 13.8 b) folgt

$$\| x - \sum_{k=-n}^{n} \widehat{x}(k) v_k \| = \| x - P_{F_n}(x) \| \leq \| x - y \| < \varepsilon \quad \text{für} \quad n \geq m.\qquad \diamond$$

13.14 Definition. *Ein Orthonormalsystem* $\{v_k\}_{k\in\mathbb{Z}}$ *in* E *heißt* Orthonormalbasis *von* E , *falls* $F := \mathrm{sp}\{v_k\}_{k\in\mathbb{Z}}$ *in* E *dicht ist.*

Für Orthonormalbasen $\{v_k\}_{k\in\mathbb{Z}}$ von E gelten also die Aussagen (b) und (c) von Satz 13.13 für alle $x \in E$.

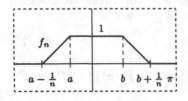

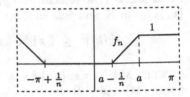

Abb. 13b Abb. 13c

13.15 Theorem. *Die Funktionen* $\{e^{ikx}\}_{k\in\mathbb{Z}}$ *bilden eine Orthonormalbasis von* $\mathcal{R}[-\pi,\pi]$. *Für* $f \in \mathcal{R}[-\pi,\pi]$ *konvergiert also die Fourier-Reihe im quadratischen Mittel gegen* f , *d.h. es gilt*

$$\| f - \sum_{k=-n}^{n} \widehat{f}(k) e^{ikx} \|_2 \to 0 \quad \text{für} \quad n \to \infty, \tag{23}$$

und man hat die Parsevalsche Gleichung

$$\sum_{k=-\infty}^{\infty} |\widehat{f}(k)|^2 = \| f \|_2^2 = \tfrac{1}{2\pi} \int_{-\pi}^{\pi} |f(x)|^2 \, dx. \tag{24}$$

BEWEIS. Nach Satz 13.13 ist nur die Dichtheit von $F := \mathrm{sp}\{e^{ikx}\}_{k\in\mathbb{Z}}$ in $(\mathcal{R}[-\pi,\pi], \| \ \|_2)$ zu zeigen. Nach dem Satz von Fejér oder Folgerung 12.5 ist F dicht in $\mathcal{C}_{2\pi}[-\pi,\pi] = \{\varphi \in \mathcal{C}[-\pi,\pi] \mid \varphi(-\pi) = \varphi(\pi)\}$, und weiter ist $\mathcal{T}[-\pi,\pi]$ dicht in $\mathcal{R}[-\pi,\pi]$ (beides sogar bezüglich der sup-Norm). Somit genügt es, für charakteristische Funktionen χ_I von Intervallen $I \subseteq [-\pi,\pi]$ Funktionenfolgen $(f_n) \subseteq \mathcal{C}_{2\pi}[-\pi,\pi]$ mit $\| \chi_I - f_n \|_2 \to 0$ zu konstruieren. Solche Folgen zeigen Abb. 13b und Abb. 13c für die Fälle $I = [a,b] \subseteq (-\pi,\pi)$ und $I = [a,\pi] \subseteq (-\pi,\pi]$; in den anderen Fällen verfährt man analog. $\diamond$

Nach Satz I. 40.13* ist die Fourier-Reihe einer Funktion $f \in \mathcal{C}_{2\pi}(\mathbb{R}) \cap \mathcal{C}^2(\mathbb{R})$ *normal konvergent;* dies kann jetzt allgemeiner bewiesen werden:

13.16 Satz. *Für $f \in \mathcal{C}_{2\pi}(\mathbb{R}) \cap \mathcal{C}_{st}^1(\mathbb{R})$ gilt*

$$\sum_{k=-\infty}^{\infty} |\widehat{f}(k)| < \infty; \tag{25}$$

insbesondere konvergiert die Fourier-Reihe von f normal gegen f.

BEWEIS. a) Es gibt eine Zerlegung $Z = \{-\pi = x_0 < x_1 < \ldots < x_r = \pi\}$ von $[-\pi, \pi]$ mit $f|_{[x_{j-1}, x_j]} \in \mathcal{C}^1[x_{j-1}, x_j]$ für $1 \leq j \leq r$, und man hat $f' \in \mathcal{R}[-\pi, \pi]$. Für $k \in \mathbb{Z} \backslash \{0\}$ folgt mit partieller Integration

$$\begin{aligned}
\widehat{f}(k) &= \tfrac{1}{2\pi} \sum_{j=1}^{r} \int_{x_{j-1}}^{x_j} f(x) e^{-ikx} \, dx \\
&= \tfrac{1}{2\pi} \sum_{j=1}^{r} \left(f(x) \tfrac{e^{-ikx}}{-ik} \big|_{x_{j-1}}^{x_j} - \int_{x_{j-1}}^{x_j} f'(x) \tfrac{e^{-ikx}}{-ik} \, dx \right) \\
&= \tfrac{1}{ik} \tfrac{1}{2\pi} \int_{-\pi}^{\pi} f'(x) e^{-ikx} \, dx = \tfrac{1}{ik} \widehat{f'}(k),
\end{aligned}$$

da sich die ausintegrierten Terme wegen der 2π–Periodizität wegheben.
b) Für $n \in \mathbb{N}$ folgt nun aus der Schwarzschen Ungleichung im $\mathbb{R}^{2n}$ und der Besselschen Ungleichung

$$\begin{aligned}
\sum_{0 < |k| \leq n} |\widehat{f}(k)| &= \sum_{0 < |k| \leq n} \tfrac{1}{|k|} |\widehat{f'}(k)| \\
&\leq \left(\sum_{0 < |k| \leq n} \tfrac{1}{|k|^2} \right)^{1/2} \left(\sum_{0 < |k| \leq n} |\widehat{f'}(k)|^2 \right)^{1/2} \\
&\leq \left(2 \sum_{k=1}^{\infty} \tfrac{1}{k^2} \right)^{1/2} \| f' \|_2 .
\end{aligned}$$

Wegen $|e^{ikx}| = 1$ ist dann $\sum_{k \in \mathbb{Z}} \widehat{f}(k) e^{ikx}$ normal konvergent, und wegen (23) muß die Summe der Reihe mit f übereinstimmen, da die $\mathcal{L}_2$-Halbnorm auf $\mathcal{C}[-\pi, \pi]$ definit ist (vgl. auch Folgerung I.40.8*).   ◇

Aufgaben

13.1 Es sei E ein Raum mit Halbskalarprodukt. Man beweise die *Parallelogrammgleichung* $\| x + y \|^2 + \| x - y \|^2 = 2 (\| x \|^2 + \| y \|^2)$ für $x, y \in E$.

13.2 Für $f \in \mathcal{R}[-\pi, \pi]$ zeige man $\| f \|_1 \leq \sqrt{2\pi} \| f \|_2$. Man finde eine Folge $(f_j) \subseteq \mathcal{R}[-\pi, \pi]$ mit $\| f_j \|_1 \to 0$, aber $\| f_j \|_2 \geq 1$ für alle $j \in \mathbb{N}$.

13.3 Es seien E ein Raum mit Halbskalarprodukt und (vgl. Aufgabe 2.8) $N = \{x \in E \mid \| x \| = 0\}$. Man definiere ein Skalarprodukt auf E/N, welches die Norm dieses Raumes induziert.

13.4 Es seien E ein Raum mit Skalarprodukt und $M \subseteq E$.
a) Man zeige, daß $M^{\perp}$ ein abgeschlossener Unterraum von E ist.
b) Für einen endlichdimensionalen Unterraum M zeige man $(M^{\perp})^{\perp} = M$.

13.5 In $\mathcal{R}[-\pi, \pi]$ bestimme man die orthogonale Projektion der Funktion $\sin x$ auf $F := \mathrm{sp}\{1, x, x^2\}$ und berechne $d_F(\sin x)$.

13.6 Für die Koeffizienten a_k, b_k der *reellen* Fourier-Entwicklung von $f \in \mathcal{R}[-\pi, \pi]$ (vgl. (I.40.8)*, (I.40.9)*) zeige man

$$\frac{|a_0|^2}{2} + \sum_{k=1}^{\infty} |a_k|^2 + \sum_{k=1}^{\infty} |b_k|^2 = \frac{1}{\pi} \int_{-\pi}^{\pi} |f(x)|^2 \, dx.$$

13.7 Aus der Entwicklung $\frac{\pi - x}{2} = \sum_{k=1}^{\infty} \frac{\sin kx}{k}$ für $0 < x < 2\pi$ (vgl. (I.38.9)*

oder Beispiel I.40.10* b)) und Aufgabe 13.6 schließe man $\sum_{k=1}^{\infty} \frac{1}{k^2} = \frac{\pi^2}{6}$.

13.8 Für $f \in \mathcal{R}^{loc}(-\pi, \pi)$ sei das uneigentliche Integral $\int_{-\pi\downarrow}^{\uparrow\pi} |f(x)|^2 \, dx$ konvergent. Man zeige, daß auch $\int_{-\pi\downarrow}^{\uparrow\pi} |f(x)| \, dx$ konvergiert, definiere die Fourier-Koeffizienten von f wie in (10) und beweise die Parsevalsche Gleichung (24) für f.

13.9 Es sei E ein Raum mit Skalarprodukt. Man zeige, daß E genau dann eine Orthonormalbasis besitzt, wenn E *separabel* ist.

14 Reihen, Stieltjes-Integrale und Weglängen in Banachräumen

In diesem Abschnitt wird zuerst kurz auf *unbedingt konvergente Reihen* in *Banachräumen* eingegangen. Danach wird eine *Erweiterung der Integralkonstruktion* aus Abschnitt I.17 (vgl. auch Abschnitt 7) in zwei Richtungen vorgestellt: einerseits werden Funktionen mit *Werten in Banachräumen* integriert; andererseits gehen bei diesem Integrations- oder Mittelungsprozeß Intervalle im Definitionsbereich mit einer *allgemeinen Gewichtung* ein, die nicht unbedingt zu ihrer Länge proportional sein muß. Schließlich wird der Begriff der *Weglänge* (vgl. Definition 9.3 b)) genauer diskutiert.

Bemerkung: Leser, die sich für die Inhalte dieses Abschnitts nur teilweise interessieren, können in 14.3–14.7 einfach $v(x) = x$ oder $F = \mathbb{K}$ sowie in 14.11–14.14 *einfach* $F = \mathbb{K}^n$ *annehmen.*

Nach Satz 5.16 ist ein normierter Raum F genau dann vollständig, wenn in F jede absolut konvergente Reihe konvergiert. Wie im Fall $F = \mathbb{K}$ sind absolut konvergente Reihen in Banachräumen auch *unbedingt konvergent:*

14.1 Satz. *Es sei F ein Banachraum, und die Reihe $\sum_k a_k$ sei absolut konvergent. Dann sind für alle Bijektionen $\varphi : \mathbb{N} \to \mathbb{N}$ auch die umgeordneten Reihen $\sum_\ell a_{\varphi(\ell)}$ konvergent, und es gilt $\sum\limits_{\ell=1}^{\infty} a_{\varphi(\ell)} = \sum\limits_{k=1}^{\infty} a_k$.*

Der Beweis kann genauso wie der von Theorem I. 32.8 geführt werden (vgl. auch das folgende Beispiel); auch der *große Umordnungssatz* I. 39.6 gilt für summierbare Familien in Banachräumen. Nach Satz I. 32.6 gilt für $F = \mathbb{K}$ auch die Umkehrung von Satz 14.1. Wegen Feststellung 2.5 sind daher auch in $F = \mathbb{K}^n$ unbedingt konvergente Reihen sogar absolut konvergent. Dies gilt jedoch *nicht* in *unendlichdimensionalen* Räumen:

14.2 Beispiel. Es seien $(e_k := (\delta_{kj})_{j\in\mathbb{N}})$ die Folge der Einheitsvektoren im Raum ℓ_∞ der beschränkten Folgen und $(\alpha_k) \subseteq \mathbb{K}$ eine Folge.
a) Aus der Konvergenz der Reihe $\sum_k \alpha_k e_k$ in ℓ_∞ folgt sofort $\alpha_k e_k \to 0$, wegen $\|e_k\| = 1$ also $\alpha_k \to 0$.
b) Es seien nun $\lim\limits_{k\to\infty} \alpha_k = 0$, $s = (\alpha_1, \alpha_2, \ldots) \in \ell_\infty$ und $\varphi : \mathbb{N} \to \mathbb{N}$ eine Bijektion. Für $\varepsilon > 0$ hat man $|\alpha_k| \leq \varepsilon$ für $k \geq k_0$, und man wählt $\ell_0 \in \mathbb{N}$ mit $\{1, 2, \ldots, k_0\} \subseteq \{\varphi(1), \varphi(2), \ldots, \varphi(\ell_0)\}$. Für $m \geq \ell_0$ folgt dann $s - \sum\limits_{\ell=1}^{m} \alpha_{\varphi(\ell)} e_{\varphi(\ell)} = (0, \ldots, 0, \eta_1 \alpha_{k_0+1}, \eta_2 \alpha_{k_0+2}, \ldots)$ mit geeigneten $\eta_j \in \{0, 1\}$, also $\| s - \sum\limits_{\ell=1}^{m} \alpha_{\varphi(\ell)} e_{\varphi(\ell)} \| \leq \sup\limits_{k > k_0} |\alpha_k| \leq \varepsilon$.
c) Nach a) und b) ist also die Reihe $\sum_k \alpha_k e_k$ in ℓ_∞ genau dann *unbedingt konvergent*, wenn $\lim\limits_{k\to\infty} \alpha_k = 0$ gilt. Andererseits hat man jedoch nur dann

absolute Konvergenz, wenn $\sum\limits_{k=1}^{\infty} |\alpha_k| < \infty$ ist.   □

Es gibt in *jedem unendlichdimensionalen* Banachraum unbedingt konvergente Reihen, die *nicht* absolut konvergieren (Satz von Dvoretzky-Rogers (1950), vgl. etwa [17], Theorem 1.c.2).

Es folgt nun die Konstruktion des Stieltjes-Integrals für Regelfunktionen mit Werten in einem Banachraum F. Als Motivation diene:

14.3 Beispiele und Definitionen. a) Die möglichen Resultate eines Experiments mit zufälligem Ausgang seien durch die reellen Zahlen in einem

Intervall $[a, b]$ repräsentiert. Für $a \leq x < b$ sei $v(x) \in [0, 1]$ die *Wahrscheinlichkeit*, daß das Resultat des Experiments im Intervall $[a, x)$ liegt, und weiter sei $v(x) = 0$ für $x \leq a$ und $v(x) = 1$ für $x \geq b$. Offenbar[7] ist v *monoton wachsend;* man hat $v(x^-) = v(x)$ für $a \leq x < b$ (dies gilt *nicht* immer für $x = b$), und ein *Sprung* $v(x^+) - v(x^-)$ gibt die Wahrscheinlichkeit dafür an, daß das Resultat des Experiments genau den Wert x liefert. Solche Funktionen v werden als *Verteilungsfunktionen* bezeichnet.

b) Für eine Funktion *(„Zufallsvariable")* $f : [a, b] \mapsto F$ möchte man nun etwa den zu erwartenden *Mittelwert* oder *Erwartungswert* der Funktionswerte $f(x)$ bezüglich der Verteilungsfunktion v bestimmen. Ist

$$Z = \{a = x_0 < x_1 < \ldots < x_r = b\} \in \mathfrak{Z}[a, b]$$

eine Zerlegung von $[a, b]$ und $t \in \mathcal{T}([a, b], F)$ eine *Treppenfunktion* mit $t|_{(x_{k-1}, x_k)} =: t_k \in F$, so ist dieser gegeben durch

$$S_v(t) := \sum_{k=1}^{r} t_k \left(v(x_k^-) - v(x_{k-1}^+)\right) + \sum_{k=0}^{r} t(x_k) \left(v(x_k^+) - v(x_k^-)\right). \quad \square \quad (1)$$

14.4 Bemerkungen. a) Die rechte Seite von Formel (1) ist für jede Treppenfunktion $t \in \mathcal{T}([a, b], F)$ und jede *Regelfunktion* $v \in \mathcal{R}([a, b], \mathbb{C})$ definiert (mit $v(x) := v(a)$ für $x \leq a$ und $v(x) := v(b)$ für $x \geq b$) und von der Wahl der Zerlegung unabhängig (vgl. Lemma I. 17.3). Es ist $\mathcal{T}([a, b], F)$ ein Unterraum von $\mathcal{B}([a, b], F)$, und

$$S_v : \mathcal{T}([a, b], F) \mapsto F \quad (2)$$

ist eine *lineare* Abbildung (vgl. Bemerkung I. 17.2 d) und Satz I. 17.6 a)).

b) Ist nun $v \in \mathcal{BV}([a, b], \mathbb{C})$ eine Funktion *von beschränkter Variation* (vgl. Abschnitt I. 23*), gilt also

$$V(v) := V_a^b(v) := \sup \left\{ \sum_{k=1}^{r} |v(x_k) - v(x_{k-1})| \mid Z \in \mathfrak{Z}[a, b] \right\} < \infty, \quad (3)$$

so ist $S_v : \mathcal{T}([a, b], F) \mapsto F$ *stetig* aufgrund der Abschätzung

$$\| S_v(t) \| \leq \| t \|_{\sup} \left(\sum_{k=1}^{r} |v(x_k^-) - v(x_{k-1}^+)| + \sum_{k=0}^{r} |v(x_k^+) - v(x_k^-)| \right)$$

$$\leq \| t \|_{\sup} \lim_{\varepsilon \to 0^+} \left(\sum_{k=1}^{r} |v(x_k - \varepsilon) - v(x_{k-1} + \varepsilon)| + \right.$$

$$\left. \sum_{k=0}^{r} |v(x_k + \varepsilon) - v(x_k - \varepsilon)| \right)$$

$$\leq V(v) \| t \|_{\sup}.$$

---

[7] Hier werden Eigenschaften von Wahrscheinlichkeiten unterstellt, die anschaulich einleuchtend sind und in der Wahrscheinlichkeitstheorie als Axiome betrachtet werden, vgl. etwa [13] oder [10], Kapitel VI.

c) Aufgrund der *Jordan-Zerlegung* I. 23.9* ist $v \in \mathcal{F}([a,b], \mathbb{R})$ genau dann von beschränkter Variation, wenn es *monoton wachsende* Funktionen $w_1, w_2 : [a,b] \mapsto \mathbb{R}$ gibt mit $v = w_1 - w_2$. Insbesondere ist die Menge der *Unstetigkeitsstellen* von v *abzählbar* (vgl. Folgerung I. 23.10* a)).   □

Der Raum $\mathcal{R}([a,b], F)$ aller *F-wertigen Regelfunktionen* auf $[a,b]$ wird als *Abschluß* von $\mathcal{T}([a,b], F)$ in $\mathcal{B}([a,b], F)$ definiert. Aus Satz 7.7 erhält man:

14.5 Satz. *Es seien F ein Banachraum und $v : [a,b] \mapsto \mathbb{C}$ eine Funktion von beschränkter Variation. Die in (1) definierte lineare Abbildung $S_v : \mathcal{T}([a,b], F) \mapsto F$ ist stetig und besitzt genau eine stetige lineare Fortsetzung $\overline{S}_v : \mathcal{R}([a,b], F) \mapsto F$ mit $\| \overline{S}_v \| \leq V(v)$.*

14.6 Bemerkungen und Definitionen. a) Man schreibt meist

$$\int_a^b f(x)\, dv(x) := \overline{S}_v(f) \quad \text{für } f \in \mathcal{R}([a,b], F). \tag{4}$$

b) Es seien F, G Banachräume, $T \in L(F, G)$, $\alpha \in \mathbb{C}$ und $f \in \mathcal{R}([a,b], F)$, $v, w \in \mathcal{BV}([a,b], \mathbb{C})$. Dann gilt

$$T\left(\int_a^b f(x)\, dv(x) \right) = \int_a^b T(f(x))\, dv(x), \tag{5}$$

$$\int_a^b f(x)\, d(\alpha v + w)(x) = \alpha \int_a^b f(x)\, dv(x) + \int_a^b f(x)\, dw(x), \tag{6}$$

$$\int_a^b f(x)\, dv(x) = \int_a^c f(x)\, dv(x) + \int_c^b f(x)\, dv(x) \tag{7}$$

für $a < c < b$; ist $v : [a,b] \mapsto \mathbb{R}$ monoton wachsend, so hat man

$$\| \int_a^b f(x)\, dv(x) \| \leq \int_a^b \| f(x) \|\, dv(x). \tag{8}$$

Die Aussagen (5)–(8) sind für Treppenfunktionen nach (1) klar und ergeben sich für Regelfunktionen daraus durch Grenzübergang.

c) Für eine *Verteilungsfunktion* $v : [a,b] \mapsto \mathbb{R}$ und eine *Zufallsvariable* $f \in \mathcal{R}([a,b], F)$ werden *Erwartungswert* und *Varianz* durch

$$E(f) := \int_a^b f(x)\, dv(x), \tag{9}$$

$$V(f) := \int_a^b \| f(x) - E(f) \|^2\, dv(x) \tag{10}$$

definiert; $\sigma(f) := \sqrt{V(f)}$ heißt *Streuung* von f.   □

14.7 Bemerkungen. a) Man hat $\mathcal{C}([a,b], F) \subseteq \mathcal{R}([a,b], F)$ wie in Theorem I. 17.11. Ist in der Tat $(Z^{(n)}) \subseteq \mathfrak{Z}[a,b]$ eine Folge mit $\Delta(Z^{(n)}) \to 0$, so gilt für jede Wahl von Zwischenpunkten $\xi^{(n)} = (\xi_k^{(n)})$ mit $\xi_k^{(n)} \in [x_{k-1}^{(n)}, x_k^{(n)}]$ für die Folge

$$\left(t_n := \sum_{k=1}^r f(\xi_k^{(n)}) \chi_{(x_{k-1}^{(n)}, x_k^{(n)})} + \sum_{k=0}^r f(x_k^{(n)}) \chi_{[x_k^{(n)}]} \subseteq \mathcal{T}([a,b], F) \right) \tag{11}$$

aufgrund der gleichmäßigen Stetigkeit von f (vgl. Theorem 6.15) stets $\| f - t_n \|_{\sup} \to 0$.

b) Für $f \in \mathcal{C}([a,b], F)$ und $v \in \mathcal{BV}([a,b], \mathbb{C})$ kann man eine Folge $(t_n) \subseteq \mathcal{T}([a,b], F)$ wie in (11) mit $\| f - t_n \|_{\sup} \to 0$ so wählen, daß alle t_n in den *Unstetigkeitsstellen* von v *stetig* sind (man beachte Bemerkung 14.4 c)). Offenbar gilt dann $S_v(t_n) = \widetilde{S}_v(t_n)$, wobei einfach

$$\widetilde{S}_v(t) := \sum_{k=1}^{r} t_k \left(v(x_k) - v(x_{k-1}) \right) \tag{12}$$

für $t \in \mathcal{T}([a,b], F)$ mit $t_k = t|_{(x_{k-1}, x_k)}$ gesetzt sei. Es ist auch

$$\widetilde{S}_v : \mathcal{T}([a,b], F) \mapsto F \tag{13}$$

eine stetige lineare Abbildung mit $\| \widetilde{S}_v \| \leq \mathrm{V}(v)$, deren Fortsetzung $\overline{\widetilde{S}}_v : \mathcal{R}([a,b], F) \mapsto F$ dann auf $\mathcal{C}([a,b], F)$ mit $\overline{S}_v$ übereinstimmt. $\square$

Es wird nun der *Hauptsatz der Differential- und Integralrechnung* für vektorwertige Funktionen bewiesen.

14.8 Definition. *Es seien $I \subseteq \mathbb{R}$ ein Intervall und F ein Banachraum.*
a) Eine Funktion $f : I \mapsto F$ heißt differenzierbar in $x \in I$, falls der Limes

$$f'(x) := \lim_{h \to 0} \tfrac{f(x+h)-f(x)}{h} \in F \tag{14}$$

existiert; in Randpunkten von I ist ein einseitiger Limes zu bilden. In diesem Fall heißt $f'(x)$ die Ableitung von f in $x \in I$.
b) Es sei $\mathcal{C}^1(I,F)$ die Menge aller in jedem Punkt von I differenzierbaren Funktionen $f : I \mapsto F$, für die $f' : I \mapsto F$ stetig ist.
c) Rekursiv wird dann $\mathcal{C}^k(I,F) := \{ f \in \mathcal{C}^1(I,F) \mid f' \in \mathcal{C}^{k-1}(I,F) \}$ für $k \in \mathbb{N}$ sowie $\mathcal{C}^\infty(I,F) := \bigcap\limits_{k=1}^{\infty} \mathcal{C}^k(I,F)$ definiert.

Im Beweis des Hauptsatzes I. 22.3 für den Fall $F = \mathbb{R}$ wurden *Mittelwertsätze* verwendet, die für *vektorwertige* Funktionen *nicht* gültig sind (vgl. etwa Bemerkung 9.2 c)). Statt des Mittelwertsatzes der Differentialrechnung kann ein *Approximationssatz* durch die Riemannschen Zwischensummen des Integrals in (16) verwendet werden (vgl. Aufgabe 14.4); für den Beweis von Satz 14.10 wird aber nur die folgende Aussage benötigt:

14.9 Lemma. *Ist $f : [a,b] \mapsto F$ differenzierbar mit $f' = 0$, so ist f konstant.*

BEWEIS. Für $\varepsilon > 0$ definiert man

$$M := \{x \in [a,b] \mid \|f(y) - f(a)\| \leq \varepsilon(y-a) \text{ für alle } y \in [a,x]\}$$

und setzt $s := \sup M \in [a,b]$. Wegen der Stetigkeit von f gilt $s \in M$. Wegen $f'(s) = 0$ gibt es $\delta > 0$ mit $\|f(x) - f(s)\| \leq \varepsilon|x-s|$ für alle $x \in [a,b]$ mit $|x-s| \leq \delta$. Ist $s < b$ und $0 < \alpha \leq \min\{\delta, b-s\}$, so gilt

$$\|f(y) - f(a)\| \leq \|f(y) - f(s)\| + \|f(s) - f(a)\|$$
$$\leq \varepsilon(y-s) + \varepsilon(s-a) = \varepsilon(y-a)$$

für $s \leq y \leq s + \alpha$, also $s + \alpha \in M$. Dies ist ein Widerspruch; folglich gilt $s = b$ und somit $\|f(y) - f(a)\| \leq \varepsilon(y-a)$ für alle $y \in [a,b]$. Mit $\varepsilon \to 0$ ergibt sich dann $f(y) = f(a)$ für alle $y \in [a,b]$. $\diamond$

14.10 Hauptsatz der Differential- und Integralrechnung. *a) Für einen Banachraum F und $f \in C([a,b], F)$ gilt*

$$\frac{d}{dx} \int_a^x f(t)\, dt = f(x), \quad x \in [a,b]. \tag{15}$$

b) Für einen Banachraum F und $g \in C^1([a,b], F)$ gilt

$$\int_a^b g'(t)\, dt = g(b) - g(a). \tag{16}$$

BEWEIS. a) Für $x \in [a,b]$ sei $\Phi(x) := \int_a^x f(t)\, dt$. Für $x, x+h \in [a,b]$ gilt

$$\frac{\Phi(x+h) - \Phi(x)}{h} - f(x) = \frac{1}{h} \int_x^{x+h} f(t)\, dt - f(x) = \frac{1}{h} \int_x^{x+h} (f(t) - f(x))\, dt$$

(vgl. (7)). Da f stetig ist, gibt es zu $\varepsilon > 0$ ein $\delta > 0$ mit $\|f(t) - f(x)\| \leq \varepsilon$ für $t \in [a,b]$ mit $|t-x| \leq \delta$. Für $|h| \leq \delta$ folgt somit nach (8)

$$\|\frac{\Phi(x+h) - \Phi(x)}{h} - f(x)\| \leq \frac{1}{h} \int_x^{x+h} \|f(t) - f(x)\|\, dt \leq \frac{1}{h} \int_x^{x+h} \varepsilon\, dt = \varepsilon,$$

und dies bedeutet $\Phi'(x) = f(x)$ (wobei die Ableitung in den Randpunkten einseitig ist).

b) Jetzt sei $\Phi(x) := \int_a^x g'(t)\, dt$ für $x \in [a,b]$. Nach a) ist dann $(\Phi - g)' = 0$, und Lemma 14.9 impliziert $\Phi(x) = g(x) + C$ mit einer Konstanten $C \in F$. Somit folgt $\int_a^b g'(t)\, dt = \Phi(b) = \Phi(b) - \Phi(a) = g(b) - g(a)$. $\diamond$

Nun wird die *Rektifizierbarkeit* von Wegen $\gamma : [a,b] \mapsto F$ in Banachräumen F diskutiert. Für eine *Zerlegung* $Z = \{a = t_0 < t_1 < \ldots < t_r = b\} \in \mathfrak{Z}[a,b]$ von $[a,b]$ betrachtet man die *Länge*

$$\mathsf{L}_Z(\gamma) := \sum_{k=1}^r \|\gamma(t_k) - \gamma(t_{k-1})\| \tag{17}$$

des γ *einbeschriebenen Polygonzugs* $\sigma[\gamma(t_0), \gamma(t_1), \ldots, \gamma(t_r)]$, vgl. Abb. 9b. Offenbar wird $\mathsf{L}_Z(\gamma)$ bei Verfeinerung der Zerlegung vergrößert.

14.11 Definition. *Ein Weg* $\gamma : [a, b] \mapsto F$ *heißt* **rektifizierbar,** *wenn die Menge* $\{L_Z(\gamma) \mid Z \in \mathfrak{Z}[a, b]\}$ *beschränkt ist. In diesem Fall heißt*

$$L(\gamma) := L_a^b(\gamma) := \sup_{Z \in \mathfrak{Z}} L_Z(\gamma) = \sup_{Z \in \mathfrak{Z}} \sum_{k=1}^r \| \gamma(t_k) - \gamma(t_{k-1}) \| \qquad (18)$$

die Länge *von* γ.

14.12 Beispiele und Bemerkungen. a) Nach Definition I. 23.4* (vgl. auch (3)) ist $f : [a, b] \mapsto \mathbb{R}$ genau dann rektifizierbar, wenn f *von beschränkter Variation* ist, und in diesem Fall gilt $L(f) = V(f)$.

b) Nach Abschnitt I. 23* gibt es stetige Funktionen, die nicht von beschränkter Variation sind, beispielsweise $u : t \mapsto \begin{cases} t \cos \frac{1}{t} & , \quad t \neq 0 \\ 0 & , \quad t = 0 \end{cases}$ auf $[0, 1]$.

Dann ist $\gamma(t) := (t, u(t))$ ein nicht rektifizierbarer Weg in $\mathbb{R}^2$.

c) Es existieren sogar *stetige Surjektionen* $\gamma : [0, 1] \mapsto [0, 1]^2$, d.h. ein Weg kann ein volles Quadrat überstreichen. Eine solche *„Peano-Kurve"* wird in Beispiel 14.15 konstruiert. □

Analog zu Feststellung I. 23.8* und (7) gilt:

14.13 Feststellung. *Es seien* $\gamma : [a, b] \mapsto F$ *ein Weg und* $a < c < b$. *Dann ist* γ *genau dann rektifizierbar, wenn* $\gamma|_{[a,c]}$ *und* $\gamma|_{[c,b]}$ *rektifizierbar sind. In diesem Fall gilt*

$$L_a^b(\gamma) = L_a^c(\gamma) + L_c^b(\gamma). \qquad (19)$$

BEWEIS. Für $Z \in \mathfrak{Z}[a, b]$ mit $c \in Z$ setzt man $Z_- := Z \cap [a, c]$ und $Z_+ := Z \cap [c, b]$. Dann gilt $L_Z(\gamma) = L_{Z_-}(\gamma) + L_{Z_+}(\gamma)$, woraus sofort die Behauptung folgt. ◇

Der Begriff „stückweise C^1" wird für Wege $\gamma : [a, b] \mapsto F$ wie in Definition 9.3 erklärt.

14.14 Satz. *Ein* C_{st}^1-*Weg* $\gamma : [a, b] \mapsto F$ *ist rektifizierbar, und es gilt*

$$L(\gamma) = \int_a^b \| \dot{\gamma}(t) \| \, dt. \qquad (20)$$

BEWEIS. a) Wegen Feststellung 14.13 und (7) kann man $\gamma \in C^1([a, b], F)$ annehmen. Für $Z \in \mathfrak{Z}[a, b]$ gilt nach dem Hauptsatz und (8)

$$\sum_{k=1}^r \| \gamma(t_k) - \gamma(t_{k-1}) \| = \sum_{k=1}^r \| \int_{t_{k-1}}^{t_k} \dot{\gamma}(\tau) \, d\tau \|$$

$$\leq \sum_{k=1}^r \int_{t_{k-1}}^{t_k} \| \dot{\gamma}(\tau) \| \, d\tau = \int_a^b \| \dot{\gamma}(\tau) \| \, d\tau.$$

Somit ist γ rektifizierbar, und man hat $\mathsf{L}(\gamma) \leq \int_a^b \| \dot\gamma(t) \| \, dt$.

b) Es sei $\varphi_\gamma(t) := \mathsf{L}_a^t(\gamma)$ die Weglängenfunktion. Nun sei $t \in [a,b)$ fest und $h > 0$ mit $t+h \leq b$. Dann ist $\| \gamma(t+h)-\gamma(t) \| \leq \mathsf{L}_t^{t+h}(\gamma) = \varphi_\gamma(t+h)-\varphi_\gamma(t)$ aufgrund von (19), und aus a) folgt

$$\left\| \frac{\gamma(t+h)-\gamma(t)}{h} \right\| \leq \frac{\varphi_\gamma(t+h)-\varphi_\gamma(t)}{h} \leq \frac{1}{h} \int_t^{t+h} \| \dot\gamma(\tau) \| \, d\tau \, .$$

Mit $h \to 0^+$ ergibt sich $\dot\varphi_\gamma^+(t) = \| \dot\gamma(t) \|$ für die rechtsseitige Ableitung von φ_γ in t. Dies folgt genauso für die linksseitige Ableitung; man hat also $\dot\varphi_\gamma(t) = \| \dot\gamma(t) \|$ für $t \in [a,b]$. Aus dem Hauptsatz für skalare Funktionen ergibt sich dann $\mathsf{L}(\gamma) = \varphi_\gamma(b) - \varphi_\gamma(a) = \int_a^b \dot\varphi_\gamma \, dt = \int_a^b \| \dot\gamma(t) \| \, dt$.   ◇

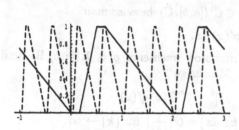 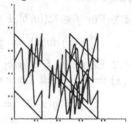

Abb. 14a: $f(t)$ und $f(4t)$ Abb. 14b

14.15 Beispiel. Es wird nun eine *Peano-Kurve*, d. h. eine *stetige Surjektion* $\gamma : [0,1] \mapsto [0,1]^2$ konstruiert.

a) Zunächst wählt man eine stetige Funktion $f : [0,2] \mapsto [0,1]$ (vgl. Abb. 14a)

mit $f(t) := \begin{cases} 0 & , \quad 0 \leq t \leq \frac{1}{6} \\ 1 & , \quad \frac{1}{2} \leq t \leq \frac{2}{3} \end{cases}$ sowie $f(2) = 0$ und setzt f 2-periodisch

auf $\mathbb{R}$ fort. Dann definiert man $\gamma(t) := (x(t), y(t))$ mit

$$x(t) := \sum_{k=0}^\infty \frac{1}{2^{k+1}} f(4^{2k}t), \quad y(t) := \sum_{k=0}^\infty \frac{1}{2^{k+1}} f(4^{2k+1}t). \tag{21}$$

Da die Reihen auf $\mathbb{R}$ normal konvergieren, gilt $\gamma \in \mathcal{C}(\mathbb{R}, \mathbb{R}^2)$. Es zeigt Abb. 14a die Funktionen $f(t)$ und $f(4t)$, Abb. 14b die ersten beiden Terme $\frac{1}{2}\,(f(t), f(4t)) + \frac{1}{4}\,(f(16t), f(64t))$ der γ definierenden Reihe.

b) Für $(x_0, y_0) \in [0,1]^2$ hat man *dyadische Entwicklungen* (vgl. (I.7.2)*)

$$x_0 := \sum_{k=0}^\infty \frac{1}{2^{k+1}}\, a_{2k}, \quad y_0 := \sum_{k=0}^\infty \frac{1}{2^{k+1}}\, a_{2k+1}$$

mit geeigneten Ziffern $a_j \in \{0,1\}$. Für

$$t_0 := \frac{1}{2} \sum_{j=0}^\infty \frac{1}{4^j}\, a_j \in [0,1]$$

gilt dann $f(4^n t_0) = a_n$ für alle $n \in \mathbb{N}_0$ und somit $\gamma(t_0) = (x_0, y_0)$:

c) In der Tat hat man für $n \in \mathbb{N}_0$

$$4^n t_0 = \frac{1}{2} \sum_{j=0}^{n-1} 4^{n-j} a_j + \frac{1}{2} a_n + \frac{1}{2} \sum_{j=n+1}^{\infty} 4^{n-j} a_j \, ;$$

der erste Term der rechten Seite liegt in $2\mathbb{Z}$, und der letzte liegt in $[0, \frac{1}{6}]$. Aus $a_n = 0$ folgt also $4^n t_0 \in [0, \frac{1}{6}] + 2\mathbb{Z}$ und $f(4^n t_0) = 0$, aus $a_n = 1$ dagegen $4^n t_0 \in [\frac{1}{2}, \frac{2}{3}] + 2\mathbb{Z}$ und $f(4^n t_0) = 1$; in jedem Fall gilt also $f(4^n t_0) = a_n$. $\qquad\qquad\square$

Aufgaben

14.1 Für $f \in \mathcal{R}([a,b], F)$ und $v \in \mathcal{C}^1([a,b], \mathbb{C})$ beweise man

$$\int_a^b f(x) \, dv(x) = \int_a^b f(x) \, v'(x) \, dx \, .$$

14.2 Es seien $f : [a,b] \mapsto \mathbb{R}$ monoton wachsend, $g \in \mathcal{R}([a,b], \mathbb{R})$ und $G(x) := \int_a^x g(t) \, dt$ für $x \in [a,b]$. Man zeige

$$\int_a^b f(x) \, g(x) \, dx = f(x) G(x)\big|_a^b - \int_a^b G(x) \, df(x)$$

und folgere daraus $|\int_a^b f(x) \cos kx \, dx| = O(\frac{1}{|k|})$ für $|k| \to \infty$.

14.3 Für $f \in \mathcal{R}([a,b], F)$ und $v \in \mathcal{BV}([a,b], \mathbb{C})$ zeige man

$$\| \int_a^b f(x) \, dv(x) \| \leq \int_a^b \| f(x) \| \, d\mathsf{V}_a^x(v) \, ,$$

wobei $\mathsf{V}_a^x(v) = \sup \{ \sum_{k=1}^r |v(x_k) - v(x_{k-1})| \mid Z \in \mathfrak{Z}(J) \}$ die *totale Variationsfunktion* von v ist (vgl. (I. 23.15)*).

14.4 Es sei $g : [a,b] \mapsto F$ differenzierbar. Zu $\varepsilon > 0$ und $\eta > 0$ konstruiere man eine Zerlegung $Z = \{ a = x_0 < x_1 < \ldots < x_r = b \} \in \mathfrak{Z}[a,b]$ von $[a,b]$ mit Feinheit $\Delta(Z) \leq \eta$ und Zwischenpunkte $\xi_k \in (x_{k-1}, x_k)$, so daß gilt:

$$\| (g(b) - g(a)) - \sum_{k=1}^r g'(\xi_k) (x_k - x_{k-1}) \| \leq \varepsilon \, .$$

Damit gebe man einen anderen Beweis für Lemma 14.9 an.

HINWEIS. Man beachte Satz 19.1 und verwende Theorem 10.9.

14.5 Für Hilberträume F beweise man Lemma 14.9 durch Zurückführung auf den skalaren Fall.

14.6 Für Verteilungsfunktionen $v : [a,b] \mapsto [0,1]$ und Zufallsvariable $f \in \mathcal{R}([a,b], F)$ zeige man $E(f - E(f)) = 0$ und $V(f - E(f)) = V(f)$. Im Fall $F = \mathbb{R}$ beweise man auch $V(f) = E(f^2) - E(f)^2$.

15   Windungszahl und
Krümmung ebener Wege

Dieser Abschnitt schließt an die Abschnitte 8 und 9 an. Für Wege in der Ebene werden *Windungszahl* und *Krümmung* diskutiert; diese Konzepte sind für die *Funktionentheorie* bzw. für die *Differentialgeometrie* sehr wichtig.

Nach Beispiel 8.5 c) gibt es auf $\mathbb{C}\backslash\{0\}$ *keinen stetigen Zweig des Arguments;* trotzdem läßt sich für Wege γ mit $(\gamma) \subseteq \mathbb{C}\backslash\{0\}$ eine stetige Argumentfunktion „$\arg \gamma(t)$ " definieren :

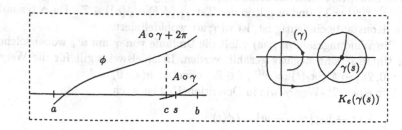

Abb. 15a

15.1 Satz. *Für einen Weg* $\gamma : [a,b] \mapsto \mathbb{C}\backslash\{0\}$ *gibt es eine* stetige Funktion $\phi = \phi_\gamma : [a,b] \mapsto \mathbb{R}$ *mit* $\phi(t) \in \arg(\gamma(t))$, *also*

$$\gamma(t) = |\gamma(t)| \exp(i\,\phi(t)) \quad \text{für } t \in [a,b]. \tag{1}$$

Ist auch $\psi : [a,b] \mapsto \mathbb{R}$ *eine stetige Funktion mit* $\psi(t) \in \arg(\gamma(t))$, *so gilt* $\psi(t) = \phi(t) + 2k\pi$, $k \in \mathbb{Z}$.

BEWEIS. a) Wegen $\exp(i\,(\psi(t) - \phi(t))) = 1$ gilt $\psi(t) - \phi(t) \in 2\pi\mathbb{Z}$ für alle $t \in [a,b]$, und aufgrund des Zwischenwertsatzes muß $\psi - \phi$ konstant sein.
b) Es sei $M := \{c \in [a,b] \mid \exists\, \phi \in \mathcal{C}([a,c],\mathbb{R}) \text{ mit } (1) \text{ auf } [a,c]\}$. Wegen $a \in M$ ist $M \neq \emptyset$, und somit existiert $s := \sup M \in [a,b]$. Wegen $\gamma(s) \neq 0$ gibt es $\varepsilon > 0$ mit $K_\varepsilon(\gamma(s)) \subseteq \mathbb{C}\backslash\{0\}$, und wegen der Stetigkeit von γ gibt es $\delta > 0$ mit $\gamma(t) \in K_\varepsilon(\gamma(s))$ für alle $t \in [a,b]$ mit $|t - s| < 2\delta$. Es sei nun $A : K_\varepsilon(\gamma(s)) \mapsto \mathbb{R}$ ein Zweig des Arguments auf $K_\varepsilon(\gamma(s))$. Es gibt $c \in [a,s]$ mit $c > s - 2\delta$ und $\phi \in \mathcal{C}([a,c],\mathbb{R})$ mit (1) auf $[a,c]$, und mit a) folgt $\phi(t) = A(\gamma(t)) + 2k\pi$ für ein $k \in \mathbb{Z}$ und $s - 2\delta < t \leq c$. Durch

$$\phi_1(t) := \begin{cases} \phi(t) & , \quad t \in [a,c] \\ A(\gamma(t)) + 2k\pi & , \quad t \in [c, s+\delta] \cap [a,b] \end{cases}$$

wird dann eine stetige Funktion $\phi_1 : [a, s + \delta] \cap [a, b] \mapsto \mathbb{R}$ mit (1) definiert; somit folgt $s \in M$ und $s = b$. $\diamond$

Der Beweis wird in Abb. 15a illustriert. Satz 15.1 ermöglicht die folgende

15.2 Definition. *Für einen geschlossenen Weg* $\gamma : [a, b] \mapsto \mathbb{C}$ *und* $w \notin (\gamma)$ *wird die* Windungszahl *oder* Umlaufzahl *von* γ *um* w *definiert durch*

$$n(\gamma; w) := \tfrac{1}{2\pi} (\phi(b) - \phi(a)) \in \mathbb{Z}, \tag{2}$$

wobei $\phi : [a, b] \mapsto \mathbb{R}$ *eine stetige Funktion mit* $\phi(t) \in \arg(\gamma(t) - w)$ *ist.*

15.3 Beispiele und Bemerkungen. a) Wegen $\gamma(b) - w = \gamma(a) - w$ ist $e^{i(\phi(b)-\phi(a))} = 1$, und es gilt in der Tat $\tfrac{1}{2\pi} (\phi(b) - \phi(a)) \in \mathbb{Z}$. Da ϕ bis auf eine Konstante eindeutig ist, ist $n(\gamma; w)$ wohldefiniert.
b) Die Windungszahl $n(\gamma; w)$ zählt die Umläufe von γ um w, wobei solche im Uhrzeigersinn negativ gezählt werden. Beispielsweise gilt für die Wege $\kappa_\ell : [0, 2\pi] \mapsto \mathbb{C}$, $\kappa_\ell(t) := e^{i\ell t}$, $\ell \in \mathbb{Z}$, offenbar $n(\kappa_\ell; 0) = \ell$.
c) Für einen C^1-Weg γ wie in Definition 15.2 ist auch

$$\Lambda : t \mapsto \log|\gamma(t) - w| + i\,\phi(t)$$

eine C^1-Funktion. Lokal gilt $\Lambda(t) = L(\gamma(t) - w)$ für einen geeigneten Zweig des Logarithmus L. Wegen $L'(z) = \tfrac{1}{z}$ folgt aus der Variante I. 37.11* der Kettenregel $\Lambda'(t) = \frac{\dot{\gamma}(t)}{\gamma(t)-w}$ für $t \in [a, b]$ und somit

$$n(\gamma; w) = \frac{1}{2\pi i}(\Lambda(b) - \Lambda(a)) = \frac{1}{2\pi i} \int_a^b \frac{\dot{\gamma}(t)}{\gamma(t) - w}\, dt. \tag{3}$$

Dies gilt auch für Wege $\gamma \in C^1_{st}([a, b], \mathbb{C})$ und $w \notin (\gamma)$ (vgl. Aufgabe 15.3).
$\square$

15.4 Satz. *Für einen geschlossenen Weg* γ *in* $\mathbb{C}$ *ist die Windungszahl* $n(\gamma; w)$ *auf jeder Wegkomponenten von* $\mathbb{C}\backslash(\gamma)$ *konstant.*

BEWEIS. Wegen $n(\gamma; w) \in \mathbb{Z}$ und Satz 8.3 genügt es offenbar zu zeigen, daß $n(\gamma; \cdot) : \mathbb{C}\backslash(\gamma) \mapsto \mathbb{R}$ *stetig* ist (für C^1-Wege γ folgt dies übrigens sofort aus (3) und Folgerung 18.9).
Für einen beliebigen geschlossenen Weg $\gamma : [a, b] \mapsto \mathbb{C}$ sei $w \in \mathbb{C}\backslash(\gamma)$. Für $|z - w| < d_{(\gamma)}(w)$ gilt nun

$$\frac{\gamma(t)-z}{\gamma(t)-w} = 1 - \frac{z-w}{\gamma(t)-w} \in K_1(1) \quad \text{für } t \in [a, b].$$

Da Arg auf $K_1(1)$ stetig ist, ist $t \mapsto \text{Arg} \frac{\gamma(t)-z}{\gamma(t)-w}$ stetig auf $[a,b]$. Ist nun $\phi_w : [a,b] \mapsto \mathbb{R}$ stetig mit $\phi_w(t) \in \arg(\gamma(t) - w)$, so folgt

$$\phi_z(t) := \phi_w(t) + \text{Arg} \frac{\gamma(t)-z}{\gamma(t)-w} \in \arg(\gamma(t) - z) \quad \text{für} \quad t \in [a,b],$$

und wegen $\phi_z(t) \to \phi_w(t)$ folgt dann $n(\gamma;z) \to n(\gamma;w)$ für $z \to w$.   ◇

15.5 Bemerkung. Für einen *geschlossenen Jordanweg* γ in $\mathbb{C}$ besteht $\mathbb{C}\backslash(\gamma)$ aus genau zwei Wegkomponenten, einem beschränkten Innengebiet G_i und einem unbeschränkten Außengebiet G_a (vgl. Abb. 15b). Man hat dann $n(\gamma; w) = 0$ auf G_a (vgl. Aufgabe 15.1) und $n(\gamma; w) = \pm 1$ auf G_i. Dieser anschaulich einleuchtende *Jordansche Kurvensatz* ist schwierig zu beweisen (vgl. etwa [19], Abschnitte 1.3 und 5.6).   □

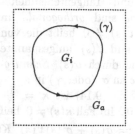

Abb. 15b

Es werden nun *zweite Ableitungen* und der *Krümmungsbegriff* zunächst bei Wegen im $\mathbb{R}^n$ untersucht. Die Diskussion schließt unmittelbar an die Nummern 9.9 und 9.10 an. Für einen glatten C^2-Weg $\gamma : [a,b] \mapsto \mathbb{R}^n$ seien $v(t) = |\dot{\gamma}(t)|$ die Bahngeschwindigkeit und $\mathfrak{t}(t) = \frac{\dot{\gamma}(t)}{|\dot{\gamma}(t)|}$ der Tangenteneinheitsvektor zur Zeit t; $\varphi_\gamma(t) = \int_a^t |\dot{\gamma}(\tau)|\, d\tau$ sei die Weglängenfunktion aus (9.11), und $\sigma = \gamma \circ \varphi_\gamma^{-1} : [0, \mathsf{L}\,(\gamma)] \mapsto \mathbb{R}^n$ sei der zu γ äquivalente Weg mit auf 1 normierter Bahngeschwindigkeit.

15.6 Definition. *Es sei* $\gamma : [a,b] \mapsto \mathbb{R}^n$ *ein glatter C^2-Weg.*
a) *Der Vektor* $\ddot{\gamma}(t)$ *heißt* Beschleunigungsvektor, *die Zahl* $\dot{v}(t)$ Bahnbeschleunigung *von* γ *zur Zeit* t.
b) *Die Ableitung* $\mathfrak{t}'(t) := \frac{d\mathfrak{t}}{ds}(\varphi_\gamma(t))$ *des Tangenteneinheitsvektors nach der Bogenlänge heißt* Krümmungsvektor, *seine Norm* $\kappa(t) := |\mathfrak{t}'(t)|$ Krümmung *von* γ *an der Stelle* t.

15.7 Bemerkungen und Definitionen. a) Nach Definition gilt also $\mathfrak{t}'(t) = \sigma''(s)$ und $\kappa(t) = |\sigma''(s)|$ für $s = \varphi_\gamma(t)$; Krümmungsvektor und Krümmung sind also gegen C^2-Parametertransformationen im Sinne von Definition 9.7 *invariant* und hängen im Fall von *Jordanwegen* nur von der *Kurve* (γ) (und ihrer Orientierung) ab.
b) Für kleine $|h|$ sei $\varphi(h) \in [0,\pi]$ der Winkel zwischen den in $\sigma(s)$ startenden Vektoren $\mathfrak{t}(s+h)$ und $\mathfrak{t}(s)$. Wegen $|\mathfrak{t}(s)| = 1$ für alle s gilt dann $\sin\varphi(h) \leq |\mathfrak{t}(s+h) - \mathfrak{t}(s)| \leq \varphi(h)$ und somit $\kappa(s) = \lim\limits_{h \to 0} \frac{\varphi(h)}{h}$ (vgl.

Abb. 15c). Die Krümmung ist also die Ableitung des Winkels zwischen Tangentenrichtungen nach der Bogenlänge (vgl. Abschnitt I. 26∗).

c) Aus $1 = \langle t(s), t(s)\rangle$ folgt durch Differentiation $0 = 2\langle t'(s), t(s)\rangle$ für alle s, d.h. Krümmungsvektor und Tangenteneinheitsvektor sind *orthogonal*. Im Fall $t'(s) \neq 0$ heißt die von $t(s)$ und $t'(s)$ aufgespannte Ebene durch $\sigma(s)$ *Schmiegebene* an σ (oder γ) in s.

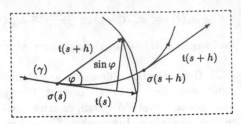

Abb. 15c

d) Nach (9.14) ist $\kappa = \frac{1}{R}$ die Krümmung einer Kreislinie mit Radius $R > 0$. Im Fall $\kappa(s) \neq 0$ heißen $\rho(s) = \frac{1}{\kappa(s)}$ *Krümmungsradius,* der Punkt $\varepsilon(s) := \sigma(s) + \rho^2(s) t'(s)$ *Krümmungsmittelpunkt* und der Kreis mit Radius $\rho(s)$ um $\varepsilon(s)$ *Krümmungskreis* an σ (oder γ) an der Stelle s (vgl. Abb. 15e). Dieser *berührt* den Weg σ mindestens *von zweiter Ordnung* (vgl. Aufgabe 15.4).

e) Aus $\dot{\gamma}(t) = v(t)\, t(t)$ folgt mit der Kettenregel

$$\ddot{\gamma}(t) = \dot{v}(t)\, t(t) + v(t)\, \tfrac{d}{dt} t(t) = \dot{v}(t)\, t(t) + v(t)\, \tfrac{dt}{ds}\tfrac{ds}{dt}$$

und somit

$$\ddot{\gamma}(t) \;=\; \dot{v}(t)\, t(t) + v(t)^2\, t'(t)\,. \tag{4}$$

Der Beschleunigungsvektor liegt also in der Schmiegebene und zerfällt in eine *tangentiale Komponente* und eine dazu *orthogonale Komponente* in Richtung des Krümmungsvektors, deren Normen durch die Bahnbeschleunigung $\dot{v}(t)$ und die *Normalbeschleunigung* $v(t)^2\,\kappa(t)$ gegeben sind.   □

Die Krümmung *ebener* Wege kann mit einem Vorzeichen versehen werden:

15.8 Definition. *Es sei* $\gamma : [a, b] \mapsto \mathbb{C}$ *ein glatter C^2-Weg. Durch*

$$t'(t) =: i\,\kappa(t)\, t(t)\,, \quad t \in [a, b]\,, \tag{5}$$

wird dann die (signierte) *Krümmung* $\kappa(t) \in \mathbb{R}$ *von γ in t definiert.*

15.9 Bemerkungen. a) Nach Bemerkung 15.7 c) sind $t'(t)$ und $t(t)$ als Vektoren in $\mathbb{R}^2$ orthogonal; es gibt daher genau eine *reelle* Zahl $\kappa(t)$ mit (5). Wegen $|t(t)| = 1$ ist dann $|\kappa(t)|$ die Krümmung im Sinne von Definition 15.6 an der Stelle t.

b) Der im Gegenuhrzeigersinn um $\frac{\pi}{2}$ gedrehte Tangenteneinheitsvektor

$$\mathfrak{n}(t) := i\,\mathfrak{t}(t) = D_{\pi/2}\,\mathfrak{t}(t) \tag{6}$$

heißt *Normalenvektor* zu γ an der Stelle t. Die Wahl des Vorzeichens von $\mathfrak{n}(t)$ ist natürlich willkürlich; bei der hier getroffenen Wahl zeigt er im Fall einer im Gegenuhrzeigersinn umlaufenen Kreislinie stets nach *innen*.   □

Für Wege mit auf 1 normierter Bahngeschwindigkeit hat man die folgenden

15.10 Bemerkungen. a) Ein glatter C^2-Weg σ mit $|\sigma'(s)| = 1$ für alle s wird durch seine *Krümmung*, seine *Anfangslage* $\sigma_0 = \sigma(0)$ und seine *Anfangsrichtung* $\sigma_0' = \sigma'(0)$ *eindeutig festgelegt*. In der Tat bedeutet (5) für den Weg σ

$$\sigma''(s) = i\,\kappa(s)\,\sigma'(s)\,, \quad s \in [0,L]\,; \tag{7}$$

dies ist eine *Differentialgleichung* für σ' mit der allgemeinen Lösung (vgl. Aufgabe I. 22.6 und (31.3))

$$\sigma'(s) = \sigma_0'\,\exp\left(i\,K(s)\right) := \sigma_0'\,\exp\left(i \int_0^s \kappa(\tau)\,d\tau\right); \tag{8}$$

hierbei ist $K(s) := \int_0^s \kappa(\tau)\,d\tau$ die *Gesamtkrümmung* des Weges auf $[0,s]$. Durch weitere Integration folgt

$$\sigma(s) = \sigma_0 + \sigma_0' \int_0^s \exp\left(i\,K(u)\right) du\,. \tag{9}$$

b) Wegen $|\sigma'(s)| = 1$ folgt aus (7) sofort

$$\kappa(s) = -i\,\sigma''(s)\,\overline{\sigma'(s)} \tag{10}$$

und somit

$$K(s) = -i \int_0^s \sigma''(u)\,\overline{\sigma'(u)}\,du = -i \int_0^s \frac{\sigma''(u)}{\sigma'(u)}\,du\,.$$

Insbesondere ergibt sich aus (3) für die *Gesamtkrümmung* eines *geschlossenen* glatten C^2-Weges $\sigma : [0,L] \mapsto \mathbb{C}$ mit $|\sigma'(s)| = 1$ die Formel

$$K(L) = 2\pi\,n(\sigma';0)\,; \tag{11}$$

entsprechendes gilt dann auch für alle zu σ äquivalenten Wege.   □

15.11 Beispiele. a) Im Fall konstanter Krümmung $\kappa(s) = 0$ folgt auch $K(s) = 0$, und $\sigma(s) = \sigma_0 + \sigma_0'\,s$ durchläuft eine *Gerade*.

b) Im Fall konstanter Krümmung $\kappa(s) = \kappa \neq 0$ folgt $K(s) = \kappa s$, und $\sigma(s) = \sigma_0 + \sigma_0'\,\dfrac{e^{i\kappa s} - 1}{i\kappa}$ durchläuft eine *Kreislinie* mit Radius $\frac{1}{\kappa}$.

c) In der Optik, aber auch beim Bau von Straßen oder Schienen, sind linear anwachsende Krümmungen $\kappa(s) = 2c^2 s$ mit $c > 0$ interessant. Man hat dann $K(s) = c^2 s^2$, und im Fall $\sigma_0 = 0$ und $\sigma_0' = 1$ ergibt sich

$$\sigma(s) = \int_0^s \exp\left(ic^2 u^2\right) du = \frac{1}{c}\sqrt{\frac{\pi}{2}}\left(C(cs) + iS(cs)\right), \quad s > 0, \quad (12)$$

mit den *Fresnel-Integralen*

$$C(s) = \sqrt{\frac{2}{\pi}} \int_0^s \cos u^2 \, du, \quad S(s) = \sqrt{\frac{2}{\pi}} \int_0^s \sin u^2 \, du. \quad (13)$$

Es wird $\lim\limits_{s\to\infty} C(s) = \lim\limits_{s\to\infty} S(s) = \frac{1}{2}$ in Band 3 gezeigt; für $s \to \infty$ „wickelt sich also der Weg σ unendlich oft" um den Punkt $\frac{1}{2c}\sqrt{\frac{\pi}{2}}(1+i)$ (vgl. Abb. 15d für $c = 1$). σ heißt *Klothoide* oder *Cornusche Spirale*. □

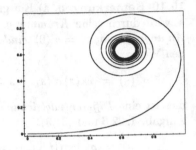

In vielen Fällen ist die Weglängenfunktion nicht elementar (vgl. Abschnitt I. 30*); ihre explizite Kenntnis ist aber für die Bestimmung von Krümmungen nicht notwendig:

Abb. 15d

15.12 Satz. *Für einen glatten C^2-Weg $\gamma = x + iy$ in $\mathbb{C}$ gilt*

$$\kappa(t) = -i\,\frac{\ddot{\gamma}(t)\,\overline{\dot{\gamma}(t)}}{v(t)^3} = \frac{\dot{x}(t)\ddot{y}(t) - \ddot{x}(t)\dot{y}(t)}{v(t)^3}. \quad (14)$$

BEWEIS. Für $s = \varphi_\gamma(t)$ hat man $\sigma'(s) = \frac{\dot{\gamma}(t)}{v(t)}$ und somit

$$\sigma''(s) = \frac{d}{dt}\frac{\dot{\gamma}(t)}{v(t)} \cdot \frac{dt}{ds} = \frac{v(t)\,\ddot{\gamma}(t) - \dot{v}(t)\,\dot{\gamma}(t)}{v(t)^3}.$$

Aus (10) folgt dann

$$\kappa = -i\,\frac{v\ddot{\gamma} - \dot{v}\dot{\gamma}}{v^3}\,\frac{\overline{\dot{\gamma}}}{v} = -i\,\frac{\ddot{\gamma}\,\overline{\dot{\gamma}}}{v^3} = \frac{\dot{x}\ddot{y} - \ddot{x}\dot{y}}{v^3}. \quad \diamond$$

15.13 Beispiele und Definitionen. a) Für Graphen $\gamma(t) = (t, g(t))$ von C^2-Funktionen g ergibt sich

$$\kappa(t) = \ddot{g}(t)\,(1 + \dot{g}(t)^2)^{-3/2} \quad (15)$$

in Übereinstimmung mit Formel (I. 26.11)*.

b) Gilt stets $\kappa(t) \neq 0$, so durchlaufen die Krümmungsmittelpunkte (vgl. Definition 15.7 d))

$$\varepsilon(t) \;=\; \gamma(t) + \rho^2(t)\, t'(t) \;=\; \gamma(t) + \tfrac{1}{\kappa(t)}\, \mathfrak{n}(t) \tag{16}$$

einen Weg $\varepsilon = \varepsilon_\gamma$, die *Evolute* von γ. Mit $\gamma(t) = (x(t), y(t))$ erhält man

$$\varepsilon(t) \;=\; (x(t), y(t)) + \frac{\dot{x}^2 + \dot{y}^2}{\dot{x}(t)\ddot{y}(t) - \ddot{x}(t)\dot{y}(t)}\, (-\dot{y}(t), \dot{x}(t)). \tag{17}$$

c) Für eine *Ellipse* $\gamma(t) = (a\cos t, b\sin t)$ etwa erhält man

$$\dot{x}^2 + \dot{y}^2 \;=\; \dot{v}(t)^2 \;=\; a^2 \sin^2 t + b^2 \cos^2 t\,,$$
$$\dot{x}(t)\ddot{y}(t) - \ddot{x}(t)\dot{y}(t) \;=\; ab\,,$$
$$\kappa(t) \;=\; ab\,(a^2 \sin^2 t + b^2 \cos^2 t)^{-3/2}\,,$$
$$\varepsilon(t) \;=\; (\tfrac{a^2 - b^2}{a} \cos^3 t,\ \tfrac{b^2 - a^2}{b} \sin^3 t)\,.$$

Die Evolute einer Ellipse ist also eine *Astroide* (vgl. Aufgabe 9.6). Es zeigt Abb. 15e für $a = 2$ und $b = 1$ die Ellipse mit ihrer Evolute, einem Tangenteneinheits- und einem Krümmungsvektor und zwei Krümmungskreisen, Abb. 15f ihre Krümmungsfunktion κ. $\qquad\square$

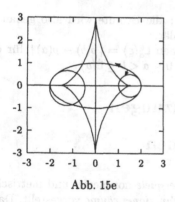

Abb. 15e

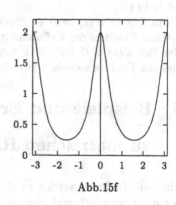

Abb.15f

Aufgaben

15.1 Für einen geschlossenen Weg γ in $\mathbb{C}$ zeige man $n(\gamma; w) = 0$ auf der unbeschränkten Wegkomponenten von $\mathbb{C}\backslash(\gamma)$.

15.2 Man zeige die Invarianz der Windungszahl gegen orientierungserhaltende Parametertransformationen. Weiter zeige man $n(-\gamma; w) = -n(\gamma; w)$ und $n(\gamma_1 + \gamma_2; w) = n(\gamma_1; w) + n(\gamma_2; w)$ für Summen geschlossener Wege im Sinne von (8.4).

15.3 Man beweise Formel (3) auch für Wege $\gamma \in C^1_{st}([a,b], \mathbb{C})$ und $w \notin (\gamma)$.

15.4 Es seien $\sigma : [0, \ell] \mapsto \mathbb{R}^n$ ein glatter C^3-Weg mit $|\sigma'| = 1$ und $s_0 \in [0, \ell]$.
a) Welche Geraden $g : s \mapsto a + (s - s_0)\,b$ mit $a, b \in \mathbb{R}^n$, $|b| = 1$, erfüllen $g(s_0) = \sigma(s_0)$ und $g'(s_0) = \sigma'(s_0)$? Wann gilt auch $g''(s_0) = \sigma''(s_0)$?
b) Im Fall $\kappa(s_0) \neq 0$ bestimme man alle Kreislinien

$$k : s \mapsto a + R\cos\tfrac{s-s_0}{R}\,b + R\sin\tfrac{s-s_0}{R}\,c$$

mit $a \in \mathbb{R}^n$ und einem Orthonormalsystem $\{b, c\}$ in $\mathbb{R}^n$, die den Weg σ von zweiter Ordnung in s_0 berühren, für die also $k^{(j)}(s_0) = \sigma^{(j)}(s_0)$ für $j = 0, 1, 2$ gilt. Wann hat man sogar $k^{(3)}(s_0) = \sigma^{(3)}(s_0)$?

15.5 a) Man bestimme die Evolute einer Parabel $t \mapsto (t, ct^2)$.
b) Man zeige, daß die Evolute einer Zykloide γ_1 (vgl. Aufgabe 9.5) wieder eine Zykloide ist.

15.6 Es sei σ ein glatter C^3-Weg mit $|\sigma'(s)| = 1$ und $\kappa(s) \neq 0$ für alle s.
a) Man zeige $\varepsilon'(s) = -(\tfrac{1}{\kappa})'(s)\,\mathfrak{n}(s)$; die Normale zu σ in s berührt also die Evolute in $\varepsilon(s)$.
b) Man folgere $\kappa'(s) = 0 \Leftrightarrow \varepsilon'(s) = 0$; die Evolute wird also genau in kritischen Punkten der Krümmung singulär.
c) Im Fall $\kappa'(s) \neq 0$ für alle s folgere man $\mathsf{L}^b_a(\varepsilon) = |\rho(b) - \rho(a)|$ für die Länge der Evolute zwischen zwei Stellen $0 \leq a < b \leq \mathsf{L}(\sigma)$.

16 Beispiele und Ergänzungen
zu metrischen Räumen

In diesem Abschnitt werden zunächst *Beispiele* normierter und metrischer (aber nicht normierbarer) *Folgen- und Funktionenräume* vorgestellt. Dann wird „die" *Vervollständigung* metrischer Räume konstruiert, und schließlich wird der *Fortsetzungssatz von Tietze* für stetige Funktionen im Rahmen metrischer Räume bewiesen. Dieses wichtige Resultat kann bereits im Anschluß an Abschnitt 4 gelesen werden und soll in Band 3 verwendet werden.

16.1 Beispiele. a) Für $1 \leq p < \infty$ wird durch

$$\| f \|_p := \Big(\int\limits_a^b | f(x) |^p \, dx \Big)^{1/p} \tag{1}$$

auf $C[a,b]$ eine *Norm* definiert; in der Tat ist die Dreiecksungleichung gerade die *Minkowskische Ungleichung* (I. 21.6)*. Auf $\mathcal{R}[a,b]$ ist $\| \ \|_p$ eine *Halb*norm (vgl. Beispiel 2.14 b)), und diese beschreibt die *Konvergenz im p-ten Mittel* auf $[a,b]$.

b) Für $1 \le p < \infty$ wird der *Folgenraum* ℓ_p durch

$$\ell_p := \{ x = (x_k)_{k \in \mathbb{N}} \mid \| x \|_p := \big(\sum_{k=1}^{\infty} | x_k |^p \big)^{1/p} < \infty \} \tag{2}$$

definiert. Für $x, y \in \ell_p$ und $n \in \mathbb{N}$ gilt nach Beispiel 2.8 a)

$$\big(\sum_{k=1}^{n} | x_k + y_k |^p \big)^{1/p} \le \big(\sum_{k=1}^{n} | x_k |^p \big)^{1/p} + \big(\sum_{k=1}^{n} | y_k |^p \big)^{1/p} ;$$

mit $n \to \infty$ ergeben sich also auch $x + y \in \ell_p$ sowie die Dreiecksungleichung für $\| \ \|_p$. Folglich ist ℓ_p ein Vektorraum, und $\| \ \|_p$ ist eine Norm auf ℓ_p.

c) Die ℓ_p-Räume sind *vollständig;* dies kann ähnlich wie in Satz 5.5 oder Satz 7.9 bewiesen werden. Dagegen zeigt das Argument in Beispiel 5.6, daß $C[a,b]$ und $\mathcal{R}[a,b]$ unter der Norm $\| \ \|_p$ *nicht* vollständig sind.

d) Auf ℓ_2 wird durch

$$\langle x,y \rangle := \sum_{k=1}^{\infty} x_k \overline{y_k} \quad \text{für} \quad x = (x_k) \, , \, y = (y_k) \in \ell_2 , \tag{3}$$

ein *Skalarprodukt* definiert; in der Tat ist die Reihe aufgrund der Schwarzschen Ungleichung im $\mathbb{K}^n$ absolut konvergent. Wie in (13.8) induziert dieses die Norm von ℓ_2 durch $\| x \| := \sqrt{\langle x,x \rangle}$. Es ist also ℓ_2 ein vollständiger Raum mit Skalarprodukt, ein *Hilbertraum*. $\square$

Nun wird das Konvergenzverhalten von *Potenzreihen* (vgl. Abschnitt I. 33) noch einmal diskutiert. Diese konvergieren *gleichmäßig* auf jeder *kompakten Teilmenge* ihres Konvergenzkreises (vgl. Satz I. 33.6), jedoch i. a. *nicht* gleichmäßig auf dem Konvergenzkreis selbst (vgl. Satz I. 33.9). Dieses Konvergenzverhalten wird von dem folgenden Begriff erfaßt:

16.2 Definition. *Es seien $D \subseteq \mathbb{K}^n$ offen und Y ein metrischer Raum. Eine Funktionenfolge $(f_n) \subseteq \mathcal{F}(D,Y)$ konvergiert* lokal gleichmäßig *auf D gegen $f \in \mathcal{F}(D,Y)$, falls (f_n) auf jeder kompakten Menge $K \subseteq D$ gleichmäßig gegen f konvergiert.*

16.3 Definitionen und Bemerkungen. a) Durch

$$\| f \|_K := \sup_{x \in K} | f(x) | , \quad K \subseteq D \text{ kompakt}, \tag{4}$$

werden *Halbnormen* auf $\mathcal{C}(D, \mathbb{K})$ definiert; eine Folge $(f_n) \subseteq \mathcal{C}(D)$ konvergiert genau dann lokal gleichmäßig auf D gegen $f \in \mathcal{C}(D)$, wenn für alle kompakten Mengen $K \subseteq D$ stets $\| f_n - f \|_K \to 0$ gilt.

b) Die lokal gleichmäßige Konvergenz kann bereits durch *abzählbar* viele Halbnormen beschrieben werden. Die Mengen

$$K_j := \{x \in D \mid |x| \leq j , \, d_{\partial D}(x) \geq \tfrac{1}{j}\} \tag{5}$$

sind offenbar beschränkt und wegen der Stetigkeit von $d_{\partial D}$ nach Satz 4.14 auch abgeschlossen, nach Satz 6.7 also kompakt. Für eine kompakte Menge $K \subseteq D$ gilt $\min \{d_{\partial D}(x) \mid x \in K\} > 0$ nach Folgerung 6.11 ; es gibt also ein $j \in \mathbb{N}$ mit $K \subseteq K_j$. Insbesondere gilt

$$K_1 \subseteq K_2 \subseteq \ldots \subseteq K_j \subseteq K_{j+1} \subseteq \ldots$$

$$\text{und} \quad D = \bigcup_{j=1}^{\infty} K_j . \tag{6}$$

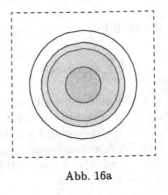

Abb. 16a

Die Folge (K_j) heißt *kompakte Ausschöpfung* von D (vgl. Abb. 16a). Die Bedingung $\| f_n - f \|_{K_j} \to 0$ für $j \in \mathbb{N}$ beschreibt dann die lokal gleichmäßige Konvergenz im Raum $\mathcal{C}(D)$. □

16.4 Definitionen und Bemerkungen. a) In der Situation von Bemerkung 16.3 liefert $\| \ \|_j := \| \ \|_{K_j}$ eine *wachsende Folge*

$$\| \ \|_1 \leq \| \ \|_2 \leq \ldots \leq \| \ \|_j \leq \| \ \|_{j+1} \leq \ldots \tag{7}$$

von Halbnormen auf dem Raum $E = \mathcal{C}(D)$ mit der Eigenschaft

$$\forall \, 0 \neq x \in E \, \exists \, j \in \mathbb{N} : \| x \|_j > 0 . \tag{8}$$

Durch die Verwendung *aller* Halbnormen $\| \ \|_j$ kann also die fehlende Normeigenschaft (2.8) kompensiert werden.

b) Allgemein sei auf einem Vektorraum E eine wachsende Folge (7) von Halbnormen mit (8) gegeben. Durch

$$d(x,y) := \sum_{j=1}^{\infty} \frac{1}{2^j} \frac{\| x - y \|_j}{1 + \| x - y \|_j} \tag{9}$$

wird dann auf E eine *translationsinvariante Metrik* definiert, für die genau dann $d(x_n, x) \to 0$ gilt, wenn $\| x_n - x \|_j \to 0$ für alle j gilt (vgl. Aufgabe

16.4). Der Abstand $x \mapsto d(x,0)$ erfüllt die Normeigenschaften (2.8) und (2.10), statt (2.9) aber nur die schwächere Bedingung $d(-x,0) = d(x,0)$.

c) Ein Raum E mit einer wachsenden Folge (7) von Halbnormen mit (8) heißt *Fréchetraum*, wenn E bezüglich der Metrik d aus (9) *vollständig* ist. Der Raum $\mathcal{C}(D)$ ist ein Fréchetraum: Eine Cauchy-Folge (f_n) bezüglich d erfüllt die Cauchy-Bedingung bezüglich jeder Halbnorm $\| \ \|_{K_j}$. Wie im Beweis von Satz 5.5 findet man einen punktweisen Limes f und dann $\| f_n - f \|_{K_j} \to 0$ für alle $j \in \mathbb{N}$. Die Konvergenz ist also gleichmäßig auf jeder kompakten Menge $K \subseteq D$, und nach Satz 3.9 ist f stetig auf D (vgl. Satz I. 33.10).

d) Im Fall reeller Potenzreihen konvergieren auch die *Reihen der Ableitungen lokal gleichmäßig* auf den Konvergenzintervallen (vgl. Satz I. 33.12). Diesen Konvergenzbegriff auf dem Raum $\mathcal{C}^\infty(I)$ liefert die Folge von Halbnormen

$$\| f \|_j := \max_{0 \le k \le j} \sup_{x \in K_j} | f^{(k)}(x) |, \tag{10}$$

wobei (K_j) eine kompakte Ausschöpfung von I ist. Auch $\mathcal{C}^\infty(I)$ ist ein Fréchetraum.

e) Eine Teilmenge $B \subseteq E$ eines Fréchetraumes heißt *beschränkt*, falls es Konstanten $C_j \ge 0$ mit $\| x \|_j \le C_j$ für alle $x \in B$ und $j \in \mathbb{N}$ gibt (man beachte die Bemerkung nach Definition 6.4). Aus Bemerkung 11.8 folgt dann mit einem Diagonalfolgen-Argument wie im Beweis von Satz 10.4, daß in den Frécheträumen $\mathcal{C}^\infty(I)$ und auch $\mathcal{C}^\infty[a,b]$ (vgl. Aufgabe 16.5 a)) wie im $\mathbb{K}^n$ *alle beschränkten Mengen relativ kompakt* sind (vgl. dagegen Aufgabe 11.7). □

G. Cantors Konstruktion von $\mathbb{R}$ aus $\mathbb{Q}$ (vgl. I.15.4*) liefert auch eine *Vervollständigung* metrischer Räume:

16.5 Satz. *Zu einem metrischen Raum X gibt es einen* vollständigen *metrischen Raum $\widehat{X}$ und eine Isometrie $i : X \mapsto \widehat{X}$ von X auf eine dichte Teilmenge $i(X)$ von $\widehat{X}$.*

BEWEIS. a) Wegen $| d(x_n, y_n) - d(x_m, y_m) | \le d(x_n, x_m) + d(y_n, y_m)$ existiert für Cauchy-Folgen (x_n), $(y_n) \subseteq X$ der Grenzwert

$$\overline{d}((x_n), (y_n)) := \lim_{n \to \infty} d(x_n, y_n) \in \mathbb{R}$$

und definiert eine *Halbmetrik* auf der Menge cX aller Cauchy-Folgen in X. Für $\overline{d}$ gelten also die Bedingungen (2.2) und (2.3), nicht aber (2.1).

b) Ähnlich wie in Aufgabe 2.8 wird durch $\xi \sim \eta :\Leftrightarrow \overline{d}(\xi, \eta) = 0$ auf cX eine *Äquivalenzrelation* erklärt. Auf dem Raum $\widehat{X}$ der entsprechenden Äquivalenzklassen wird durch $\widehat{d}(\widehat{\xi}, \widehat{\eta}) := \overline{d}(\xi, \eta)$ eine *Metrik* definiert.

c) Für $x \in X$ sei $i(x)$ die Äquivalenzklasse der konstanten Cauchy-Folge $(x) \in cX$. Es ist $i : X \mapsto \widehat{X}$ eine Isometrie, und $i(X)$ ist *dicht* in $\widehat{X}$: Für $\xi = (x_n) \in cX$ und $\varepsilon > 0$ gibt es $n_0 \in \mathbb{N}$ mit $d(x_n, x_{n_0}) \leq \varepsilon$ für $n \geq n_0$. Daher ist auch $\lim_{n \to \infty} d(x_n, x_{n_0}) \leq \varepsilon$ und somit $\widehat{d}(\xi, i(x_{n_0})) \leq \varepsilon$.

d) Nun sei eine Cauchy-Folge $(\widehat{\xi}_j) \subseteq \widehat{X}$ gegeben. Nach c) gibt es $x_j \in X$ mit $\widehat{d}(\widehat{\xi}_j, i(x_j)) < \frac{1}{j}$. Es ist auch $(i(x_j))$ eine Cauchy-Folge in $\widehat{X}$; da i eine Isometrie ist, gilt dies auch für (x_j) in X. Man setzt nun $\xi := (x_j) \in cX$ und findet

$$\widehat{d}(\widehat{\xi}, \widehat{\xi}_j) \; \leq \; \widehat{d}(\widehat{\xi}, i(x_j)) + \widehat{d}(i(x_j), \widehat{\xi}_j) \; \leq \; \lim_{n \to \infty} d(x_n, x_j) + \tfrac{1}{j} \to 0$$

für $j \to \infty$. Somit gilt $\lim_{j \to \infty} \widehat{\xi}_j = \widehat{\xi}$ in $\widehat{X}$, und $\widehat{X}$ ist *vollständig*. ◇

16.6 Bemerkungen. a) Ist E ein *normierter* Raum, so ist $\widehat{E}$ ein *Banachraum*, und die Isometrie $i : E \mapsto \widehat{E}$ ist *linear*. Entsprechend respektiert die Konstruktion von $\widehat{X}$ auch andere algebraische Strukturen.

b) Vervollständigungen sind bis auf Isometrien *eindeutig*, vgl. Aufgabe 16.8. In Aufgabe 16.9 wird eine andere Konstruktion für eine Vervollständigung skizziert, die aber algebraische Strukturen i. a. *nicht* respektiert. □

Mit Hilfe der Distanzfunktionen (4.5) lassen sich *disjunkte abgeschlossene Mengen* durch stetige Funktionen *trennen* und ein wichtiger *Fortsetzungssatz für stetige Funktionen* beweisen:

16.7 Lemma (Urysohn). *Es seien X ein metrischer Raum und A, C abgeschlossene Teilmengen von X mit $A \cap C = \emptyset$. Dann gibt es eine stetige Funktion $g \in \mathcal{C}(X, \mathbb{R})$ mit*

$$0 \leq g(x) \leq 1 \quad und \quad g(x) = 0 \Leftrightarrow x \in A, \quad g(x) = 1 \Leftrightarrow x \in C. \quad (11)$$

Weiter gibt es offene Mengen $U, V \subseteq X$ mit $A \subseteq U$, $C \subseteq V$ und $U \cap V = \emptyset$.

BEWEIS. Man setzt einfach $g(x) := \dfrac{d_A(x)}{d_A(x) + d_C(x)}$. Die zweite Behauptung folgt dann wegen Satz 4.14 mit $U := \{x \in X \mid g(x) < \frac{1}{2}\}$ und $V := \{x \in X \mid g(x) > \frac{1}{2}\}$. ◇

16.8 Fortsetzungssatz von Tietze. *Es seien X ein metrischer Raum, $A \subseteq X$ abgeschlossen und $f \in \mathcal{C}(A, \mathbb{R})$. Dann existiert $F \in \mathcal{C}(X, \mathbb{R})$ mit $F|_A = f$. Ist f beschränkt, so kann eine Fortsetzung F so gewählt werden, daß $\| F \|_X = \| f \|_A$ gilt.*

BEWEIS. a) Zunächst sei f beschränkt und $R := \|f\|_A$. Die Mengen $A^- := \{x \in A \mid f(x) \leq -\frac{R}{3}\}$ und $A^+ := \{x \in A \mid f(x) \geq \frac{R}{3}\}$ sind abgeschlossen in A und somit in X. Nach Urysohns Lemma gibt es $g \in C(X, \mathbb{R})$ mit $0 \leq g \leq 1$ sowie $g(x) = 0$ auf A^- und $g(x) = 1$ auf A^+. Für $f_1 := -\frac{R}{3} + \frac{2R}{3} g \in C(X, \mathbb{R})$ gilt dann $-\frac{R}{3} \leq f_1 \leq \frac{R}{3}$ sowie $f_1(x) = -\frac{R}{3}$ auf A^- und $f_1(x) = \frac{R}{3}$ auf A^+. Folglich hat man

$$\|f - f_1\|_A \leq \tfrac{2}{3} R, \quad \|f_1\|_X \leq \tfrac{1}{3} R. \tag{12}$$

b) Man wendet das Argument aus a) auf $f - f_1$ statt f an und findet $f_2 \in C(X, \mathbb{R})$ mit

$$\|f - f_1 - f_2\|_A \leq (\tfrac{2}{3})^2 R, \quad \|f_2\|_X \leq \tfrac{1}{3} \cdot \tfrac{2}{3} R. \tag{13}$$

So fortfahrend findet man induktiv eine Folge $(f_n) \subseteq C(X, \mathbb{R})$ mit

$$\|f - \sum_{k=1}^{n} f_k\|_A \leq (\tfrac{2}{3})^n R, \quad \|f_n\|_X \leq \tfrac{1}{3} \cdot (\tfrac{2}{3})^{n-1} R. \tag{14}$$

Die Funktionenreihe $\sum_k f_k$ konvergiert dann *normal*, insbesondere also *gleichmäßig* auf X (vgl. Satz I.33.3), und nach Satz 3.9 ist $F := \sum_{k=1}^{\infty} f_k$ stetig auf X. Nach (14) gilt offenbar $F|_A = f$ sowie $\|F\|_X \leq R$.

c) Für ein beliebiges $f \in C(A, \mathbb{R})$ hat $g := \arctan(f) : A \mapsto (-\frac{\pi}{2}, \frac{\pi}{2})$ nach a) und b) eine stetige Fortsetzung $G : X \mapsto [-\frac{\pi}{2}, \frac{\pi}{2}]$. Die Menge $C := \{x \in X \mid G(x) = \pm\frac{\pi}{2}\}$ ist in X abgeschlossen und zu A disjunkt; nach Urysohns Lemma gibt es also $h \in C(X, \mathbb{R})$ mit $0 \leq h \leq 1$ sowie $h(x) = 0$ auf C und $h(x) = 1$ auf A. Damit ist dann $F := \tan(h \cdot G) \in C(X, \mathbb{R})$ eine stetige Fortsetzung von f. ◇

Aufgaben

16.1 Man beweise die Vollständigkeit der ℓ_p-Räume.

16.2 a) Es seien $1 \leq p, q \leq \infty$ mit $\frac{1}{p} + \frac{1}{q} = 1$. Mittels der *Hölderschen Ungleichung* zeige man, daß für $y = (y_k) \in \ell_q$ durch

$$\eta(x) := \sum_{k=1}^{\infty} x_k y_k \quad \text{für} \quad x = (x_k) \in \ell_p$$

eine *Linearform* $\eta \in (\ell_p)'$ definiert wird mit $\|\eta\|_{(\ell_p)'} \leq \|y\|_q$.
b) Man zeige, daß die Abbildung $\Phi : y \mapsto \eta$ von ℓ_q nach $(\ell_p)'$ linear und *isometrisch*, im Fall $1 \leq p < \infty$ auch *surjektiv* ist.
c) Gelten zu a) und b) analoge Aussagen für die Räume $(C[a, b], \| \ \|_p)$?

16.3 Für $1 \leq p < \infty$ charakterisiere man die kompakten Mengen in ℓ_p.

16.4 Mit Hilfe von Aufgabe 2.7 verifiziere man die Aussagen in Bemerkung 16.4 b).

16.5 Man beweise, daß die folgenden Räume mit den angegebenen Folgen von Halbnormen Fréchleträume sind:
a) $C^\infty[a,b]$ mit den Normen $\| \ \|_j := \| \ \|_{C^j}$ (vgl. (2.24)),
b) $C^\infty(I)$ mit den Halbnormen (10),
c) der Raum ω *aller* Folgen mit den Halbnormen $\|(x_k)\|_j := \max\limits_{1 \leq k \leq j} |x_k|$.
Weiter zeige man, daß die angegebene Folge von Halbnormen auf ω die *punktweise Konvergenz* beschreibt.

16.6 Ist im Fréchetraum $C(a,b)$ jede beschränkte Menge relativ kompakt? Gilt dies im Fréchetraum ω aller Folgen?

16.7 Man verifiziere die Aussage von Bemerkung 16.6 a).

16.8 a) Man beweise den folgenden *Fortsetzungssatz* (vgl. Satz 7.7):
Es seien X,Y metrische Räume, Y *vollständig*, $M \subseteq X$ und $f : M \mapsto Y$ *gleichmäßig stetig*. Dann hat f eine eindeutig bestimmte *stetige Fortsetzung* $\overline{f} : \overline{M} \mapsto Y$, die sogar *gleichmäßig stetig* ist.
b) Man zeige, daß je zwei Vervollständigungen eines metrischen Raumes isometrisch sind.

16.9 Es seien X ein metrischer Raum und $x_0 \in X$ fest gewählt. Man definiere $i : X \mapsto B(X,\mathbb{R})$ durch

$$i(a)(x) := d(x,a) - d(x,x_0), \quad a \in X, \ x \in X,$$

zeige, daß i eine Isometrie ist, und schließe, daß $Y := \overline{i(X)}$ eine Vervollständigung von X ist.

16.10 Es sei p eine *Primzahl*.
a) Für $r \in \mathbb{Q}\backslash\{0\}$ hat man $r = p^m \frac{a}{b}$ mit einem eindeutig bestimmten $m \in \mathbb{Z}$ und zu p teilerfremden ganzen Zahlen $a,b \in \mathbb{Z}$. Für den durch

$$\beta_p(r) := p^{-m}, \quad \beta_p(0) := 0,$$

auf $\mathbb{Q}$ definierten „*p*-adischen Betrag" zeige man

$$\beta_p(rs) = \beta_p(r)\,\beta_p(s) \quad, \quad \beta_p(r+s) \leq \max\{\beta_p(r),\beta_p(s)\}$$

und schließe, daß $d_p(r,s) := \beta_p(r-s)$ eine Metrik auf $\mathbb{Q}$ definiert.
b) Es sei $\widehat{\mathbb{Q}}_p$ die Vervollständigung von $(\mathbb{Q},d_p)$. Man zeige, daß eine Reihe $\sum_k x_k$ in $\widehat{\mathbb{Q}}_p$ genau dann konvergiert, wenn $x_k \to 0$ gilt.

17 Topologische Räume

Während die *punktweise Konvergenz* von *Folgen* durch eine Metrik beschrieben werden kann (vgl. Aufgabe 16.5), ist dies für *Funktionen* auf überabzählbaren Mengen nur mit Hilfe des allgemeineren Konzepts einer *Topologie* möglich. In diesem letzten Abschnitt von Kapitel I wird *kurz* auf *topologische Räume* eingegangen; ausführlichere Darstellungen findet man in Lehrbüchern der Topologie, etwa in [19] oder [21].

17.1 Definition. *Ein System $\mathfrak{T}$ von Teilmengen einer Menge X heißt* Topologie *auf X, falls $\emptyset \in \mathfrak{T}$ und $X \in \mathfrak{T}$ gilt und $\mathfrak{T}$ gegen beliebige Vereinigungen und endliche Durchschnitte abgeschlossen ist. Das Paar $(X, \mathfrak{T})$ heißt dann* topologischer Raum.

17.2 Definitionen und Bemerkungen. a) Es sei (X, d) ein metrischer Raum. Das System $\mathfrak{T}$ aller offenen Mengen in X ist dann eine *Topologie* auf X (vgl. Feststellung 4.6).
b) Für einen topologischen Raum $(X, \mathfrak{T})$ heißen die Mengen aus $\mathfrak{T}$ *offen*, ihre Komplemente *abgeschlossen*.
c) Eine Menge $U \subseteq X$ heißt *Umgebung* von $x \in X$, wenn es eine in X offene Menge D mit $x \in D \subseteq U$ gibt. Das System $\mathfrak{U}(x)$ aller Umgebungen eines Punktes x in einem topologischen Raum $(X, \mathfrak{T})$ besitzt die Eigenschaften a)–d) aus Aufgabe 4.4.
d) Es sei $M \subseteq X$. Ein Punkt $x \in X$ heißt *Randpunkt* von M, $x \in \partial M$, falls für alle $U \in \mathfrak{U}(x)$ sowohl $U \cap M \neq \emptyset$ als auch $U \cap M^c \neq \emptyset$ gilt. Entsprechend erhält man den *Abschluß* von M durch

$$\overline{M} = \{x \in X \mid \forall\, U \in \mathfrak{U}(x) : U \cap M \neq \emptyset\}. \tag{1}$$

Rand und Abschluß lassen sich i. a. *nicht* mittels Folgen wie in Bemerkung 4.2 a) und in (4.4) beschreiben (vgl. Beispiel 17.5 c)).   □

17.3 Definition. *Es seien X und Y topologische Räume. Eine Abbildung $f : X \mapsto Y$ heißt* stetig *in $a \in X$, falls gilt:*

$$\forall\, U \in \mathfrak{U}(f(a))\ \exists\, V \in \mathfrak{U}(a) : f(V) \subseteq U. \tag{2}$$

17.4 Bemerkungen und Definitionen. a) Mit dem eben eingeführten Stetigkeitsbegriff gelten die Sätze 4.14 und 3.9 wie im Fall metrischer Räume; dies gilt auch für Feststellung 3.5 (mit einem anderen Beweis). Die Stetigkeit läßt sich jedoch i. a. *nicht* mittels Folgen wie in Definition 3.1 beschreiben (vgl. Aufgabe 17.2).
b) Eine *Folge* $(a_n) \subseteq X$ *konvergiert* gegen $a \in X$, falls zu jedem $U \in \mathfrak{U}(a)$ ein $n_0 \in \mathbb{N}$ mit $a_n \in U$ für $n \geq n_0$ existiert. Grenzwerte von Folgen müssen

nicht eindeutig sein; sie sind es dann, wenn zu $x \neq y \in X$ stets Umgebungen $U \in \mathfrak{U}(x)$ und $V \in \mathfrak{U}(y)$ mit $U \cap V = \emptyset$ existieren. Topologische Räume mit dieser Eigenschaft heißen *Hausdorffsch*. □

17.5 Definitionen, Bemerkungen und Beispiele. a) Im Rahmen topologischer Räume können *beliebige Produkte* gebildet werden. Ist $(X_i, \mathfrak{T}_i)_{i \in I}$ eine Familie topologischer Räume, so ist das System

$$\mathfrak{B} := \{ \prod_{i \in I} D_i \mid D_i \in \mathfrak{T}_i \,, \, D_i \neq X_i \text{ nur für endlich viele } i \in I \} \quad (3)$$

von Teilmengen von $X := \prod_{i \in I} X_i$ *Basis* einer Topologie auf X, d. h.

$$\mathfrak{T} := \{ D \subseteq X \mid D \text{ ist Vereinigung von Mengen aus } \mathfrak{B} \} \quad (4)$$

ist eine Topologie auf X, die *Produkttopologie*. Offenbar sind alle *Projektionen* $\pi_j : X \mapsto X_j$, $\pi_j((x_i)) := x_j$, stetig.
b) Eine *Folge* $(a_n) \subseteq X$ *konvergiert* genau dann gegen $a \in X$, falls für alle Komponenten $a_{ni} \to a_i$ in X_i gilt. Insbesondere beschreibt die Produkttopologie die *punktweise Konvergenz* auf den Räumen

$$\mathcal{F}(M, \mathbb{K}) = \mathbb{K}^M = \prod_{i \in M} \mathbb{K}. \quad (5)$$

c) Im Raum $X := \mathcal{F}([0,1], \mathbb{R})$ betrachte man die Menge

$$M := \{ f \in X \mid f(t) \neq 0 \text{ für höchstens endlich viele } t \in [0,1] \}$$

und die konstante Funktion $g(t) = 1$. Dann gilt $g \in \overline{M}$, aber keine Folge aus M kann punktweise gegen g konvergieren. □

17.6 Definitionen und Bemerkungen. a) Ein topologischer Raum X heißt *folgenkompakt*, wenn jede Folge in X eine in X konvergente Teilfolge besitzt. Wesentlich wichtiger ist der Begriff der *Überdeckungskompaktheit*: X heißt **kompakt**, wenn jede offene Überdeckung von X eine endliche Teilüberdeckung besitzt. Ein oft benutzter Satz von Tychonoff (vgl. etwa [18], 4.3) besagt, daß *beliebige Produkte kompakter topologischer Räume* wieder *kompakt* sind. Nach Aufgabe 11.2 ist etwa $X = [0,1]^{[0,1]}$ nicht folgenkompakt; im Gegensatz zu Theorem 10.9 impliziert also in allgemeinen topologischen Räumen die Kompaktheit *nicht* die Folgenkompaktheit (auch die umgekehrte Implikation gilt nicht). Die Sätze 6.10, 6.11 und 6.14 sowie die Sätze von Dini, Stone-Weierstraß und Arzelà-Ascoli gelten auch für kompakte topologische Räume.
b) Die Begriffe und Resultate aus Abschnitt 8 über Wege und Zusammenhang sind auch im Rahmen topologischer Räume sinnvoll und richtig.

c) Ein topologischer X Raum heißt *normal*, wenn er Hausdorffsch ist und je zwei disjunkte abgeschlossene Teilmengen von X disjunkte Umgebungen haben. Nach dem Lemma von Urysohn sind metrische Räume stets normal. Dieses und der *Fortsetzungssatz von Tietze* gelten über normalen Räumen (vgl. etwa [19], Abschnitt 2.3 oder [21], Abschnitt I.8.4).

d) Die Begriffe *„Cauchy-Folge"*, *„Vollständigkeit"*, *„gleichmäßige Stetigkeit"* und *„Präkompaktheit"* lassen sich in topologischen Räumen *nicht* definieren; einen geeigneten allgemeinen Rahmen dafür liefern die *uniformen Räume* (vgl. etwa [21], Kap. II). Kompakte topologische Räume besitzen eine eindeutig bestimmte uniforme Struktur, bezüglich der sie dann vollständig und präkompakt sind und bezüglich der dann alle stetigen Abbildungen in uniforme Räume gleichmäßig stetig sind.   □

Aufgaben

17.1 Es seien $(X, \mathfrak{T})$ ein topologischer Raum und $M \subseteq X$. Man zeige, daß die in (1) definierte Menge $\overline{M}$ die kleinste abgeschlossene Menge ist, die M enthält.

17.2 Man verifiziere die Aussagen in Beispiel 17.5 c) und konstruiere eine „folgenstetige", aber nicht stetige Funktion $g : M \cup \{1\} \mapsto \mathbb{R}$.

17.3 Es sei $\{X_n\}_{n \in \mathbb{N}}$ eine abzählbare Menge metrischer Räume. Man konstruiere eine Metrik auf $X := \prod_{n \in \mathbb{N}} X_n$, die die Produkttopologie induziert.

17.4 Man formuliere und beweise den Satz von Arzelà-Ascoli über kompakten topologischen Räumen.

II. Differentialrechnung in mehreren Veränderlichen

Für *Funktionen von mehreren reellen Veränderlichen* gibt es verschiedene *Differenzierbarkeitsbegriffe*. In Abschnitt 18 werden zunächst *partielle* Ableitungen eingeführt; der *Satz von Schwarz* über die *Vertauschbarkeit höherer Ableitungen* wird mittels *Differentiation parameterabhängiger Integrale* bewiesen. Im nächsten Abschnitt wird dann der wichtige Begriff der *totalen Differenzierbarkeit* vorgestellt; erste Anwendungen ergeben sich vor allem mit Hilfe der *Kettenregel*.

Wie bei Funktionen von einer reellen Veränderlichen ist die Differentialrechnung ein wesentliches Hilfsmittel zur Lösung von *Extremwertproblemen*. Der *Gradient* einer Funktion *verschwindet* in ihren *lokalen Extremalstellen*; in Abschnitt 20 wird mit Hilfe der *Taylor-Formel* eine *hinreichende Bedingung* für das Vorliegen eines lokalen Extremums in einem *kritischen Punkt* bewiesen, die mit Hilfe der *Hesse-Matrix* der zweiten Ableitungen formuliert ist.

Im letzten Teil des Kapitels wird die *lokale Auflösung nichtlinearer Gleichungssysteme* behandelt. Mit Hilfe eines *Iterationsverfahrens (Banachscher Fixpunktsatz)* wird in Abschnitt 21 der *Satz über inverse Funktionen* bewiesen. Dieser besagt im wesentlichen, daß ein *quadratisches* nichtlineares C^1-Gleichungssystem $f(x) = y$ in der Nähe einer vorgegebenen Lösung $f(a) = b$ genau dann eindeutig mittels einer C^1-Abbildung g in der Form $x = g(y)$ lösbar ist, wenn die *Ableitung* $f'(a) \in L(\mathbb{R}^n)$ *invertierbar* ist. Daraus ergibt sich in Abschnitt 22 der *Satz über implizite Funktionen* über die lokale Auflösung *nichtquadratischer* Gleichungssysteme. Dieser wird in Abschnitt 23 auf die Untersuchung von *Kurven, Flächen* und allgemein von *p-dimensionalen Mannigfaltigkeiten* im $\mathbb{R}^n$ angewendet. Die dabei erzielte Beschreibung von *Tangentialräumen* erlaubt in Abschnitt 24 eine durchsichtige Behandlung von *Extremwertproblemen unter Nebenbedingungen,* insbesondere der *Multiplikatoren-Regel* von *Lagrange*.

18 Partielle Ableitungen und parameterabhängige Integrale

Aufgabe: Man versuche, die Funktion $f : \mathbb{R}^2 \mapsto \mathbb{R}$, $f(x, y) = 4 - x^2 - y^2$, nahe $q := (1, 1)$ durch eine affine Funktion $g : \mathbb{R}^2 \mapsto \mathbb{R}$, $g(x, y) = ax + by + c$, möglichst gut zu approximieren.

Die Differenzierbarkeit von Funktionen von mehreren Veränderlichen kann nach jeder Variablen einzeln untersucht werden, wobei die anderen Variablen als Konstanten betrachtet werden. Für $f(x,y,z) := x \sin yz^2$ etwa gilt

$$\partial_x f = \sin yz^2, \quad \partial_y f = xz^2 \cos yz^2, \quad \partial_z f = 2xyz \cos yz^2. \tag{1}$$

Allgemein trifft man die folgende

18.1 Definition. *Es sei $D \subseteq \mathbb{R}^n$ offen. Eine Funktion $f : D \mapsto \mathbb{R}^m$ heißt in $a \in D$ partiell differenzierbar nach der j-ten Koordinatenrichtung, falls der Limes*

$$\partial_j f(a) := \lim_{t \to 0} \frac{f(a + te_j) - f(a)}{t} \in \mathbb{R}^m \tag{2}$$

existiert. Dabei ist $e_j = (\delta_{j\nu})_\nu$ der j-te Einheitsvektor.

18.2 Bemerkungen. a) Analog zu Bemerkung 9.2b) existiert für $f = (f_1, \ldots, f_m) : D \mapsto \mathbb{R}^m$ genau dann die partielle Ableitung $\partial_j f(a)$, wenn alle $\partial_j f_\mu(a)$ existieren, und in diesem Fall gilt

$$\partial_j f(a) = (\partial_j f_1(a), \ldots, \partial_j f_m(a)). \tag{3}$$

b) Die *partielle Ableitung* $\partial_j f(a)$ in (2) läßt sich als *eindimensionale Ableitung* interpretieren: Für alle $\nu \neq j$ wird die ν-te Variable an der Stelle a_ν eingefroren und die nahe a_j definierte *partielle Funktion*

$$f_{[j]} : \xi \mapsto f(a_1, \ldots, a_{j-1}, \xi, a_{j+1}, \ldots, a_n) \tag{4}$$

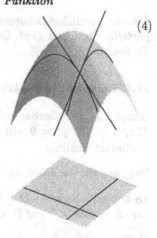

der *einen* Variablen ξ betrachtet. Offenbar ist dann f in a partiell differenzierbar in Richtung e_j genau dann, wenn $f_{[j]}$ in a_j differenzierbar ist, und in diesem Fall gilt $\partial_j f(a) = f'_{[j]}(a_j)$. Daher *gelten für partielle Ableitungen die für eindimensionale Ableitungen gültigen Rechenregeln.* Abb. 18a zeigt im Fall $f(x,y) = 15 - x^2 - y^2$ die Kurven $\{(t,1,f(t,1))\}$ und $\{(1,t,f(1,t))\}$ sowie ihre Tangenten in $t = 1$.
c) Für $\partial_j f$ sind auch die Notationen $\partial_{x_j} f$, $\dfrac{\partial f}{\partial x_j}$, $D_j f$ oder $D_{x_j} f$ üblich.

Abb. 18a

d) Definition 18.1 ist auch dann sinnvoll, wenn D nicht offen in $\mathbb{R}^n$, aber
0 ein Häufungspunkt der Menge $M_j(a) := \{t \in \mathbb{R} \mid a + te_j \in D\}$ ist. In
diesem Fall heißt der gemäß (2) bezüglich $M_j(a)$ gebildete Limes $\partial_j f(a)$
die partielle Ableitung von f in a nach x_j *bezüglich* D.   □

18.3 Definition. *Eine Funktion* $f : D \mapsto \mathbb{R}^m$ *heißt partiell differenzierbar
auf* $D \subseteq \mathbb{R}^n$, *falls* $\partial_j f(x)$ *für alle* $x \in D$ *und* $j = 1, \ldots, n$ *existiert.*

18.4 Beispiele. a) Die Radiusfunktion

$$r : \mathbb{R}^n \mapsto \mathbb{R}, \quad r(x) = \|x\|_2 = |x| = \sqrt{x_1^2 + \cdots + x_n^2}, \tag{5}$$

ist auf $\mathbb{R}^n \backslash \{0\}$ partiell differenzierbar. In der Tat ist

$$r_{[j]} : \xi \mapsto \sqrt{x_1^2 + \cdots + \xi^2 + \cdots + x_n^2}$$

für $x \neq 0$ in x_j differenzierbar, und es gilt

$$\partial_j r(x) = r'_{[j]}(x_j) = \tfrac{x_j}{r(x)}, \quad x \neq 0. \tag{6}$$

b) Ist $f : (0, \infty) \mapsto \mathbb{R}$ differenzierbar, so ist die *rotationssymmetrische
Funktion* $f \circ r : \mathbb{R}^n \backslash \{0\} \mapsto \mathbb{R}$ partiell differenzierbar, und es gilt

$$\partial_j (f \circ r) = f'(r) \cdot \partial_j r = f'(r) \tfrac{x_j}{r}, \quad x \neq 0, \tag{7}$$

aufgrund der eindimensionalen Kettenregel.   □

Aus der partiellen Differenzierbarkeit einer Funktion $f : D \mapsto \mathbb{R}$ folgt ihre
partielle Stetigkeit (vgl. Definition 3.7 b)), *nicht* aber ihre *(gemeinsame)
Stetigkeit:*

18.5 Beispiel. Die Funktion $f : (x, y) \mapsto \begin{cases} \frac{2xy}{x^2 + y^2} & , \quad (x, y) \neq (0, 0) \\ 0 & , \quad (x, y) = (0, 0) \end{cases}$ aus

Beispiel 3.7 ist offenbar auf $\mathbb{R}^2 \backslash \{(0, 0)\}$ partiell differenzierbar, und wegen
$f(x, 0) = f(0, y) = 0$ gilt $\partial_1 f(0, 0) = \partial_2 f(0, 0) = 0$. Trotzdem ist f im
Nullpunkt unstetig.   □

Dagegen gilt der folgende

18.6 Satz. *Es seien* $D \subseteq \mathbb{R}^n$ *offen und* $f : D \mapsto \mathbb{R}^m$ *partiell differenzierbar. Sind alle* $\partial_j f$ *auf* D *beschränkt, so ist* f *auf* D *stetig.*

BEWEIS. Offenbar genügt es, die Behauptung für $m = 1$ zu beweisen. Es
seien $x \in D$ und $K_\delta^\infty(x) := \{y \in \mathbb{R}^n \mid \|y - x\|_\infty < \delta\} \subseteq D$ für ein
$\delta > 0$. Für $h \in \mathbb{R}^n$ mit $\|h\|_\infty < \delta$ und $j = 0, \ldots, n$ definiert man

$z^{(j)} := x + \sum\limits_{\nu=1}^{j} h_\nu e_\nu$ (vgl. Abb. 18b); dann ist $z^{(0)} = x$ und $z^{(n)} = x + h$.

Da sich $z^{(j-1)}$ und $z^{(j)}$ nur in der j-ten Koordinaten unterscheiden, gibt es nach dem eindimensionalen Mittelwertsatz Zahlen $\theta_j \in [0,1]$, so daß mit $y^{(j)} := z^{(j-1)} + \theta_j h_j e_j$ gilt:

$$f(x+h) - f(x) = \sum_{j=1}^{n} \big(f(z^{(j)}) - f(z^{(j-1)}) \big) = \sum_{j=1}^{n} \partial_j f(y^{(j)}) h_j. \qquad (8)$$

Mit $C := \sum\limits_{j=1}^{n} \| \partial_j f \|_D$ folgt dann $| f(x+h) - f(x) | \leq C \| h \|_\infty$ und somit die Stetigkeit von f in x. ◇

18.7 Beispiele und Bemerkungen.
a) Hat D die Eigenschaft, daß mit $x, x + h \in D$ auch die Polygonzüge $[x = z^{(0)}, z^{(1)}, \ldots, z^{(n)} = x + h]$ in D liegen, ist also etwa D ein Produkt reeller Intervalle, so zeigt der Beweis von Satz 18.6, daß f sogar *Lipschitz-stetig* (vgl. (I. 20.5)), insbesondere also *gleichmäßig* stetig ist.

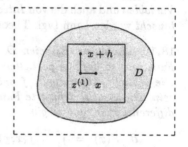

Abb. 18b

b) Die partiellen Ableitungen der Funktion in Beispiel 18.5 können auf $\mathbb{R}^2$ also nicht beschränkt sein, was man auch direkt nachrechnen kann. ☐

Es wird nun auf die *Differentiation parameterabhängiger Integrale* eingegangen; dazu sei an die Notationen (3.5) für *partielle Abbildungen* erinnert.

18.8 Satz. *Es seien X, Y metrische Räume, Y kompakt und $f \in C(X \times Y)$. Dann ist die Abbildung $x \mapsto f_x$ (mit $f_x : y \mapsto f(x,y)$) stetig von X nach $C(Y)$.*

BEWEIS. Andernfalls gibt es eine konvergente Folge $x_n \to x$ in X und $\varepsilon > 0$ mit $\| f_x - f_{x_n} \| > \varepsilon$ für alle $n \in \mathbb{N}$. Es gibt dann Punkte $(y_n) \subseteq Y$ mit

$$| f(x,y_n) - f(x_n,y_n) | = | (f_x - f_{x_n})(y_n) | > \varepsilon \quad \text{für } n \in \mathbb{N}. \qquad (9)$$

Da Y kompakt ist, hat (y_n) eine konvergente Teilfolge $y_{n_j} \to y \in Y$. Da f in (x,y) stetig ist, gilt $f(x,y_{n_j}) \to f(x,y)$ und auch $f(x_{n_j}, y_{n_j}) \to f(x,y)$ im Widerspruch zu (9). ◇

Es seien nun X ein metrischer Raum und $f : X \times [a,b] \mapsto \mathbb{K}$ eine Funktion, so daß die partiellen Funktionen f_x für alle $x \in X$ stetig sind. Durch

$$F(x) := \int_a^b f(x,y)\,dy = \int_a^b f_x(y)\,dy\,, \quad x \in X\,, \tag{10}$$

wird dann eine Funktion $F : X \mapsto \mathbb{K}$ definiert. Aus Satz 18.8 und der Stetigkeit des Integrals $\int : C[a,b] \mapsto \mathbb{K}$ (vgl. Satz 7.7) ergibt sich sofort:

18.9 Folgerung. *Für $f \in C(X \times [a,b])$ ist die in (10) definierte Funktion $F : X \mapsto \mathbb{K}$ stetig.*

Es wird nun gezeigt, daß unter geeigneten Bedingungen die *Reihenfolge* der *Differentiation nach einer Variablen* und die der *Integration nach einer anderen Variablen vertauscht* werden kann. Als Konsequenz daraus wird sich auch ergeben, daß die *Reihenfolge* von *Differentiationen nach verschiedenen Variablen* und auch die von *Integrationen nach verschiedenen Variablen vertauscht* werden kann (vgl. Theorem 18.16 und Band 3).

18.10 Theorem. *Es seien $D \subseteq \mathbb{R}^n$ offen und $f : D \times [a,b] \mapsto \mathbb{K}$ eine Funktion, so daß die partiellen Funktionen f_x für alle $x \in D$ stetig sind. Die partielle Ableitung $\partial_{x_j} f$ möge auf $D \times [a,b]$ existieren und dort stetig sein. Die in (10) definierte Funktion $F : D \mapsto \mathbb{K}$ ist dann nach x_j partiell differenzierbar, und es gilt*

$$\partial_{x_j} F(x) = \int_a^b \partial_{x_j} f(x,y)\,dy\,, \quad x \in D\,. \tag{11}$$

BEWEIS. Es sei $c \in D$ fest. Für $c + te_j \in D$ und $t \neq 0$ sei

$$G(t) := \frac{F(c+te_j) - F(c)}{t} - \int_a^b \partial_{x_j} f(c,y)\,dy\,;$$

zu zeigen ist dann $\lim\limits_{t \to 0} G(t) = 0$. Man hat $G(t) = \int_a^b g(t,y)\,dy$ mit

$$
\begin{aligned}
g(t,y) &:= \tfrac{1}{t}\left(f(c+te_j,y) - f(c,y)\right) - \partial_{x_j} f(c,y) \\
&= \tfrac{1}{t} \int_0^t \partial_{x_j} f(c+se_j,y)\,ds - \partial_{x_j} f(c,y) \\
&= \tfrac{1}{t} \int_0^t \left(\partial_{x_j} f(c+se_j,y) - \partial_{x_j} f(c,y)\right)ds\,.
\end{aligned}
$$

Nach Satz 18.8 ist die Abbildung $x \mapsto (\partial_{x_j} f)_x$ von D nach $C[a,b]$ stetig; zu $\varepsilon > 0$ gibt es daher $\delta > 0$ mit

$$|\partial_{x_j} f(c+z,y) - \partial_{x_j} f(c,y)| \leq \varepsilon \quad \text{für} \quad y \in [a,b] \text{ und } |z| \leq \delta\,.$$

Für $|t| \leq \delta$ gilt also $|\partial_{x_j} f(c+se_j,y) - \partial_{x_j} f(c,y)| \leq \varepsilon$ für $|s| \leq |t|$ und $y \in [a,b]$ und somit auch $|g(t,y)| \leq \varepsilon$ für alle $y \in [a,b]$. Daraus folgt sofort

$|G(t)| \leq \varepsilon(b - a)$ für $|t| \leq \delta$ und somit die Behauptung.   ◇

Nach (11) und Folgerung 18.9 ist $\partial_{x_j} F$ stetig auf D. Theorem 18.10 gilt auch für *einseitige* Ableitungen nach x_j (vgl. Bemerkung 18.2 c)).

18.11 Beispiel. Für das parameterabhängige Integral

$$F(x) := \int_0^1 \frac{e^{-(1+y^2)x^2}}{1+y^2} \, dy \,, \quad x \in \mathbb{R} \,,$$

gilt nach Theorem 18.10

$$\begin{aligned} F'(x) &= \int_0^1 -2x \,(1+y^2) \frac{e^{-(1+y^2)x^2}}{1+y^2} \, dy \\ &= -2\int_0^1 x \, e^{-(1+y^2)x^2} \, dy = -2e^{-x^2} \int_0^x e^{-u^2} \, du \,. \end{aligned}$$

Für $G(x) := (\int_0^x e^{-u^2} \, du)^2$ andererseits gilt $G'(x) = 2 \int_0^x e^{-u^2} \, du \cdot e^{-x^2}$; man hat also $(F + G)' = 0$, und somit ist $F + G = C$ konstant. Mit $x = 0$ erhält man $C = F(0) = \int_0^1 \frac{dy}{1+y^2} = \arctan 1 = \frac{\pi}{4}$. Somit gilt

$$(\textstyle\int_0^x e^{-u^2} \, du)^2 = \frac{\pi}{4} - F(x) \,,$$

und wegen $0 \leq F(x) \leq e^{-x^2}$ folgt mit $x \to +\infty$ sofort $(\int_0^\infty e^{-u^2} \, du)^2 = \frac{\pi}{4}$, also das für Analysis und Wahrscheinlichkeitstheorie wichtige Ergebnis

$$\int_0^\infty e^{-u^2} \, du = \tfrac{1}{2} \sqrt{\pi} \,. \quad \square \tag{12}$$

In Theorem 18.10 spielt die *Stetigkeit* einer partiellen Ableitung eine wesentliche Rolle. Natürlich können partielle Ableitungen auch selbst wieder partiell differenzierbar sein. Allgemein trifft man die folgende

18.12 Definition. *Es sei $D \subseteq \mathbb{R}^n$ offen.*
a) Eine Funktion $f : D \mapsto \mathbb{R}^m$ heißt stetig (partiell) differenzierbar, *falls alle partiellen Ableitungen $\partial_j f$ auf D stetig sind. Mit $\mathcal{C}^1(D, \mathbb{R}^m)$ wird der Raum aller stetig differenzierbaren Funktionen auf D mit Werten in $\mathbb{R}^m$ bezeichnet.*
b) Für $k \in \mathbb{N}$ wird rekursiv

$$\mathcal{C}^k(D, \mathbb{R}^m) := \{ f \in \mathcal{C}^1(D, \mathbb{R}^m) \mid \partial_\nu f \in \mathcal{C}^{k-1}(D, \mathbb{R}^m) \text{ für } \nu = 1, \dots, n \}$$

definiert; weiter sei $\mathcal{C}^\infty(D, \mathbb{R}^m) := \bigcap_{k=1}^\infty \mathcal{C}^k(D, \mathbb{R}^m)$.

Für $f \in \mathcal{C}^k(D, \mathbb{R}^m)$ existieren also alle partiellen Ableitungen $\partial_{j_\ell} \cdots \partial_{j_1} f$ der *Ordnung* $\ell \leq k$ stetig auf D.

18.13 Beispiel. Für $f \in C^2(0,\infty)$ gilt für die *rotationssymmetrische* Funktion $f \circ r$ nach (7) für $x \neq 0$

$$\partial_j^2(f \circ r) = \partial_j \frac{f'(r)}{r} x_j = \frac{f'(r)}{r} + \frac{rf''(r) - f'(r)}{r^2} \frac{x_j}{r} x_j$$

$$= \frac{f'(r)}{r} + (f''(r) - \frac{f'(r)}{r}) \frac{x_j^2}{r^2},$$

und Summation über j liefert

$$\Delta(f \circ r) := \sum_{j=1}^{n} \partial_j^2(f \circ r) = f''(r) + \frac{n-1}{r} f'(r). \quad \Box \tag{13}$$

18.14 Definition. *Der Differentialoperator* $\Delta := \sum_{j=1}^{n} \partial_j^2$ *heißt Laplace-Operator. Lösungen* $f \in C^2(D)$ *der* partiellen Differentialgleichung $\Delta f = 0$ *auf einer offenen Menge* $D \subseteq \mathbb{R}^n$ *heißen* harmonische Funktionen *auf D.*

18.15 Beispiel. Nach (13) ist $f \circ r$ genau dann harmonisch auf $\mathbb{R}^n \backslash \{0\}$, wenn die Funktion $g(r) := f'(r)$ die *gewöhnliche Differentialgleichung*

$$g'(r) + \frac{n-1}{r} g(r) = 0, \quad r > 0, \tag{14}$$

erfüllt. Wegen $\int \frac{n-1}{r} dr = (n-1) \log r$ ist

$$g(r) = C \exp(-(n-1) \log r) = C r^{1-n}$$

die allgemeine Lösung dieser gewöhnlichen Differentialgleichung (vgl. Aufgabe I. 22.6 und Satz 32.4); folglich sind alle rotationssymmetrischen harmonischen Funktionen auf $\mathbb{R}^n \backslash \{0\}$ gegeben durch

$$f(r) = \begin{cases} C r^{2-n} + C^* & , \; n \geq 3 \\ C \log r + C^* & , \; n = 2 \end{cases}. \tag{15}$$

Sie besitzen *Singularitäten* im Nullpunkt. Für $C^* = 0$ und geeignete Konstanten C heißen diese Funktionen *Fundamentallösungen* von Δ. $\Box$

Für *gemischte* zweite Ableitungen gilt das folgende wichtige

18.16 Theorem (Schwarz). *Es seien $D \subseteq \mathbb{R}^n$ offen und $f \in C^1(D, \mathbb{R}^m)$, so daß $\partial_i \partial_j f$ auf D existiert und stetig ist. Dann existiert auch $\partial_j \partial_i f$ stetig auf D, und es gilt $\partial_j \partial_i f = \partial_i \partial_j f$.*

BEWEIS. Man kann $m = 1, n = 2$ und etwa $i = 1, j = 2$ annehmen. Es seien $R \subseteq D$ ein offenes Rechteck und $(x_0, y_0), (x, y) \in R$. Für feste x gilt nach dem Hauptsatz

$$f(x, y) = f(x, y_0) + \int_{y_0}^{y} \partial_2 f(x, t) \, dt.$$

Wegen Theorem 18.10 liefert Differentiation nach x sofort

$$\partial_1 f(x, y) = \partial_1 f(x, y_0) + \int_{y_0}^{y} \partial_1 \partial_2 f(x, t) \, dt.$$

Wieder aus dem Hauptsatz folgt dann durch Differentiation nach y die Behauptung $\partial_2 \partial_1 f(x, y) = \partial_1 \partial_2 f(x, y)$. ◇

18.17 Folgerung. *Ist $f \in C^k(D, \mathbb{R}^m)$, so gilt $\partial_{i_k} \cdots \partial_{i_1} f = \partial_{i_{\pi k}} \cdots \partial_{i_{\pi 1}} f$ für jede Permutation π der Indizes $\{1, \ldots, k\}$.*

Der Satz von Schwarz ist ohne die Stetigkeitsbedingung an $\partial_i \partial_j f$ i. a. nicht richtig; für $f \in C^1(D, \mathbb{R})$ impliziert selbst die Existenz der *beiden* gemischten partiellen Ableitungen ihre Gleichheit nicht (vgl. Aufgabe 18.13). Dagegen *folgt* $\partial_j \partial_i f(a) = \partial_i \partial_j f(a)$ aus der *totalen Differenzierbarkeit* von $\partial_i f$ und $\partial_j f$ in a (vgl. den nächsten Abschnitt und Satz 27.4).

Aufgaben

18.1 Man berechne die partiellen Ableitungen der Funktion aus Beispiel 18.5 und zeige, daß diese auf jedem Kreis $K_r(0)$ in $\mathbb{R}^2$ unbeschränkt sind.

18.2 Es seien $D \subseteq \mathbb{R}^n$ offen und $(f_n) \subseteq C(D)$ eine Folge, so daß für ein $1 \leq j \leq n$ die partiellen Ableitungen $\partial_j f_n$ auf D existieren und stetig sind. Es gelte $f_n \to f$ punktweise und $\partial_j f_n \to g$ gleichmäßig auf D. Man zeige $\partial_j f = g$.

18.3 Muß in der Situation von Satz 18.6 f gleichmäßig stetig sein?

18.4 Für $f \in C([c, d] \times [a, b])$ zeige man die Stetigkeit der Funktion

$$F : [c, d] \times [a, b]^2 \mapsto \mathbb{K}, \quad F(x, u, v) := \int_v^u f(x, y) \, dy.$$

18.5 Man berechne $\int_{-\infty}^{\infty} x^2 e^{-x^2} \, dx$.

18.6 Man berechne $F(x) := \int_0^1 \frac{t^x - 1}{\log t} \, dt$ für $x \geq 0$.

18.7 Man berechne alle partiellen Ableitungen zweiter Ordnung der Funktion $f(x, y, z) := x \sin y z^2$.

18.8 Es seien $I \subseteq \mathbb{R}$ ein *Zeitintervall* und $D \subseteq \mathbb{R}^n$ ein *Raumgebiet;* Punkte aus $D \times I \subseteq \mathbb{R}^{n+1}$ werden mit (x,t) bezeichnet, und es sei $r = |x|$.
a) Die partielle Differentialgleichung $\Delta_x f - \frac{1}{k}\frac{\partial f}{\partial t} = 0$ heißt *Wärmeleitungsgleichung* ($k > 0$ ist die Temperaturleitfähigkeit). Man zeige, daß $T(x,t) := t^{-n/2} \exp\left(-\frac{r^2}{4t}\right)$ eine bezüglich der Raumvariablen rotationssymmetrische Lösung auf $\mathbb{R}^n \times (0,\infty)$ ist. Was passiert für $t \to 0$?
b) Die partielle Differentialgleichung $\Delta_x f - \frac{1}{c^2}\frac{\partial^2 f}{\partial t^2} = 0$ heißt *Schwingungs-* oder *Wellengleichung* ($c > 0$ ist die Wellen-Ausbreitungsgeschwindigkeit). Man zeige, daß $W(x,t) := \frac{\cos(r-ct)}{r}$ für $n = 3$ eine bezüglich der Raumvariablen rotationssymmetrische Lösung auf $(\mathbb{R}^3 \setminus \{0\}) \times \mathbb{R}$ ist.

18.9 Es seien $D \subseteq \mathbb{R}^2$ offen und $f \in \mathcal{C}(D)$, so daß $\partial_1(\partial_2 f)$ auf D existiert. Existiert dann auch $\partial_1 f$?

18.10 Es seien $k \in \mathbb{N} \cup \{\infty\}$, $D \subseteq \mathbb{R}^n$ offen und $f,g \in \mathcal{C}^k(D,\mathbb{R})$. Man zeige auch $f+g$, $f \cdot g$, $f/g \in \mathcal{C}^k(D,\mathbb{R})$ (letzteres für $g(x) \neq 0$).

18.11 Man zeige $\mathrm{Arg} \in \mathcal{C}^\infty(\mathbb{R}^2 \setminus \{(x,0) \mid x \leq 0\})$.

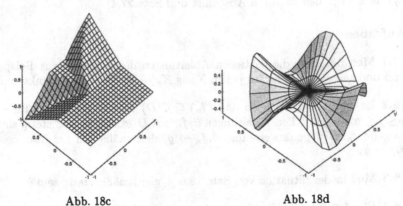

Abb. 18c   Abb. 18d

18.12 Man definiere eine Funktion $f : \mathbb{R}^2 \mapsto \mathbb{R}$ durch (vgl. Abb. 18c)

$$f(x,y) := \begin{cases} y & , \ 0 \leq y \leq \sqrt{x} \\ 2\sqrt{x} - y & , \ \sqrt{x} \leq y \leq 2\sqrt{x} \\ 0 & , \ y \leq 0, y \geq 2\sqrt{x} \end{cases} \quad \text{für } x \geq 0$$

sowie $f(x,y) := -f(-x,y)$ für $x < 0$ und zeige:
a) f ist auf $\mathbb{R}^2$ stetig.
b) Es gilt $\partial_x f(0,y) = 0$ für alle $y \in \mathbb{R}$.

c) Es ist $F(x) := \int_{-1}^{1} f(x,y)\,dy = x$ für $|x| < \frac{1}{4}$ und somit

$$1 = F'(0) \neq \int_{-1}^{1} \partial_x f(0,y)\,dy = 0.$$

18.13 Man berechne die Funktion $f : \mathbb{R}^2 \mapsto \mathbb{R}$,

$$f(x,y) := \begin{cases} 2xy\frac{x^2-y^2}{x^2+y^2} & , \quad (x,y) \neq (0,0) \\ 0 & , \quad (x,y) = (0,0) \end{cases},$$

(vgl. Abb. 18d) in Polarkoordinaten und zeige:
a) Es ist $\partial_1 f(0,y) = -2y$ und $\partial_2 f(x,0) = +2x$ für $x,y \in \mathbb{R}$.
b) Es gilt $f \in \mathcal{C}^1(\mathbb{R}^2)$.
c) Es ist $\partial_2\partial_1 f(0,0) = -2$ und $\partial_1\partial_2 f(0,0) = +2$.

19   Differenzierbare Funktionen und Kettenregel

In diesem Abschnitt erfolgt die „eigentliche" Verallgemeinerung des Differenzierbarkeitsbegriffs auf Funktionen von mehreren Veränderlichen. Zur Motivation diene die folgende Umformulierung der Differenzierbarkeit für Funktionen von einer reellen Veränderlichen (vgl. Satz I. 19.14*):

19.1 Satz. *Es sei $I \subseteq \mathbb{R}$ ein offenes Intervall. Eine Funktion $f : I \mapsto \mathbb{R}$ ist genau dann differenzierbar in $a \in I$, wenn eine Zahl $\ell \in \mathbb{R}$ existiert, so daß für kleine $|h|$ gilt:*

$$f(a+h) = f(a) + \ell \cdot h + \rho(h), \quad \rho(h) = o(|h|). \tag{1}$$

BEWEIS. „$\Leftarrow$": Aus (1) folgt für kleine $|h| > 0$ sofort

$$\Delta f(a; a+h) = \tfrac{f(a+h)-f(a)}{h} = \ell + \tfrac{\rho(h)}{h} \to \ell \quad \text{für} \quad h \to 0.$$

„$\Rightarrow$": Man setzt $\ell := f'(a)$. Für kleine $|h| > 0$ gilt dann

$$\begin{aligned} f(a+h) &= f(a) + \Delta f(a; a+h) \cdot h \\ &= f(a) + \ell \cdot h + (\Delta f(a; a+h) - \ell) \cdot h =: f(a) + \ell \cdot h + \rho(h) \end{aligned}$$

mit $\rho(h) = (\Delta f(a; a+h) - \ell) \cdot h$, und offenbar hat man

$$\tfrac{|\rho(h)|}{|h|} \leq |\Delta f(a; a+h) - \ell| \to 0 \quad \text{für} \quad h \to 0. \qquad \diamond$$

In der Nähe von a wird also der Zuwachs $h \mapsto f(a+h) - f(a)$ von f durch eine *lineare* Funktion $h \mapsto \ell \cdot h$ bis auf einen *Fehler* $\rho(h)$ *approximiert*, der $\rho(h) = o(|h|)$ erfüllt, also für $h \to 0$ *schneller* als $|h|$ gegen 0 geht. Die Forderung nach der *Existenz* einer solchen *linearen Approximation* erweist sich auch für Funktionen von mehreren Veränderlichen als geeigneter Differenzierbarkeitsbegriff:

19.2 Definition. *Es sei $D \subseteq \mathbb{R}^n$ offen. Eine Abbildung $f : D \mapsto \mathbb{R}^m$ heißt im Punkt $a \in D$ (total)* **differenzierbar**, *falls es eine lineare Abbildung $f'(a) \in L(\mathbb{R}^n, \mathbb{R}^m)$ gibt, so daß für kleine $|h|$ gilt*

$$f(a+h) = f(a) + f'(a)(h) + \rho(h), \quad |\rho(h)| = o(|h|). \tag{2}$$

In diesem Fall heißt $f'(a)$ die **Ableitung** *von f in a.*

19.3 Bemerkungen. a) Statt $f'(a)$ schreibt man auch $df(a)$, insbesondere im Fall $m = 1$.
b) Mit $x := a + h$ ist (2) äquivalent zu

$$f(x) = f(a) + f'(a)(x-a) + \rho(x), \quad |\rho(x)| = o(|x-a|). \tag{3}$$

c) Für eine Matrix $C = (c_{\mu\nu}) \in M(m,n)$, $f = (f_1, \ldots, f_m)^\top$ und $\rho = (\rho_1, \ldots, \rho_m)^\top$ ist genau dann $f(a+h) = f(a) + Ch + \rho(h)$, wenn

$$f_\mu(a+h) = f_\mu(a) + \sum_{\nu=1}^{n} c_{\mu\nu} h_\nu + \rho_\mu(h), \quad \mu = 1, \ldots, m, \tag{4}$$

gilt. Wegen (2) ist also f genau dann total differenzierbar in $a \in D$, wenn dies für alle Komponenten f_μ gilt.
d) Die Ableitung kann auch für Abbildungen zwischen Banachräumen E, F genauso wie in 19.2 im Fall $E = \mathbb{R}^n$, $F = \mathbb{R}^m$ definiert werden (vgl. dazu Abschnitt 27); viele der folgenden Resultate, insbesondere die Kettenregel, gelten auch in dieser Situation.
e) In (2) interpretiert man $a+h$ und a als *Punkte* in $D \subseteq \mathbb{R}^n$, $f(a+h)$ und $f(a)$ als solche in $\mathbb{R}^m$; die Differenzen h und $f(a+h) - f(a)$ sind dann als *in den Punkten a und $f(a)$ startende Vektoren* aufzufassen. Folglich operiert die lineare Abbildung $f'(a)$ zwischen Räumen von (in a und $f(a)$ startenden) Vektoren. $\quad\Box$

19.4 Beispiele. a) Es seien $T \in L(\mathbb{R}^n, \mathbb{R}^m)$ und $b \in \mathbb{R}^m$ gegeben; für die *affine Abbildung* $f : x \mapsto T(x) + b$ gilt dann

$$f(a+h) = f(a) + T(h), \quad a, h \in \mathbb{R}^n,$$

also (2) mit $\rho = 0$. Folglich gilt $f'(a) = T$ für alle Punkte $a \in \mathbb{R}^n$.

b) Für eine quadratische Matrix $C = (c_{\mu\nu}) \in M_{\mathbb{R}}(n)$ wird durch

$$Q_C : x \mapsto \langle x, C x \rangle = x^\top C x = \sum_{\mu,\nu=1}^n c_{\mu\nu} x_\nu x_\mu \tag{5}$$

für $x = (x_1, \ldots, x_n)^\top \in \mathbb{R}^n$ eine *quadratische Form* auf $\mathbb{R}^n$ definiert. Wegen

$$\begin{aligned}
Q_C(a+h) &= (a+h)^\top C (a+h) = a^\top C a + h^\top C a + a^\top C h + h^\top C h \\
&= Q_C(a) + a^\top (C^\top + C) h + O(|h|^2)
\end{aligned}$$

gilt $Q_C'(a)(h) = a^\top (C^\top + C) h$ für alle Punkte $a \in \mathbb{R}^n$ und Vektoren $h \in \mathbb{R}^n$.

c) Für die Abbildung $g : M_{\mathbb{R}}(n) \mapsto M_{\mathbb{R}}(n)$, $g(A) := A^\top A$, gilt

$$\begin{aligned}
g(A+H) &= (A+H)^\top (A+H) = A^\top A + A^\top H + H^\top A + H^\top H \\
&= g(A) + A^\top H + H^\top A + O(\|H\|^2),
\end{aligned}$$

also $g'(A)(H) = A^\top H + H^\top A$ für alle $A \in M_{\mathbb{R}}(n)$ und $H \in M_{\mathbb{R}}(n)$.   □

Die *Matrixdarstellung* einer Ableitung $f'(a) \in L(\mathbb{R}^n, \mathbb{R}^m)$ ergibt sich mit Hilfe der *partiellen* Ableitungen:

19.5 Satz. *Es seien $D \subseteq \mathbb{R}^n$ offen, $f = (f_\mu) : D \mapsto \mathbb{R}^m$ in $a \in D$ total differenzierbar und $C = (c_{\mu\nu}) \in M(m,n)$ die Matrix von $f'(a)$ bezüglich der Standardbasen von $\mathbb{R}^n$ und $\mathbb{R}^m$. Dann gilt:*
a) f ist stetig in a.
b) f ist in a partiell differenzierbar, und man hat

$$\partial_\nu f_\mu(a) = f_\mu'(a)(e_\nu) = c_{\mu\nu}, \quad \nu = 1, \ldots, n, \ \mu = 1, \ldots, m. \tag{6}$$

BEWEIS. a) Da $f'(a) \in L(\mathbb{R}^n, \mathbb{R}^m)$ stetig ist, folgt aus (2) sofort $f(a+h) - f(a) = f'(a)(h) + \rho(h) \to 0$ für $h \to 0$.
b) Mit $h = te_\nu$ in (2) und (4) ergibt sich

$$f_\mu(a+te_\nu) - f_\mu(a) = f_\mu'(a)(te_\nu) + \rho(te_\nu) = t c_{\mu\nu} + \rho(te_\nu),$$

wegen $\lim_{t \to 0} \frac{\rho(te_\nu)}{t} = 0$ also $\lim_{t \to 0} \frac{f_\mu(a+te_\nu)-f_\mu(a)}{t} = f_\mu'(a)(e_\nu) = c_{\mu\nu}$.   ◇

19.6 Definition. *Es seien $D \subseteq \mathbb{R}^n$ offen und $f = (f_\mu) : D \mapsto \mathbb{R}^m$ in $a \in D$ partiell differenzierbar. Die Matrix*

$$Df(a) = \begin{pmatrix}
\frac{\partial f_1}{\partial x_1}(a) & \frac{\partial f_1}{\partial x_2}(a) & \cdots & \frac{\partial f_1}{\partial x_n}(a) \\
\frac{\partial f_2}{\partial x_1}(a) & \frac{\partial f_2}{\partial x_2}(a) & \cdots & \frac{\partial f_2}{\partial x_n}(a) \\
\vdots & \vdots & \ddots & \vdots \\
\frac{\partial f_m}{\partial x_1}(a) & \frac{\partial f_m}{\partial x_2}(a) & \cdots & \frac{\partial f_m}{\partial x_n}(a)
\end{pmatrix} \in M_{\mathbb{R}}(m,n) \tag{7}$$

heißt dann **Funktionalmatrix** *von f in a.*

Ist f in $a \in D$ total differenzierbar, so ist also $Df(a)$ die Matrix von $f'(a)$ bezüglich der Standardbasen von $\mathbb{R}^n$ und $\mathbb{R}^m$; insbesondere ist $f'(a)$ *eindeutig bestimmt.*

Die *Umkehrung* von Satz 19.5 ist *nicht richtig*, selbst dann, wenn alle partiellen Ableitungen der f_μ beschränkt sind (vgl. etwa Beispiel 19.15 a)). Es gilt aber der folgende

19.7 Satz. *Es seien $D \subseteq \mathbb{R}^n$ offen und $f : D \mapsto \mathbb{R}^m$ partiell differenzierbar. Sind alle partiellen Ableitungen in $a \in D$ stetig, so ist f total differenzierbar in a.*

BEWEIS. Nach Bemerkung 19.3 c) kann man $m = 1$ annehmen. Für kleine $|h|$ gilt nach (18.8)

$$f(a + h) = f(a) + \sum_{\nu=1}^{n} \partial_\nu f(y^{(\nu)}) \, h_\nu$$

mit Punkten $y^{(\nu)} = (a_1 + h_1, \ldots, a_{\nu-1} + h_{\nu-1}, a_\nu + \theta_\nu \, h_\nu, a_{\nu+1}, \ldots, a_n)$, $\theta_\nu \in [0, 1]$ geeignet. Es folgt

$$f(a + h) = f(a) + \sum_{\nu=1}^{n} \partial_\nu f(a) \, h_\nu + \rho(h) \tag{8}$$

mit $\rho(h) = \sum_{\nu=1}^{n} (\partial_\nu f(y^{(\nu)}) - \partial_\nu f(a)) \, h_\nu$, und wegen $y^{(\nu)} \to a$ gilt

$$\frac{|\rho(h)|}{|h|} \leq \sum_{\nu=1}^{n} |\partial_\nu f(y^{(\nu)}) - \partial_\nu f(a)| \to 0 \quad \text{für} \quad h \to 0. \qquad \diamond$$

Aus Satz 19.7 und (7) ergibt sich nun sofort:

19.8 Satz. *Eine Abbildung $f : D \mapsto \mathbb{R}^m$ liegt genau dann in $\mathcal{C}^1(D, \mathbb{R}^m)$, falls f in jedem Punkt von D total differenzierbar ist und die Ableitung $f' : D \mapsto L(\mathbb{R}^n, \mathbb{R}^m)$ stetig ist.*

Es wird nun die *mehrdimensionale Kettenregel* bewiesen:

19.9 Theorem (Kettenregel). *Es seien $D_1 \subseteq \mathbb{R}^n$, $D_2 \subseteq \mathbb{R}^m$ offen, und $g : D_1 \mapsto D_2$, $f : D_2 \mapsto \mathbb{R}^\ell$ seien Abbildungen. Sind dann g in $x \in D_1$ und f in $y := g(x) \in D_2$ differenzierbar, so ist auch $f \circ g$ in x differenzierbar, und es gilt*

$$(f \circ g)'(x) = f'(g(x)) \, g'(x). \tag{9}$$

BEWEIS. Mit $A := g'(x)$ und $B := f'(y)$ gilt wegen (2)

$$g(x + h) = g(x) + A(h) + \rho_1(h) \quad , \quad \rho_1(h) = o(|h|),$$
$$f(y + k) = f(y) + B(k) + \rho_2(k) \quad , \quad \rho_2(k) = o(|k|).$$

Für $k = g(x + h) - y = g(x + h) - g(x)$ folgt daraus

$$
\begin{aligned}
(f \circ g)(x + h) &= (f \circ g)(x) + B(g(x + h) - g(x)) + \rho_2(k) \\
&= (f \circ g)(x) + (BA)(h) + \rho_3(h)
\end{aligned}
$$

mit $\rho_3(h) = B(\rho_1(h)) + \rho_2(A(h) + \rho_1(h))$. Nun ist $B(\rho_1(h)) = o(|h|)$ klar; weiter sei $\rho_2(k) = |k|\rho_4(k)$ mit $\lim_{k \to 0} \rho_4(k) = 0$.

Wegen $A(h) + \rho_1(h) \to 0$ für $h \to 0$ folgt dann $\rho_4(A(h) + \rho_1(h)) \to 0$ für $h \to 0$, und wegen $|A(h) + \rho_1(h)| \le (\|A\| + C)|h|$ hat man

$$|\rho_2(A(h) + \rho_1(h))| \le (\|A\| + C)|h|\rho_4(A(h) + \rho_1(h)),$$

woraus schließlich $\rho_3(h) = o(|h|)$ und die Behauptung folgen.   ◇

19.10 Beispiele und Bemerkungen. a) Formel (9) ist zur eindimensionalen Kettenregel völlig analog; es handelt sich aber natürlich bei dem „Produkt" um die *Komposition linearer Abbildungen*. Die entsprechende Formel für die Funktionalmatrizen lautet

$$D(f \circ g)(x) = Df(g(x))\, Dg(x). \tag{10}$$

b) Für $\ell = 1$ lautet (10) mit $h := f \circ g$ ausführlicher so:

$$\left(\frac{\partial h}{\partial x_1}, \ldots, \frac{\partial h}{\partial x_n}\right)(x) = \left(\frac{\partial f}{\partial y_1}, \ldots, \frac{\partial f}{\partial y_m}\right)(g(x)) \begin{pmatrix} \frac{\partial g_1}{\partial x_1} & \frac{\partial g_1}{\partial x_2} & \cdots & \frac{\partial g_1}{\partial x_n} \\ \frac{\partial g_2}{\partial x_1} & \frac{\partial g_2}{\partial x_2} & \cdots & \frac{\partial g_2}{\partial x_n} \\ \vdots & \vdots & \ddots & \vdots \\ \frac{\partial g_m}{\partial x_1} & \frac{\partial g_m}{\partial x_2} & \cdots & \frac{\partial g_m}{\partial x_n} \end{pmatrix}(x);$$

dies ist äquivalent zu

$$\frac{\partial h}{\partial x_\nu}(x_1, \ldots, x_n) = \sum_{\mu=1}^{m} \frac{\partial f}{\partial y_\mu}(g_1(x), \ldots, g_m(x))\frac{\partial g_\mu}{\partial x_\nu}(x_1, \ldots, x_n) \tag{11}$$

für alle $\nu = 1, \ldots, n$.

c) Es seien $f(x, y) = xy$ und $\Psi : (r, \varphi) \mapsto (x, y) = (r\cos\varphi, r\sin\varphi)$ die Transformation auf Polarkoordinaten. Nach (11) gilt für $h = f \circ \Psi$:

$$\frac{\partial h}{\partial r} = \frac{\partial f}{\partial x}\frac{\partial x}{\partial r} + \frac{\partial f}{\partial y}\frac{\partial y}{\partial r} = y\cos\varphi + x\sin\varphi = 2r\sin\varphi\cos\varphi = r\sin 2\varphi,$$
$$\frac{\partial h}{\partial \varphi} = \frac{\partial f}{\partial x}\frac{\partial x}{\partial \varphi} + \frac{\partial f}{\partial y}\frac{\partial y}{\partial \varphi} = -yr\sin\varphi + xr\cos\varphi = r^2\cos 2\varphi;$$

aus $h(r,\varphi) = \frac{1}{2}\,r^2 \sin 2\varphi$ ergibt sich dies natürlich auch direkt.

d) Aus $g \in \mathcal{C}^1(D_1,\mathbb{R}^m)$ und $f \in \mathcal{C}^1(D_2,\mathbb{R}^\ell)$ folgt wegen (9) sofort auch $f \circ g \in \mathcal{C}^1(D_1,\mathbb{R}^\ell)$; dies gilt entsprechend auch für $\mathcal{C}^k$-Abbildungen (vgl. Aufgabe 19.6). $\qquad\qquad\qquad\qquad\qquad\qquad\qquad\qquad\qquad\square$

Es folgt nun eine Reihe von Anwendungen der Kettenregel. Zunächst wird die Menge aller *Tangentenvektoren* an eine Teilmenge eines $\mathbb{R}^d$ diskutiert:

19.11 Definition. *Ein Vektor* $\mathfrak{t} \in \mathbb{R}^d$ *heißt* Tangentenvektor *an eine Menge* $M \subseteq \mathbb{R}^d$ *im Punkt* $q \in M$, *falls es* $\delta > 0$ *und einen in* 0 *differenzierbaren Weg* $\gamma : (-\delta,\delta) \mapsto \mathbb{R}^d$ *mit*

$$(\gamma) \subseteq M\,, \quad \gamma(0) = q \;\; und \;\; \dot{\gamma}(0) = \mathfrak{t} \tag{12}$$

gibt. Die Menge $T_q(M)$ *aller Tangentenvektoren an* M *in* q *heißt* Tangentialkegel *an* M *in* q.

Aus $\mathfrak{t} \in T_q(M)$ und $\lambda \in \mathbb{R}$ folgt auch $\lambda\,\mathfrak{t} \in T_q(M)$ (vgl. Aufgabe 19.8); $T_q(M)$ ist also ein *Doppelkegel* (vgl. Abb. 19a). Offenbar gilt $T_q(\mathbb{R}^d) = \mathbb{R}^d$. Tangentialkegel an *Graphen differenzierbarer Funktionen* sind *Unterräume* von $\mathbb{R}^d$:

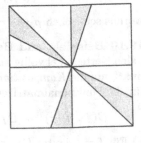

19.12 Satz. *Es seien* $D \subseteq \mathbb{R}^n$ *offen und* $f : D \mapsto \mathbb{R}^m$ *in* $a \in D$ *total differenzierbar. Für* $q = (a, f(a)) \in \Gamma(f) \subseteq \mathbb{R}^{n+m}$ *gilt dann*

Abb. 19a

$$T_q(\Gamma(f)) = \Gamma(f'(a)) = \{(v, f'(a)(v)) \mid v \in \mathbb{R}^n\}. \tag{13}$$

BEWEIS. a) Es seien $\mathfrak{t} \in T_q(\Gamma(f))$ und $\gamma : (-\delta,\delta) \mapsto \mathbb{R}^{n+m}$ ein Weg mit $(\gamma) \subseteq \Gamma(f), \gamma(0) = q$ und $\dot{\gamma}(0) = \mathfrak{t}$. Offenbar hat γ die Form $\gamma(t) = (\varphi(t), f(\varphi(t)))$ für einen Weg $\varphi : (-\delta,\delta) \mapsto D$, und die Kettenregel liefert $\mathfrak{t} = \dot{\gamma}(0) = (\dot{\varphi}(0), f'(a)(\dot{\varphi}(0))) \in \Gamma(f'(a))$.

b) Umgekehrt wird für $v \in \mathbb{R}^n$ durch $\gamma_v : t \mapsto (a + tv, f(a + tv))$ ein Weg in $\mathbb{R}^{n+m}$ definiert mit $(\gamma) \subseteq \Gamma(f), \gamma_v(0) = q$ und $\dot{\gamma}_v(0) = (v, f'(a)(v))$; folglich gilt $(v, f'(a)(v)) \in T_q(\Gamma(f))$, und (13) ist bewiesen. $\qquad\qquad\Diamond$

Der n-dimensionale Unterraum $T_q(\Gamma(f))$ von $\mathbb{R}^{n+m}$ heißt *Tangentialraum* in q an $\Gamma(f)$, der affine Unterraum $q + T_q(\Gamma(f))$ heißt *Tangentialebene* in q an $\Gamma(f)$. Für $f : (x,y) \mapsto 15 - x^2 - y^2$ zeigt Abb. 19b zwei Tangenten, einen Tangentenvektor und die Tangentialebene an $\Gamma(f)$ im Punkt $q = (1,1,13)$.

Im Beweis von Satz 19.12 wurden Funktionen $t \mapsto f(a + tv)$ in $t = 0$ nach t differenziert. Für *Einheitsvektoren* v trifft man die folgende

19.13 Definition. *Es seien* $D \subseteq \mathbb{R}^n$ *offen und* $v \in \mathbb{R}^n$ *mit* $|v| = 1$. *Eine Funktion* $f : D \mapsto \mathbb{R}^m$ *heißt in* $a \in D$ in Richtung v differenzierbar, *falls*

$$\partial_v f(a) := \lim_{t \to 0} \frac{f(a+tv) - f(a)}{t} \in \mathbb{R}^m \tag{14}$$

existiert; $\partial_v f(a)$ *heißt dann* Richtungsableitung *von* f *in Richtung* v.

Für $v = e_j$ sind Richtungsableitungen $\partial_{e_j} f(a) = \partial_j f(a)$ partielle Ableitungen; Bemerkung 18.2 gilt entsprechend. Aufgrund von Beweisteil b) von Satz 19.12 gilt $(v, \partial_v f(a)) \in T_q(\Gamma(f))$, falls die Richtungsableitung $\partial_v f(a)$ existiert. Der folgende Satz ist ein *Spezialfall der Kettenregel:*

19.14 Satz. *Es sei* $f : D \mapsto \mathbb{R}^m$ *in* $a \in D$ *total differenzierbar. Dann besitzt* f *Richtungsableitungen in jede Richtung des* $\mathbb{R}^n$, *und es gilt*

$$\partial_v f(a) = Df(a)v \quad \text{für } v \in \mathbb{R}^n \text{ mit } |v| = 1. \tag{15}$$

Abb. 19b

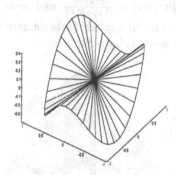

Abb. 19c

Aus der Existenz aller Richtungsableitungen folgt i. a. (15) *nicht;* aus (15) folgt i. a. *nicht* die Stetigkeit, und aus (15) *und* Stetigkeit *nicht* die totale Differenzierbarkeit:

19.15 Beispiele. a) Die Funktion $f(x, y) := \begin{cases} \frac{xy^2}{x^2 + y^2} & , \ (x, y) \neq (0, 0) \\ 0 & , \ (x, y) = (0, 0) \end{cases}$

ist wegen $|f(x, y)| \leq |x|$ stetig auf $\mathbb{R}^2$ (vgl. Abb. 19c). Wegen $f(tv) = \frac{tv_1 t^2 v_2}{t^2} = t v_1 v_2^2$ existiert die Richtungsableitung

$$\partial_v f(0, 0) = v_1 v_2^2$$

in $(0, 0)$ für alle Richtungen v; insbesondere ist $\partial_x f(0, 0) = \partial_y f(0, 0) = 0$ und somit $Df(0, 0) = (0, 0)$. Folglich ist (15) *nicht* erfüllt; in der Tat hängt

$\partial_v f(0,0)$ *nicht linear* von v ab. Die Tangentenvektoren $(v_1, v_2, v_1 v_2^2)$ an $\Gamma(f)$ im Nullpunkt liegen *nicht in einer Ebene*, und $T_{(0,0)}(\Gamma(f))$ ist *kein Unterraum* von $\mathbb{R}^3$. Insbesondere kann f im Nullpunkt nicht total differenzierbar sein. Nach (18.6) gilt

$$\partial_x f(x,y) = \partial_x \frac{xy^2}{r^2} = \frac{y^2 r^2 - xy^2 \, 2r \frac{x}{r}}{r^4} = \frac{y^2}{r^2} - \frac{x^2 y^2}{r^4} \quad \text{für} \quad r \neq 0 \, ;$$

daher ist $\partial_x f$ auf $\mathbb{R}^2$ beschränkt, aber nicht stetig, und dies gilt entsprechend auch für $\partial_y f$. Wegen $f(tv) = t f(v)$ folgt aus $q \in \Gamma(f)$ auch $tq \in \Gamma(f)$ für alle $t \in \mathbb{R}$, und $\Gamma(f) = T_{(0,0)}(\Gamma(f))$ ist ein *Doppelkegel*, also ein „Büschel" von Geraden durch den Nullpunkt (vgl. Aufgabe 19.10).

b) Für die Funktion $g(x,y) := \begin{cases} \frac{xy^3}{x^2 + y^6} & , \quad (x,y) \neq (0,0) \\ 0 & , \quad (x,y) = (0,0) \end{cases}$ (vgl. Abb. 19d)

gilt $g(tv) = \frac{t^4 v_1 v_2^3}{t^2 v_1^2 + t^6 v_2^2}$ und somit $\partial_v g(0,0) = 0$ für alle Richtungsableitungen im Nullpunkt. Insbesondere ist (15) erfüllt; wegen $g(t^3, t) = \frac{1}{2}$ ist aber g *unstetig* im Nullpunkt.

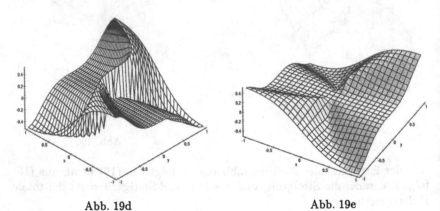

Abb. 19d   Abb. 19e

c) Für die Funktion $h(x,y) := \begin{cases} \frac{xy^3}{x^2 + y^4} & , \quad (x,y) \neq (0,0) \\ 0 & , \quad (x,y) = (0,0) \end{cases}$ (vgl. Abb. 19e)

gilt $|h(x,y)| \leq |y|$, und h ist *stetig* im Nullpunkt. Wegen $\partial_v h(0,0) = 0$ für alle Richtungen v ist (15) erfüllt, *nicht* aber die allgemeine Kettenregel (10): Für die Funktion $\varphi : t \mapsto (t^2, t)$ hat man $(h \circ \varphi)(t) = \frac{t}{2}$ und somit $\frac{d}{dt}(h \circ \varphi)(0) = \frac{1}{2} \neq 0 = Dh(0,0)\dot{\varphi}(0)$. Insbesondere kann h in $(0,0)$ *nicht* total differenzierbar sein. $\qquad\square$

19.16 Definition. *Es sei* $D \subseteq \mathbb{R}^n$ *offen. Für eine skalare Funktion* $f \in C^1(D, \mathbb{R})$ *heißt das* Vektorfeld

$$\operatorname{grad} f : D \mapsto \mathbb{R}^n \,, \quad \operatorname{grad} f := (Df)^\top = (\partial_1 f, \dots, \partial_n f)^\top \,, \qquad (16)$$

Gradient *oder* Gradientenfeld *von* f .

19.17 Bemerkungen. a) Es ist also $\operatorname{grad} f(x)$ der Vektor im $\mathbb{R}^n$ mit

$$\langle \operatorname{grad} f(x), h \rangle = df(x)(h) \quad \text{für} \quad h \in \mathbb{R}^n \,. \qquad (17)$$

Gemäß Bemerkung 19.3 e) ist hierbei $h \in \mathbb{R}^n = T_x(\mathbb{R}^n)$ als ein in $x \in D$ startender Vektor aufzufassen; dies gilt dann auch für $\operatorname{grad} f(x)$, und $\operatorname{grad} f$ ist in der Tat ein *Vektorfeld* (vgl. Abb. 1g und Abb. 19f).
b) Nach (15), (17) und (1.7) gilt für eine Richtungsableitung

$$\partial_v f(x) = df(x)(v) = \langle \operatorname{grad} f(x), v \rangle = |\operatorname{grad} f(x)| \cos \alpha \,,$$

wobei $\alpha \in [0, \pi]$ der Winkel zwischen $\operatorname{grad} f(x)$ und v ist. Diese ist also im Fall $\operatorname{grad} f(x) \neq 0$ für $\cos \alpha = 1$, d. h. für $v = \frac{\operatorname{grad} f(x)}{|\operatorname{grad} f(x)|}$ maximal. Der Gradient $\operatorname{grad} f(x)$ *zeigt also in Richtung des stärksten Anstiegs* von f .
c) Es seien nun $\mathrm{t} \in T_a(S)$ ein Tangentenvektor an eine *Niveaumenge* $S = N_\alpha(f) = \{x \in D \mid f(x) = \alpha\}$ von f und $\gamma : (-\delta, \delta) \mapsto \mathbb{R}^n$ ein Weg mit $\langle \gamma \rangle \subseteq S$, $\gamma(0) = a$ und $\dot{\gamma}(0) = \mathrm{t}$. Wegen $f \circ \gamma = \alpha$ gilt dann aufgrund der Kettenregel

$$\langle \operatorname{grad} f(a), \mathrm{t} \rangle = df(a)(\mathrm{t}) = \tfrac{d}{dt}(f \circ \gamma)(0) = 0 \,,$$

d. h. der Gradientenvektor $\operatorname{grad} f(a) \in T_a(S)^\perp$ „*steht auf den Niveaumengen von* f *senkrecht.*" Dies wird in Abb. 19f veranschaulicht mit $f(x, y) = 2y^2 - x(x - 1)^2$. In Satz 23.8 wird gezeigt, daß im Fall $\operatorname{grad} f(a) \neq 0$ die Menge $T_a(S)$ ein $(n-1)$ -dimensionaler Unterraum von $\mathbb{R}^n$ ist.   □

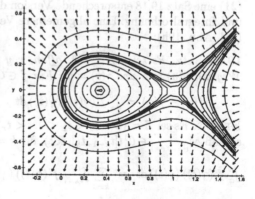

Abb. 19f

Es gilt die folgende Version des *Mittelwertsatzes der Differentialrechnung* für Funktionen von mehreren Veränderlichen (vgl. Abb. 19g):

19.18 Satz. *Es seien $D \subseteq \mathbb{R}^n$ offen und $x, y \in D$, so daß die Strecke $[x, y]$ in D liegt. Weiter sei $f : D \mapsto \mathbb{R}$ auf $[x, y]$ stetig und auf $(x, y) := [x, y] \backslash \{x, y\}$ total differenzierbar. Dann gibt es $\xi \in (x, y)$ mit*

$$f(y) - f(x) = f'(\xi)(y - x) = \sum_{j=1}^{n} \partial_j f(\xi)(y_j - x_j). \tag{18}$$

BEWEIS. Die Hilfsfunktion $\phi(t) := f(x + t(y - x))$ ist auf $[0, 1]$ stetig und auf $(0, 1)$ differenzierbar. Aus Theorem I.20.5 und der Kettenregel folgt

$$f(y) - f(x) = \phi(1) - \phi(0) = \phi'(\theta) = f'(x + \theta(y - x))(y - x)$$

für ein geeignetes $\theta \in (0, 1)$. Daraus ergibt sich (18) mit $\xi = x + \theta(y - x)$. $\diamond$

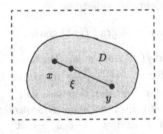

Abb. 19g

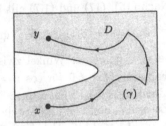

Abb. 19h

Der Mittelwertsatz gilt *nicht* für vektorwertige Funktionen, was schon in I.34.4 c) und 9.2 bemerkt wurde. Für $\mathcal{C}^1$-Funktionen erhält man jedoch in (21) eine Satz 19.18 entsprechende Version des Hauptsatzes der Differential- und Integralrechnung. Eine allgemeinere Version des Hauptsatzes lautet so (vgl. Abb. 19h):

19.19 Satz. *Es seien $D \subseteq \mathbb{R}^n$ offen, $x, y \in D$ und $\gamma \in \mathcal{C}^1_{st}([a, b], D)$ ein Weg mit $\gamma(a) = x$ und $\gamma(b) = y$. Für $f \in \mathcal{C}^1(D, \mathbb{R}^m)$ gilt dann*

$$f(y) - f(x) = \int_a^b f'(\gamma(t))(\dot{\gamma}(t)) \, dt. \tag{19}$$

BEWEIS. Es sei $Z = \{a = t_0 < t_1 < \ldots < t_r = b\}$ eine Zerlegung von $[a, b]$, so daß $\gamma|_{[t_{k-1}, t_k]} \in \mathcal{C}^1([t_{k-1}, t_k], \mathbb{R}^n)$ für $k = 1, \ldots, r$ gilt. Dann folgt

$$\int_a^b f'(\gamma(t))(\dot{\gamma}(t)) \, dt = \sum_{k=1}^r \int_{t_{k-1}}^{t_k} f'(\gamma(t))(\dot{\gamma}(t)) \, dt = \sum_{k=1}^r \int_{t_{k-1}}^{t_k} (f \circ \gamma)'(t) \, dt$$

$$= \sum_{k=1}^r (f(\gamma(t_k)) - f(\gamma(t_{k-1}))) = f(y) - f(x)$$

aufgrund von (9.4) und der Kettenregel. $\diamond$

19.20 Folgerung. *Es seien* $G \subseteq \mathbb{R}^n$ *ein Gebiet und* $f \in \mathcal{C}^1(G, \mathbb{R}^m)$ *mit* $f' = 0$. *Dann ist* f *konstant.*

19.21 Bemerkungen. a) Wegen (9.7) gilt in der Situation von Satz 19.19

$$| f(y) - f(x) | \leq \sup_{x \in (\gamma)} \| f'(x) \| \, \mathsf{L}(\gamma) . \tag{20}$$

b) Für $[x, y] \subseteq D$ hat man insbesondere

$$f(y) - f(x) = \int_0^1 f'(x + t\,(y - x))\,(y - x)\,dt . \tag{21}$$

c) Ist speziell G *konvex* und f' beschränkt, so folgt aus (20) oder (21)

$$| f(y) - f(x) | \leq \| f' \|_{\sup} |y - x| , \quad x, y \in G , \tag{22}$$

und somit die *Lipschitz-Stetigkeit* von f auf G .   □

Aufgaben

19.1 Es seien $D \subseteq \mathbb{R}^n$ offen und $f, g : D \mapsto \mathbb{R}$ in $a \in D$ total differenzierbar. Man zeige, daß auch $f + g$ und $f \cdot g$ in a total differenzierbar sind. Wie lautet die Produktregel?

19.2 Es sei $f : \mathbb{R} \mapsto \mathbb{R}$ differenzierbar. Man zeige, daß die Abbildungen $(x_1, \ldots, x_n) \mapsto f(x_\nu)$ für $\nu = 1, \ldots, n$ auf $\mathbb{R}^n$ total differenzierbar sind.

19.3 Es sei $f : (0, \infty) \mapsto \mathbb{R}$ differenzierbar. Ist die rotationssymmetrische Funktion $f \circ r : \mathbb{R}^n \backslash \{0\} \mapsto \mathbb{R}$ total differenzierbar?

19.4 Man berechne die Ableitung der Funktion $A \mapsto A^3$ auf $\mathsf{M}(n)$.

19.5 Für die Determinante $\det : (\mathbb{R}^n)^n \mapsto \mathbb{R}$ zeige man

$$\det'(a_1, \ldots, a_n)\,(h_1, \ldots, h_n) = \sum_{j=1}^n \det(a_1, \ldots, a_{j-1}, h_j, a_{j+1}, \ldots, a_n) .$$

Für Funktionen $a_j \in \mathcal{C}^1(I, \mathbb{R}^n)$ berechne man $\frac{d}{dt} \det(a_1(t), \ldots, a_n(t))$.

19.6 Man zeige die folgende Variante der *Kettenregel:*
Es seien $D_1 \subseteq \mathbb{R}^n$, $D_2 \subseteq \mathbb{R}^m$ offen und $g \in \mathcal{C}^k(D_1, \mathbb{R}^m)$ mit $g(D_1) \subseteq D_2$ sowie $f \in \mathcal{C}^k(D_2, \mathbb{R}^\ell)$. Man zeige $f \circ g \in \mathcal{C}^k(D_1, \mathbb{R}^\ell)$.

19.7 Es seien $D \subseteq \mathbb{R}^n$ offen, $f \in \mathcal{C}^1(D \times (a,b))$ und $\varphi, \psi \in \mathcal{C}^1(D, \mathbb{R})$ mit $a < \varphi(x) \leq \psi(x) < b$ für $x \in D$. Für die Funktion

$$F : D \mapsto \mathbb{K}, \quad F(x) := \int_{\varphi(x)}^{\psi(x)} f(x,y) \, dy,$$

zeige man mit Hilfe der Kettenregel

$$\tfrac{\partial F}{\partial x_j}(x) = \int_{\varphi(x)}^{\psi(x)} \tfrac{\partial f}{\partial x_j}(x,y) \, dy + f(x, \psi(x)) \tfrac{\partial \psi}{\partial x_j}(x) - f(x, \varphi(x)) \tfrac{\partial \varphi}{\partial x_j}(x).$$

19.8 a) Es seien $M \subseteq \mathbb{R}^d$, $q \in M$ und $\mathfrak{t} \in T_q(M)$. Für $\lambda \in \mathbb{R}$ zeige man auch $\lambda \mathfrak{t} \in T_q(M)$.

b) Es seien $\Gamma \subseteq \mathbb{R}^d$ eine glatte geschlossene Jordankurve und $q \in \Gamma$. Man zeige, daß $T_q(\Gamma)$ ein eindimensionaler Unterraum von $\mathbb{R}^d$ ist.

19.9 Für die folgenden Mengen $M \subseteq \mathbb{R}^2$ berechne man die Tangentialkegel $T_q(M)$ in allen Punkten $q \in M$:

a) $M = \{(x,y) \mid x^2 + y^2 \leq 1\}$,   b) $M = \{(x,y) \mid x \geq 0, \, y \geq 0\}$,

c) $M = \{(x,y) \mid xy = 0\}$,   d) $M = \{(x,y) \mid |y| \leq e^{|x|}\}$.

19.10 Für die Funktion f aus Beispiel 19.15 a) und einen in 0 differenzierbaren Weg $\varphi : (-\delta, \delta) \mapsto \mathbb{R}^2$ mit $\varphi(0) = (0,0)$ und $\dot{\varphi}(0) \neq (0,0)$ zeige man die Existenz von $\tfrac{d}{dt}(f \circ \varphi)(0)$. Weiter beweise man $T_{(0,0)}(\Gamma(f)) = \Gamma(f)$.

19.11 Für die durch $f(0,0) = g(0,0) = h(0,0) = 0$ und

$$f(x,y) := \frac{xy^2}{x^2 + y^4}, \quad g(x,y) := \frac{x^3}{x^2 + y^2}, \quad h(x,y) := \frac{x^3 + xy^3}{x^2 + y^6}$$

auf $\mathbb{R}^2 \backslash \{(0,0)\}$ definierten Funktionen zeige man die Existenz aller Richtungsableitungen im Nullpunkt. Gilt Formel (15), sind f oder g dort stetig oder sogar total differenzierbar?

19.12 Man konstruiere eine in jeder Umgebung von $(0,0)$ unbeschränkte Funktion $f : \mathbb{R}^2 \mapsto \mathbb{R}$ mit $\partial_v f(0,0) = 0$ für alle Richtungen v.

19.13 Sind für die Funktion $f \in \mathcal{C}^1(\mathbb{R}^2, \mathbb{R})$ aus Aufgabe 18.13 die partiellen Ableitungen $\partial_x f$ und $\partial_y f$ im Nullpunkt total differenzierbar?

19.14 Es seien $G \subseteq \mathbb{R}^n$ ein Gebiet und $f : G \mapsto \mathbb{R}^m$ auf G total differenzierbar mit $f' = 0$. Man zeige, daß f konstant ist.

20 Lokale Extrema und Taylor-Formel

Aufgabe: Für Punkte $a_1, \dots, a_r \in \mathbb{R}^n$ versuche man, das Minimum der Funktion
$$f(x) := \sum_{k=1}^{r} |x - a_k|^2 \text{ auf } \mathbb{R}^n \text{ zu bestimmen.}$$

In diesem Abschnitt werden *lokale Extrema* von Funktionen von mehreren Veränderlichen mit Hilfe der *Taylor-Formel* untersucht.

20.1 Definition. *Es sei X ein metrischer Raum. Eine Funktion $f : X \mapsto \mathbb{R}$ besitzt ein* lokales Maximum [Minimum] *in einem Punkt $a \in X$, falls es eine Umgebung V von a mit*

$$f(x) \leq f(a) \quad [f(x) \geq f(a)] \quad \text{für alle} \quad x \in V \tag{1}$$

gibt. In diesem Fall heißt a lokale Maximalstelle bzw. Minimalstelle *von f. Diese heißt* isoliert, *falls in (1) für $x \neq a$ stets $f(x) \neq f(a)$ gilt.*

In diesem Abschnitt wird $X = D$ stets eine *offene* Menge in $\mathbb{R}^n$ sein.

20.2 Satz. *Es seien $D \subseteq \mathbb{R}^n$ offen und $a \in D$ eine lokale Extremalstelle von $f : D \mapsto \mathbb{R}$. Ist f in a total differenzierbar, so folgt $df(a) = 0$, also auch $Df(a) = 0$ und $\operatorname{grad} f(a) = 0$.*

BEWEIS. Die für $h \in \mathbb{R}^n = T_a(\mathbb{R}^n)$ nahe $0 \in \mathbb{R}$ definierte Funktion

$$t \mapsto \phi(t) := \phi_h(t) := f(a + th) \tag{2}$$

der einen reellen Veränderlichen t besitzt ein lokales Extremum in 0, und aus Satz I. 20.2 folgt $\phi_h'(0) = 0$. Mit $h = e_j$ ergibt sich daraus $\partial_j f(a) = 0$ für $j = 1, \dots, n$. $\diamond$

Ein Punkt $a \in D$ heißt *kritischer Punkt* von f, falls $df(a) = 0$ ist. Wie bei Funktionen von einer Veränderlichen müssen kritische Punkte von f nicht unbedingt Extremalstellen sein.

20.3 Beispiel. Es sei $f : \mathbb{R}^2 \mapsto \mathbb{R}$ durch $f(x, y) = 2y^2 - x(x-1)^2$ definiert. Dann gilt $Df(x, y) = (-3x^2 + 4x - 1, 4y)$. Aus $Df(x, y) = 0$ folgt sofort $y = 0$ und $-3x^2 + 4x - 1 = 0 \Leftrightarrow x = \frac{1}{3}$ oder $x = 1$. Abbildung 19a suggeriert, daß in $(\frac{1}{3}, 0)$ ein lokales Extremum vorliegen sollte, in dem kritischen Punkt $(1, 0)$ aber nicht. Diese Aussagen werden in Beispiel 20.8 a) in der Tat bewiesen. $\square$

Es seien nun $f \in \mathcal{C}^2(D, \mathbb{R})$ und $a \in D$ ein kritischer Punkt von f. Aufgabe 20.5 zeigt, daß f in a selbst dann kein lokales Extremum haben muß, wenn für alle $h \in \mathbb{R}^n$ die Funktionen $t \mapsto \phi_h(t) = f(a + th)$ ein lokales Minimum in 0 haben. Gilt dagegen die stärkere Bedingung

$$\phi_h''(0) > 0 \quad \text{für alle} \quad h \in \mathbb{R}^n \backslash \{0\}, \tag{3}$$

so besitzt f ein lokales Minimum in a. Zum Beweis dieser Aussage müssen zunächst die zweiten Ableitungen ϕ_h'' genauer untersucht werden:

20.4 Bemerkungen und Definitionen. a) Es seien $D \subseteq \mathbb{R}^n$ offen und $f \in C^2(D, \mathbb{R})$. Für die Funktionen ϕ_h aus (2) gilt

$$\phi_h'(t) \;=\; Df(a + th)\, h \;=\; \sum_{j=1}^{n} \partial_j f(a + th)\, h_j \quad \text{und} \tag{4}$$

$$\phi_h''(t) \;=\; \sum_{i,j=1}^{n} \partial_i \partial_j f(a + th)\, h_i\, h_j \tag{5}$$

aufgrund der Kettenregel. Der letzte Ausdruck ähnelt einer *quadratischen Form* in h (vgl. Beispiel 19.4 b)); allerdings hängen die Koeffizienten von h (und t) ab.
b) Für $x \in D$ heißt $Hf(x) := (\partial_i \partial_j f(x))_{i,j=1\ldots n} \in M_{\mathbb{R}}(n)$ die **Hesse-Matrix** von f in x, die durch $Hf(x)$ definierte quadratische Form

$$Q_{Hf(x)} : h \mapsto \langle h, Hf(x)\, h \rangle \;=\; \sum_{i,j=1}^{n} \partial_i \partial_j f(x)\, h_i\, h_j \tag{6}$$

die **Hesse-Form** von f in x. Wegen $f \in C^2(D)$ und des Satzes von Schwarz sind die Hesse-Matrizen $Hf(x)$ *symmetrisch*.
c) Aus der *Taylor-Formel* mit *Integral-Restglied* (vgl. (I. 34.14))

$$\phi_h(1) \;=\; \phi_h(0) + \phi_h'(0) + \int_0^1 \phi_h''(t)\,(1 - t)\, dt \tag{7}$$

ergibt sich nun mittels (4)–(6) sofort die Version

$$f(a + h) \;=\; f(a) + Df(a)\, h + \int_0^1 \langle h, Hf(a + th)\, h \rangle\,(1 - t)\, dt \tag{8}$$

für kleine $|h|$. Aus dem verallgemeinerten Mittelwertsatz der Integralrechnung ergibt sich daraus die *Lagrange-Formel*

$$f(a + h) \;=\; f(a) + Df(a)\, h + \tfrac{1}{2} \langle h, Hf(a + \theta h)\, h \rangle \tag{9}$$

für geeignete $\theta = \theta(h) \in [0, 1]$. Ist speziell a ein kritischer Punkt von f, so gilt

$$f(a + h) - f(a) \;=\; \tfrac{1}{2} \langle h, Hf(a + \theta h)\, h \rangle, \quad \theta \in [0, 1]. \;\; \square \tag{10}$$

Die Frage, ob $f \in C^2(D)$ in einem kritischen Punkt $a \in D$ ein lokales Extremum besitzt, wird also durch die Vorzeichen der Hesse-Formen $Q_{Hf(x)}$ für x nahe a entschieden.

20.5 Definition. *Es sei $A \in M_\mathbb{R}(n)$ eine symmetrische Matrix mit assoziierter quadratischer Form Q_A. Dann heißen A (und Q_A)*
a) positiv definit, *falls $Q_A(h) > 0$ für $h \neq 0$ gilt (Notation: $A > 0$),*
b) positiv semidefinit, *falls stets $Q_A(h) \geq 0$ gilt (Notation: $A \geq 0$),*
c) negativ [semi]definit, *falls $-A$ positiv [semi]definit ist (Notation: $A < 0$ [$A \leq 0$]),*
d) indefinit, *falls es $h, k \in \mathbb{R}^n$ mit $Q_A(h) > 0$ und $Q_A(k) < 0$ gibt.*

Die Menge $S_\mathbb{R}(n) = S(n)$ der symmetrischen Matrizen in $M_\mathbb{R}(n)$ ist offenbar ein *Unterraum* von $M_\mathbb{R}(n)$.

20.6 Lemma. *a) Für $h \in \mathbb{R}^n$ sind die Mengen $\{A \in S(n) \mid Q_A(h) > 0\}$ und $\{A \in S(n) \mid Q_A(h) < 0\}$ offen in $S(n)$.*
b) Ist $A \in S(n)$ positiv definit, so gibt es $\delta > 0$ und $\alpha > 0$, so daß für alle $C \in S(n)$ mit $\|C - A\| < \delta$ und alle $h \in \mathbb{R}^n$ gilt: $Q_C(h) \geq \alpha \|h\|^2$.

BEWEIS. a) ergibt sich sofort aus der Stetigkeit der Abbildung $S(n) \ni A \mapsto Q_A(h) \in \mathbb{R}$.
b) Wegen $A > 0$ ist die stetige Funktion Q_A auf der kompakten Sphäre $S := \{v \in \mathbb{R}^n \mid |v| = 1\}$ positiv; nach Folgerung 6.11 gibt es daher $\alpha > 0$ mit $Q_A(v) \geq 2\alpha$ für $v \in S$. Es gebe nun Folgen $(C_j) \subseteq S(n)$ und $(v_j) \subseteq S$ mit $C_j \to A$ und $Q_{C_j}(v_j) \leq \alpha$. Man wählt dann eine Teilfolge $v_{j_k} \to v_0 \in S$ und erhält den Widerspruch $Q_A(v_0) = \lim_{k \to \infty} Q_{C_{j_k}}(v_{j_k}) \leq \alpha$ (vgl. Aufgabe 7.1). Folglich gibt es $\delta > 0$ mit $Q_C(v) \geq \alpha$ für alle $C \in S(n)$ mit $\|C - A\| < \delta$ und alle $v \in S$. Ist nun $0 \neq h \in \mathbb{R}^n$, so hat man $h = |h|v$ mit $v \in S$, und es folgt $Q_C(h) = |h|^2 Q_C(v) \geq \alpha |h|^2$.   ◇

20.7 Satz. *Es seien $D \subseteq \mathbb{R}^n$ offen, $f \in C^2(D, \mathbb{R})$, $a \in D$ ein kritischer Punkt von f und $A = Hf(a)$ die Hesse-Matrix von f in a. Dann gilt:*
a) $A > 0 \Rightarrow f$ hat ein isoliertes lokales Minimum in a,
b) f hat ein lokales Minimum in $a \Rightarrow A \geq 0$,
c) $A < 0 \Rightarrow f$ hat ein isoliertes lokales Maximum in a,
d) f hat ein lokales Maximum in $a \Rightarrow A \leq 0$,
e) A indefinit $\Rightarrow f$ hat kein lokales Extremum in a.

BEWEIS. a) Wegen $Hf(a) > 0$ gibt es nach Lemma 20.6 b) ein $\varepsilon > 0$ mit $Q_{Hf(x)}(h) \geq \alpha |h|^2$ für $|x - a| < \varepsilon$. Für $0 < |h| < \varepsilon$ und $\theta \in [0,1]$ gilt dann insbesondere $Q_{Hf(a+\theta h)}(h) \geq \alpha |h|^2 > 0$, und die Behauptung folgt aus (10).

b) Gibt es $h \in \mathbb{R}^n$ mit $Q_A(h) < 0$, so folgt mit Lemma 20.6 a) auch $Q_{Hf(a+\theta th)}(th) = t^2 Q_{Hf(a+\theta th)}(h) < 0$ für kleine $t \in \mathbb{R}\backslash\{0\}$, und nach (10) hat f kein lokales Minimum in a.

c), d) folgen aus a), b) durch Übergang zu $-f$, und e) ergibt sich sofort aus b) und d). $\diamond$

20.8 Beispiele. a) Für die Funktion $f(x,y) = 2y^2 - x(x-1)^2$ aus Beispiel 20.3 gilt $Hf(x,y) = \begin{pmatrix} 4-6x & 0 \\ 0 & 4 \end{pmatrix}$. Im kritischen Punkt $(\frac{1}{3},0)$ ist

$A = Hf(\frac{1}{3},0) = \begin{pmatrix} 2 & 0 \\ 0 & 4 \end{pmatrix}$, also $Q_A(h_1,h_2) = 2h_1^2 + 4h_2^2$, und man hat

$Hf(\frac{1}{3},0) > 0$. Somit besitzt f in $(\frac{1}{3},0)$ ein *isoliertes lokales Minimum*.

Für $A = Hf(1,0) = \begin{pmatrix} -2 & 0 \\ 0 & 4 \end{pmatrix}$ gilt $Q_A(h_1,h_2) = -2h_1^2 + 4h_2^2$. Offenbar

ist $Q_A(1,0)^\top < 0$ und $Q_A(0,1)^\top > 0$, also $Hf(1,0)$ *indefinit*; folglich hat f in $(1,0)$ kein lokales Extremum.

b) Es werden die folgenden Funktionen $f_j : \mathbb{R}^2 \mapsto \mathbb{R}$ betrachtet:

$$f_1(x,y) = x^2 + y^4, \quad f_2(x,y) = x^2, \quad f_3(x,y) = x^2 - y^3.$$

In allen drei Fällen ist 0 ein kritischer Punkt und $A = Hf_j(0) = \begin{pmatrix} 2 & 0 \\ 0 & 0 \end{pmatrix}$.

Wegen $Q_A(h) = 2h_1^2$ ist A positiv semidefinit, aber nicht definit. Analog zum Fall $f''(a) = 0$ bei Funktionen von einer Veränderlichen ist Satz 20.7 nicht anwendbar, und in der Tat hat f_1 ein isoliertes lokales Minimum, f_2 ein nicht isoliertes lokales Minimum, f_3 aber kein lokales Extremum in 0 (vgl. Abb. 20 a–c). $\square$

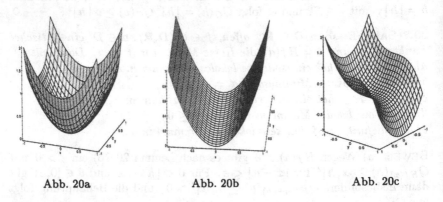

Abb. 20a   Abb. 20b   Abb. 20c

Die in den Beispielen 20.8 auftretenden Hesse-Matrizen sind *diagonal* und daher leicht auf Definitheit zu untersuchen. Im allgemeinen Fall läßt sich die Definitheit anhand der Kenntnis der *Eigenwerte* feststellen.

20.9 Definition. *Es sei* $A \in \mathbb{M}_{\mathbb{K}}(n)$. *Gilt* $Ax = \lambda x$ *für* $\lambda \in \mathbb{K}$ *und* $0 \neq x \in \mathbb{K}^n$, *so heißt* x Eigenvektor *zum Eigenwert* λ *von* A.

Entsprechend lassen sich auch Eigenwerte und Eigenvektoren linearer Operatoren definieren. Es ist $\lambda \in \mathbb{K}$ genau dann Eigenwert von A, wenn $\lambda I - A \notin GL(n)$ gilt (vgl. etwa [22], Satz 11.A.5 oder [23], Satz 6.2.B); die Eigenwerte von A sind also genau die *Nullstellen* des *charakteristischen Polynoms* $\chi_A(\lambda) := \det(\lambda I - A)$ von A. Aufgrund des *Fundamentalsatzes der Algebra* (Theorem I.27.16) besitzt somit jede Matrix $A \in \mathbb{M}_{\mathbb{C}}(n)$ (höchstens n verschiedene) Eigenwerte in $\mathbb{C}$.

Ein wichtiges Resultat der Linearen Algebra ist der folgende *Spektralsatz* für symmetrische Matrizen:

20.10 Theorem. *Alle Eigenwerte* $\{\lambda_j\}$ *einer reellen symmetrischen Matrix* $A \in \mathbb{S}_{\mathbb{R}}(n)$ *sind reell. Es gibt eine Orthonormalbasis* $\{v_1, \ldots, v_n\}$ *von* $\mathbb{R}^n$, *die aus Eigenvektoren von* A *besteht:* $Av_j = \lambda_j v_j$, $j = 1, \ldots, n$.

In 24.5 wird ein „analytischer" Beweis dieser Aussage angegeben. Die Geraden $\mathrm{sp}\{v_j\}$ sind die *Hauptachsen* der quadratischen Form Q_A; für $h = \sum\limits_{j=1}^{n} c_j v_j \in \mathbb{R}^n$ gilt nämlich

$$Q_A(h) = \langle h, Ah \rangle = \langle \sum_{j=1}^{n} c_j v_j, \sum_{j=1}^{n} c_j \lambda_j v_j \rangle = \sum_{j=1}^{n} \lambda_j c_j^2. \qquad (11)$$

Daraus ergibt sich unmittelbar:

20.11 Folgerung. *Eine reelle symmetrische Matrix* $A \in \mathbb{S}_{\mathbb{R}}(n)$ *ist*
a) genau dann positiv definit, wenn alle ihre Eigenwerte positiv sind,
b) genau dann negativ definit, wenn alle ihre Eigenwerte negativ sind,
c) genau dann indefinit, wenn sie positive und negative Eigenwerte besitzt.

Ein weiteres wichtiges Definitheitskriterium ist:

20.12 Satz (Hurwitz). *Für* $A = (a_{ij}) \in \mathbb{S}(n)$ *und* $1 \leq k \leq n$ *sei* $A_k := (a_{ij})_{i,j=1\ldots k} \in \mathbb{S}(k)$ *die* k-te Abschnittsmatrix. *Dann gilt:*
a) $(\forall\, k = 1, \ldots, n\; :\; \det A_k > 0) \;\Leftrightarrow\; A > 0,$
b) $(\forall\, k = 1, \ldots, n\; :\; (-1)^k \det A_k > 0) \;\Leftrightarrow\; A < 0,$
c) $(\exists\, 1 \leq k \leq \frac{n}{2}\; :\; \det A_{2k} < 0) \;\Rightarrow\; A$ *indefinit.*

BEWEIS. Man schreibt $A = \begin{pmatrix} A_k & B \\ C & D \end{pmatrix}$ in Blockform. Für einen Vektor

$h' = (h_1, \ldots, h_k)^\top \in \mathbb{R}^k$ sei $h := (h', 0)^\top = (h_1, \ldots, h_k, 0, \ldots, 0)^\top \in \mathbb{R}^n$.

Dann gilt $Ah = \begin{pmatrix} A_k & B \\ C & D \end{pmatrix} \begin{pmatrix} h' \\ 0 \end{pmatrix} = \begin{pmatrix} A_k h' \\ C h' \end{pmatrix}$ und somit

$$Q_A(h) = \langle h, Ah \rangle = \langle h', A_k h' \rangle = Q_{A_k}(h'). \tag{12}$$

a) „$\Leftarrow$": Ist $\lambda \in \mathbb{R}$ ein Eigenwert von A_k, so gibt es $h' \in \mathbb{R}^k$ mit $|h'| = 1$ und $A_k h' = \lambda h'$. Mit (12) folgt dann $\lambda = \langle h', A_k h' \rangle = \langle h, Ah \rangle > 0$. Da $\det A_k$ das Produkt aller Eigenwerte von A_k ist, folgt auch $\det A_k > 0$.

„$\Rightarrow$": Für $n = 1$ ist die Behauptung offenbar richtig; sie gelte nun bereits für $n-1$. Wegen $\det A > 0$ kann höchstens eine *gerade* Anzahl von Eigenwerten von A negativ sein. Es gebe also orthonormale Eigenvektoren $v, w \in \mathbb{R}^n$ zu negativen Eigenwerten; dann gilt $Q_A(k) < 0$ für $0 \neq k \in \mathrm{sp}\{v, w\}$. Wegen $\dim \mathrm{sp}\{v, w\} = 2$ gibt es dann einen Vektor $0 \neq h' \in \mathbb{R}^{n-1}$ mit $h = (h', 0)^\top \in \mathrm{sp}\{v, w\}$. Nach Induktionsvoraussetzung ist aber A_{n-1} positiv definit, und aus (12) folgt $Q_A(h) = Q_{A_{n-1}}(h') > 0$. Dies ist ein Widerspruch.

b) folgt sofort aus a) durch Übergang zu $-A$.

c) Wegen $\det A_{2k} < 0$ hat A_{2k} positive und negative Eigenwerte. Nach Folgerung 20.11 ist A_{2k} und wegen (12) dann auch A indefinit. $\diamond$

20.13 Beispiele und Bemerkungen. a) Es ist $A \in \mathbb{S}_{\mathbb{R}}(n)$ auch dann indefinit, wenn irgendeine Unterdeterminante gerader Ordnung negativ ist; dies folgt aus Satz 20.12 c) durch eine geeignete Vertauschung der Koordinaten.

b) Es sollen alle lokalen Extrema der Funktion

$$f : \mathbb{R}^3 \mapsto \mathbb{R}, \quad f(x, y, z) := 6xy - 3y^2 - 2x^3 - yz^2,$$

bestimmt werden. Man hat $Df(x, y, z) = (6y - 6x^2, 6x - 6y - z^2, -2yz)$. Aus $Df(x, y, z) = 0$ folgt zunächst $yz = 0$. Ist $y = 0$, so folgt auch $x = 0$ und dann $z = 0$. Ist $z = 0$, so folgt $x = y$ und $6x - 6x^2 = 6x(1 - x) = 0$. Die kritischen Punkte von f sind also der Nullpunkt und $p := (1, 1, 0)$. Die Hesse-Matrizen sind gegeben durch

$$Hf(x, y, z) = \begin{pmatrix} -12x & 6 & 0 \\ 6 & -6 & -2z \\ 0 & -2z & -2y \end{pmatrix},$$

und in Punkten $q := (x, y, 0)$ ist

$$Hf(q)_1 = -12x, \quad \det Hf(q)_2 = 72x - 36, \quad \det Hf(q)_3 = -2y(72x - 36).$$

Insbesondere ist $\det Hf(0)_2 = -36 < 0$, $Hf(0)$ nach dem Hurwitz-Kriterium also indefinit, und f besitzt kein lokales Extremum im Nullpunkt. Andererseits ist $Hf(p)_1 = -12$, $\det Hf(p)_2 = +36$, $\det Hf(p)_3 = -72$; nach dem Hurwitz-Kriterium ist also $Hf(p)$ negativ definit, und in p liegt ein isoliertes lokales Maximum von f vor. $\square$

Es wird nun die allgemeine Taylor-Formel für Funktionen von mehreren Veränderlichen hergeleitet. Dazu wie auch im folgenden werden *Multiindex-Notationen* verwendet:

20.14 Notationen. a) Tritt in der Ableitung k-ter Ordnung $\partial_{i_k} \cdots \partial_{i_1} f$ von $f \in \mathcal{C}^k(D)$ die Ableitung ∂_j genau α_j mal auf, so schreibt man

$$\partial_1^{\alpha_1} \cdots \partial_n^{\alpha_n} f := \frac{\partial^k f}{\partial x_1^{\alpha_1} \cdots \partial x_n^{\alpha_n}} := \partial_{i_k} \cdots \partial_{i_1} f . \tag{13}$$

b) Man faßt nun die Indizes $\alpha_1, \ldots, \alpha_n$ zu *Tupeln* oder *Multiindizes* $\alpha = (\alpha_1, \ldots, \alpha_n) \in \mathbb{N}_0^n$ zusammen und schreibt dann

$$\partial^\alpha f := \partial_1^{\alpha_1} \partial_2^{\alpha_2} \cdots \partial_n^{\alpha_n} f . \tag{14}$$

c) Weiter sei $|\alpha| = \sum\limits_{j=1}^{n} \alpha_j$ die Länge von α, und für ein Tupel $x = (x_1, x_2, \ldots, x_n) \in \mathbb{R}^n$ schreibt man

$$x^\alpha := x_1^{\alpha_1} \cdot x_2^{\alpha_2} \cdots x_n^{\alpha_n} . \tag{15}$$

Ein *Polynom* P vom Grad $\leq d$ auf $\mathbb{R}^n$ kann mit dieser Notation kurz so geschrieben werden[8]:

$$P(x) = \sum_{|\alpha| \leq d} c_\alpha x^\alpha , \quad c_\alpha \in \mathbb{K} . \tag{16}$$

d) Schließlich sei $\alpha! := \alpha_1! \cdots \alpha_n!$, und für $\beta \leq \alpha$, d.h. $\beta_j \leq \alpha_j$ für $j = 1, \ldots, n$, setzt man

$$\binom{\alpha}{\beta} := \binom{\alpha_1}{\beta_1} \cdots \binom{\alpha_n}{\beta_n} = \frac{\alpha!}{\beta! \, (\alpha - \beta)!} . \quad \square \tag{17}$$

Es seien nun $D \subseteq \mathbb{R}^n$ offen und $f \in \mathcal{C}^{k+1}(D, \mathbb{R}^m)$. Für $[a, a + h] \subseteq D$ (vgl. Abb. 19g) kann man mit Hilfe von (4) und (5) die höheren Ableitungen der Hilfsfunktion ϕ_h aus (2) berechnen und damit eine Taylor-Formel erhalten (vgl. dazu Satz 27.6). Günstiger zum Beweis der in Theorem 20.16 gewählten

---

[8]In der Algebra nennt man P eine *Polynomfunktion*, vgl. dazu Bemerkung I. 10.6 b).

Formulierung der Taylor-Formel ist die Verwendung der auf $[0, 1]$ definierten Hilfsfunktion

$$g(t) := \sum_{|\alpha| \leq k} (1-t)^{|\alpha|} \frac{h^\alpha}{\alpha!} \partial^\alpha f(a + th). \tag{18}$$

20.15 Lemma. *Für die in (18) definierte Hilfsfunktion g gilt*

$$g'(t) = (k+1)(1-t)^k \sum_{|\alpha|=k+1} \frac{h^\alpha}{\alpha!} \partial^\alpha f(a + th), \quad t \in [0, 1].$$

BEWEIS. Zunächst gilt für festes $m \in \{0, 1, \dots, k\}$

$$\begin{aligned}
\frac{d}{dt} \sum_{|\alpha|=m} \frac{h^\alpha}{\alpha!} \partial^\alpha f(a + th) &= \sum_{|\alpha|=m} \frac{h^\alpha}{\alpha!} \sum_{j=1}^n \partial_j \partial^\alpha f(a + th) h_j \\
&= \sum_{|\beta|=m+1} \Big(\sum_{j=1}^n \frac{\beta_j}{\beta!} \Big) h^\beta \, \partial^\beta f(a + th) \\
&= (m+1) \sum_{|\beta|=m+1} \frac{h^\beta}{\beta!} \partial^\beta f(a + th).
\end{aligned}$$

Daraus folgt dann

$$\begin{aligned}
g'(t) &= \frac{d}{dt} \sum_{m=0}^k (1-t)^m \sum_{|\alpha|=m} \frac{h^\alpha}{\alpha!} \partial^\alpha f(a + th) \\
&= \sum_{m=0}^k (1-t)^m (m+1) \sum_{|\beta|=m+1} \frac{h^\beta}{\beta!} \partial^\beta f(a + th) \\
&\quad - \sum_{m=1}^k m(1-t)^{m-1} \sum_{|\alpha|=m} \frac{h^\alpha}{\alpha!} \partial^\alpha f(a + th) \\
&= (k+1)(1-t)^k \sum_{|\beta|=k+1} \frac{h^\beta}{\beta!} \partial^\beta f(a + th). \qquad \diamond
\end{aligned}$$

20.16 Theorem (Taylor). *Es seien $D \subseteq \mathbb{R}^n$ offen und $a, a + h \in D$, so daß die Strecke $[a, a + h]$ in D liegt. Für $f \in C^{k+1}(D, \mathbb{R}^m)$ gilt dann*

$$f(a + h) = \sum_{|\alpha| \leq k} \frac{\partial^\alpha f(a)}{\alpha!} h^\alpha + (k+1) \sum_{|\alpha|=k+1} \frac{h^\alpha}{\alpha!} \int_0^1 (1-t)^k \, \partial^\alpha f(a + th) \, dt.$$

BEWEIS. Mit der in (18) definierten Hilfsfunktion g gilt $f(a+h) = g(1)$ und $\sum_{|\alpha| \leq k} \frac{\partial^\alpha f(a)}{\alpha!} h^\alpha = g(0)$; wegen Lemma 20.15 folgt daher die Behauptung aus dem Fundamentalsatz $g(1) - g(0) = \int_0^1 g'(t) \, dt$. $\qquad \diamond$

20.17 Bemerkungen. a) Im Fall $m = 1$ kann auf das Restglied der Taylor-Formel der verallgemeinerte Mittelwertsatz der Integralrechnung angewendet werden; wegen $(k+1) \int_0^1 (1-t)^k \, dt = 1$ erhält man dann

$$f(a+h) = \sum_{|\alpha| \le k} \frac{\partial^\alpha f(a)}{\alpha!} h^\alpha + \sum_{|\alpha| = k+1} \frac{\partial^\alpha f(a+\theta h)}{\alpha!} h^\alpha \qquad (19)$$

für ein geeignetes $\theta \in [0,1]$. Im Fall $k = 1$ stimmt dies mit (9) überein.

b) Für $f \in C^k(D, \mathbb{R}^m)$ heißt

$$T_k^a f(h) := \sum_{|\alpha| \le k} \frac{\partial^\alpha f(a)}{\alpha!} h^\alpha \qquad (20)$$

das *Taylor-Polynom* (in h) zu f vom Grad k in $a \in D$. Man hat die *qualitative Version*

$$f(a+h) = T_k^a f(h) + o(|h|^k) \qquad (21)$$

der Taylor-Formel; das Taylor-Polynom approximiert also $f(a+h)$ nahe a bis auf einen Fehler der Ordnung $o(|h|^k)$ und ist auch *das einzige* Polynom vom Grad $\le k$ mit dieser Eigenschaft (vgl. Aufgabe 20.10). Formel (21) kann wie im Beweis von Satz I. 34.6 aus Theorem 20.16 gefolgert werden. Statt dessen kann man auch $m = 1$ annehmen und (19) für $k-1$ verwenden; man erhält dann

$$f(a+h) - \sum_{|\alpha| \le k} \frac{\partial^\alpha f(a)}{\alpha!} h^\alpha = \sum_{|\alpha| = k} \frac{h^\alpha}{\alpha!} (\partial^\alpha f(a+\theta h) - \partial^\alpha f(a)),$$

und (21) folgt aus $\lim_{h \to 0} |\partial^\alpha f(a+\theta h) - \partial^\alpha f(a)| = 0$ und $|h^\alpha| \le |h|^k$ für $|\alpha| = k$. $\square$

20.18 Definition. *Für* $f \in C^\infty(D, \mathbb{R}^m)$ *heißt*

$$T^a f(h) = \sum_{\alpha \in \mathbb{N}_0^n} \frac{\partial^\alpha f(a)}{\alpha!} h^\alpha \qquad (22)$$

die Taylor-Reihe *von* f *in* $a \in D$. f *heißt* reell-analytisch, *falls zu jedem* $a \in D$ *ein* $\delta > 0$ *existiert, so daß für alle* $h \in \mathbb{R}^n$ *mit* $|h| < \delta$ *die Taylor-Reihe (22) summierbar ist und ihre Summe mit* $f(a+h)$ *übereinstimmt.*

Auf (reell-)analytische Funktionen wird in Abschnitt 28 ausführlicher eingegangen.

Aufgaben

20.1 Man berechne die lokalen Extremalstellen der folgenden Funktionen auf $\mathbb{R}^2$:

a) $f(x,y) := 2x^3 - 3x^2 + 2y^3 + 3y^2$,

b) $f(x,y) := (4x^2 + y^2) \exp(-x^2 - 4y^2)$,

c) $f(x,y) := (b + a\cos x) \cos y$, wobei $0 < a < b \in \mathbb{R}$.

20.2 Es seien $A = \begin{pmatrix} a & b \\ b & d \end{pmatrix} \in \mathcal{S}_{\mathbb{R}}(2)$ und $\Delta := \det A = ad - b^2$.

Man zeige:

a) $\Delta > 0 \Leftrightarrow A$ definit und $A \gtrless 0 \Leftrightarrow a \gtrless 0$ in diesem Fall,

b) $\Delta < 0 \Leftrightarrow A$ indefinit.

20.3 Es seien $a_1, \ldots, a_r \in \mathbb{R}^n$ gegeben. Man bestimme das Minimum der Funktion $f(x) := \sum\limits_{k=1}^{r} |x - a_k|^2$ auf $\mathbb{R}^n$.

20.4 Gegeben seien n Paare von Meßwerten $(x_1, y_1), \ldots, (x_n, y_n)$. Man bestimme diejenige Gerade $y = ax + b$ in $\mathbb{R}^2$, für die $\sum\limits_{k=1}^{n} (y_k - ax_k - b)^2$ minimal wird (*„Methode der kleinsten Quadrate"*).

20.5 Gegeben sei das Polynom $P(x,y) := (y - x^2)(y - 3x^2)$ auf $\mathbb{R}^2$.

a) Man berechne DP und zeige, daß $(0,0)$ der einzige kritische Punkt von P ist.

b) Man zeige, daß $HP(0,0)$ semidefinit ist und daß P kein lokales Extremum in $(0,0)$ besitzt.

c) Man zeige, daß für alle $h = (h_1, h_2)^\top \in \mathbb{R}^2 \backslash \{(0,0)\}$ die Funktion $\phi_h : t \mapsto P(th_1, th_2)$ in 0 ein isoliertes lokales Minimum besitzt.

20.6 Es sei $D \subseteq \mathbb{R}^n$ konvex. Eine Funktion $f : D \mapsto \mathbb{R}$ heißt *konvex*, wenn für alle $x, y \in D$ und $t \in [0,1]$ gilt

$$f((1-t)x + ty) \leq (1-t)f(x) + tf(y).$$

a) Man zeige, daß f genau dann konvex ist, wenn die Menge

$$\Gamma^+(f) := \{(x,y) \mid x \in D, \ y \geq f(x)\} \subseteq \mathbb{R}^{n+1}$$

„über dem Graphen von f" konvex ist.

b) Es sei jetzt $D \subseteq \mathbb{R}^n$ konvex und *offen*. Man zeige, daß eine konvexe Funktion $f : D \mapsto \mathbb{R}$ *stetig* ist.

c) Für konvexe offene $D \subseteq \mathbb{R}^n$ zeige man: $f \in \mathcal{C}^2(D, \mathbb{R})$ ist genau dann konvex, wenn $Hf(x) \geq 0$ für alle $x \in D$ gilt.

20.7 Man zeige, daß Formel (19) im Fall $k = 1$ mit Formel (9) übereinstimmt.

20.8 Für das Polynom $P(x, y, z) := xyz$ berechne man die Taylor-Entwicklung (21) für $k = 3$ im Punkt $a = (1, -1, 0)$.

20.9 Für $f, g \in C^{|\alpha|}(D)$ zeige man die *Leibniz-Regel*

$$\partial^\alpha (fg) = \sum_{\beta \leq \alpha} \binom{\alpha}{\beta} \partial^{\alpha-\beta} f \, \partial^\beta g . \tag{23}$$

Man formuliere und beweise auch eine entsprechende Variante des *binomischen Satzes.*

20.10 Es sei $P(x) = \sum_{|\alpha|=k} c_\alpha x^\alpha$ ein homogenes Polynom vom Grad k.
a) Man zeige $\partial^\beta P(x) = \beta! \, c_\beta$ für $|\beta| = k$ und $x \in \mathbb{R}^n$.
b) Aus $P(x) = o(|x|^k)$ für $|x| \to 0$ folgere man $c_\alpha = 0$ für alle α.
c) Man schließe, daß es für $f \in C^k(D, \mathbb{R})$ und $a \in D$ genau ein Polynom P vom Grad k mit $f(a + h) = P(h) + o(|h|^k)$ gibt.

21 Der Satz über inverse Funktionen

In diesem Abschnitt werden *quadratische nichtlineare Gleichungssysteme*

$$f(x) = y \tag{1}$$

untersucht; hierbei sind $D \subseteq \mathbb{R}^n$ offen, $f \in C^1(D, \mathbb{R}^n)$ und $y \in \mathbb{R}^n$ gegeben. Man möchte entscheiden, für welche $y \in \mathbb{R}^n$ (1) lösbar ist, also das Bild $f(D)$ von D unter f bestimmen. Dieses sollte in $\mathbb{R}^n$ *offen* sein, für $y \in f(D)$ sollte (1) *eindeutig* lösbar sein, und die *Lösung* $x = f^{-1}(y)$ von (1) sollte *stetig differenzierbar von y abhängen*. Diese Situation wird durch den folgenden Begriff (mit $\Psi = f^{-1}$) erfaßt:

21.1 Definition. *Es seien $D, U \subseteq \mathbb{R}^n$ offen und $k \in \mathbb{N} \cup \{\infty\}$. Eine bijektive C^k-Abbildung $\Psi : U \mapsto D$ heißt C^k-Diffeomorphismus, C^k-Isomorphismus oder C^k-Koordinatentransformation, falls auch $\Psi^{-1} : D \mapsto U$ eine C^k-Abbildung ist.*

21.2 Feststellung. *Es sei $\Psi : U \mapsto D$ ein C^1-Diffeomorphismus. Dann gilt $\Psi'(u) \in GL(\mathbb{R}^n)$ für alle $u \in U$, d.h. alle Ableitungen $\Psi'(u)$ sind invertierbar.*

BEWEIS. Wegen $\Psi^{-1} \circ \Psi = I$ folgt dies sofort durch Differentiation aufgrund der Kettenregel: $(\Psi^{-1})'(\Psi(u)) \cdot \Psi'(u) = I$.   ◇

Im Fall $n = 1$ gilt auch die folgende Umkehrung von Feststellung 21.2:

21.3 Satz. *Es seien* $I \subseteq \mathbb{R}$ *ein offenes Intervall,* $f \in C^1(I, \mathbb{R})$ *und* $f'(x) \neq 0$ *für alle* $x \in I$. *Dann ist* f *ein* C^1 *-Diffeomorphismus, und für* $f^{-1} : f(I) \mapsto I$ *gilt* $(f^{-1})'(y) = f'(f^{-1}(y))^{-1}$. *Aus* $f \in C^k(I)$, $1 \leq k \leq \infty$, *folgt auch* $f^{-1} \in C^k(f(I))$.

BEWEIS. Aufgrund des Zwischenwertsatzes gilt $f' > 0$ oder $f' < 0$, d. h. f *ist streng monoton.* Daher ist f injektiv, und $f(I)$ ist ein offenes Intervall in $\mathbb{R}$. Wegen Satz I.19.8 ist f^{-1} differenzierbar, und es gilt $(f^{-1})'(y) = f'(f^{-1}(y))^{-1}$. Die letzte Behauptung folgt dann aus der Kettenregel, vgl. Satz I.19.12 d).   ◇

21.4 Beispiele und Bemerkungen. a) Der Beweis von Satz 21.3 beruht *wesentlich auf Monotonie-Argumenten* und ist auf höhere Dimensionen nicht übertragbar. In der Tat ist der *globale* Teil der Aussage bereits für $n = 2$ falsch:
b) Der komplexen Exponentialfunktion entspricht die Abbildung

$$g : \mathbb{R}^2 \mapsto \mathbb{R}^2, \quad g(x,y) = (e^x \cos y, \, e^x \sin y)^\top$$

(vgl. (1.14)). Wegen $g(x, y + 2\pi) = g(x,y)$ ist g nicht injektiv, aber es gilt

$$\det Dg(x,y) = \det \begin{pmatrix} e^x \cos y & -e^x \sin y \\ e^x \sin y & e^x \cos y \end{pmatrix} = e^{2x} > 0.$$ □

Die 2π-Periodizität bezüglich y „verhindert" die C^1-Umkehrbarkeit von g. Dieser *globale Effekt* wird vermieden, wenn man g geeignet *einschränkt,* etwa auf einen Kreis mit Radius $< 2\pi$. Allgemein trifft man die folgende

21.5 Definition. *Es seien* $D \subseteq \mathbb{R}^n$ *offen und* $1 \leq k \leq \infty$. *Eine Abbildung* $f \in C^k(D, \mathbb{R}^n)$ *heißt* lokaler C^k-*Diffeomorphismus, falls jeder Punkt* $x \in D$ *eine offene Umgebung* $V \subseteq D$ *hat, so daß* $f|_V$ *ein* C^k-*Diffeomorphismus ist.*

Die Invertierbarkeit der Ableitungen charakterisiert nun genau die *lokalen* C^k-Diffeomorphismen:

21.6 Theorem (über inverse Funktionen). *Es seien* $D \subseteq \mathbb{R}^n$ *offen und* $1 \leq k \leq \infty$. *Eine Abbildung* $f \in C^k(D, \mathbb{R}^n)$ *ist genau dann ein lokaler* C^k-*Diffeomorphismus, wenn für alle* $x \in D$ *die Ableitungen* $f'(x)$ *invertierbar sind.*

Natürlich ist die Ableitung $f'(x)$ genau dann invertierbar, wenn dies für die Funktionalmatrix $Df(x)$ der Fall ist, wenn also det $Df(x) \neq 0$ gilt.

Der BEWEIS des Satzes über inverse Funktionen erfordert einige Vorbereitungen und erfolgt dann in mehreren Schritten.

21.7 Satz. *Die Gruppe $GL_{\mathbb{R}}(n)$ der invertierbaren Matrizen ist* offen *in* $\mathbb{M}_{\mathbb{R}}(n)$, *und die* Inversion $A \mapsto A^{-1}$ *ist ein C^{∞}-Diffeomorphismus auf* $GL_{\mathbb{R}}(n)$.

BEWEIS. Wegen $GL_{\mathbb{R}}(n) = \{A \in \mathbb{M}_{\mathbb{R}}(n) \mid \det A \neq 0\}$ (vgl. (8.5)) ist $GL_{\mathbb{R}}(n)$ offen in $\mathbb{M}_{\mathbb{R}}(n)$. Nach der *Cramerschen Regel* (vgl. etwa [22], Korollar 9.D.13 oder [23], Satz 4.4.B.) gilt $A^{-1} = \frac{1}{\det A} \widetilde{A}$, wobei die Elemente von $\widetilde{A}$ geeignete Unterdeterminanten von A sind. Die Elemente von A^{-1} sind also *rationale Funktionen* in denen von A, woraus sofort die Behauptung folgt.   ◇

Die Räume $L(\mathbb{R}^n)$ und $\mathbb{M}_{\mathbb{R}}(n)$ sind linear homöomorph, insbesondere also C^{∞}-diffeomorph; daher ist auch die *Inversion $T \mapsto T^{-1}$* ein C^{∞}-Diffeomorphismus auf $GL(\mathbb{R}^n)$. Dies gilt auch für beliebige Banachräume E statt $\mathbb{R}^n$, vgl. dazu die Bemerkungen 19.3 d) und 27.5 b).

Der *Banachsche Fixpunktsatz* I. 35.1* gilt in der folgenden allgemeinen Situation:

21.8 Satz (Banachscher Fixpunktsatz). *Es seien X ein* vollständiger *metrischer Raum und $g : X \mapsto X$ eine* Kontraktion, *d.h. es gelte*

$$\exists\, 0 \leq q < 1 \; \forall\, x, y \in X \; : \; d(g(x), g(y)) \leq q\, d(x, y). \tag{2}$$

Dann besitzt g genau einen Fixpunkt $x^* \in X$, *d. h. es gibt genau eine Lösung $x^* \in X$ der Gleichung $g(x) = x$. Definiert man zu einem $x_0 \in X$ rekursiv $x_n := g(x_{n-1})$, $n \geq 1$, so gilt stets $\lim\limits_{n \to \infty} x_n = x^*$.*

BEWEIS. a) Es gelte $g(x) = x$ und $g(y) = y$. Aus (2) folgt dann sofort $d(x, y) = d(g(x), g(y)) \leq q\, d(x, y)$, also $d(x, y) = 0$.

b) Wegen (2) ist g stetig. Für einen beliebigen Startpunkt $x_0 \in X$ definiert man $x_n := g(x_{n-1}) = g^2(x_{n-2}) = \ldots = g^n(x_0)$, $n \geq 1$. Für $m \geq n$ folgt

$$d(x_m, x_n) \leq \sum_{k=n+1}^{m} d(x_k, x_{k-1}) = \sum_{k=n+1}^{m} d(g^{k-n}(x_n), g^{k-n}(x_{n-1}))$$

$$\leq \sum_{k=n+1}^{m} q^{k-n}\, d(x_n, x_{n-1}) \leq \tfrac{q}{1-q}\, d(x_n, x_{n-1}) \tag{3}$$

$$\leq q^n \tfrac{d(x_1, x_0)}{1-q}, \tag{4}$$

d.h. (x_n) ist eine Cauchy-Folge in X. Da X vollständig ist, existiert $\lim\limits_{n\to\infty} x_n =: x^*$, und es folgt sofort

$$g(x^*) \;=\; \lim_{n\to\infty} g(x_n) \;=\; \lim_{n\to\infty} x_{n+1} \;=\; x^* . \qquad \diamond$$

Aus (4) und (3) erhält man mit $m \to \infty$ sofort die *a priori*- und *a posteriori*-*Fehlerabschätzungen*

$$d(x^*, x_n) \;\leq\; q^n \frac{d(x_1, x_0)}{1-q}, \quad n \in \mathbb{N}, \tag{5}$$

$$d(x^*, x_n) \;\leq\; \frac{q}{1-q} d(x_n, x_{n-1}), \quad n \in \mathbb{N}; \tag{6}$$

man hat also *lineare Konvergenz*.

Es folgt nun der eigentliche Beweis des Satzes 21.6 über inverse Funktionen. Zu $a \in D$ ist eine offene Umgebung $V \subseteq D$ zu konstruieren, so daß $f|_V$ ein C^k-Diffeomorphismus ist.

21.9 Schritt 1. *Man kann ohne Einschränkung $a = 0$, $f(a) = 0$ und $Df(a) = I$ annehmen.*

BEWEIS. Durch Translation des Koordinatensystems kann man $a = 0$ erreichen. Mit $A := Df(0)$ setzt man $h(x) := A^{-1}(f(x) - f(0))$; dann ist $h \in C^k(D, \mathbb{R}^n)$, $h(0) = 0$ und $Dh(0) = I$. Ist nun h ein lokaler C^k-Diffeomorphismus, so gilt dies auch für $f : x \mapsto f(0) + Ah(x)$. $\diamond$

Im weiteren Verlauf des Beweises wird eine beliebige Norm auf $\mathbb{R}^n$ verwendet. Abkürzend wird $K_r := K_r(0)$ geschrieben.

21.10 Schritt 2. *Es gibt $\delta > 0$ mit $Df(y) \in GL_{\mathbb{R}}(n)$ für $\|y\| \leq 7\delta$ und*

$$\| f(x+h) - f(x) \| \;\geq\; \tfrac{1}{2} \|h\| \quad \textit{für} \;\; x, x+h \in \overline{K}_{2\delta}. \tag{7}$$

Insbesondere ist f auf $\overline{K}_{2\delta}$ injektiv.

BEWEIS. Nach Satz 21.7 gibt es $0 < \varepsilon \leq \tfrac{1}{2}$ mit $A \in GL(n)$ für $\| A - I \| \leq \varepsilon$. Da Df stetig ist, gibt es $\delta > 0$ mit $\overline{K}_{7\delta} \subseteq D$ und

$$\| Df(y) - I \| = \| Df(y) - Df(0) \| \leq \varepsilon \quad \text{für} \;\; y \in \overline{K}_{7\delta}.$$

Es sei nun $x \in \overline{K}_{2\delta}$ fest; für $h \in K_{5\delta}$ definiert man $F(h) := f(x+h) - h$. Dann gilt $\| DF(h) \| = \| Df(x+h) - I \| \leq \varepsilon$ wegen $\| x + h \| \leq 7\delta$. Aus (19.22) folgt dann $\| F(h) - F(0) \| \leq \sup\limits_{t \in [0,1]} \| DF(th) \| \| h \| \leq \varepsilon \| h \|$, also

$$\| f(x+h) - f(x) - h \| \;=\; \| F(h) - F(0) \| \;\leq\; \tfrac{1}{2} \| h \| \tag{8}$$

für $\|x\| \le 2\delta$ und $\|h\| < 5\delta$, also ins-
besondere für x, $x + h \in \overline{K}_{2\delta}$. Daraus
folgt nun sofort (7).   ◇

21.11 Schritt 3. *Es gelten die Inklu-
sionen* $\overline{K}_\delta \subseteq f(\overline{K}_{2\delta}) \subseteq \overline{K}_{3\delta}$ *und*
$K_\delta \subseteq f(K_{2\delta}) \subseteq K_{3\delta}$ *(vgl. Abb. 21a).*

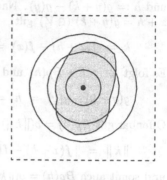

BEWEIS. a) Setzt man $x = 0$ in (8),
so folgt sofort $\|f(h) - h\| \le \frac{1}{2}\|h\|$ für
$h \in \overline{K}_{2\delta}$ und somit $f(\overline{K}_{2\delta}) \subseteq \overline{K}_{3\delta}$ sowie $f(K_{2\delta}) \subseteq K_{3\delta}$.
b) Es sei jetzt $y \in \overline{K}_\delta$ gegeben. Definiert man $\phi : \overline{K}_{2\delta} \mapsto \mathbb{R}^n$ durch

Abb. 21a

$$\phi(x) := x - f(x) + y, \quad x \in \overline{K}_{2\delta}, \tag{9}$$

so ist $f(x) = y$ äquivalent zu $\phi(x) = x$. Die Existenz eines *Fixpunktes* von
ϕ auf $\overline{K}_{2\delta}$ wird nun mit Hilfe des Banachschen Fixpunktsatzes bewiesen:
c) Zunächst wird $\phi(\overline{K}_{2\delta}) \subseteq \overline{K}_{2\delta}$ gezeigt: Aus $\|h\| \le 2\delta$ folgt sofort

$$\|\phi(h)\| \le \|h - f(h)\| + \|y\| \le \tfrac{1}{2}\|h\| + \|y\| \le \delta + \delta = 2\delta$$

aufgrund von a). Weiter ist ϕ eine Kontraktion auf dem vollständigen Raum
$\overline{K}_{2\delta}$. In der Tat folgt aus (8) für $x, x + h \in \overline{K}_{2\delta}$:

$$\|\phi(x + h) - \phi(x)\| = \|(x + h - f(x + h) + y) - (x - f(x) + y)\|$$
$$= \|f(x) - f(x + h) + h\| \le \tfrac{1}{2}\|h\|.$$

Somit impliziert also der Banachsche Fixpunktsatz die Existenz einer (ein-
deutigen) Lösung $x \in \overline{K}_{2\delta}$ von $f(x) = y$ für alle $y \in \overline{K}_\delta$.
d) Gilt sogar $y \in K_\delta$, so erhält man sogar $\phi(\overline{K}_{2\delta}) \subseteq K_{2\delta}$ in c). Daher liegt
die Lösung x sogar in $K_{2\delta}$, und Schritt 3 ist vollständig bewiesen.   ◇

21.12 Schritt 4. *Es sei $U := K_\delta$ und $V := K_{2\delta} \cap f^{-1}(U)$. Dann sind V
und U offene Umgebungen von a (= 0) und $f(a)$ (= 0), und $f : V \mapsto U$
ist ein C^k-Diffeomorphismus.*

BEWEIS. a) Es ist klar, daß V und U offene Umgebungen von $0 = f(0)$
sind. Nach Schritt 3 ist $f : V \mapsto U$ *surjektiv*, und nach Schritt 2 auch
injektiv.
b) Es wird gezeigt, daß die Umkehrabbildung $g : U \mapsto V$ von $f : V \mapsto U$
differenzierbar ist. Dazu seien $y, y + k \in U$; man setzt $x := g(y) \in V$

und $h := g(y + k) - g(y)$. Nach Schritt 2 existiert $B := Df(x)^{-1}$. Wegen $x + h = g(y + k)\ (\in V)$ gilt

$$k \;=\; f(x + h) - f(x) \;=\; Df(x)\,h + \rho(h), \quad \rho(h) = o(\|\,h\,\|)\,.$$

Es folgt $Bk = h + B\rho(h)$ und somit

$$g(y + k) - g(y) \;=\; h \;=\; B\,k - B\rho(h)\,.$$

Offenbar gilt $B\rho(h) = o(\|\,h\,\|)$. Nach (7) ist aber

$$\|\,k\,\| \;=\; \|\,f(x + h) - f(x)\,\| \;\geq\; \tfrac{1}{2}\,\|\,h\,\|$$

und somit auch $B\rho(h) = o(\|\,k\,\|)$.

c) Nach b) ist also $g : U \mapsto V$ differenzierbar mit

$$Dg(y) \;=\; (Df(g(y)))^{-1}\,. \tag{10}$$

Wegen Satz 21.7 ist mit Df und g auch Dg stetig, und es folgt $g \in C^1(U, \mathbb{R}^n)$. Ist für $2 \leq p < k$ schon $g \in C^{p-1}(U, \mathbb{R}^n)$ gezeigt, so folgt aus Satz 21.7, (10) und der *Kettenregel* (vgl. Aufgabe 19.6) auch $Dg \in C^{p-1}(U, \mathbb{M}_{\mathbb{R}}(n))$. Dies zeigt dann $g \in C^p(U, \mathbb{R}^n)$, und somit folgt induktiv $g \in C^k(U, \mathbb{R}^n)$. $\diamond$

Damit ist der Satz über inverse Funktionen vollständig bewiesen. Für *reell-analytische* Abbildungen f sind auch die lokalen Umkehrabbildungen g reell-analytisch, vgl. Bemerkung 28.14.

21.13 Beispiel. Es werden *Kugelkoordinaten* im Raum $\mathbb{R}^3$ besprochen. Für $q := (x, y, z) \in \mathbb{R}^3$ hat man zunächst den Radius $r = |\,q\,| = \sqrt{x^2 + y^2 + z^2}$. Im Fall $q \neq 0$ gibt es genau ein $\vartheta \in [-\tfrac{\pi}{2}, \tfrac{\pi}{2}]$ mit $z = r \sin\vartheta$; der Winkel ϑ ist der *Breitengrad* des Punktes q auf der *Sphäre* $S_r(0)$. Es folgt dann $x^2 + y^2 = r^2 - z^2 = r^2 \cos^2\vartheta$; schreibt man jetzt (x, y) in ebenen Polarkoordinaten, so ergibt sich

$$(x, y, z) \;=\; \Psi(r, \varphi, \vartheta) := (r\cos\varphi\cos\vartheta, \, r\sin\varphi\cos\vartheta, \, r\sin\vartheta)\,. \tag{11}$$

Hierbei ist der Winkel φ der *Längengrad* des Punktes q auf der *Sphäre* $S_r(0)$ (vgl. Abb. 21b). Für die in (11) definierte Abbildung $\Psi \in C^\infty(\mathbb{R}^3, \mathbb{R}^3)$ gilt

$$D\Psi(r, \varphi, \vartheta) = \begin{pmatrix} \cos\varphi\cos\vartheta & -r\sin\varphi\cos\vartheta & -r\cos\varphi\sin\vartheta \\ \sin\varphi\cos\vartheta & r\cos\varphi\cos\vartheta & -r\sin\varphi\sin\vartheta \\ \sin\vartheta & 0 & r\cos\vartheta \end{pmatrix}, \tag{12}$$

$$\det D\Psi(r, \varphi, \vartheta) \;=\; r^2 \cos\vartheta\,; \tag{13}$$

nach dem Satz über inverse
Funktionen ist also Ψ ein lokaler C^∞-Diffeomorphismus auf
$\{(r,\varphi,\vartheta) \in \mathbb{R}^3 \mid r\cos\vartheta \neq 0\}$,
dort wegen der 2π-Periodizität
in φ und ϑ aber nicht injektiv. Es ist aber Ψ ein C^∞-
Diffeomorphismus etwa von
$U := (0,\infty) \times (-\pi,\pi) \times (-\frac{\pi}{2}, \frac{\pi}{2})$
auf das Komplement von $H :=$
$\{(x,0,z) \mid x \leq 0 ,\; z \in \mathbb{R}\}$ in
$\mathbb{R}^3$.   □

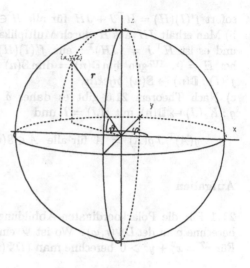

Abb. 21b

21.14 Beispiel. Es seien
$D \subseteq \mathbb{R}^n$ offen, $1 \leq k \leq \infty$ und
$f \in C^k(D,\mathbb{R})$ mit $f(a) = 0$ und
$Df(a) \neq 0$ für ein $a \in D$. Ist
etwa $\partial_1 f(a) \neq 0$, so gilt für die
durch

$$\Phi : x \mapsto (f(x), x_2 - a_2, \ldots, x_n - a_n)^\top$$

definierte Abbildung $\Phi \in C^k(D,\mathbb{R}^n)$ offenbar $\det D\Phi(a) = \partial_1 f(a) \neq 0$.
Nach Theorem 21.6 ist somit $\Phi : V \mapsto U$ ein C^k-Diffeomorphismus einer
offenen Umgebung $V \subseteq D$ von a auf eine offene Umgebung U von $0 \in \mathbb{R}^n$.
Mit $\Psi := \Phi^{-1} : U \mapsto V$ ist dann $f \circ \Psi$ die erste Komponente von $\Phi \circ \Psi = I$;
es gilt also

$$(f \circ \Psi)(u) = u_1, \quad u \in U, \tag{14}$$

für die C^k-*Koordinatentransformation* $\Psi : U \mapsto V$.   □

In der Nähe gewisser *kritischer* Punkte kann f in ein einfaches *quadratisches
Polynom* transformiert werden. Für den Beweis dieser Aussage, des *Morse-
Lemmas* 29.9, wird das nächste Beispiel verwendet:

21.15 Beispiel. a) Es sei $J = \operatorname{diag}(\alpha_1, \ldots, \alpha_n) \in GL_\mathbb{R}(n)$ eine invertierbare Diagonalmatrix. Durch

$$f : X \mapsto X^\top J X \tag{15}$$

wird eine C^∞-Abbildung vom Raum $\mathbb{D}_\mathbb{R}(n)$ der *oberen Dreiecksmatrizen*
in den Raum $\mathbb{S}_\mathbb{R}(n)$ der *symmetrischen Matrizen* mit $f(I) = J$ definiert.
Ähnlich wie in Beispiel 19.4 c) ergibt sich aus

$$f(I + H) = (I + H)^\top J (I + H) = f(I) + H^\top J + JH + H^\top JH$$

sofort $f'(I)(H) = H^\top J + JH$ für alle $H \in \mathbb{D}_\mathbb{R}(n)$.

b) Man erhält JH aus H durch Multiplikation der i-ten Zeile mit $\alpha_i \neq 0$, und es ist $H^\top J = (JH)^\top$; aus $f'(I)(H) = H^\top J + JH = 0$ folgt daher $H = 0$. Wegen $\dim \mathbb{D}(n) = \dim \mathbb{S}(n)$ ist somit die lineare Abbildung $f'(I) : \mathbb{D}(n) \mapsto \mathbb{S}(n)$ *bijektiv*.

c) Nach Theorem 21.6 gibt es daher $\delta > 0$ und eine $\mathcal{C}^\infty$-Abbildung $g : K_\delta(J) \mapsto \mathbb{D}(n)$ mit $g(J) = I$ und

$$g(A)^\top J g(A) = A \quad \text{für alle } A \in \mathbb{S}(n) \text{ mit } \|A - J\| < \delta. \quad \square \quad (16)$$

Aufgaben

21.1 Für die Polarkoordinaten-Abbildung $\Psi : (r, \varphi) \mapsto (r \cos \varphi, r \sin \varphi)$ berechne man $\det D\Psi(r, \varphi)$. Wo ist Ψ ein lokaler $\mathcal{C}^\infty$-Diffeomorphismus? Für $r^2 = x^2 + y^2 > 0$ berechne man $(D\Psi(r, \varphi))^{-1}$ und $D\Psi^{-1}(x, y)$.

21.2 Es werden rekursiv *Polarkoordinaten im* $\mathbb{R}^n$ definiert:

a) Für $n = 2$ sei $\Psi_2(r, \varphi_1) := (r \cos \varphi_1, r \sin \varphi_1)$; für $n \geq 3$ setzt man

$$\Psi_n(u, \varphi_{n-1}) := (\Psi_{n-1}(u) \cos \varphi_{n-1}, r \sin \varphi_{n-1}) \text{ mit } u := (r, \varphi_1, \ldots, \varphi_{n-2}).$$

Man gebe $\Psi_n \in \mathcal{C}^\infty(\mathbb{R}^n, \mathbb{R}^n)$ explizit an und zeige

$$\det D\Psi_n = r^{n-1} \cdot \cos^{n-2} \varphi_{n-1} \cdots \cos^2 \varphi_3 \cdot \cos \varphi_2.$$

b) Mit $U_2 := (0, \infty) \times (-\pi, \pi)$ sei $U_n := U_2 \times (-\frac{\pi}{2}, \frac{\pi}{2})^{n-2}$ für $n \geq 3$. Man zeige, daß $\Psi_n : \overline{U_n} \mapsto \mathbb{R}^n$ surjektiv ist, $\Psi_n : U_n \mapsto \Psi_n(U_n)$ ein $\mathcal{C}^\infty$-Diffeomorphismus ist und berechne das Bild $\Psi_n(U_n)$.

21.3 a) Wo ist die Abbildung $f : (x, y) \mapsto (\sin x \cosh y, \cos x \sinh y)$ ein lokaler $\mathcal{C}^\infty$-Diffeomorphismus?

b) Für $G_1 := \{(x, y) \in \mathbb{R}^2 \mid 0 < x < \frac{\pi}{2}\}$, $G_2 := \{(x, y) \in \mathbb{R}^2 \mid \frac{\pi}{2} < x < \pi\}$ berechne man $f(G_1)$ und $f(G_2)$. Man zeige, daß f auf G_1 und auf G_2, nicht aber auf $G_1 \cup G_2$ injektiv ist.

21.4 Die *elementarsymmetrischen Polynome* in 3 Variablen sind gegeben durch (vgl. (I. 44.13)*)

$$\sigma_1 = t_1 + t_2 + t_3, \quad \sigma_2 = t_1 t_2 + t_1 t_3 + t_2 t_3, \quad \sigma_3 = t_1 t_2 t_3.$$

Wo ist die Abbildung $\sigma : (t_1, t_2, t_3) \mapsto (\sigma_1, \sigma_2, \sigma_3)$ ein lokaler $\mathcal{C}^\infty$-Diffeomorphismus?

21.5 Es seien $D \subseteq \mathbb{R}^n$ offen und *beschränkt* und $f \in \mathcal{C}(\overline{D}, \mathbb{R}^n)$, so daß $f|_D \in \mathcal{C}^1(D, \mathbb{R}^n)$ gilt und alle $f'(x)$, $x \in D$, invertierbar sind. Man zeige, daß $\|f\|$ sein Maximum nicht in D annehmen kann und folgere

$$\sup_{x \in \overline{D}} \|f(x)\| = \sup_{x \in \partial D} \|f(x)\|.$$

21.6 Es seien $G \subseteq \mathbb{R}^n$ offen, $1 \leq m < n$ und $f_1, \ldots, f_m \in \mathcal{C}^1(G, \mathbb{R})$, so daß die Ableitungen $\{Df_1(x), \ldots, Df_m(x)\}$ für alle $x \in G$ linear unabhängig sind. Es sei $g \in \mathcal{C}^1(G, \mathbb{R})$ mit $Dg(x) \in \operatorname{sp}\{Df_1(x), \ldots, Df_m(x)\}$ für alle $x \in G$. Zu $a \in G$ konstruiere man eine Umgebung V von $f(a)$ in $\mathbb{R}^m$ und $h \in \mathcal{C}^1(V, \mathbb{R})$ mit

$$g(x) = h(f_1(x), \ldots, f_m(x)) \quad \text{für } x \text{ nahe } a.$$

HINWEIS. Man finde (lineare) Funktionen $f_{m+1}, \ldots, f_n \in \mathcal{C}^1(G, \mathbb{R})$, so daß $F := (f_1, \ldots, f_m, f_{m+1}, \ldots, f_n)^\top \in \mathcal{C}^1(G, \mathbb{R}^n)$ nahe a eine *Koordinatentransformation* ist. Man zeige, daß $g \circ F^{-1}$ von den letzten Koordinaten $(u_{m+1}, \ldots, u_n)$ unabhängig ist.

21.7 a) Man zeige, daß offene Mengen in $\mathbb{R}^n$ und $\mathbb{R}^m$ für $m \neq n$ nicht $\mathcal{C}^1$-diffeomorph sein können (vgl. Bemerkung 8.6 c)).
b) Es seien $D \subseteq \mathbb{R}^n$ offen und $m < n$. Man zeige, daß es sogar *keine injektive* Abbildung $f \in \mathcal{C}^1(D, \mathbb{R}^m)$ gibt.

21.8 Es seien $P : \mathbb{M}_\mathbb{R}(n) \mapsto \mathbb{M}_\mathbb{R}(n)$ eine $\mathcal{C}^k$-Abbildung mit $\|P(A)\| = o(\|A\|^{1/2})$ für $\|A\| \to 0$ und $Q(A) := A - P(A)$. Man konstruiere $\delta > 0$ und eine $\mathcal{C}^k$-Abbildung $g : K_\delta(0) \mapsto \mathbb{M}(n)$ mit $g(0) = I$ und

$$I + C = (I + P(g(C)))\,(I + Q(g(C))) \quad \text{für } C \in \mathbb{M}(n) \text{ mit } \|C\| < \delta.$$

22 Der Satz über implizite Funktionen

Das Gleichungssystem (21.1) $f(x) = y$ kann in der Form

$$f(x) - y = 0 \tag{1}$$

als ein System von n Gleichungen für die $2n$ Unbekannten $x_1, \ldots, x_n$, $y_1, \ldots, y_n$ aufgefaßt werden. Der Satz über inverse Funktionen besagt dann folgendes: Ist $(a, b) \in \mathbb{R}^{2n}$ eine Lösung von (1), so hat das System (1) für jedes y nahe b genau eine Lösung $x = g(y)$ nahe a, und die Lösungsfunktion g ist genauso glatt wie die gegebene Funktion f (es kann weitere Lösungen geben, die aber nicht in der Nähe von a liegen).

In diesem Abschnitt werden unter einer *Rangbedingung* (5) solche *Auflösungen* nach geeigneten Variablen auch für allgemeinere nichtlineare Gleichungssysteme

$$f(z_1, \ldots, z_n) = 0 \tag{2}$$

mit mehr Unbekannten als Gleichungen konstruiert; genauer sei hierbei $k \in \mathbb{N} \cup \{\infty\}, 1 \leq m < n \in \mathbb{R}, D \subseteq \mathbb{R}^n$ offen und $f \in C^k(D, \mathbb{R}^m)$ gegeben.

22.1 Beispiele und Bemerkungen.

a) Die Lösungsmenge $N_0(f)$ von (2) ist eine *Niveaumenge* zu f im Sinne von (1.11) und läßt sich mit dem Schnitt des Graphen $\Gamma(f)$ von f mit der „n-dimensionalen Ebene" $\{(z, 0) \mid z \in \mathbb{R}^n\}$ in $\mathbb{R}^{n+m}$ identifizieren; für $n = 2, m = 1$ wird dies in Abb. 22a im Raum $\mathbb{R}^3$ veranschaulicht. Natürlich kann $N_0(f) = \emptyset$ (etwa für $f(x, y) = x^2 + y^2 + 1$) oder $N_0(f) = D$ (für $f = 0$) sein.

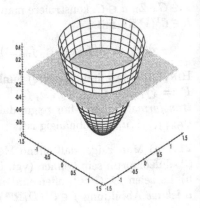

b) Die *Kreisgleichung*

$$f(x, y) := x^2 + y^2 - 1 = 0 \tag{3}$$

Abb. 22a

besitzt die folgenden *Auflösungen nach y* (vgl. Abb. 22a,b):

$$y = +\sqrt{1 - x^2} \quad \text{für } y > 0,$$
$$y = -\sqrt{1 - x^2} \quad \text{für } y < 0.$$

Ist insbesondere (a, b) eine Lösung von (3) mit $b > 0$, so gilt

$$x^2 + y^2 - 1 = 0 \Leftrightarrow y = +\sqrt{1 - x^2} \quad \text{für } (x, y) \text{ nahe } (a, b),$$

und entsprechendes hat man für $b < 0$. Im Fall $b = 0$, also $a = \pm 1$, ist eine solche Auflösung von (3) nach y nahe (a, b) offenbar *nicht möglich*, da für x nahe a und $x \neq a$ die Gleichung (3) *zwei* Lösungen y nahe b besitzt. Man beachte, daß die Ableitung $\partial_y f(a, b) = 2b$ von f nach y genau für $b = 0$ verschwindet.

c) Entsprechendes gilt für die Auflösung von (3) nach x; diese ist nahe (a, b) mit $a^2 + b^2 - 1 = 0$ genau für $a \neq 0$ eindeutig möglich, also genau dann, wenn $\partial_x f(a, b) = 2a \neq 0$ gilt. $\qquad\square$

22.2 Bemerkungen und Definitionen. Es sei $q \in D$ eine Lösung des i. a. *nichtlinearen* Gleichungssystems (2). Für $z \in D$ nahe q kann dann (2) durch das *lineare* Gleichungssystem

$$Df(q)\,(z - q) \;=\; 0 \tag{4}$$

approximiert werden. Hat nun die Funktionalmatrix von f in q *maximalen Rang*, gilt also

$$\mathrm{rk}\,Df(q) \;=\; m, \tag{5}$$

so spannen die partiellen Ableitungen $\{\partial_1 f(q), \dots, \partial_n f(q)\}$ den $\mathbb{R}^m$ auf; es gibt also m Indizes $j_1, \dots, j_m$, so daß $\{\partial_{j_1} f(q), \dots, \partial_{j_m} f(q)\}$ eine Basis von $\mathbb{R}^m$ ist. Mit $p := n - m$ kann man $\{j_1, \dots, j_m\} = \{p+1, \dots, n\}$ durch Umnumerierung der Koordinaten erreichen und setzt dann $x := (z_1, \dots, z_p)$ sowie $y := (z_{p+1}, \dots, z_n)$. Für die Funktionalmatrix von f hat man eine entsprechende Zerlegung

$$Df(z) \;=\; (D_x f(z),\, D_y f(z)) \quad \text{mit} \tag{6}$$

$$D_x f(z) \;:=\; (\partial_j f_i(z))_{\substack{i=1\dots m \\ j=1\dots p}}, \quad D_y f(z) \;:=\; (\partial_j f_i(z))_{\substack{i=1\dots m \\ j=p+1\dots n}}; \tag{7}$$

die Matrix $D_y f(q) \in \mathrm{M}_m(\mathbb{R})$ ist dann also *invertierbar*.

b) Mit $z - q = (x - a, y - b)^\top$ ist nun (4) äquivalent zu

$$(D_x f(q), D_y f(q)) \begin{pmatrix} x - a \\ y - b \end{pmatrix} \;=\; D_x f(q)\,(x - a) + D_y f(q)\,(y - b) \;=\; 0,$$

wegen $D_y f(q) \in GL(m)$ also auch zu

$$y - b \;=\; -D_y f(q)^{-1}\, D_x f(q)\,(x - a). \tag{8}$$

Durch (8) wird (4) *nach y aufgelöst;* die Komponenten $x - a$ sind *frei wählbar* und die übrigen Komponenten $y - b$ von $z - q$ dann *eindeutig festgelegt.*

c) Im folgenden wird nun gezeigt, daß auch das *nichtlineare* Gleichungssystem (2) in Fall $D_y f(a,b) \in GL(m)$ nahe (a,b) nach y *aufgelöst* werden kann; man erhält dann $y = g(x)$ mit einer C^k-Abbildung g und eine zu (8) ähnliche Formel für die Funktionalmatrizen von g. $\qquad \square$

Als Vorbereitung für Theorem 22.5 dient:

22.3 Satz. *Es seien* $k \in \mathbb{N} \cup \{\infty\}, 1 \leq m < n \in \mathbb{N}, p := n - m,$ $D \subseteq \mathbb{R}^n$ *offen,* $f \in C^k(D, \mathbb{R}^m)$ *und* $(a,b) \in D$ *mit* $f(a,b) = 0$, *so daß* $D_y f(a,b)$ *invertierbar ist (vgl. (7)). Für die Hilfsfunktion*

$$F : D \mapsto \mathbb{R}^n = \mathbb{R}^p \times \mathbb{R}^m, \quad F(x,y) := (x, f(x,y))^\top, \tag{9}$$

gibt es offene Umgebungen $V_0 \subseteq \mathbb{R}^p$ von a, $V_2 \subseteq \mathbb{R}^m$ von b und $W \subseteq \mathbb{R}^n$ von $F(a,b) = (a,0)$, so daß $V := V_0 \times V_2 \subseteq D$ gilt und $F : V \mapsto W$ ein C^k -Diffeomorphismus ist. Die Umkehrabbildung $F^{-1} : W \mapsto V$ hat die Form

$$F^{-1}(u,s) = (u, G(u,s))^\top \quad \text{für } (u,s) \in W. \tag{10}$$

BEWEIS. Offenbar gilt $F \in C^k(D, \mathbb{R}^n)$, und man hat

$$DF(a,b) = \begin{pmatrix} I & 0 \\ D_x f & D_y f \end{pmatrix}(a,b). \tag{11}$$

Somit ist $\det DF(a,b) = \det D_y f(a,b) \neq 0$, und nach dem Satz über inverse Funktionen 21.6 gibt es offene Umgebungen $V \subseteq D$ von (a,b) und $W \subseteq \mathbb{R}^n$ von $F(a,b) = (a,0)$, so daß $F : V \to W$ ein C^k-Diffeomorphismus ist. Durch Verkleinerung von V kann man $V = V_0 \times V_2 \subseteq D$ wie in der Behauptung erreichen. Mit $F^{-1}(u,s) = (H(u,s), G(u,s))^\top$ gilt

$$(u,s)^\top = F(F^{-1}(u,s)) = F(H(u,s), G(u,s)) = (H(u,s), f(F^{-1}(u,s)))^\top$$

für alle $(u,s)^\top \in W$; somit folgt $H(u,s) = u$ und damit (10). $\diamond$

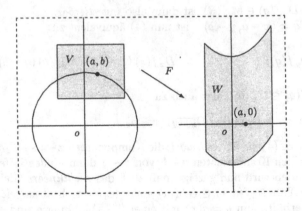

Abb. 22b

22.4 Beispiel. Für die *Kreisgleichung* (3) bedeutet die Rangbedingung (5) offenbar $Df(a,b) = (\partial_1 f(a,b), \partial_2 f(a,b)) = 2(a,b) \neq (0,0)$. Es sei nun $f(a,b) = 0$ und $b > 0$; dann gilt $D_y f(a,b) = \partial_2 f(a,b) = 2b \neq 0$. Man wählt dann Intervalle $V_0 \subseteq (-1,1)$ mit $a \in V_0$ und $V_2 = (c,d) \subseteq (0,\infty)$ mit $b \in V_2$ und setzt $V = V_0 \times V_2$. Mit

$$W := \{(x,s) \in \mathbb{R}^2 \mid x \in V_0, \, x^2 + c^2 - 1 < s < x^2 + d^2 - 1\}$$

ist dann $F : V \mapsto W$, $F(x,y) = (x, x^2 + y^2 - 1)^\top$, ein C^∞-Diffeomorphismus mit Umkehrabbildung $F^{-1}(u,s) = (u, \sqrt{1 + s - u^2})^\top$ (vgl. Abb. 22b). Der Teil $N_0(f) \cap V$ der *("gekrümmten")* Kreislinie wird durch F in ein *(gerades)* Intervall (auf der x-Achse) abgebildet. Für $(x,y) \in V$ gilt

$$f(x,y) = 0 \iff F(x,y) = (x,0)^\top \iff (x,y) = F^{-1}(x,0) \iff y = G(x,0);$$

die Gleichung $f(x,y) = 0$ wird also über $V = V_0 \times V_2$ durch

$$y = g(x) := G(x,0) = \sqrt{1-x^2}$$

nach y aufgelöst. □

Allgemein gilt das folgende wichtige

22.5 Theorem (über implizite Funktionen). *Es seien* $k \in \mathbb{N} \cup \{\infty\}$, $1 \leq m < n \in \mathbb{N}$, $p := n - m$, $D \subseteq \mathbb{R}^n$ *offen,* $f \in C^k(D, \mathbb{R}^m)$ *und* $(a,b) \in D$ *mit* $f(a,b) = 0$, *so daß* $D_y f(a,b)$ *invertierbar ist (vgl. (7)). Dann gibt es offene Umgebungen* V_1 *von* a *in* $\mathbb{R}^p$ *und* V_2 *von* b *in* $\mathbb{R}^m$ *mit* $V_1 \times V_2 \subseteq D$, *so daß für jedes* $x \in V_1$ *die Gleichung* $f(x,y) = 0$ *in* V_2 *genau eine Lösung* y *besitzt. Die dadurch definierte Funktion* $g : x \mapsto y$ *liegt in* $C^k(V_1, \mathbb{R}^m)$ *und erfüllt* $g(a) = b$, $g(V_1) \subseteq V_2$ *sowie*

$$Dg(x) = -(D_y f(x, g(x)))^{-1} D_x f(x, g(x)), \quad x \in V_1. \tag{12}$$

BEWEIS. Aufgrund von Satz 22.3 wird durch (9) ein C^k-Diffeomorphismus $F : V \mapsto W$ definiert, wobei $V = V_0 \times V_2 \subseteq D$ und $W \subseteq \mathbb{R}^n$ offene Umgebungen von (a,b) und $F(a,b) = (a,0)$ sind. Es sei nun $V_1 \subseteq V_0$ eine offene Umgebung von a mit $\{(x,0) \mid x \in V_1\} \subseteq W$. Für $(x,y) \in V_1 \times V_2$ gilt dann wie in Beispiel 22.4 (vgl. (10))

$$f(x,y) = 0 \iff F(x,y) = (x,0)^\top \iff (x,y) = F^{-1}(x,0) \iff y = G(x,0);$$

für $x \in V_1$ besitzt daher die Gleichung $f(x,y) = 0$ in V_2 genau die Lösung $y = g(x) := G(x,0)$. Damit ist $g \in C^k(V_1, \mathbb{R}^m)$ klar, ebenso auch $g(a) = b$ und $g(V_1) \subseteq V_2$. Wegen (11) ist $D_y f(x,y)$ für $(x,y) \in V$ invertierbar. Zum Beweis von (12) setzt man $G_0(x) := (x, g(x))^\top$ und beachtet $f \circ G_0 \equiv 0$ auf V_1. Differentiation liefert

$$
\begin{aligned}
0 &= D(f \circ G_0)(x) = Df(G_0(x))\, DG_0(x) \\
&= \left(D_x f(G_0(x)), D_y f(G_0(x)) \right) \begin{pmatrix} I \\ Dg(x) \end{pmatrix} \\
&= D_x f(G_0(x)) + D_y f(G_0(x))\, Dg(x);
\end{aligned}
$$

wegen $G_0(x) = (x, g(x))^\top \in V$ für $x \in V_1$ existiert $(D_y f(G_0(x)))^{-1}$, und somit folgt die Behauptung (12). ◇

22.6 Bemerkungen. a) Der Satz über implizite Funktionen besagt also

$$\{(x,y) \in V_1 \times V_2 \,|\, f(x,y) = 0\} \;=\; \{(x,y) \in V_1 \times V_2 \,|\, y = g(x)\}$$
$$= \{(x, g(x)) \,|\, x \in V_1\};$$

die *Niveaumenge* $N_0(f)$ ist also *in* $V_1 \times V_2 \subseteq D$ durch den *Graphen* einer C^k-Funktion $g : V_1 \mapsto V_2$ gegeben: $N_0(f) \cap (V_1 \times V_2) = \Gamma(g)$. Speziell ist $N_0(f) \cap (V_1 \times V_2)$ im Fall $p = 1$ eine *glatte C^k-Jordankurve*.

b) In der Situation von Theorem 22.5 kann es zu $x \in V_1$ weitere Lösungen $y \in \mathbb{R}^m \backslash V_2$ von $f(x,y) = 0$ geben, so etwa $y = -\sqrt{1-x^2}$ im Fall der Kreisgleichung (3) mit $b > 0$ (vgl. Beispiel 22.4 und Abb. 22b).

c) Es seien $f \in C^k(D, \mathbb{R}^m)$ und $q \in D$ mit $f(q) = 0$ und $\operatorname{rk} Df(q) = m$. Dann gibt es Indizes $j_1, \ldots, j_m$, so daß $\{\partial_{j_1} f(q), \ldots, \partial_{j_m} f(q)\}$ eine Basis von $\mathbb{R}^m$ ist. Sind $i_1, \ldots, i_p$ die übrigen Indizes, so setzt man $x := (z_{i_1}, \ldots, z_{i_p})$, $y := (z_{j_1}, \ldots, z_{j_m})$ und erhält in einer Umgebung $V_1 \times V_2 \subseteq D$ von $q =: (a,b)$ eine Auflösung der Gleichung $f(x,y) = 0$ in der Form $y = g(x)$ mit einer eindeutig bestimmten C^k-Funktion $g : V_1 \mapsto V_2$.

d) Eine allgemeinere Gleichung $f(z) = \xi$ schreibt man in der Form $f(z) - \xi = 0$ und betrachtet $(z, \xi) \in \mathbb{R}^{n+m}$ als Variable. Ist $f(q) - c = 0$ und $\operatorname{rk} D_z f(q) = m$, so liefert der Satz über implizite Funktionen wie in c) in einer Umgebung $V_1 \times V_2 \times V_3 \subseteq D \times \mathbb{R}^m$ von $(q,c) = (a,b,c)$ eine Auflösung der Gleichung $f(x,y) - \xi = 0$ in der Form $y = g(x, \xi)$ mit einer eindeutig bestimmten C^k-Funktion $g : V_1 \times V_3 \mapsto V_2$. □

22.7 Beispiele und Bemerkungen. a) Formel (12) drückt die *Ableitung* der Auflösung g durch x und g aus. Ist nur $g(a) = b$, ansonsten aber g nicht explizit bekannt, so liefert dies explizit nur den Wert $Dg(a)$.

b) Trotzdem lassen sich aus (12) oft interessante Informationen über g gewinnen. In dem einfachen Fall $f(x,y) = x^2 + y^2 - 1$ etwa erhält man aus $\partial_x f = 2x$, $\partial_y f = 2y$ ohne explizite Berechnung von g sofort $g'(x) = -\frac{x}{y}$ (für $y \neq 0$); folglich ist 0 der einzige kritische Punkt von g.

c) Durch weitere Differentiation lassen sich aus (12) auch höhere (partielle) Ableitungen von g gewinnen. Im C^2-Fall hat man für $n = 2$ und $m = 1$

$$g''(x) \;=\; -\frac{\partial_x^2 f \cdot (\partial_y f)^2 - 2\,\partial_{xy}^2 f \cdot \partial_x f \cdot \partial_y f + \partial_y^2 f \cdot (\partial_x f)^2}{(\partial_y f)^3}\,(x, g(x)). \quad (13)$$

22.8 Beispiel. a) Für die Funktion $f(x,y) := y^5 + (x^2 + 1)y + (x^3 - 4)$ gilt $\partial_y f(x,y) = 5y^4 + x^2 + 1 > 0$ auf $\mathbb{R}^2$, woraus sich die Existenz einer *globalen* Auflösung $y = g(x)$ der Gleichung $f(x,y) = 0$ mit einer *algebraischen Funktion* $g \in C^\infty(\mathbb{R})$ ergibt (vgl. Beispiel I. 29.14 c) sowie die Abbildungen

22c und 22d). Eine explizite Angabe von g oder g' ist nicht (ohne weiteres) möglich.

b) Nach (12) hat man

$$g'(x) \; = \; -\frac{2xy + 3x^2}{5y^4 + x^2 + 1} \; = \; -\frac{2xg(x) + 3x^2}{5g(x)^4 + x^2 + 1}.$$

Für kritische Punkte von g gilt $x = 0$ oder $3x + 2y = 0$. Die Gleichung

$$h(x) := \; f(x, \tfrac{-3}{2}x) \; = \; -(\tfrac{3}{2})^5 x^5 - \tfrac{3}{2} x \, (x^2 + 1) + x^3 - 4 \; = \; 0$$

hat wegen

$$h'(x) \; = \; -5 \, (\tfrac{3}{2})^5 x^4 - \tfrac{3}{2} x^2 - \tfrac{3}{2} \; < \; 0 \quad \text{für} \quad x \in \mathbb{R}$$

genau eine Lösung $x^* \in \mathbb{R}$. Wegen $h(-1) = (\tfrac{3}{2})^5 - 2 = \tfrac{179}{32} > 0$ und $h(0) = -4 < 0$ gilt $x^* \in (-1, 0)$, und das Newton-Verfahren (vgl. Abschnitt I. 35* oder Abschnitt 26) liefert die Näherung $x^* = -0,80307$.

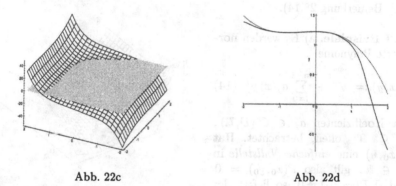

Abb. 22c   Abb. 22d

c) Wegen $f(0,1) = -2 < 0$ und $f(0,2) = 30 > 0$ gilt $a_0 := g(0) \in (1,2)$. Eine weitere numerische Rechnung liefert nun die Näherung $a_0 = 1,22634$. Damit läßt sich aus (13) auch der Wert $g''(0)$ berechnen. Man kann auch mit Hilfe eines *Ansatzes mit unbestimmten Koeffizienten* den Anfang der Taylor-Reihe von g in 0 bestimmen: Wegen $g'(0) = 0$ gilt etwa

$$g(x) \; = \; a_0 + a_2 \, x^2 + a_3 \, x^3 + O(x^4).$$

Aus $f(x, g(x)) = 0$ ergibt sich dann

$$(a_0 + a_2 x^2 + a_3 x^3 + \cdots)^5 + (x^2 + 1)(a_0 + a_2 x^2 + a_3 x^3 + \cdots) + x^3 - 4 = 0.$$

Koeffizientenvergleich bei den Potenzen x^0, x^2 und x^3 liefert

$$a_0^5 + a_0 - 4 = 0,$$
$$5a_0^4 a_2 + a_0 + a_2 = 0,$$
$$5a_0^4 a_3 + a_3 + 1 = 0,$$

also $a_2 = -\dfrac{a_0}{5a_0^4 + 1} = -0,09963$, $a_3 = -\dfrac{1}{5a_0^4 + 1} = -0,08124$.

d) Insbesondere ist $g''(0) < 0$, und g hat in 0 ein isoliertes lokales Maximum. Wegen $g(x) \to \infty$ für $x \to -\infty$ (vgl. Aufgabe I.29.5) muß g in x^* ein lokales Minimum besitzen. Natürlich kann man auch wie in c) direkt $g''(x^*) > 0$ zeigen. Abb. 22d zeigt den Graphen von g zusammen mit dem des Taylor-Polynoms (gestrichelt) der Ordnung 3 in 0.   □

In der Situation des Satzes über implizite Funktionen läßt sich wie in Beispiel 22.8 mit Hilfe eines *Ansatzes mit unbestimmten Koeffizienten* stets der Anfang der Taylor-Reihe von g in a berechnen. Ist f *reell-analytisch*, so gilt dies auch für g, und man erhält so die *Taylor-Entwicklung* von g in a (vgl. Bemerkung 28.14).

22.9 Beispiele. a) Es werden normierte Polynome

$$P(x,y) := y^m + \sum_{j=0}^{m-1} a_j(x)\, y^j \quad (14)$$

mit Koeffizienten $a_j \in \mathcal{C}^k(D, \mathbb{R})$, $D \subseteq \mathbb{R}^n$ offen, betrachtet. Hat $P(x_0, y)$ eine *einfache Nullstelle* in $y_0 \in \mathbb{R}$, gilt also $P(x_0, y_0) = 0$ und $\partial_y P(x_0, y_0) \neq 0$, so liefert der Satz über implizite Funktionen Umgebungen $V_1 \subseteq \mathbb{R}^n$ von x_0 und

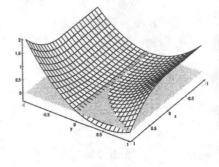

Abb. 22e

$V_2 \subseteq \mathbb{R}$ von y_0 sowie eine Funktion $g \in \mathcal{C}^k(V_1, V_2)$, so daß $y = g(x)$ für $(x, y) \in V_1 \times V_2$ die einzige Lösung der Gleichung $P(x, y) = 0$ ist. Hat insbesondere $P(x_0, y)$ genau m verschiedene reelle Nullstellen, so gilt dies auch für $P(x, y)$ für x nahe x_0.

b) Hat $P(x_0, y)$ eine *mehrfache Nullstelle* in $y_0 \in \mathbb{R}$, so ist der Satz über implizite Funktionen nicht anwendbar. Es sei etwa $p \geq 2$, $D = \mathbb{R}$ und

$$a(x) := \begin{cases} x^p & , \quad x > 0 \\ 0 & , \quad x \leq 0 \end{cases}.$$ Die Gleichung $P(x,y) := y^2 - a(x)\, y = 0$ hat

dann für $x \leq 0$ nur die Lösung $y = 0$, für $x > 0$ aber die *zwei* Lösungen

$y = 0$ und $y = x^p$. Im Nullpunkt tritt also eine *Verzweigung* der Lösung auf, vgl. Abb. 22e für $p = 2$.   □

Aufgaben

22.1 Man zeige, daß die Gleichung

$$f(x,y) := e^{\sin xy} + x^2 - 2y - 1 = 0$$

nahe $(0,0)$ nach y aufgelöst werden kann. Für die Auflösung $y = g(x)$ berechne man $g'(0)$ und $g''(0)$.

22.2 Man berechne alle ersten und zweiten partiellen Ableitungen der Auflösungen nahe $a := (1,1,1)$ der Gleichung

$$f(x,y,z) := x^2 + y^2 - (z-1)^3 - 2 = 0$$

nach x und y in $(1,1)$. Weiter zeige man, daß diese nahe a auch nach z auflösbar, die Auflösung aber in $(1,1)$ nicht differenzierbar ist.

22.3 Nach welchen Variablen kann das Gleichungssystem

$$\arctan(x_1 + x_2) + x_1^2 \sin x_3 + \sinh(x_3 + x_4) = 0,$$
$$x_1^2 x_3 + e^{x_1 + x_2} + 2\, e^{x_3} \sin x_4 - 1 = 0$$

nahe 0 aufgelöst werden? Man berechne die Funktionalmatrizen der entsprechenden Auflösungen in 0.

22.4 Man berechne das Taylor-Polynom der Ordnung 3 der algebraischen Funktion g aus Beispiel 22.8 in dem lokalen Minimum x^*.

22.5 Aus $g(x)^2 = 1 - x^2$ und einem Ansatz mit unbestimmten Koeffizienten berechne man die Potenzreihenentwicklung der Funktion $g : x \mapsto \sqrt{1 - x^2}$ im Nullpunkt (vgl. (I.36.9) und Satz I.36.15*).

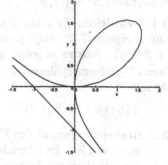

Abb. 22f

22.6 Man berechne alle lokalen Extrema in x- und y-Richtung
a) der Lemniskate (vgl. Aufgabe 9.7)

$$\Gamma := \{(x,y) \in \mathbb{R}^2 \mid f(x,y) := ((x-a)^2 + y^2)\,((x+a)^2 + y^2) - a^4 = 0\},$$

b) des *Cartesischen Blattes* (vgl. Abb. 22f)

$$\Gamma := \{(x,y) \in \mathbb{R}^2 \mid f(x,y) := x^3 + y^3 - 3axy = 0\}, \quad a > 0.$$

22.7 Man zeige, daß der Satz über implizite Funktionen den über inverse Funktionen impliziert.

22.8 Man gebe im Fall $n = 2$ und $m = 1$ einen direkten, von Abschnitt 21 unabhängigen Beweis für den Satz über implizite Funktionen.

HINWEIS. Man zeige zuerst, daß für x nahe a die partiellen Funktionen $f_x : y \mapsto f(x,y)$ in y nahe b streng monoton sind und verwende dann den Zwischenwertsatz. Danach zeige man die Stetigkeit der Auflösungsfunktion g, anschließend ihre Differenzierbarkeit und Formel (12).

23   Mannigfaltigkeiten im $\mathbb{R}^n$

Die Sätze über inverse und implizite Funktionen sind wesentliche Hilfsmittel zur Untersuchung von *Flächen* im $\mathbb{R}^3$ und allgemeiner von *p-dimensionalen Mannigfaltigkeiten* im $\mathbb{R}^n$. Im folgenden ist stets $m = n - p$, und es wird die Notation

$$\mathbb{R}_p := \{(u,0) \mid u \in \mathbb{R}^p\} \subseteq \mathbb{R}^n, \quad 1 \le p \le n, \tag{1}$$

verwendet. Im Gegensatz zum letzten Abschnitt wird die Variable in $\mathbb{R}^n$ wieder mit x statt mit z bezeichnet.

Zur Veranschaulichung der jetzt einzuführenden Begriffe ist die Kugeloberfläche $S^2 = \{(x,y,z) \mid x^2 + y^2 + z^2 = 1\}$ im $\mathbb{R}^3$ gut geeignet.

23.1 Definition. *Es seien* $k \in \mathbb{N} \cup \{\infty\}, n \in \mathbb{N}$ *und* $p \in \{1,\dots,n\}$. *Eine Menge* $S \subseteq \mathbb{R}^n$ *heißt* p-dimensionale $\mathcal{C}^k$-Mannigfaltigkeit, *Notation:* $S \in \mathfrak{M}_p^k(n)$, *falls es zu jedem* $q \in S$ *eine offene Umgebung* V *in* $\mathbb{R}^n$ *und einen* $\mathcal{C}^k$-Diffeomorphismus $\Phi : V \mapsto W$ *auf eine offene Menge* W *in* $\mathbb{R}^n$ *gibt mit*

$$\Phi(S \cap V) = \mathbb{R}_p \cap W. \tag{2}$$

23.2 Bemerkungen. a) Die Elemente von $\mathfrak{M}_n^k(n)$ sind genau die offenen Teilmengen von $\mathbb{R}^n$. Im folgenden wird meist der Fall $1 \le p < n$ betrachtet.
b) In der Situation von Definition 23.1 gilt $\Phi(q) := (a,0)$ mit $a \in \mathbb{R}^p$. In Satz 22.3 wurde durch Verkleinerung eine *Produktstruktur* für V erreicht; manchmal ist es günstiger, eine solche für W zu haben. Es wird dann

$$W = U \times U_2 \tag{3}$$

angenommen, wobei U eine offene Kugel um a in $\mathbb{R}^p$ und U_2 eine solche um 0 in $\mathbb{R}^m$ ist. Mit $\Phi =: (\varphi, f) : V \mapsto \mathbb{R}^p \times \mathbb{R}^m$ und $V^S := S \cap V$ ist dann

$$\varphi : V^S \mapsto U \qquad (4)$$

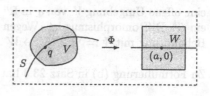

Abb. 23a

eine *Homöomorphie; S „sieht also lokal wie $\mathbb{R}^p$ aus"* (vgl. Abb. 23a). Beispielsweise besteht $V^S \backslash \{a\}$ im Fall $p = 1$ aus 2 Wegkomponenten und ist im Fall $p \geq 2$ wegzusammenhängend; daher liegt etwa das Achsenkreuz $A = \{(x,y) \mid xy = 0\}$ nicht in $\mathfrak{M}_1^1(2)$ (vgl. Beispiel 8.8), und Doppelkegel $\{(x,y,z) \in \mathbb{R}^3 \mid x^2 + y^2 - c^2 z^2 = 0\}$ liegen nicht in $\mathfrak{M}_2^1(3)$. $\square$

Äquivalente Formulierungen der Definition einer Mannigfaltigkeit liefert:

23.3 Satz. *Für eine Menge $S \subseteq \mathbb{R}^n$ sind äquivalent:*
(a) $S \in \mathfrak{M}_p^k(n)$.
(b) Zu jedem $q \in S$ gibt es eine offene Umgebung V in $\mathbb{R}^n$ und $f \in C^k(V, \mathbb{R}^m)$ mit $S \cap V = \{x \in V \mid f(x) = 0\}$ und $\operatorname{rk} Df(q) = m$.
(c) Zu jedem $q \in S$ gibt es nach Umnumerierung der Koordinaten offene Mengen V_1 in $\mathbb{R}^p$ und V_2 in $\mathbb{R}^m$ mit $q \in V := V_1 \times V_2$ sowie eine Funktion $g \in C^k(V_1, \mathbb{R}^m)$ mit $g(V_1) \subseteq V_2$ und $S \cap V = \Gamma(g) = \{(u, g(u)) \mid u \in V_1\}$.
(d) Zu jedem $q \in S$ gibt es eine bezüglich S offene Umgebung $V^S \subseteq S$, eine offene Menge U in $\mathbb{R}^p$ und $\psi \in C^k(U, \mathbb{R}^n)$ mit $\operatorname{rk} D\psi(u) = p$ auf U, so daß $\psi : U \mapsto V^S$ eine Homöomorphie ist.

BEWEIS. „(a) $\Rightarrow$ (b)": Man definiert f einfach durch die letzten m Komponenten von Φ (vgl. Bemerkung 23.2 b)).
„(b) $\Rightarrow$ (c)": Dies folgt sofort aus dem Satz über implizite Funktionen, vgl. auch Bemerkung 22.6.
„(c) $\Rightarrow$ (d)": Nach Umnumerierung der Koordinaten setzt man einfach $U := V_1$ und $\psi(u) := (u, g(u))$.
„(d) $\Rightarrow$ (a)": Es sei $a := \psi^{-1}(q) \in U$. Nach Umnumerierung der Koordinaten des $\mathbb{R}^n$ kann man $\psi = (\psi_1, \psi_2)^\top : U \mapsto \mathbb{R}^p \times \mathbb{R}^m$ und $\operatorname{rk} D\psi_1(a) = p$ annehmen. Man definiert

$$\Psi : U \times \mathbb{R}^m \mapsto \mathbb{R}^n = \mathbb{R}^p \times \mathbb{R}^m , \quad \Psi(u,s) := \psi(u) + (0,s)^\top ; \qquad (5)$$

offenbar gilt dann $\psi(u) = \Psi(u,0)$ für $u \in U$. Wegen

$$D\Psi(a,0) =: \begin{pmatrix} D\psi_1(a) & 0 \\ D\psi_2(a) & I \end{pmatrix} \qquad (6)$$

gilt $\det D\Psi(a,0) = \det D\psi_1(a) \neq 0$; nach dem Satz über inverse Funktionen gibt es eine offene Umgebung W von $(a,0)^\top$ in $\mathbb{R}^n$ mit $\mathbb{R}_p \cap W \subseteq U$ und eine offene Umgebung V von q in $\mathbb{R}^n$ mit $S \cap V \subseteq V^S$, so daß $\Psi : W \mapsto V$ ein C^k-Diffeomorphismus ist. Wegen $\Psi(\mathbb{R}_p \cap W) = S \cap V$ folgt dann die Behauptung mit $\Phi := \Psi^{-1} : V \mapsto W$.   ◇

Zu Formulierung (b) in Satz 23.3 hat man die folgenden

23.4 Beispiele und Bemerkungen. a) Es seien $D \subseteq \mathbb{R}^n$ offen und $f \in C^k(D, \mathbb{R}^m)$. Ein Wert $\alpha \in \mathbb{R}^m$ heißt *regulärer Wert* von f, falls auf der *Niveaumenge*

$$N_\alpha(f) := \{x \in D \mid f(x) = \alpha\} \tag{7}$$

stets $\operatorname{rk} Df(x) = m$ gilt, sonst *singulärer Wert* von f. Für reguläre Werte α von f gilt dann also $N_\alpha(f) \in \mathfrak{M}_p^k(n)$. Auf *Singularitäten* wird am Ende von Abschnitt 29 kurz eingegangen.

b) Die *Sphäre* $S^{n-1} := \{x \in \mathbb{R}^n \mid f(x) := \sum_{k=1}^n x_k^2 - 1 = 0\}$ liegt in $\mathfrak{M}_{n-1}^\infty(n)$; in der Tat gilt stets $Df(x) = 2x^\top \neq 0$ und somit $\operatorname{rk} Df(x) = 1$ auf S^{n-1}.

c) Der *Zylinder* $Z := \{(x,y,z) \in \mathbb{R}^3 \mid f(x,y,z) := x^2 + y^2 - 1 = 0\}$ liegt in $\mathfrak{M}_2^\infty(3)$; in der Tat ist stets $Df(x,y,z) = (2x, 2y, 0) \neq 0$ auf Z.

d) Eine Matrix $A \in \mathbb{M}_\mathbb{R}(n)$ heißt *orthogonal*, falls $A^\top A = I$ gilt. Dies impliziert $A^\top = A^{-1}$, und die Menge $\mathbb{O}_\mathbb{R}(n)$ aller orthogonalen Matrizen ist eine *Untergruppe* von $GL_\mathbb{R}(n)$ (vgl. Aufgabe 23.7). Offenbar ist $\mathbb{O}_\mathbb{R}(n)$ die Niveaumenge zum Wert 0 der C^∞-Abbildung

$$f : \mathbb{M}_\mathbb{R}(n) \mapsto \mathbb{S}_\mathbb{R}(n), \quad f(A) := A^\top A - I. \tag{8}$$

Nach Beispiel 19.4 c) gilt

$$f'(A)(H) = A^\top H + H^\top A, \quad A \in \mathbb{O}(n), \quad H \in \mathbb{M}(n). \tag{9}$$

Für $S \in \mathbb{S}(n)$ ist die Gleichung $A^\top H + H^\top A = S$ durch $H = \frac{1}{2} AS$ lösbar; somit sind alle $f'(A) \in L(\mathbb{M}(n), \mathbb{S}(n))$ surjektiv, und 0 ist ein regulärer Wert der Abbildung f. Folglich ist $\mathbb{O}_\mathbb{R}(n)$ eine C^∞-Mannigfaltigkeit der Dimension $p = \dim \mathbb{M}(n) - \dim \mathbb{S}(n) = n^2 - \frac{1}{2}n(n+1) = \frac{1}{2}n(n-1)$.   □

Die Formulierung (c) in Satz 23.3 wurde bereits im letzten Abschnitt ausführlich diskutiert; nun wird auf Formulierung (d) eingegangen:

23.5 Definitionen und Bemerkungen. a) Eine Abbildung $\psi \in C^k(U, \mathbb{R}^n)$ mit $\operatorname{rk} D\psi(u) = p$ auf U heißt *Immersion* von $U \subseteq \mathbb{R}^p$ nach $\mathbb{R}^n$; im Fall $p = 1$ sind die auf offenen Intervallen definierten Immersionen genau die dort definierten glatten C^k-Wege.

b) Immersionen müssen nicht injektiv sein, und injektive Immersionen müssen keine stetigen Umkehrabbildungen besitzen. Ein solches Beispiel ist etwa der durch

$$\psi(t) := \begin{cases} (t,-1)^\top & , \quad -\infty < t \le 0 \\ (\cos(t - \frac{\pi}{2}), \sin(t - \frac{\pi}{2}))^\top & , \quad 0 \le t < 2\pi \end{cases} \tag{10}$$

auf $(-\infty, 2\pi)$ definierte glatte C^1-Weg (vgl. Abb. 23b). Eine Immersion $\psi : U \mapsto \mathbb{R}^n$, die gleichzeitig eine Homöomorphie $\psi : U \mapsto \psi(U)$ auf ihre *Spur* $\psi(U)$ ist, heißt *Einbettung* von U nach $\mathbb{R}^n$.

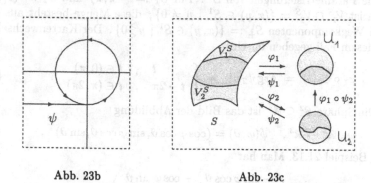

Abb. 23b   Abb. 23c

c) Nach dem Beweisteil „(d) $\Rightarrow$ (a)" von Satz 23.3 sind Immersionen *lokal* stets Einbettungen. Die Bilder von Einbettungen sind p-dimensionale C^k-Mannigfaltigkeiten, und umgekehrt ist jedes $S \in \mathfrak{M}_p^k(n)$ *lokal* die Spur einer Einbettung. Diese lokalen Einbettungen $\psi : U \mapsto V^S \subseteq S$ heißen *lokale Parametrisierungen* oder *lokale Parameterdarstellungen* von S, ihre Umkehrabbildungen $\varphi : V^S \mapsto U$ aus (4) *Karten* von S. Ein *Atlas* von S ist eine Menge $\mathfrak{A} = \{\varphi_k : V_k^S \mapsto U_k\}$ von Karten mit $\bigcup_k V_k^S = S$. Nach Satz 23.3 (c) besitzt S einen Atlas aus Karten der einfachen Form

$$\varphi : x \mapsto (x_{i_1}, \ldots, x_{i_p})^\top. \tag{11}$$

d) Es seien $G \subseteq \mathbb{R}^p$ offen und $h \in C^k(G, \mathbb{R}^m)$; dann ist $\psi : u \mapsto (u, h(u))^\top$ eine Einbettung von G nach $\mathbb{R}^n$, und $\Gamma(h) = \psi(G) \in \mathfrak{M}_p^k(n)$ besitzt die *globale* Karte $\varphi : x \mapsto (x_1, \ldots, x_p)^\top$.

e) Insbesondere sind *eindimensionale* C^k-Mannigfaltigkeiten *lokal* glatte C^k-Jordankurven. Die *kompakten wegzusammenhängenden eindimensionalen C^k-Mannigfaltigkeiten* sind genau die *glatten C^k-geschlossenen Jordankurven* (vgl. Aufgabe 23.4). $\qquad\square$

23.6 Beispiele und Bemerkungen. a) Es seien $\varphi_1 : V_1^S \mapsto U_1$ und $\varphi_2 : V_2^S \mapsto U_2$ Karten von S mit $V_1^S \cap V_2^S \neq \emptyset$. Dann ist der *Kartenwechsel*

$$\varphi_1 \circ \psi_2 : \varphi_2(V_1^S \cap V_2^S) \mapsto \varphi_1(V_1^S \cap V_2^S) \tag{12}$$

„Teil" des C^k-Diffeomorphismus $\Phi_1 \circ \Phi_2^{-1}$ im $\mathbb{R}^n$, also ein C^k-Diffeomorphismus im $\mathbb{R}^p$ (vgl. Abb. 23c).

b) Die Kreislinie $S^1 \subseteq \mathbb{R}^2$ ist die Spur der Immersion

$$\psi : \mathbb{R} \mapsto \mathbb{R}^2, \quad \psi(t) = (\cos t, \sin t)^\top; \tag{13}$$

die Einschränkung von ψ auf offene Intervalle U der Länge $< 2\pi$ liefert lokale Parametrisierungen von S^1. Für $U_1 := (-\pi, \pi)$ und $U_2 := (0, 2\pi)$ etwa ist $V_1^S \cap V_2^S = \{(x,y) \in S^1 \mid y \neq 0\}$; diese Menge besteht aus den zwei Wegkomponenten $S_\pm^1 := \{(x,y) \in S^1 \mid y \gtrless 0\}$. Der Kartenwechsel ist in diesem Fall gegeben durch

$$\varphi_1 \circ \psi_2(t) = \operatorname{Arg} \psi_2(t) = \begin{cases} t & , \quad t \in (0, \pi) \\ t - 2\pi & , \quad t \in (\pi, 2\pi) \end{cases}. \tag{14}$$

c) Die Sphäre $S^2 \subseteq \mathbb{R}^3$ ist das Bild der Abbildung

$$\psi : \mathbb{R}^2 \mapsto \mathbb{R}^3, \quad \psi(\varphi, \vartheta) = (\cos\varphi\cos\vartheta, \sin\varphi\cos\vartheta, \sin\vartheta)^\top, \tag{15}$$

vgl. Beispiel 21.13. Man hat

$$D\psi(\varphi, \vartheta) = \begin{pmatrix} -\sin\varphi\cos\vartheta & -\cos\varphi\sin\vartheta \\ \cos\varphi\cos\vartheta & -\sin\varphi\sin\vartheta \\ 0 & \cos\vartheta \end{pmatrix} \tag{16}$$

und $\operatorname{rk} D\psi(\varphi, \vartheta) = 2$ für $\cos\vartheta \neq 0$, also für $\vartheta \notin \frac{\pi}{2} + \pi\mathbb{Z}$. Durch Einschränkung von ψ auf offene Rechtecke $U_\alpha = (\alpha, \alpha + 2\pi) \times (-\frac{\pi}{2}, \frac{\pi}{2})$ erhält man lokale Parametrisierungen ψ_α von S^2, die allerdings die *Pole* nicht erfassen. Atlanten von S^2 können mittels der ψ_α und $A \circ \psi_\alpha$, $A \in \mathbb{O}_3(\mathbb{R})$ geeignet, konstruiert werden.

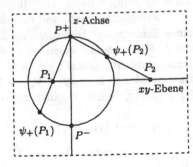

Abb. 23d

d) Es sei P^+ der *Nordpol* und P^- der *Südpol* der S^2. Für $P = (u,v) \in \mathbb{R}^2$ schneidet die Gerade durch P^+ und P die Sphäre genau in dem Punkt (vgl. Abb. 23d)

$$\psi_+(u,v) = \frac{1}{u^2 + v^2 + 1}(2u, 2v, u^2 + v^2 - 1)^\top; \tag{17}$$

die *Karte* $\varphi_+ = \psi_+^{-1} : S^2\backslash\{P^+\} \mapsto \mathbb{R}^2$ heißt *stereographische Projektion* von $S^2\backslash\{P^+\}$ auf $\mathbb{R}^2$. Entsprechend hat man auch die *stereographische Projektion* von $S^2\backslash\{P^-\}$ auf $\mathbb{R}^2$, deren Umkehrabbildung durch

$$\psi_-(u,v) = \frac{1}{u^2 + v^2 + 1}(2u, 2v, 1 - u^2 - v^2)^\top \tag{18}$$

gegeben ist. Es ist $\{\varphi_+, \varphi_-\}$ ein Atlas für die Sphäre.   □

Aufgrund von Satz 23.3 (c) und Satz 19.12 sind *Tangentialkegel* an p-dimensionale Mannigfaltigkeiten p-dimensionale Vektorräume. Einen weiteren Beweis dieser Tatsache und genaue Beschreibungen dieser *Tangentialräume* liefert Satz 23.8. Zur Vorbereitung des Beweises dient:

23.7 Lemma. *Es seien* $D \subseteq \mathbb{R}^d$ *offen und* $g \in C^1(D, \mathbb{R}^k)$. *Für Mengen* $M \subseteq D$ *und* $N \subseteq \mathbb{R}^k$ *mit* $g(M) \subseteq N$ *gilt dann* $g'(q)(T_q(M)) \subseteq T_{g(q)}(N)$ *für* $q \in M$.

BEWEIS. Wie in (19.12) seien $\mathfrak{t} \in T_q(M)$ und $\gamma : (-\delta, \delta) \mapsto \mathbb{R}^d$ ein Weg mit $(\gamma) \subseteq M$, $\gamma(0) = q$ und $\dot\gamma(0) = \mathfrak{t}$. Für den Weg $\phi := g \circ \gamma : (-\delta, \delta) \mapsto \mathbb{R}^k$ gilt dann $(\phi) \subseteq N$, $\phi(0) = g(q)$ und $\dot\phi(0) = g'(\gamma(0))\dot\gamma(0) = g'(q)\mathfrak{t}$, und man hat $g'(q)\mathfrak{t} \in T_{g(q)}(N)$.

23.8 Satz. *Es seien* $S \in \mathfrak{M}_p^1(n)$ *und* $q \in S$. *Der Tangentialkegel* $T_q(S)$ *ist ein* p-*dimensionaler Unterraum von* $\mathbb{R}^n$. *Sind* Φ, f *und* ψ *wie in Definition 23.1 und Satz 23.3 (b) und (d), so gilt mit* $a = \psi^{-1}(q)$:

$$T_q(S) = N(f'(q)) = (\Phi'(q))^{-1}(\mathbb{R}_p) = \psi'(a)(\mathbb{R}^p). \tag{19}$$

BEWEIS. a) Aus $\Phi(S \cap V) \subseteq \mathbb{R}_p$ (vgl. (2)) folgt nach Lemma 23.7 sofort $\Phi'(q)(T_q(S)) \subseteq T_{\Phi(q)}(\mathbb{R}_p) = \mathbb{R}_p$, und genauso impliziert $\Phi^{-1}(\mathbb{R}_p \cap W) \subseteq S$ auch $(\Phi'(q))^{-1}(\mathbb{R}_p) = ((\Phi^{-1})'(a))(T_a(\mathbb{R}_p)) \subseteq T_q(S)$. Insbesondere ist also $T_q(S)$ ein p-dimensionaler Unterraum von $\mathbb{R}^n$.
b) Aus $f(S \cap V) \subseteq \{0\}$ folgt $f'(q)(T_q(S)) = \{0\}$, also $T_q(S) \subseteq N(f'(q))$. Weiter hat man $\psi(U) \subseteq S$ und $\psi'(a)(\mathbb{R}^p) = \psi'(a)(T_a(\mathbb{R}^p)) \subseteq T_q(S)$. Aus Dimensionsgründen müssen dann aber die Räume

$$\psi'(a)(\mathbb{R}^p) \subseteq T_q(S) \subseteq N(f'(q)).$$

übereinstimmen.   ◇

23.9 Definitionen und Bemerkungen. a) Der Vektorraum $T_q(S)$ heißt also *Tangentialraum* an S in q, der p-dimensionale *affine* Unterraum $q + T_q(S)$ von $\mathbb{R}^n$ heißt *Tangentialebene* an S in q (vgl. Satz 19.12 und Abb. 19b).

b) Mit $a = \psi^{-1}(q) \in \mathbb{R}^p$ bilden die Vektoren $\{D\psi(a)e_j = \partial_{u_j}\psi(a)\}_{j=1,\ldots,p}$ eine *Basis* von $T_q(S)$.

c) Das Orthogonalkomplement $N_q(S) := T_q(S)^{\perp}$ des Tangentialraums heißt *Normalenraum* an S in q; die Elemente von $N_q(S)$ heißen *Normalenvektoren* an S in q. Wegen $Df(q)h = 0$ für $h \in T_q(S)$ gilt für die Komponenten f_i von f offenbar

$$0 = Df_i(q)h = \langle \operatorname{grad} f_i(q), h \rangle \quad \text{für} \quad i = 1, \ldots, m, \tag{20}$$

also $\operatorname{grad} f_i(q) \in N_q(S)$ für $i = 1, \ldots, m$. Wegen $\operatorname{rk} Df(q) = m$ sind diese m Vektoren linear unabhängig; wegen $\dim N_q(S) = n - p = m$ ist daher $\{\operatorname{grad} f_1(q), \ldots, \operatorname{grad} f_m(q)\}$ eine *Basis* von $N_q(S)$. $\Box$

23.10 Beispiele. a) Für $S^{n-1} = \{x \in \mathbb{R}^n \mid f(x) = |x|^2 - 1 = 0\}$ gilt $\operatorname{grad} f(a) = 2a$ und daher $N_a(S^n) = \{\lambda a \mid \lambda \in \mathbb{R}\}$, also

$$T_a(S^{n-1}) = \{h \in \mathbb{R}^n \mid \langle h, a \rangle = 0\}. \tag{21}$$

b) Der Tangentialraum der *orthogonalen Gruppe* $O_{\mathbb{R}}(n)$ im Punkte I stimmt nach (19) und (9) mit

$$T_I(O_{\mathbb{R}}(n)) = \{H \in M_{\mathbb{R}}(n) \mid H^{\top} + H = 0\} =: \mathbb{A}_{\mathbb{R}}(n), \tag{22}$$

dem Raum der *schiefsymmetrischen* Matrizen, überein. $\Box$

Aufgaben

23.1 Man untersuche, ob die folgenden Mengen $S \subseteq \mathbb{R}^n$ Mannigfaltigkeiten sind und bestimme ggf. ihre Tangentialräume:

a) $S = \{(x, y, z) \in \mathbb{R}^3 \mid xy = yz = 0\}$,
b) $S = \{(x, y, z) \in \mathbb{R}^3 \mid x^2 + y^2 - (z-1)^3 - 2 = 0\}$,
c) $S = \{(x, y, z) \in \mathbb{R}^3 \mid x^2 + y^2 - (z-1)^3 - 2 = 0, \ x^2 + y^2 + z^4 - 3 = 0\}$,
d) $S = \{x \in \mathbb{R}^4 \mid x_1 x_3 - x_2^2 = 0, \ x_2 x_4 - x_2 x_3 = 0, \ x_1 x_4 - x_2 x_3 = 0\}$.

23.2 Für Mannigfaltigkeiten $S_1 \in \mathfrak{M}_{p_1}^k(n_1)$ und $S_2 \in \mathfrak{M}_{p_2}^k(n_2)$ zeige man $S_1 \times S_2 \in \mathfrak{M}_{p_1+p_2}^k(n_1 + n_2)$.

23.3 Es seien S_1, $S_2 \in \mathfrak{M}_{n-1}^k(n)$ *Hyperflächen* im $\mathbb{R}^n$. Wann ist $S_1 \cap S_2$ eine Mannigfaltigkeit?

23.4 Man zeige, daß jede kompakte eindimensionale $\mathcal{C}^1$-Mannigfaltigkeit S eine endliche disjunkte Vereinigung glatter $\mathcal{C}^1$-geschlossener Jordankurven ist.

HINWEIS.[9] Zu $a \in S$ gibt es $\delta > 0$, so daß $\overline{K}_\delta(a) \cap S$ eine glatte $\mathcal{C}^1$-Jordankurve ist. S wird von endlich vielen der offenen Kugeln überdeckt; diese seien $K_1, \ldots, K_r$. Der Endpunkt von $\overline{K}_1 \cap S$ liegt in einer Kugel K_2; man setze die Parameterdarstellungen von $\overline{K}_1 \cap S$ und $\overline{K}_2 \cap S$ zusammen. Man fahre so fort, bis man wieder auf $\overline{K}_1$ trifft, und wiederhole gegebenenfalls die Konstruktion mehrmals.

23.5 Man konstruiere einen Atlas für den Zylinder aus Beispiel 23.4 c).

23.6 a) Man verifiziere die Aussagen in Beispiel 23.6 c).

b) Man verifiziere die Aussagen in Beispiel 23.6 d).

c) Man berechne den Kartenwechsel $\varphi_+ \circ \psi_-$ und bestimme insbesondere das Vorzeichen der Funktionaldeterminante.

23.7 a) Für eine Matrix $A \in \mathbb{M}_\mathbb{R}(n)$ zeige man die Äquivalenz der folgenden Aussagen:

(1) $A \in \mathbb{O}(n) = \mathbb{O}_\mathbb{R}(n)$, d.h. $A^\top A = I$.

(2) $A^\top = A^{-1}$.

(3) $|Ax| = |x|$ für alle $x \in \mathbb{R}^n$.

(4) $\langle Ax, Ay \rangle = \langle x, y \rangle$ für alle $x, y \in \mathbb{R}^n$.

b) Man zeige, daß $\mathbb{O}_\mathbb{R}(n)$ eine *Untergruppe* von $GL_\mathbb{R}(n)$ ist.

23.8 Man zeige unter Verwendung von Aufgabe 19.5, daß die *spezielle lineare Gruppe* $SL_\mathbb{R}(n) := \{A \in \mathbb{M}_\mathbb{R}(n) \mid \det A = 1\}$ eine $\mathcal{C}^\infty$-Mannigfaltigkeit der Dimension $(n^2 - 1)$ in $\mathbb{M}_\mathbb{R}(n)$ ist und berechne ihren Tangentialraum im Punkte I.

24   Lokale Extrema mit Nebenbedingungen

Aufgabe: Man berechne das Maximum der Funktion $Z(x, y, z) = (xyz)^2$ auf der Sphäre $S^2 = \{(x, y, z) \in \mathbb{R}^3 \mid x^2 + y^2 + z^2 = 1\}$.

Lokale Extrema reellwertiger Funktionen auf *offenen Teilmengen* des $\mathbb{R}^n$ wurden bereits in Abschnitt 20 untersucht. Für zahlreiche Anwendungen ist es wichtig, als Definitionsbereiche auch *Kurven*, *Flächen* oder *Mannigfaltigkeiten* (auch mit Singularitäten) zuzulassen. So hat etwa die Funktion $Z : (x, y) \mapsto xy$ auf $\mathbb{R}^2$ *kein lokales Extremum*, ihre *Einschränkung* auf die kompakte *Kreislinie* S^1 besitzt aber natürlich ein Maximum und ein Minimum. Eine *notwendige* Bedingung für das Vorliegen eines lokalen Extremums unter Nebenbedingungen ist die folgende:

---

[9]Einen ausführlichen Beweis findet man in [24], Anhang A VII.

24.1 Satz. *Es seien $D \subseteq \mathbb{R}^n$ offen, $Z \in \mathcal{C}^1(D, \mathbb{R})$ und $S \in \mathfrak{M}_p^1(n)$ mit $S \subseteq D$. Besitzt dann $Z|_S$ ein lokales Extremum in $q \in S$, so folgt $\operatorname{grad} Z(q) \in N_q(S)$.*

BEWEIS. Es seien $\psi : U \mapsto V^S$ eine lokale Parametrisierung von S und $a = \psi^{-1}(q)$. Dann hat $Z \circ \psi$ ein lokales Extremum in $a \in U$, und aus Satz 20.2 folgt $DZ(q) D\psi(a) = D(Z \circ \psi)(a) = 0$, insbesondere also $DZ(q) h = 0$ für alle $h \in D\psi(a)(\mathbb{R}^p) = T_q(S)$. Dies bedeutet $\langle \operatorname{grad} Z(q), h \rangle = 0$ für alle $h \in T_q(S)$, also $\operatorname{grad} Z(q) \in N_q(S)$.   ◇

24.2 Bemerkungen. a) In der Situation von Satz 24.1 gelte

$$S \cap V = V^S = \{x \in V \mid f(x) = 0\}$$

mit $f = (f_1, \ldots, f_m)^\top \in \mathcal{C}^1(V, \mathbb{R}^m)$ und $\operatorname{rk} Df(q) = m$ wie in Satz 23.3 (b). Nach Bemerkung 23.9 c) bilden die Vektoren $\{\operatorname{grad} f_1(q), \ldots, \operatorname{grad} f_m(q)\}$ eine *Basis* von $N_q(S)$; nach Satz 24.1 muß daher

$$\operatorname{grad} Z(q) = \sum_{i=1}^m \mu_i \operatorname{grad} f_i(q) \tag{1}$$

mit geeigneten $\mu_1, \ldots, \mu_m \in \mathbb{R}$ gelten.

b) Mit $\mu = (\mu_1, \ldots, \mu_m)$ erfüllt die *Hilfsfunktion* $h \in \mathcal{C}^1(V \times \mathbb{R}^m, \mathbb{R})$,

$$h(x, \lambda) := Z(x) - \sum_{i=1}^m \lambda_i f_i(x), \tag{2}$$

also $\operatorname{grad}_x h(q, \mu) = 0$ und auch $\operatorname{grad}_\lambda h(q, \mu) = -f(q) = 0$! Die Zahlen $\mu_1, \ldots, \mu_m \in \mathbb{R}$ heißen *Lagrange-Multiplikatoren*. Die $(n + m)$ Gleichungen

$$\operatorname{grad} h(x, \lambda) = 0 \tag{3}$$

in den $(n + m)$ Unbekannten $(x_1, \ldots, x_n, \lambda_1, \ldots, \lambda_m) \in V \times \mathbb{R}^m$ stellen also eine *notwendige Bedingung* für das Vorliegen eines lokalen Extremums unter der Nebenbedingung „$f(x) = 0$" dar.   □

Die folgende Formulierung von Satz 24.1 für *Niveaumengen* gilt auch für den Fall, daß diese *Singularitäten* besitzen:

24.3 Satz. *Es seien $D \subseteq \mathbb{R}^n$ offen, $Z \in \mathcal{C}^1(D, \mathbb{R})$, $f \in \mathcal{C}^1(D, \mathbb{R}^m)$ und $S = \{x \in D \mid f(x) = 0\}$. Besitzt dann $Z|_S$ ein lokales Extremum in $q \in S$, so folgt*

$$\operatorname{rk} D(f, Z)(q) := \operatorname{rk} \begin{pmatrix} Df(q) \\ DZ(q) \end{pmatrix} < m + 1. \tag{4}$$

BEWEIS. Ist $\operatorname{rk} Df(q) = m$, so gilt (1), d.h. $DZ(q)$ ist eine Linearkombination der Zeilen von $Df(q)$. Ist aber $\operatorname{rk} Df(q) < m$, so ist (4) offensichtlich auch erfüllt. ◇

24.4 Beispiele und Bemerkungen. a) Im Fall $p = 1$ ist $D(f, Z)(q)$ eine *quadratische* Matrix, (4) also äquivalent zu $\det D(f, Z)(q) = 0$.

b) Die Funktion $Z(x,y) := 3xy^2 - x^3 + 4x^2 + 4y^2 = x(3y^2 - x^2) + 4(x^2 + y^2)$ wird auf der Kreislinie $S^1 = \{(x,y) \in \mathbb{R}^2 \mid f(x,y) = x^2 + y^2 - 1 = 0\}$ untersucht. Es gilt $D(f, Z)(x,y) = \begin{pmatrix} 2x & 2y \\ 3y^2 - 3x^2 + 8x & 6xy + 8y \end{pmatrix}$, also $\det D(f, Z)(x,y) = 2x(6xy+8y) - 2y(3y^2 - 3x^2 + 8x) = 18x^2y - 6y^3$. Mit der Nebenbedingung $x^2 + y^2 - 1 = 0$ ergibt sich aus $\det D(f, Z)(x,y) = 0$ daher sofort $y(18 - 24y^2) = 0$, also $y = 0$ oder $y^2 = \frac{3}{4}$. Mögliche lokale Extrema von Z auf S^1 liegen also in den 6 Punkten $(x,y) = (\pm 1, 0)$, $(\pm\frac{1}{2}, \pm\frac{\sqrt{3}}{2})$. Es gilt $Z(1,0) = 3$, $Z(-1,0) = 5$, $Z(-\frac{1}{2}, \pm\frac{\sqrt{3}}{2}) = 3$, $Z(\frac{1}{2}, \pm\frac{\sqrt{3}}{2}) = 5$. Da Z auf S^1 ein Maximum und ein Minimum hat, muß also Z in allen 6 Punkten ein lokales Extremum besitzen. □

Andere Lösungsmöglichkeiten für Beispiel 24.4 b) werden in Aufgabe 24.1 diskutiert.

Es folgt nun der in Abschnitt 20 angekündigte

24.5 Beweis von Theorem 20.10. Es sei also $A \in \mathbb{S}_n(\mathbb{R})$ eine symmetrische Matrix. Es wird gezeigt, daß jeder unter A *invariante* Unterraum V des $\mathbb{R}^n$ eine Orthonormalbasis aus Eigenvektoren von A besitzt.
Für $\dim V = 1$ ist das klar. Es sei nun V ein Unterraum des $\mathbb{R}^n$ mit $A(V) \subseteq V$, und die Behauptung gelte bereits für alle Unterräume kleinerer Dimension. Für die quadratische Form $Q_A : x \mapsto \langle x, Ax \rangle$ auf V gilt $\operatorname{grad} Q_A(x) = 2Ax$ (vgl. Beispiel 19.4 b)). Nach Folgerung 6.11 besitzt Q_A ein Maximum auf der kompakten Sphäre $S := S^{n-1} \cap V$. Nimmt Q_A das Maximum in $v_1 \in S$ an, so gilt für die Hilfsfunktion

$$h(x, \lambda) = Q_A(x) - \lambda(\langle x, x \rangle^2 - 1)$$

wegen (3) dann $\operatorname{grad}_x h(v_1, \lambda_1) = 0$ für ein geeignetes $\lambda_1 \in \mathbb{R}$. Wegen $\operatorname{grad}_x h(v_1, \lambda_1) = 2Av_1 - 2\lambda_1 v_1$ bedeutet dies gerade $Av_1 = \lambda_1 v_1$, d.h. λ_1 ist *Eigenwert* von A zum *Eigenvektor* v_1. Für $x \in V_1 := V \cap v_1^\perp$ gilt nun $\langle Ax, v_1 \rangle = \langle x, Av_1 \rangle = \langle x, \lambda_1 v_1 \rangle = \lambda_1 \langle x, v_1 \rangle = 0$, also auch $Ax \in V_1$; somit ist also V_1 ein unter A *invarianter* Unterraum von V der Dimension $\dim V - 1$. Nach Induktionsvoraussetzung hat V_1 eine Orthonormalbasis aus Eigenvektoren von A, und dies gilt dann auch für V. ◇

Der Beweis zeigt, daß $\lambda_1 = \max\{Q_A(x) \mid x \in S^{n-1}\}$ der größte Eigenwert von A ist. Ist $\{\lambda_1 \geq \lambda_2 \geq \ldots \geq \lambda_n\}$ die Menge der Eigenwerte von A, so gilt entsprechend

$$\lambda_{k+1} = \max\{Q_A(x) \mid x \in S^{n-1} \cap v_1^\perp \cap v_2^\perp \cap \ldots \cap v_k^\perp\}, \qquad (5)$$

wobei $v_1, \ldots, v_k$ orthonormale Eigenvektoren zu $\lambda_1, \ldots, \lambda_k$ sind.

Nun wird eine *hinreichende* Bedingung für das Vorliegen lokaler Extrema unter Nebenbedingungen hergeleitet. Ist S eine Mannigfaltigkeit mit *lokaler Parametrisierung* $\psi : U \mapsto V^S$ und $a = \psi^{-1}(q)$ ein kritischer Punkt von $Z \circ \psi$, so läßt sich natürlich Satz 20.7 auf $Z \circ \psi$ anwenden. Ist andererseits S als *Niveaumenge* gegeben, so kann man das folgende Resultat verwenden:

24.6 Satz. *Es seien $D \subseteq \mathbb{R}^n$ offen, $Z \in \mathcal{C}^2(D, \mathbb{R})$, $S \in \mathfrak{M}_p^2(n)$ mit $S \subseteq D$, $q \in S$ mit $\operatorname{grad} Z(q) \in N_q(S)$ und $A = Hh(q)$ die Hesse-Matrix der Hilfsfunktion h aus (2). Dann gilt:*
a) $A > 0$ auf $T_q(S)$ $\Rightarrow$ $Z|_S$ hat ein isoliertes lokales Minimum in q,
b) $A < 0$ auf $T_q(S)$ $\Rightarrow$ $Z|_S$ hat ein isoliertes lokales Maximum in q,
c) A indefinit auf $T_q(S)$ $\Rightarrow$ $Z|_S$ hat kein lokales Extremum in q.

BEWEIS. Wegen $\operatorname{grad} h(q) = 0$ liefert die Taylor-Formel (20.9)

$$Z(q+k) - Z(q) = h(q+k) - h(q) = \tfrac{1}{2}\langle k, Hh(q+\theta k)k\rangle \qquad (6)$$

für kleine $|k|$ mit $q + k \in S$ und geeignete $\theta = \theta(k) \in [0,1]$. Es seien nun $\varphi : V^S \mapsto U$ eine Karte für S, $a = \varphi(q)$, $u = \varphi(q+k)$ und $\ell := D\psi(a)(u-a) \in T_q(S)$. Dann gilt

$$k = \psi(u) - \psi(a) = \ell + \rho(u), \quad \rho(u) = o(|u-a|); \qquad (7)$$

da $D\psi(a)$ ein Isomorphismus von $\mathbb{R}^p$ auf $T_q(S)$ ist, hat man auch $\rho(u) = o(|\ell|)$; zu $\varepsilon > 0$ gibt es also $\delta > 0$ mit $(1-\varepsilon)|\ell| \leq |k| \leq (1+\varepsilon)|\ell|$ für alle $k \in \mathbb{R}^n$ mit $|k| \leq \delta$ und $q + k \in S$.
a) Wegen $Hh(q) > 0$ auf $T_q(S)$ und Lemma 20.6 b) gibt es $\alpha > 0$ und $\eta > 0$ mit

$$\langle \ell, Hh(q+\theta k)\ell\rangle \geq 2\alpha|\ell|^2 \quad \text{für } |k| < \eta \text{ und } \ell \in T_q(S).$$

Setzt man nun $\ell = k - \rho(u)$ ein, so erhält man auch

$$\langle k, Hh(q+\theta k)k\rangle \geq \alpha|k|^2$$

für genügend kleine k mit $q + k \in S$, und Behauptung a) folgt aus (6).
b) folgt sofort aus a) durch Übergang zu $-Z$.
c) Ähnlich wie im Beweis von a) findet man Vektoren $k_\pm \in \mathbb{R}^n$ beliebig kleiner Norm mit $q + k_\pm \in S$ und $\langle k_\pm, Hh(q+\theta k_\pm)k_\pm\rangle \gtrless 0$, und die Behauptung folgt wieder aus (6). $\diamond$

24.7 Beispiel. Für $c > 0$ werden alle lokalen Extrema der Funktion $Z(x,y,z) = xy + xz + yz$ unter der Nebenbedingung $f(x,y,z) = xyz - c^3 = 0$ bestimmt.

a) Wegen $Df = (yz, xz, xy) \neq 0$ auf $S := N_0(f)$ gilt $S \in \mathfrak{M}_2^\infty(3)$. Für die gemäß (2) gebildete Hilfsfunktion $h(x,y,z,\lambda) := Z(x,y,z) - \lambda f(x,y,z)$ ist

$$\operatorname{grad} h = (y + z - \lambda yz, x + z - \lambda xz, x + y - \lambda xy, xyz - c^3)^\top,$$

und $\operatorname{grad} h(x,y,z,\lambda) = 0$ liefert

$$\begin{aligned}
x(y+z) &= \lambda xyz = \lambda c^3, \\
y(x+z) &= \lambda xyz = \lambda c^3, \\
z(x+y) &= \lambda xyz = \lambda c^3.
\end{aligned}$$

Es folgt $xz - yz = 0$, $yx - zx = 0$ und somit $x = y = z = c$, $\lambda = \frac{2}{c}$.

b) Die Hesse-Matrix $A = Hh(q)$ von h im Punkt $q = (c,c,c)$ ist

$$A = \begin{pmatrix} 0 & 1 - \lambda z & 1 - \lambda y \\ 1 - \lambda z & 0 & 1 - \lambda x \\ 1 - \lambda y & 1 - \lambda x & 0 \end{pmatrix} = \begin{pmatrix} 0 & -1 & -1 \\ -1 & 0 & -1 \\ -1 & -1 & 0 \end{pmatrix}.$$

Die Eigenwerte von A sind 1, 1 und -2, A ist also *indefinit*.

c) Nach Satz 24.6 ist nur die *Einschränkung* der Hesse-Form auf den *Tangentialraum* $T_q(S)$ interessant. Nach Bemerkung 23.9 c) ist aber

$$\begin{aligned}
T_q(S) &= N_q(S)^\perp = \operatorname{sp} \{\operatorname{grad} f(q)\}^\perp \\
&= \operatorname{sp} \{(c^2, c^2, c^2)^\top\}^\perp = \{(s+t, -s, -t)^\top \mid s, t \in \mathbb{R}\}
\end{aligned}$$

der *Eigenraum* von A zum doppelten Eigenwert 1. Folglich ist Q_A auf $T_q(S)$ *positiv definit*, und $Z|_S$ besitzt ein lokales Minimum in q. $\square$

Aufgaben

24.1 Für die Funktion $u(x,y) := 3xy^2 - x^3 + 4x^2 + 4y^2$ bestimme man alle lokalen Extrema auf der Kreislinie S^1 (vgl. Beispiel 24.4 b))

a) durch Auflösen der Nebenbedingung $x^2 + y^2 - 1 = 0$ nach y,

b) mit Hilfe eines Lagrange–Multiplikators,

c) mit Hilfe der Immersion $E : t \mapsto (\cos t, \sin t)^\top$ von $\mathbb{R}$ auf S^1.

24.2 Man bestimme alle lokalen Extrema der Funktion $u(x,y) := xy$ auf der Kreislinie S^1.

24.3 Man bestimme alle lokalen Extrema von $u(x,y,z) := 5x + y - 3z$ unter den Nebenbedingungen $x + y + z = 0$, $x^2 + y^2 + z^2 - 1 = 0$.

24.4 Man bestimme alle lokalen Extrema von $u(x_1, x_2, x_3, x_4) := x_1^2 + x_2^2$ unter den Nebenbedingungen $x_1^2 + x_3^2 + x_4^2 = 4$, $x_2^2 + 2x_3^2 + 3x_4^2 = 9$.

24.5 Man berechne das Minimum der Funktion $u(x, y) := (x - 1)^2 + y^4$ unter der Nebenbedingung $(x - 1)^3 - y^2 = 0$.

24.6 Man berechne die Distanz des Punktes $a := (1, 1, 1)^\mathsf{T}$ zur Sphäre S^2 bezüglich der Euklidischen Norm in $\mathbb{R}^3$.

24.7 Für die Funktion $u(x_1, \ldots, x_n) := (x_1 \cdots x_n)^2$ berechne man das Maximum auf der Sphäre S^{n-1}. Man folgere die Ungleichung (vgl. (I. 21.12)*)

$$(x_1 \cdots x_n)^{1/n} \leq \tfrac{1}{n}(x_1 + \cdots + x_n) \quad \text{für} \quad x_1, \ldots, x_n > 0$$

zwischen *geometrischem* und *arithmetischem Mittel*.

24.8 Man betrachte die Determinante $\det(x_1, \ldots, x_n)$ als Funktion auf $\mathbb{R}^{n^2}$ und zeige, daß diese unter den Nebenbedingungen $|x_j|^2 = 1$ für $j = 1, \ldots, n$ lokale Extrema genau in den *Orthonormalbasen* des $\mathbb{R}^n$ hat. Man folgere *Hadamards Abschätzungen* für Determinanten:

$$| \det(x_1, \ldots, x_n) | \leq |x_1| \cdots |x_n|,$$
$$| \det(\langle x_i, x_j \rangle) | \leq |x_1|^2 \cdots |x_n|^2.$$

24.9 Es seien $D \subseteq \mathbb{R}^n$ offen, $Z \in C^2(D, \mathbb{R})$, $S \in \mathfrak{M}_p^2(n)$ mit $S \subseteq D$ und $q \in S$ mit $\operatorname{grad} Z(q) \in N_q(S)$. Weiter sei $HZ(q)$ positiv definit auf $T_q(S)$.
a) Ist für lokale Parametrisierungen dann auch $H(Z \circ \psi)(a)$ positiv definit?
b) Besitzt $Z|_S$ ein lokales Minimum in q?

* Ergänzungen zu Kapitel II

In diesem ergänzenden Kapitel wird die Differentialrechnung in verschiedene Richtungen weiterentwickelt.

In dem wichtigen Abschnitt 25 wird die *Existenz von Potentialen zu wirbelfreien Vektorfeldern* über *sternförmigen Gebieten* bewiesen. Da die Gradientenbildung unter *affinen Isometrien, nicht* aber unter allgemeineren *Koordinatentransformationen invariant* ist (vgl. die Bemerkungen 29.4), wird dieses Ergebnis in Abschnitt 30 in die Sprache der *Pfaffschen Formen* übersetzt und damit invariant unter *beliebigen* Koordinatentransformationen. In Band 3 soll dieses Resultat mit Hilfe von *Wegintegralen* noch wesentlich erweitert werden. Pfaffsche Formen sind auch für die *Lösung gewöhnlicher Differentialgleichungen* nützlich (vgl. Abschnitt 33).

In Abschnitt 26 werden die *Neumannsche Reihe* und einige Anwendungen auf *lineare Gleichungssysteme* und *lineare Integralgleichungen* vorgestellt. Anschließend werden einige Aspekte der *Differentialrechnung in Banachräumen* besprochen und wird für eine Grundaufgabe der *Variationsrechnung* die *Eulersche Differentialgleichung* hergeleitet.

In Abschnitt 28 wird zunächst der *Zusammenhang* zwischen *reeller* und *komplexer Differenzierbarkeit* geklärt; danach wird auf *Potenzreihen in mehreren Veränderlichen* und *analytische Funktionen* eingegangen.

Die Abschnitte 25–30 sind überwiegend voneinander unabhängig; genauere Angaben zu Inhalten und Querverbindungen findet man am Anfang dieser Abschnitte.

25   Elemente der Vektoranalysis

Ein wichtiges Problem der Analysis ist die Frage, wann ein *gegebenes Vektorfeld* ein *Gradientenfeld* ist, d. h. ein *Potential* besitzt. In diesem an Abschnitt 19 anschließenden Abschnitt wird gezeigt, daß Gradientenfelder *wirbelfrei* sind, d. h. die *Integrabilitätsbedingungen* (2) erfüllen, und daß umgekehrt wirbelfreie Vektorfelder über *sternförmigen Gebieten* auch tatsächlich Potentiale besitzen. Dieses Resultat wird in Abschnitt 28 verwendet und in Abschnitt 30 verallgemeinert; in Band 3 wird das Problem mit Hilfe von *Wegintegralen* weiter untersucht. Am Ende dieses Abschnitts werden schließlich die auf Vektorfeldern operierenden Differentialoperatoren *Divergenz* und *Rotation* eingeführt.

25.1 Definition. *Es sei $D \subseteq \mathbb{R}^n$ offen. Ein Vektorfeld $v \in \mathcal{C}(D, \mathbb{R}^n)$ besitzt ein* Potential $g \in \mathcal{C}^1(D, \mathbb{R})$, *falls $v = \operatorname{grad} g$ gilt.*

Nach Folgerung 19.20 sind über *Gebieten D* Potentiale bis auf additive Konstanten eindeutig bestimmt.

Die Bezeichnung „*Potential*" für g ist physikalisch motiviert, man denke etwa an ein *Kraftfeld* (vgl. dazu Abschnitt 34) oder ein *elektrisches Feld v* (vgl. Beispiel 25.8c)). In der Physik wird allerdings meist $-g$ als Potential von v bezeichnet.

25.2 Beispiel. Ein *Zentralkraftfeld* auf $\mathbb{R}^n \backslash \{0\}$ ist gegeben durch $v(x) = f(r)\,x$ mit dem Radius $r = |x|$ und einer Funktion $f \in C(0, \infty)$. Ist nun $g \in C^1(0, \infty)$ eine Stammfunktion der Funktion $r \mapsto r\,f(r)$ der einen Veränderlichen r, so gilt aufgrund von (18.7)

$$\operatorname{grad} g(r) = \frac{g'(r)}{r} \cdot x = f(r)\,x = v(x), \quad x \neq 0. \tag{1}$$

Speziell besitzt das *Gravitationsfeld* $v(x) = -\frac{\gamma M}{r^3}\,x$ eines Massenpunktes der Masse M im Nullpunkt des $\mathbb{R}^3$ das *Potential* $g(r) = \frac{\gamma M}{r}$. $\qquad \square$

25.3 Satz. *Besitzt ein Vektorfeld* $v \in C^1(D, \mathbb{R}^n)$ *ein Potential, so gilt*

$$\partial_\mu v_\nu - \partial_\nu v_\mu = 0 \quad \text{für } 1 \leq \mu, \nu \leq n. \tag{2}$$

BEWEIS. Aus $v = \operatorname{grad} g$ folgt $g \in C^2(D, \mathbb{R})$ und dann aufgrund des Satzes von Schwarz sofort $\partial_\mu v_\nu = \partial_\mu \partial_\nu g = \partial_\nu \partial_\mu g = \partial_\nu v_\mu$, also (2). $\quad \diamond$

25.4 Bemerkungen, Definition und Beispiel. a) Ein Vektorfeld v besitzt genau dann ein Potential, wenn die n Gleichungen

$$\partial_1 g = v_1, \dots, \partial_n g = v_n \tag{3}$$

für *eine* unbekannte Funktion g lösbar sind; *notwendig* dafür ist also die Gültigkeit der $\frac{n(n-1)}{2}$ *Integrabilitätsbedingungen* (2). Vektorfelder, die diese erfüllen, heißen *wirbelfrei*. Offenbar ist Wirbelfreiheit dazu äquivalent, daß alle Funktionalmatrizen $Dv(x)$ *symmetrisch* sind. Sie ist jedoch i. a. *nicht hinreichend* für die Existenz eines Potentials, d. h. die Umkehrung von Satz 25.3 ist i. a. nicht richtig:

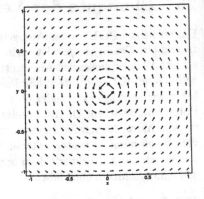

Abb. 25a

b) Das Vektorfeld $v(x,y) := \frac{1}{x^2+y^2}(-y,x)^\top$ (vgl. Abb. 25a) ist wirbelfrei auf $\mathbb{R}^2 \backslash \{(0,0)\}$ wegen

$$\frac{\partial}{\partial y}\frac{-y}{x^2+y^2} = \frac{y^2-x^2}{(x^2+y^2)^2} = \frac{\partial}{\partial x}\frac{x}{x^2+y^2}.$$

Ist g ein Potential von v auf $\mathbb{R}^2 \backslash \{(0,0)\}$, so folgt für den geschlossenen Weg $E : [0,2\pi] \mapsto \mathbb{R}^2 \backslash \{(0,0)\}$, $E(t) := (\cos t, \sin t)^\top$, aus (19.19) und (19.17)

$$\int_0^{2\pi}\langle v(E(t)), \dot{E}(t)\rangle\, dt = \int_0^{2\pi}\langle \operatorname{grad} g(E(t)), \dot{E}(t)\rangle\, dt$$
$$= g(E(2\pi)) - g(E(0)) = 0.$$

Andererseits ist aber

$$\langle v(E(t)), \dot{E}(t)\rangle = \langle(-\sin t, \cos t)^\top, (-\sin t, \cos t)^\top\rangle = 1$$

und daher $\int_0^{2\pi}\langle v(E(t)), \dot{E}(t)\rangle\, dt = 2\pi$. Somit kann v kein Potential auf $\mathbb{R}^2 \backslash \{(0,0)\}$ besitzen. $\qquad\square$

Die Umkehrung von Satz 25.3 gilt jedoch über *sternförmigen* Gebieten (vgl. Beispiel 8.11 a)):

25.5 Theorem. *Es seien $D \subseteq \mathbb{R}^n$ ein bezüglich $a \in D$ sternförmiges Gebiet und $v \in C^1(D, \mathbb{R}^n)$ ein wirbelfreies Vektorfeld. Dann besitzt v ein Potential $g \in C^2(D, \mathbb{R})$.*

BEWEIS. Man kann $a = 0$ annehmen und definiert $g : D \mapsto \mathbb{R}$ durch

$$g(x) := \int_0^1\langle v(tx), x\rangle\, dt = \sum_{\mu=1}^{n}\left(\int_0^1 v_\mu(t\,x)\, dt\right)x_\mu; \qquad (4)$$

wegen $[0,x] \subseteq D$ ist dies möglich. Nach (18.11) folgt

$$\partial_\nu g = \sum_{\mu=1}^{n}\left(\partial_\nu\int_0^1 v_\mu(t\,x)\, dt\right)x_\mu + \sum_{\mu=1}^{n}\left(\int_0^1 v_\mu(t\,x)\, dt\right)\partial_\nu x_\mu$$
$$= \sum_{\mu=1}^{n}\int_0^1 \partial_\nu(v_\mu(t\,x))\, dt\, x_\mu + \int_0^1 v_\nu(t\,x)\, dt$$
$$= \sum_{\mu=1}^{n}\int_0^1 t\,(\partial_\nu v_\mu)(t\,x)\, dt\, x_\mu + \int_0^1 v_\nu(t\,x)\, dt.$$

Andererseits gilt aber nach der Kettenregel

$$\tfrac{d}{dt}(t\,v_\nu(t\,x)) = v_\nu(t\,x) + t\tfrac{d}{dt}(v_\nu(t\,x)) = v_\nu(t\,x) + t\sum_{\mu=1}^{n}(\partial_\mu v_\nu)(t\,x)x_\mu;$$

aufgrund der Integrabilitätsbedingungen (2) ergibt sich also

$$\partial_\nu g = \int_0^1 \tfrac{d}{dt}(t\,v_\nu(t\,x))\,dt = t v_\nu\,(t\,x)|_0^1 = v_\nu\,(x)\,.$$

Somit folgt $\operatorname{grad} g = v$ und damit die Behauptung. ◊

Theorem 25.5 wird in Satz 30.9 und in Band 3 verallgemeinert.

25.6 Beispiel. Für das Vektorfeld $v(x,y) := (2xy + y^3, x^2 + 3xy^2)^\top$ auf $\mathbb{R}^2$ gilt $\frac{\partial}{\partial y}(2xy + y^3) = 2x + 3y^2 = \frac{\partial}{\partial x}(x^2 + 3xy^2)$; v ist also wirbelfrei. Mit (4) erhält man ein Potential durch

$$
\begin{aligned}
g(x,y) &= \int_0^1 v_1(t\,x, t y)\,dt \cdot x + \int_0^1 v_2(t\,x, t y)\,dt \cdot y \\
&= \int_0^1 (2t^2 xy + t^3 y^3)\,dt \cdot x + \int_0^1 (t^2 x^2 + 3t^3 xy^2)\,dt \cdot y \\
&= \tfrac{2}{3}x^2 y + \tfrac{1}{4}xy^3 + \tfrac{1}{3}x^2 y + \tfrac{3}{4}xy^3 = x^2 y + xy^3\,. \qquad \square
\end{aligned}
$$

Nun werden *Divergenz* und *Rotation* eines Vektorfeldes eingeführt:

25.7 Definition. *Es sei $v \in C^1(D, \mathbb{R}^n)$ ein Vektorfeld.*

a) Die skalare Funktion $\operatorname{div} v := \sum_{\nu=1}^{n} \partial_\nu v_\nu$ *heißt Divergenz von v.*

b) Das Vektorfeld $\operatorname{rot} v := (\partial_2 v_3 - \partial_3 v_2, \partial_3 v_1 - \partial_1 v_3, \partial_1 v_2 - \partial_2 v_1)^\top$ *heißt im Fall $n = 3$ die Rotation von v.*

25.8 Beispiele und Bemerkungen. a) Die Operatoren grad, div und rot können mittels des *„Nabla-Operators"* $\nabla := (\partial_1, \partial_2, \dots, \partial_n)^\top$ symbolisch so geschrieben werden:

$$
\begin{aligned}
\operatorname{grad} f &= \nabla f && \text{(Skalarmultiplikation)}, & (5) \\
\operatorname{div} v &= \langle \nabla, v \rangle && \text{(Skalarprodukt) und} & (6) \\
\operatorname{rot} v &= \nabla \times v && \text{(Vektorprodukt)}. & (7)
\end{aligned}
$$

b) Im Fall $n = 3$ gilt genau dann $\operatorname{rot} v = 0$, wenn v *wirbelfrei* ist. Allgemein ist $\operatorname{rot} v$ ein Maß für die *„Wirbelstärke* oder *-dichte"* von v; diese Aussage wird mit Hilfe des *Satzes von Stokes* in Band 3 präzisiert. Ist beispielsweise $v(x) := a \times x$ für ein $a \in \mathbb{R}^3$, so berechnet man leicht $\operatorname{rot} v = 2a$. In Abb. 25 b werden v und $\operatorname{rot} v$ für $a = e_3$ skizziert.

c) Analog zu b) ist $\operatorname{div} v$ ein Maß für die *„Quellenstärke* oder *-dichte"* von v; auch diese Aussage wird in Band 3 mit Hilfe des *Satzes von Gauß* präzisiert. In dem folgenden Beispiel ist in der Tat ρ die „Quelle" des Feldes ϵE:

d) Ein *elektrostatisches* C^1-*Feld* E in einem homogenen Medium des Raumes $\mathbb{R}^3$ erfüllt die *Maxwell-Gleichungen*

$$\operatorname{rot} E = 0, \quad \operatorname{div}(\epsilon E) = \rho\,, \tag{8}$$

wobei ρ die skalare *elektrische Ladungsdichte* und ϵ die Dielektrizitätskonstante ist. Nach Satz 25.3 besitzt E über sternförmigen Gebieten ein *Potential* V; für dieses ergibt sich die *Potentialgleichung*

$$\Delta V = \operatorname{div}\operatorname{grad} V = \tfrac{\rho}{\epsilon}, \qquad (9)$$

wobei $\Delta = \operatorname{div}\operatorname{grad} = \sum_{\nu=1}^{n} \partial_\nu^2$ der Laplace-Operator ist (vgl. Definition 18.14). □

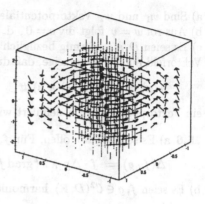

Abb. 25b

Aufgaben

25.1 Zu dem Vektorfeld $v(x,y) := (2xy + y^3, x^2 + 3xy^2)^\top$ aus Beispiel 25.6 konstruiere man ein Potential folgendermaßen:

a) Zunächst berechne man bei festem y eine Stammfunktion $g(x,y) := \int (2xy + y^3)\, dx + C(y)$ der ersten Komponente bezüglich x und bestimme dann $C'(y)$ aus $\partial_y g = x^2 + 3xy^2$.

b) Man vertausche die Rollen von x und y und verfahre analog zu a).

25.2 Man untersuche, ob folgende Vektorfelder auf $\mathbb{R}^2$ bzw. $\mathbb{R}^3$ ein Potential besitzen und berechne gegebenenfalls ein solches:

$$u(x,y) := (1 + \cos y\, e^{x\cos y}, -x\sin y\, e^{x\cos y})^\top,$$
$$v(x,y) := (1 + \cos y\, e^{x\cos y}, 1 + \sin y\, e^{x\cos y})^\top,$$
$$w(x,y,z) := (3x^2 y^2 z - y^3, 2x^3 yz - 3xy^2 + z, x^3 y^2 + y)^\top.$$

25.3 Für das Vektorfeld v aus Beispiel 25.4 berechne man ein Potential über $\mathbb{R}^2 \setminus \{(x,y) \mid x \le 0\}$.

25.4 a) Man beweise die Produktregeln

$$\nabla(fg) = (\nabla f)\, g + f\,(\nabla g), \qquad (10)$$
$$\langle \nabla, fv \rangle = \langle \nabla f, v \rangle + f\langle \nabla, v \rangle. \qquad (11)$$

b) Man formuliere und beweise Produktregeln für die Rotation.

25.5 Es sei $D \subseteq \mathbb{R}^3$ offen. Ein Vektorfeld $v \in \mathcal{C}^1(D, \mathbb{R}^3)$ besitzt ein *Vektorpotential* $w \in \mathcal{C}^2(D, \mathbb{R}^3)$, falls $\operatorname{rot} w = v$ gilt. Man zeige:

a) Sind w_1 und w_2 Vektorpotentiale zu v, so ist $w_1 - w_2$ wirbelfrei.

b) Aus rot $w = v$ folgt div $v = 0$, d.h. v ist *quellenfrei*.

c) Es seien D sternförmig bezüglich 0 und $v \in C^1(D, \mathbb{R}^3)$ ein quellenfreies Vektorfeld auf D. Man zeige, daß durch

$$w(x) := \int_0^1 t\,(v(tx) \times x)\,dt, \quad x \in D,$$

ein Vektorpotential zu v definiert wird.

25.6 a) Es sei $D \subseteq \mathbb{R}^n$ offen. Für $f, g \in C^2(D, \mathbb{R})$ zeige man

$$\Delta(f \cdot g) = f \cdot \Delta g + 2 \langle \operatorname{grad} f, \operatorname{grad} g \rangle + (\Delta f) \cdot g.$$

b) Es seien $f, g \in C^2(D, \mathbb{R})$ harmonisch. Ist dann auch $f \cdot g$ harmonisch?

26   Iterationsverfahren

Der Satz 21.6 über inverse Funktionen wurde mit Hilfe eines *Iterationsverfahrens* bewiesen, das als Banachscher Fixpunktsatz 21.8 formuliert wurde. In diesem Abschnitt werden zwei weitere Iterationsverfahren besprochen, die *Neumannsche Reihe* zur *Inversion stetiger linearer Operatoren* oder von Elementen von *Banachalgebren* und das *Newton-Verfahren* zur schnellen Lösung *quadratischer nichtlinearer Gleichungssysteme*. Die Nummern 26.1–26.7 können bereits im Anschluß an Abschnitt 18 gelesen werden, die restlichen Nummern im Anschluß an Abschnitt 20.

Zunächst werden *geometrische Reihen* in *Banachalgebren* behandelt:

26.1 Definition. *Eine* Banachalgebra *ist ein Banachraum A über* $\mathbb{K} = \mathbb{R}$ *oder* $\mathbb{C}$ *mit einer Multiplikation $A \times A \mapsto A$, für die das Assoziativ- und Distributivgesetz gelten, die die Eigenschaft $\|xy\| \le \|x\|\,\|y\|$ für alle $x, y \in A$ erfüllt und die eine Eins e mit $\|e\| = 1$ besitzt.*

26.2 Beispiele und Definitionen. a) Für einen Banachraum E ist $L(E)$ eine *(nicht kommutative)* Banachalgebra. Dies gilt insbesondere für $L(\mathbb{K}^n)$ und auch für die Matrizenalgebra $M_{\mathbb{K}}(n)$ etwa unter der Spaltensummen- oder Zeilensummen-Norm (vgl. Abschnitt 7).

b) Für einen kompakten Raum X ist $C(X, \mathbb{K})$ mit der punktweisen Multiplikation eine *kommutative* Banachalgebra.

c) Für eine Banachalgebra A wird mit

$$G(A) := \{x \in A \mid \exists\, y \in A : xy = yx = e\} \tag{1}$$

die *Gruppe der invertierbaren Elemente* von A bezeichnet.

26.3 Satz (Neumannsche Reihe). *Es seien A eine* Banachalgebra *und* $x \in A$ *mit* $\| x \| < 1$. *Dann ist die Reihe $\sum_k x^k$ in A absolut konvergent, und es gilt* $\sum_{k=0}^{\infty} x^k = (e - x)^{-1}$. *Insbesondere ist also $e - x$ invertierbar.*

BEWEIS. Wegen $\| x^k \| \leq \| x \|^k$ und $\| x \| < 1$ ist die Reihe absolut konvergent, wegen der Vollständigkeit von A also auch konvergent in A (vgl. Feststellung 5.13). Dann folgt

$$(e - x) \sum_{k=0}^{\infty} x^k = \sum_{k=0}^{\infty} x^k - \sum_{k=1}^{\infty} x^k = x^0 = e$$

und genauso auch $\sum_{k=0}^{\infty} x^k (e - x) = e$, also die Behauptung.   ◇

26.4 Bemerkungen. a) Die Summe $s := \sum_{k=0}^{\infty} x^k$ der Neumannschen Reihe läßt sich *iterativ* berechnen: Mit $s_n := \sum_{k=0}^{n} x^k$ gilt offenbar $s_0 = e$, $s_{n+1} = e + x s_n$ und $s_n \to s$.

b) Für $n \in \mathbb{N}$ hat man die *Fehlerabschätzung*

$$\| s - s_n \| = \| \sum_{k=n+1}^{\infty} x^k \| \leq \sum_{k=n+1}^{\infty} \| x^k \| \leq \sum_{k=n+1}^{\infty} \| x \|^k = \frac{\| x \|^{n+1}}{1 - \| x \|} ; \qquad (2)$$

es liegt also mindestens *lineare Konvergenz* vor.

c) Statt „$\| x \| < 1$" genügt in Satz 26.3 auch die schwächere Bedingung

$$\sum_{k=0}^{\infty} \| x^k \| < \infty ; \qquad (3)$$

diese Verschärfung ist etwa für *Volterrasche Integralgleichungen* (vgl. Beispiel 26.7) wesentlich. Nach dem Wurzelkriterium folgt (3) bereits aus

$$r(x) := \limsup \sqrt[k]{\| x^k \|} < 1 . \qquad (4)$$

Die Zahl $r(x)$ heißt *Spektralradius* von x; der Limes superior in (4) ist ein echter Limes (vgl. Aufgabe 26.2).

d) Im Fall $A = L(\mathbb{C}^n)$ gilt (vgl. etwa [22], Abschnitt 18b)

$$r(T) = \max \{ | \lambda | \mid \lambda \text{ Eigenwert von } T \} \quad \text{für } T \in A ; \qquad (5)$$

der Spektralradius von T ist also von der Wahl einer Norm auf $\mathbb{C}^n$ unabhängig.   □

Obwohl die Neumannsche Reihe nur eine einfache Verallgemeinerung der geometrischen Reihe ist, besitzt sie eine Reihe von interessanten Anwendungen:

26.5 Satz. *a) Es seien A eine Banachalgebra und $a \in G(A)$. Für $x \in A$ mit $\| x - a \| < \| a^{-1} \|^{-1}$ gilt dann auch $x \in G(A)$ und*

$$\| x^{-1} - a^{-1} \| \leq \| a^{-1} \|^2 \, \frac{\| x - a \|}{1 - \| a^{-1} \| \, \| x - a \|} \, . \tag{6}$$

b) Es ist $G(A)$ offen in A, und die Inversion $a \mapsto a^{-1}$ ist eine Homöomor-phie *von $G(A)$ auf $G(A)$.*

BEWEIS. a) Man hat offenbar $x = x - a + a = ((x - a)a^{-1} + e)a$. Wegen $\| (x-a)a^{-1} \| \leq \| x-a \| \, \| a^{-1} \| < 1$ folgt $(x-a)a^{-1} + e \in G(A)$ und damit auch $x \in G(A)$. Weiter ist

$$x^{-1} = a^{-1} ((x-a)a^{-1} + e)^{-1} = a^{-1} \sum_{k=0}^{\infty} (-1)^k ((x-a)a^{-1})^k \, ,$$

und daraus folgt

$$\| x^{-1} - a^{-1} \| \leq \| a^{-1} \| \sum_{k=1}^{\infty} \| x-a \|^k \, \| a^{-1} \|^k = \frac{\| a^{-1} \|^2 \| x-a \|}{1 - \| a^{-1} \| \, \| x-a \|} \, .$$

b) ergibt sich sofort aus a). ◇

26.6 Beispiel. a) Es wird die *Input-Output-Analyse* einer Volkswirtschaft nach V. Leontieff kurz skizziert. Diese besitze die Industrien $X_1, \ldots, X_n$, die gewisse Outputs erzeugen. Um einen Output im Wert von 1 DM zu erzeugen, benötigt Industrie X_j Inputs der Industrien X_i im Wert von t_{ij} DM, $i = 1, \ldots, n$. Dabei ist vernünftigerweise

$$0 \leq t_{ij} \, , \; i,j = 1, \ldots, n \quad \text{und} \quad \sum_{i=1}^{n} t_{ij} < 1 \, , \; j = 1, \ldots, n \, , \tag{7}$$

anzunehmen. Produziert nun jede Industrie X_i einen Output im Wert von x_i DM, so stehen für Konsumenten nur noch die Outputs $x_i - \sum_{j=1}^{n} t_{ij}x_j$ zur Verfügung. Das Problem besteht darin, genau soviel zu produzieren, daß eine gegebene Nachfrage $d = (d_1, \ldots, d_n)^\top$ befriedigt werden kann.

b) Dazu schreibt man $x = (x_1, \ldots, x_n)^\top$ für den Produktionsvektor und führt die Matrix $T := (t_{ij}) \in M_{\mathbb{R}}(n)$ ein. Zu lösen ist dann die Gleichung $x - Tx = d$ oder $(I - T)x = d$, d.h. es ist $I - T$ zu invertieren. Nun folgt aus (7) sofort $\| T \|_{SS} < 1$ für die *Spaltensummen-Norm* aus (7.11).

Nach Satz 26.3 existiert also $(I - T)^{-1}$ und kann gemäß Bemerkung 26.4 iterativ berechnet werden. Wegen $(I - T)^{-1} = \sum_{k=0}^{\infty} T^k$ sind übrigens alle Matrixelemente von $(I - T)^{-1}$ nichtnegativ.   □

26.7 Beispiele. Nun werden *Volterrasche Integralgleichungen* gelöst.
a) Für einen stetigen *Kern* $\sigma \in C([a, b]^2)$ definiert man

$$(Vf)(x) := \int_a^x \sigma(x,y)\, f(y)\, dy\,, \quad x \in [a, b]\,, \quad f \in C[a, b]\,. \tag{8}$$

Nach Folgerung 18.9 und Aufgabe 18.4 ist Vf auf $[a, b]$ *stetig;* durch (8) wird also ein linearer Operator $V : C[a, b] \mapsto C[a, b]$ definiert.
b) Offenbar gilt

$$|Vf(x)| \leq (x - a)\, \|\sigma\|\, \|f\|\,, \tag{9}$$

insbesondere also $\|Vf\| \leq (b - a)\, \|\sigma\|\, \|f\|$ und somit $V \in L(C[a, b])$. Aus (8) und (9) folgt weiter

$$\begin{aligned}
|V^2 f(x)| \;&\leq\; \|\sigma\| \int_a^x |Vf(y)|\, dy \leq \|\sigma\|^2 \|f\| \int_a^x (y - a)\, dy \\
&=\; \frac{(x-a)^2}{2}\, \|\sigma\|^2 \|f\|\,.
\end{aligned}$$

Induktiv liefert dieses Argument $|V^k f(x)| \leq \frac{(x-a)^k}{k!}\, \|\sigma\|^k \|f\|$, also insbesondere $\|V^k f\| \leq \frac{(b-a)^k}{k!}\, \|\sigma\|^k \|f\|$ und

$$\|V^k\| \leq \frac{(b-a)^k}{k!}\, \|\sigma\|^k \quad \text{für } k \in \mathbb{N}\,. \tag{10}$$

c) Aus (10) folgt $\sum_{k=0}^{\infty} \|V^k\| < \infty$, also die Konvergenz der Neumannschen Reihe $\sum_{k=0}^{\infty} V^k = (I - V)^{-1}$. Somit ist die *Volterrasche Integralgleichung*

$$f(x) - \int_a^x \sigma(x,y)\, f(y)\, dy \;=\; (I - V)f(x) \;=\; g(y) \tag{11}$$

für alle $g \in C[a, b]$ durch $f = (I - V)^{-1} g$ in $C[a, b]$ *eindeutig lösbar.* Mit $c := (b - a)\, \|\sigma\|$ hat man die *Fehlerabschätzung*

$$\left\| f - \sum_{k=0}^{n} V^k g \right\| \leq \sum_{k=n+1}^{\infty} \|V^k\|\, \|g\| \leq \sum_{k=n+1}^{\infty} \frac{c^k}{k!}\, \|g\| \leq e^c\, \frac{c^{n+1}}{(n+1)!}\, \|g\|\,;$$

die Konvergenz ist also *schneller als linear.*   □

26.8 Bemerkungen. a) Für die praktische Lösung quadratischer Gleichungssysteme kann man oft das quadratisch konvergente *Newton-Verfahren*
verwenden. Es seien $D \subseteq \mathbb{R}^n$ offen, $f \in \mathcal{C}^1(D, \mathbb{R}^n)$ und $x_k \in D$ eine Näherung für eine Lösung der Gleichung $f(x) = 0$. Zur Berechnung einer besse-
ren Näherung ersetzt man f durch sein Taylor-Polynom erster Ordnung in
x_k, d. h. man versucht das lineare Gleichungssystem

$$f(x_k) + Df(x_k)(x - x_k) = 0 \tag{12}$$

zu lösen. Für *invertierbare* $Df(x_k)$ ist dies offenbar möglich; die dann eindeutige Lösung

$$x_{k+1} := x_k - (Df(x_k))^{-1} f(x_k) \tag{13}$$

wird dann als nächste Näherung verwendet.
b) Ist speziell $n = 2$, also $D \subseteq \mathbb{C}$ offen, und $f : D \mapsto \mathbb{C}$ *komplex-
differenzierbar*, so kann man $Df(x_k)(x - x_k)$ durch das *komplexe Produkt*
$f'(x_k)(x - x_k)$ ersetzen und erhält dann die Iterationsvorschrift

$$x_{k+1} := x_k - \frac{f(x_k)}{f'(x_k)}, \tag{14}$$

die bereits in Beispiel I. 27.18* verwendet wurde. $\square$

26.9 Theorem (Newton-Verfahren). *Es seien* $D \subseteq \mathbb{R}^n$ *offen und*
$f \in \mathcal{C}^2(D, \mathbb{R}^n)$, *so daß* $Df(x)$ *für alle* $x \in D$ *invertierbar ist, und es*
gebe $a \in D$ *mit* $f(a) = 0$. *Es gelte* $m := \left(\sup_{x \in D} \| (Df(x))^{-1} \| \right)^{-1} > 0$ *und*
$M := \sup_{x \in D} \| Hf(x) \| < \infty$. *Für einen Startwert* $x_0 \in D$ *und* $d := \| x_0 - a \|$
gelte $\overline{K}_d(a) \subseteq D$ *und* $q := \frac{M}{2m} d < 1$.
a) Durch (13) wird rekursiv eine Folge $(x_k) \subseteq \overline{K}_d(a)$ *definiert mit*

$$\| x_{k+1} - a \| \leq \frac{M}{2m} \| x_k - a \|^2 \quad \text{für } n \in \mathbb{N}_0. \tag{15}$$

b) Die Folge (x_k) *konvergiert quadratisch gegen* a; *genauer gilt*

$$\| x_k - a \| \leq \frac{2m}{M} q^{2^n} \quad \text{für } n \in \mathbb{N}. \tag{16}$$

Der Beweis verläuft unter Verwendung der Taylor-Formel (20.8) und der
Schwarzschen Ungleichung genauso wie der von Theorem I. 35.5*. Auch die
Bemerkungen I. 35.6* gelten sinngemäß.

26.10 Beispiel. Es soll das Maximum der Funktion

$$f(x, y) := \left((x + 2)^4 (y + 1)^2 + 2(x + 1)^4 (y + 3)^6 \right) e^{-x^2 - 2y^2}$$

auf $\mathbb{R}^2$ bestimmt werden. Wegen $f \geq 0$ und $\displaystyle\lim_{(x,y)\to\infty} f(x,y) = 0$ ist es klar, daß dieses Maximum existiert. Differentiation liefert

$$\frac{\partial f}{\partial x} = \left(4(2+x)^3(1+y)^2 + 8(1+x)^3(3+y)^6 - 2x((2+x)^4(1+y)^2 + 2(1+x)^4(3+y)^6)\right) e^{-x^2-2y^2},$$

$$\frac{\partial f}{\partial y} = \left(2(2+x)^4(1+y) + 12(1+x)^4(3+y)^5 - 4y((2+x)^4(1+y)^2 + 2(1+x)^4(3+y)^6)\right) e^{-x^2-2y^2}.$$

Es ist schwierig, die Gleichung $\operatorname{grad} f(x,y) = 0$ exakt zu lösen. Abb. 26a zeigt, daß es genau eine lokale Maximalstelle gibt, die in der Nähe des Punktes $(1, \frac{1}{2})$ liegt. Das Newton-Verfahren liefert dann folgende Werte:

n	x_k	$\operatorname{grad} f(x_k)$	$f(x_k)$
0	$\begin{pmatrix} 1 \\ 0,5 \end{pmatrix}$	$\begin{pmatrix} -27,11 \\ -3777 \end{pmatrix}$	13166
1	$\begin{pmatrix} 0,999283 \\ 0,434920 \end{pmatrix}$	$\begin{pmatrix} 0,5300 \\ 79,324 \end{pmatrix}$	13287,191
2	$\begin{pmatrix} 0,99929675514 \\ 0,436243541 \end{pmatrix}$	$\begin{pmatrix} 5,06 \cdot 10^{-6} \\ 2,87 \cdot 10^{-3} \end{pmatrix}$	13287,24355572688
3	$\begin{pmatrix} 0,99929675528 \\ 0,436243589 \end{pmatrix}$	$\begin{pmatrix} 3,64 \cdot 10^{-12} \\ 7,28 \cdot 10^{-12} \end{pmatrix}$	13287,24355572695

Bereits der zweite Newton-Schritt liefert also ein sehr genaues Ergebnis für das gesuchte Maximum. □

Aufgaben

26.1 Man finde eine zu der C^k-Norm aus (2.24) äquivalente Norm auf $C^k(J)$, unter der $C^k(J)$ eine Banachalgebra ist.

26.2 Es seien A eine Banachalgebra und $x \in A$. Man zeige die Existenz des Grenzwertes $r(x) = \displaystyle\lim_{n\to\infty} \|x^n\|^{1/n}$.

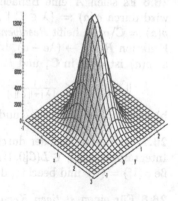

Abb. 26a

HINWEIS. Für $a_n := \|x^n\|$ gilt stets $a_{n+k} \leq a_n a_k$. Für festes $k \in \mathbb{N}$ schreibe man $n = mk + r$ und zeige $\limsup a_n^{1/n} \leq a_k^{1/k}$.

26.3 a) Für die Input-Output-Matrix $A := \begin{pmatrix} 0 & 0.15 & 0.43 \\ 0.02 & 0.03 & 0.20 \\ 0.01 & 0.08 & 0.05 \end{pmatrix}$ berech-

ne man $\| A \|_{ZS}$, $\| A \|_{SS}$ und $\| A \|_{HS} = \left(\sum_{i,j=1}^{3} |a_{ij}|^2 \right)^{1/2}$ (vgl. (7.11) und

die Aufgaben 7.5 und 7.6).

b) Man berechne $S_3 = \sum_{k=0}^{3} A^k$ und vergleiche den Fehler $\| (I - A)^{-1} - S_3 \|$

bezüglich der drei Normen aus a) mit der Fehlerschranke aus (2).

26.4 Es sei $T = (t_{ij}) \in M_{\mathbb{K}}(n)$ mit $t_{jj} \neq 0$ für $j = 1, \ldots, n$. Mit
$D := \text{diag}(t_{jj})$ und $T = D - R$ ist das Gleichungssystem $Tx = b$ dann
äquivalent zu $(I - D^{-1}R)\, x = D^{-1}b$. Man finde Bedingungen an die t_{ij},
die „$\| D^{-1}R \| < 1$" bezüglich einer geeigneten Norm auf $\mathbb{K}^n$ implizieren.

26.5 Es seien $T = (t_{ij}) \in M_{\mathbb{C}}(n)$ und $\lambda \in \mathbb{C}$ mit $\sum_{i \neq j} |t_{ij}| < |\lambda - t_{jj}|$ für

$j = 1, \ldots, n$. Man zeige $\lambda I - T \in GL(n)$ und folgere, daß alle Eigenwerte
von T in der Vereinigung der *Gerschgorin-Kreise*

$$G_j := \{ z \in \mathbb{C} \mid |z - t_{jj}| \leq \sum_{i \neq j} |t_{ij}| \}$$

liegen. Man formuliere und beweise eine entsprechende Aussage auch mit
Hilfe der Zeilensummen (vgl. Aufgabe 7.5).

26.6 Es seien A eine Banachalgebra und $a \in A$. Das *Spektrum* von a
wird durch $\sigma(a) := \{ \lambda \in \mathbb{C} \mid \lambda e - a \notin G(A) \}$ definiert; das Komplement
$\rho(a) := \mathbb{C} \backslash \sigma(a)$ heißt *Resolventenmenge* von a, und die auf $\rho(a)$ definierte
Funktion $R_a : \lambda \to (\lambda e - a)^{-1}$ *Resolvente* von a. Man zeige:
a) $\rho(a)$ ist *offen* in $\mathbb{C}$, und $R_a : \rho(a) \to G(A)$ ist stetig. Weiter gilt

$$\| R_a(\lambda) \| \leq \frac{1}{|\lambda| - \|a\|} \quad \text{für} \quad |\lambda| > \|a\|.$$

b) $\sigma(a)$ ist *kompakt* in $\mathbb{C}$, und man hat $\sigma(a) \subseteq \{ \lambda \in \mathbb{C} \mid |\lambda| \leq r(a) \}$.

26.7 Man zeige, daß der durch $(Vf)(x) := \int_0^x f(y)\, dy$ definierte Volterra-
Integraloperator $V \in L(\mathcal{C}[0,1])$ *injektiv*, aber *nicht surjektiv* ist. Man schließe $\sigma(V) = \{0\}$ und beachte, daß 0 kein Eigenwert von V ist.

26.8 Für einen *stetigen Kern* $\sigma \in \mathcal{C}([a,b]^2)$ wird ein *Integraloperator* auf
$\mathcal{C}[a,b]$ durch $Kf(x) = \int_a^b \sigma(x,y)f(y)\, dy$ definiert. Man zeige

$$\| K \| \leq \sup_{a \leq x \leq b} \int_a^b |\sigma(x,y)|\, dy \leq (b-a)\|\sigma\|$$

und schließe, daß für $|\lambda| > \|K\|$ die *Integralgleichung*

$$\lambda f(x) - \int_a^b \sigma(x,y)f(y)\,dy = g(x)$$

für jede stetige Funktion $g \in C[a,b]$ genau eine Lösung $f = (\lambda I - K)^{-1}g$ in $C[a,b]$ besitzt.

26.9 Für das Beispiel in 26.10 berechne man die Lösung approximativ mit Hilfe des Banachschen Fixpunktsatzes.

27   Differentialrechnung in Banachräumen

Die Hauptresultate der Differentialrechnung gelten auch für Abbildungen zwischen (reellen oder komplexen) *Banachräumen;* dies wird in diesem Abschnitt kurz[10] ausgeführt. Dabei ergeben sich auch für den reellen endlich-dimensionalen Fall interessante Ergänzungen; insbesondere werden *höhere totale Ableitungen* diskutiert und wird eine weitere Version des *Satzes von Schwarz* bewiesen. Für eine Grundaufgabe der *Variationsrechnung* wird die *Eulersche Differentialgleichung* hergeleitet.

Dieser Abschnitt ist von Abschnitt 25 unabhängig; es werden aber der *Hauptsatz* 14.10 für vektorwertige Funktionen und gelegentlich die Neumannsche Reihe 26.3 verwendet.

27.1 Definition. *Es seien E, F Banachräume über $\mathbb{K}$ und $D \subseteq E$ offen.*
a) Eine Abbildung $f : D \mapsto F$ heißt im Punkt $a \in D$ (total $\mathbb{K}$-) differenzierbar, falls es $f'(a) \in L(E,F)$ gibt, so daß für kleine $\|h\|$ gilt

$$f(a+h) = f(a) + f'(a)(h) + \rho(h), \quad \|\rho(h)\| = o(\|h\|). \tag{1}$$

In diesem Fall heißt $f'(a)$ die Ableitung *von f in a.*
b) Eine Abbildung $f : D \mapsto F$ heißt stetig differenzierbar auf D, Notation: $f \in C^1(D,F)$, falls $f'(a)$ für alle $a \in D$ existiert und die Abbildung $a \mapsto f'(a)$ von D nach $L(E,F)$ stetig ist.

27.2 Beispiele und Bemerkungen. a) Durch (1) wird $f'(a) \in L(E,F)$ eindeutig festgelegt (vgl. Aufgabe 27.1). Die Differenzierbarkeit von f in a impliziert die *Stetigkeit* von f in a.
b) Für $E = \mathbb{C}^n \cong \mathbb{R}^{2n}$ und $F = \mathbb{C}^m \cong \mathbb{R}^{2m}$ wird der *Zusammenhang* zwischen *reeller und komplexer Differenzierbarkeit* im nächsten Abschnitt untersucht.

---

[10]Eine ausführlichere Darstellung findet man etwa in [8].

c) Wie in Satz 19.1 ist (1) im Fall $E = \mathbb{K}$ äquivalent zur Existenz von

$$f'(a)(1) := \lim_{h \to 0} \frac{f(a+h)-f(a)}{h} \in F \, ; \tag{2}$$

identifiziert man also $f'(a) \in L(\mathbb{K}, F)$ mit $f'(a)(1) \in F$, so umfaßt Definition 27.1 die früheren Definitionen in I.28.11, 9.1 und 14.8.

d) Für eine *Banachalgebra* A ist die *Inversion* $j : G(A) \mapsto G(A)$, $x \mapsto x^{-1}$, auf $G(A)$ differenzierbar, und es gilt

$$j'(x)(h) = -x^{-1} h \, x^{-1} \, . \tag{3}$$

Dies folgt in der Tat mit Hilfe der Neumannschen Reihe aus

$$
\begin{aligned}
(x + h)^{-1} - x^{-1} &= (x \, (e + x^{-1} h))^{-1} - x^{-1} \\
&= (e + x^{-1} h)^{-1} x^{-1} - x^{-1} \\
&= (e - x^{-1} h + O(\| \, h \, \|^2)) \, x^{-1} - x^{-1} \\
&= -x^{-1} h \, x^{-1} + O(\| \, h \, \|^2) \, .
\end{aligned}
$$

Nach (3) und Satz 26.5 gilt weiter $j \in \mathcal{C}^1(G(A), A)$.

e) Die *Kettenregel* und ihr Beweis gelten wörtlich wie in Theorem 19.9. □

27.3 Bemerkungen, Definitionen und Beispiele. a) Es seien E, F, G Banachräume und $A \in L(E, L(G, F))$. Durch

$$B := \beta(A) : E \times G \mapsto F, \;\; B(x,y) := A(x)(y), \;\; x \in E, y \in G, \tag{4}$$

wird eine *stetige bilineare Abbildung* $B \in T^2(E, G; F)$ definiert, d.h. alle partiellen Abbildungen $B_x : G \mapsto F$ und $B^y : E \mapsto F$ sind linear. Es ist $\beta : L(E, L(G, F)) \mapsto T^2(E, G; F)$ offenbar linear mit Umkehrabbildung $\alpha : T^2(E, G; F) \mapsto L(E, L(G, F))$, $\alpha(B)(x)(y) := B(x,y)$. Mit der Norm

$$\| \, B \, \| := \sup \{ \| \, B(x,y) \, \| \mid \| \, x \, \| \le 1, \| \, y \, \| \le 1 \} \tag{5}$$

auf $T^2(E, G; F)$ wird β auch *isometrisch* und $T^2(E, G; F)$ ein Banachraum.

b) Es sei nun $f \in \mathcal{C}^1(D, F)$ und $f' : D \mapsto L(E, F)$ in $a \in D$ differenzierbar. Dann ist $(f')'(a) \in L(E, L(E, F))$, und die *zweite Ableitung* von f in a wird definiert als die *stetige bilineare Abbildung*

$$f''(a) := \beta((f')'(a)) \in T^2(E, E; F) \; =: T^2(E; F) \, . \tag{6}$$

c) Im Fall $E = \mathbb{R}^n$ und $F = \mathbb{R}$ gilt $f'(x)(h) = \sum_{\mu=1}^{n} \partial_\mu f(x) \, h_\mu$ für $h \in \mathbb{R}^n$ und $x \in D$. Für $a, a + k \in D$ folgt weiter

$$f'(a + k)(h) - f'(a)(h) = \sum_{\mu=1}^{n} (\partial_\mu f(a + k) - \partial_\mu f(a)) \, h_\mu$$

$$= \sum_{\mu=1}^{n} \left(\sum_{\nu=1}^{n} \partial_\nu \partial_\mu f(a) \, k_\nu + o(\| \, k \, \|) \right) h_\mu \, , \quad \text{also}$$

$$(f')'(a)(k)(h) \;=\; \sum_{\mu=1}^{n} \sum_{\nu=1}^{n} \partial_\nu \partial_\mu f(a) \, k_\nu \, h_\mu \quad \text{und somit}$$

$$f''(a)(k,h) \;=\; \sum_{\mu=1}^{n} \sum_{\nu=1}^{n} \partial_\nu \partial_\mu f(a) \, k_\nu \, h_\mu \;=\; \langle \, h, \, H f(a) \, k \, \rangle \tag{7}$$

mit der *Hesse-Matrix* $H f(a)$. Nach dem Satz von Schwarz 18.16 ist diese und damit auch die Bilinearform $f''(a)$ unter den dort angegebenen Bedingungen *symmetrisch*. Allgemein gilt: □

27.4 Theorem (Schwarz). *Es seien E, F Banachräume, $D \subseteq E$ offen und $f \in C^1(D, F)$, so daß f' in $a \in D$ differenzierbar ist. Dann gilt*

$$f''(a)(k,h) \;=\; f''(a)(h,k) \quad \text{für} \quad a \in D \quad \text{und} \quad k, h \in E. \tag{8}$$

BEWEIS. Zu $\varepsilon > 0$ gibt es $\delta > 0$ mit

$$\| \, f'(a + \ell) - f'(a) - (f')'(a)(\ell) \, \| \;\leq\; \varepsilon \| \ell \| \quad \text{für} \quad \| \ell \| \leq \delta. \tag{9}$$

Für feste $k, h \in E$ und $t > 0$ mit $t \, (\| \, k \, \| + \| \, h \, \|) < \delta$ wird der Ausdruck

$$Q(t) := Q(k,h)(t) := f(a + tk + th) - f(a + tk) - f(a + th) + f(a) \tag{10}$$

betrachtet. Mit $g(x) := f(x + tk) - f(x)$ hat man aufgrund der Kettenregel und des Hauptsatzes 14.10 (vgl. auch (19.21))

$$Q(k,h)(t) \;=\; g(a + th) - g(a) \;=\; \int_0^t g'(a + sh)(h) \, ds$$

$$= \int_0^t (f'(a + tk + sh) - f'(a + sh))(h) \, ds \, , \quad \text{also}$$

$$Q(t) - t^2 f''(a)(k,h) = \int_0^t (f'(a + tk + sh) - f'(a + sh) - (f')'(a)(tk))(h) \, ds$$

$$= \int_0^t (f'(a + tk + sh) - f'(a) - (f')'(a)(tk + sh))(h) \, ds$$

$$- \int_0^t (f'(a + sh) - f'(a) - (f')'(a)(sh))(h) \, ds \quad \text{und}$$

$$\| \, Q(t) - t^2 f''(a)(k,h) \, \| \;\leq\; t\varepsilon \sup_{0 \leq s \leq t} (\| \, tk + sh \, \| + \| \, sh \, \|) \, \| \, h \, \|$$

$$\leq\; \varepsilon t^2 \, (\| \, k \, \| + 2 \| \, h \, \|) \, \| \, h \, \|$$

wegen (9). Somit gilt also

$$f''(a)(k,h) \;=\; \lim_{t \to 0^+} \frac{1}{t^2} \, Q(k,h)(t), \tag{11}$$

und die Behauptung folgt aus $Q(k,h)(t) = Q(h,k)(t)$.   ◇

Der Satz von Schwarz gilt auch ohne die Stetigkeitsvoraussetzung an f' ; im Beweis verwendet man dann an Stelle des Hauptsatzes 14.10 den *Approximationssatz* aus Aufgabe 14.4.

27.5 Definitionen und Bemerkungen. a) Es seien E, F Banachräume und $D \subseteq E$ offen. Für $k \in \mathbb{N}$ wird rekursiv

$$C^k(D,F) := \{ f \in C^1(D,F) \mid f' \in C^{k-1}(D,F) \} \tag{12}$$

definiert. Ähnlich wie im Fall $k = 2$ wird für $f \in C^k(D,F)$ die k-te Ableitung $f^{(k)}(a) \in T^k(E;F)$ als *stetige k-lineare Abbildung* $f^{(k)}(a) : E^k \mapsto F$ erklärt; man hat dann $f^{(k-1)\,'}(a) \in L(E, T^{k-1}(E;F))$ und

$$f^{(k)}(a)(h_1, \dots, h_k) = f^{(k-1)\,'}(a)(h_1)(h_2, \dots, h_k). \tag{13}$$

Aus dem Satz von Schwarz ergibt sich induktiv auch die *Symmetrie* von $f^{(k)}(a)$; diese multilineare Abbildung ist also gegen Permutationen ihrer Argumente invariant.

b) Wegen (3) ist die *Inversion* $j : GL(E) \mapsto GL(E), T \mapsto T^{-1}$, eine C^∞-Abbildung. Die *Sätze über inverse* und *implizite Funktionen* lassen sich damit genauso wie in den Abschnitten 21 und 22 beweisen.   □

Für $T \in T^k(E;F)$ wird die folgende Notation benutzt:

$$T(h^k) := T(h, \dots, h) \quad \text{für} \quad h \in E. \tag{14}$$

27.6 Theorem (Taylor). *Es seien E, F Banachräume, $D \subseteq E$ offen und $a, a + h \in D$, so daß die Strecke $[a, a+h]$ in D liegt. Für $f \in C^{k+1}(D,F)$ gilt dann*

$$f(a+h) = \sum_{j=0}^{k} \frac{1}{j!} f^{(j)}(a)(h^j) + \int_0^1 \frac{(1-t)^k}{k!} f^{(k+1)}(a+th)(h^{k+1})\, dt. \tag{15}$$

Dies ergibt sich wie in (20.8) mittels der Kettenregel aus der Taylor-Formel für die Hilfsfunktion $t \mapsto f(a + th)$; man kann auch wie im Beweis von Theorem I. 34.3 mit dem Hauptsatz starten und dann $(k-1)$-mal partiell integrieren.

Schließlich wird noch auf *lokale Extrema* differenzierbarer *Funktionale* $f : D \mapsto \mathbb{R}$ eingegangen. Wie in den Sätzen 20.2 und 20.7 hat man:

27.7 Satz. *Es seien E ein reeller Banachraum und $D \subseteq E$ offen.*
a) Ist $a \in D$ eine lokale Extremalstelle von $f : D \mapsto \mathbb{R}$ und f in a diffe-
renzierbar, so folgt $f'(a) = 0$.
b) Es seien $f \in \mathcal{C}^2(D, \mathbb{R})$ und $a \in D$ mit $f'(a) = 0$. Es gebe $c > 0$
mit $f''(a)(h^2) \geq c \, \| h \|^2$ für alle $h \in E$. Dann hat f ein isoliertes lokales
Minimum in a.

Es sei darauf hingewiesen, daß *Existenzbeweise* für (lokale) Extrema im Fall
$\dim E = \infty$ schwierig sind: *Kompaktheitsargumente* können nicht (jedenfalls nicht direkt) verwendet werden (vgl. Aufgabe 11.7), und ein Nachweis
der in b) formulierten hinreichenden Bedingung für ein lokales Extremum
ist in konkreten Fällen nicht ohne weiteres durchführbar. Als Beispiel für
die in a) formulierte notwendige Bedingung wird eine Grundaufgabe der
Variationsrechnung besprochen:
Es seien $a < b \in \mathbb{R}$ und $L \in \mathcal{C}^2([a, b] \times \mathbb{R}^2, \mathbb{R})$ gegeben. Gesucht
werden lokale Extremalstellen des Funktionals

$$V : f \mapsto \int_a^b L(x, f(x), f'(x)) \, dx \tag{16}$$

auf der Funktionenmenge

$$E_{c,d} := \{ f \in \mathcal{C}^2([a, b], \mathbb{R}) \mid f(a) = c, \, f(b) = d \}. \tag{17}$$

Es ist $E_{c,d}$ ein *affiner* Unterraum von $\mathcal{C}^2([a, b], \mathbb{R})$. Weiter ist

$$E_0 := \{ f \in \mathcal{C}^2([a, b], \mathbb{R}) \mid f(a) = f(b) = 0 \} \tag{18}$$

ein Banachraum, und mit einer festen Funktion $g_0 \in E_{c,d}$ gilt
$E_{c,d} = g_0 + E_0$. Durch

$$W(h) := V(g_0 + h) \quad \text{für } h \in E_0 \tag{19}$$

wird dann ein stetiges Funktional $W : E_0 \mapsto \mathbb{R}$ definiert. Mit (x, y, p)
werden die Variablen in $[a, b] \times \mathbb{R}^2$ bezeichnet.

27.8 Satz. *Eine lokale Extremalstelle $f \in E_{c,d}$ des Funktionals V erfüllt*
die Eulersche Differentialgleichung

$$\frac{d}{dx} \frac{\partial L}{\partial p}(x, f(x), f'(x)) - \frac{\partial L}{\partial y}(x, f(x), f'(x)) = 0. \tag{20}$$

BEWEIS. Es ist $g := f - g_0 \in E_0$ eine lokale Extremalstelle von W. Für
$h \in E_0$ hat man

$$\begin{aligned}
W(g + h) - W(g) &= V(f + h) - V(f) \\
&= \int_a^b (L(x, f + h, f' + h') - L(x, f, f')) \, dx
\end{aligned}$$

$$= \int_a^b (\partial_y L(x, f, f')\, h + \partial_p L(x, f, f')\, h')\, dx$$
$$+ \; o(\| h \|_{\mathrm{sup}} + \| h' \|_{\mathrm{sup}}), \quad \text{also}$$
$$W'(g)(h) \;=\; \int_a^b (\partial_y L(x, f, f')\, h + \partial_p L(x, f, f')\, h')\, dx\,.$$

Aus Satz 27.7 a) folgt nun $W'(g) = 0$, wegen $h(a) = h(b) = 0$ also

$$0 \;=\; \int_a^b (\partial_y L(x, f, f')\, h - \tfrac{d}{dx}\, \partial_p L(x, f, f')\, h)\, dx + \partial_p L(x, f, f')\, h\big|_a^b$$
$$=\; \int_a^b (\partial_y L(x, f, f') - \tfrac{d}{dx}\, \partial_p L(x, f, f'))\, h\, dx$$

für alle Funktionen $h \in E_0$. Die Behauptung ergibt sich dann aus dem folgenden Lemma:

27.9 Lemma. *Es sei* $c \in C[a, b]$ *mit* $\int_a^b c(x)\, h(x)\, dx = 0$ *für alle Funktionen* $h \in E_0$. *Dann folgt* $c = 0$.

BEWEIS. Ist $x_0 \in (a, b)$ mit $c(x_0) > 0$, so gibt es $\varepsilon > 0$ und $\delta > 0$ mit $\overline{K}_{2\delta}(x_0) \subseteq (a, b)$ und $c(x) \geq \varepsilon$ für $x \in \overline{K}_{2\delta}(x_0)$. Man wählt $h \in C^2[a, b]$ mit $0 \leq h \leq 1$, $h = 1$ auf $\overline{K}_\delta(x_0)$ und $h = 0$ für $x \notin K_{2\delta}(x_0)$ (vgl. Beispiel I. 36.10 und Abb. 27a) und erhält den Widerspruch $\int_a^b c(x)\, h(x)\, dx \geq \int_{x_0 - \delta}^{x_0 + \delta} c(x)\, h(x)\, dx \geq 2\varepsilon\delta > 0$.   ◇

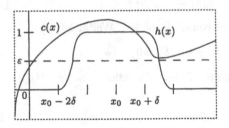

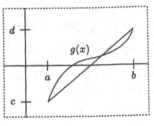

Abb. 27a   Abb. 27b

Lemma 27.9 gilt auch, wenn man nur mit Funktionen $h \in C^\infty[a, b]$ testet, die in der Nähe der Intervallendpunkte verschwinden.

27.10 Beispiele und Bemerkungen. a) Führt man die Differentiation in (20) aus, so erhält man

$$\partial_x \partial_p L + \partial_y \partial_p L\, f' + \partial_p^2 L\, f'' - \partial_y L \;=\; 0\,. \tag{21}$$

Hängt speziell L nicht von x ab, so ist $\partial_x L = \partial_x \partial_p L = 0$, und man erhält

$$\tfrac{d}{dx}\,(\partial_p L\, f' - L) \;=\; \partial_y \partial_p L\, f'^2 + \partial_p^2 L\, f''\, f' + \partial_p L\, f'' - \partial_y L\, f' - \partial_p L\, f''$$
$$=\; (\partial_y \partial_p L\, f' + \partial_p^2 L\, f'' - \partial_y L)\, f' \;=\; 0\,, \quad \text{also}$$

$$\partial_p L(f(x), f'(x))\, f'(x) - L(f(x), f'(x)) = C.\qquad(22)$$

b) Unter allen Funktionen in $E_{c,d}$ soll diejenige bestimmt werden, deren *Graph minimale Länge* hat. Mit $L(x,y,p) := \sqrt{1+p^2}$ ist diese Länge gerade durch $V(g) = \int_a^b L(x, g(x), g'(x))\, dx$ gegeben. Man hat $\partial_p L = \frac{p}{\sqrt{1+p^2}}$; für lokale Extremalstellen f von V gilt also

$$\frac{f'^2}{\sqrt{1+f'^2}} - \sqrt{1+f'^2} = C \Leftrightarrow C\sqrt{1+f'^2} = -1,$$

d. h. es muß f' konstant und somit $f(x) = c + (d-c)\frac{x-a}{b-a}$ sein. In diesem einfachen Fall läßt sich leicht zeigen, daß V tatsächlich in f minimal wird (vgl. Abb. 27b und Aufgabe 9.2). $\qquad\qquad\square$

Aufgaben

27.1 Es sei $T \in L(E,F)$ mit $\| T(h) \| = o(\| h \|)$. Man zeige $T = 0$.

27.2 Es seien A eine Banachalgebra und $a \in A$. Für Für $\lambda, \mu \in \rho(a)$ zeige man die *Resolventengleichung*

$$R_a(\lambda) - R_a(\mu) = -(\lambda - \mu)\, R_a(\lambda) R_a(\mu)$$

und schließe $R'_a(\mu) = \lim\limits_{\lambda \to \mu} \frac{R_a(\lambda) - R_a(\mu)}{(\lambda - \mu)} = -R_a(\mu)^2$.

27.3 Es seien E, F, G Banachräume und $B : E \times G \mapsto F$ *bilinear*. Man zeige die Äquivalenz der folgenden Aussagen:

(a) B ist stetig auf $E \times G$,

(b) B ist im Nullpunkt $(0,0)$ stetig,

(c) $\exists\, C > 0 \,\forall\, x \in E,\, y \in G :\ \| B(x,y) \| \leq C \| x \| \| y \|$.

27.4 Es seien E_1, E_2, F, G Banachräume, $B \in T^2(E_1, E_2; F)$, $D \subseteq G$ offen, und für $j = 1,2$ seien $f_j : D \mapsto E_j$ in $a \in D$ differenzierbar. Man zeige, daß $g := B(f_1, f_2)$ in a differenzierbar ist und berechne die entsprechende Ableitung.

27.5 Es seien E, F Banachräume und $D \subseteq E$ offen. Für eine Folge $(f_n) \subseteq C^1(D, F)$ gelte $f_n \to f$ punktweise und $f'_n \to g$ gleichmäßig auf D. Man zeige $f \in C^1(D, F)$ und $f' = g$.

27.6 Man formuliere und beweise Theorem 18.10 für offene Teilmengen D von Banachräumen.

27.7 Man zeige, daß das Funktional V aus Beispiel 27.10 b) auf dem affinen Raum $F_{1,1} := \{ f \in C^2([a,b], \mathbb{R}) \mid f'(a) = f'(b) = 1 \}$ *kein* Minimum besitzt und gebe eine geometrische Interpretation dieser Aussage.

28　Komplex differenzierbare und analytische Funktionen

In diesem Abschnitt wird zunächst der *Zusammenhang* zwischen *reeller* und *komplexer Differenzierbarkeit* geklärt; danach wird auf *Potenzreihen in mehreren Veränderlichen* und *analytische Funktionen* eingegangen.

Der Abschnitt kann im wesentlichen bereits nach Abschnitt 20 gelesen werden; darüberhinaus werden (bis auf die letzte Bemerkung) nur die Definition 27.1 der komplexen Differenzierbarkeit und, für Satz 28.3 über *harmonische* Funktionen, Theorem 25.5 benötigt. Ab Satz 28.5 wird der *Summierbarkeitsbegriff* aus Abschnitt I. 39* verwendet.

Es sei $D \subseteq \mathbb{C}$ offen. Eine Funktion $f : D \mapsto \mathbb{C}$ ist *komplex-differenzierbar* in $z \in D$ (vgl. Definition 27.1 und Bemerkung 27.2 c)), falls

$$f(z + h) = f(z) + c \cdot h + \rho(h), \quad |\rho(h)| = o(|h|), \tag{1}$$

mit $c = f'(z) \in \mathbb{C}$ erfüllt ist. Identifiziert man nun $c = a + ib \in \mathbb{C}$ mit $(a, b)^\mathsf{T} \in \mathbb{R}^2$ und entsprechend $h = k + i\ell \in \mathbb{C}$ mit $(k, \ell)^\mathsf{T} \in \mathbb{R}^2$, so folgt

$$c \cdot h = (ak - b\ell) + i(a\ell + bk) \cong \begin{pmatrix} a & -b \\ b & a \end{pmatrix} \begin{pmatrix} k \\ \ell \end{pmatrix}, \tag{2}$$

und daraus ergibt sich leicht:

28.1 Satz. *Es sei $D \subseteq \mathbb{C}$ offen. Eine Funktion $f : D \mapsto \mathbb{C}$ ist genau dann in $z \in D$ komplex-differenzierbar, wenn f in z reell-differenzierbar ist und für $u = \operatorname{Re} f, v = \operatorname{Im} f$ die* **Cauchy-Riemannschen Differentialgleichungen**

$$\frac{\partial u}{\partial x}(z) - \frac{\partial v}{\partial y}(z) = 0 \quad , \quad \frac{\partial u}{\partial y}(z) + \frac{\partial v}{\partial x}(z) = 0 \tag{3}$$

erfüllt sind. In diesem Fall gilt $f'(z) = \frac{\partial u}{\partial x}(z) + i\frac{\partial v}{\partial x}(z) =: a + ib$ sowie $\det(Df(z)) = |f'(z)|^2 = a^2 + b^2$.

BEWEIS. Ist f reell-differenzierbar in $z \in D$, so ist wegen (2) f dort genau dann komplex-differenzierbar, wenn die reelle Funktionalmatrix von f in z die Form $Df(z) = \begin{pmatrix} a & -b \\ b & a \end{pmatrix}$ mit $a, b \in \mathbb{R}$ hat. Die letzten Behauptungen sind dann klar. ◇

28.2 Definitionen, Bemerkungen und Beispiele. a) Komplex-differenzierbare Funktionen $f \in C^1(D, \mathbb{C})$ heißen *holomorph*.

b) Für Funktionen $f = u+iv \in C^1(D, \mathbb{C})$ werden reelle partielle Ableitungen einfach durch $\partial_x f := \partial_x u + i\partial_x v$ und $\partial_y f := \partial_y u + i\partial_y v$ definiert. Mit

$$\partial_z f := \tfrac{1}{2}(\partial_x f - i\partial_y f), \quad \partial_{\bar z} f := \tfrac{1}{2}(\partial_x f + i\partial_y f) \tag{4}$$

und $h = k + i\ell \in \mathbb{C}$ gilt für die lineare Approximation von $f(z+h) - f(z)$

$$Df(z) \begin{pmatrix} k \\ \ell \end{pmatrix} \cong \partial_x f(z)\, k + \partial_y f(z)\, \ell = \partial_z f(z)\, h + \partial_{\bar z} f(z)\, \bar h, \tag{5}$$

und die Cauchy-Riemann-Differentialgleichungen (3) sind *äquivalent* zu

$$\partial_{\bar z} f(z) = 0. \tag{6}$$

b) Für $f \in C^2(D, \mathbb{C})$ gilt $\Delta f = 4\partial_z \partial_{\bar z} f$. Ist also f holomorph, so folgt $\Delta f = 0$; wegen $\Delta f = \Delta u + i\Delta v$ sind somit f, $u = \operatorname{Re} f$, $v = \operatorname{Im} f$ und $\bar f$ *harmonisch*.

c) Da z^n holomorph ist, sind z^n und $\bar z^n$ harmonisch. Durch Trennung in Real- und Imaginärteil findet man *reelle harmonische Polynome auf* $\mathbb{R}^2$.

d) Für $\alpha \in \mathbb{R}$ ist $e^{\alpha z} = e^{\alpha x + i\alpha y} = e^{\alpha x}(\cos\alpha y + i\sin\alpha y)$ holomorph, und die Funktionen $e^{\alpha x}\cos\alpha y$ und $e^{\alpha x}\sin\alpha y$ sind harmonisch auf $\mathbb{R}^2$. $\quad\square$

Auf *sternförmigen* Gebieten stimmen die *harmonischen* Funktionen mit den *Realteilen holomorpher* (C^2-) Funktionen überein:

28.3 Satz. *Es seien* $G \subseteq \mathbb{C}$ *ein sternförmiges Gebiet und* $u \in C^2(G, \mathbb{R})$ *harmonisch. Dann gibt es eine holomorphe Funktion* $f \in C^2(G, \mathbb{C})$ *mit* $u = \operatorname{Re} f$.

BEWEIS. Durch $w = (w_1, w_2)^\top := (-\partial_y u, \partial_x u)^\top$ wird ein reelles Vektorfeld $w \in C^1(G, \mathbb{R}^2)$ definiert. Wegen $\partial_x w_2 - \partial_y w_1 = \partial_x^2 u + \partial_y^2 u = 0$ ist w wirbelfrei. Nach Theorem 25.5 gibt es $g \in C^2(G, \mathbb{R})$ mit $\operatorname{grad} g = w$, und für $f := u + ig$ gilt dann $2\partial_{\bar z} f = \partial_x f + i\partial_y f = \partial_x u - \partial_y g + i\,(\partial_x g + \partial_y u) = 0$. $\quad\diamond$

Für Funktionen von *mehreren komplexen Veränderlichen* gilt:

28.4 Satz. *Für eine offene Menge* $D \subseteq \mathbb{C}^n \cong \mathbb{R}^{2n}$ *und eine in* $z = (z_1, \ldots, z_n) \cong (x_1, y_1, \ldots, x_n, y_n) \in D$ *reell-differenzierbare Abbildung* $f : D \mapsto \mathbb{C}^m \cong \mathbb{R}^{2m}$ *sind äquivalent:*

(a) f *ist in* z *komplex-differenzierbar (im Sinne von Definition 27.1),*

(b) f *ist in* z *partiell komplex-differenzierbar, d. h. für* $j = 1, \ldots, n$ *existiert der bezüglich* $h \in \mathbb{C}$ *gebildete Limes*

$$\partial_j f(z) := \lim_{h \to 0} \frac{f(z + he_j) - f(z)}{h} \in \mathbb{C}^m, \tag{7}$$

(c) Es gelten die Cauchy-Riemannschen Differentialgleichungen

$$\partial_{\bar{z}_j} f(z) := \tfrac{1}{2}(\partial_{x_j} f + i\partial_{y_j} f)(z) = 0 \quad \text{für } j = 1, \dots, n. \tag{8}$$

BEWEIS. Man kann offenbar $m = 1$ annehmen. „(a) $\Rightarrow$ (b)" ergibt sich wie in Satz 19.5, und „(b) $\Rightarrow$ (c)" folgt aus (6). Wie in (5) hat man

$$f(z + h) - f(z) = \sum_{j=1}^{n} \partial_{z_j} f(z)\, h_j + \sum_{j=1}^{n} \partial_{\bar{z}_j} f(z)\, \bar{h}_j + o(|h|), \tag{9}$$

und daraus folgt sofort „(c) $\Rightarrow$ (a)". $\qquad\qquad\qquad\qquad\qquad\qquad \diamond$

Komplex-differenzierbare Funktionen $f \in \mathcal{C}^1(D, \mathbb{C}^m)$ heißen wieder *holomorph*. Im Gegensatz zum reellen Fall folgt die Holomorphie von f bereits aus der *partiellen* komplexen Differenzierbarkeit auf D; einen Beweis dieses *Satzes von Hartogs* findet man etwa in [15], Theorem 2.2.8.

Es wird nun auf *Potenzreihen in mehreren Veränderlichen*

$$\sum_{\alpha \in \mathbb{N}_0^n} a_\alpha (z - c)^\alpha, \quad a_\alpha \in \mathbb{K}^m, c, z \in \mathbb{K}^n, \tag{10}$$

eingegangen. Für *Multiradien* $t \in \mathbb{R}_+^n := (0, \infty)^n$ betrachtet man die offenen *Quader* bzw. *Polykreise*

$$D_t(c) := \{z \in \mathbb{K}^n \mid |z_j - c_j| < t_j \text{ für } j = 1, \dots, n\} \tag{11}$$

und ihre Abschlüsse $\overline{D}_t(c)$. Weiter wird $r < t :\Leftrightarrow t - r \in \mathbb{R}_+^n$ für $r, t \in \mathbb{R}_+^n$ gesetzt und werden die *Multiindex-Notationen* aus 20.14 verwendet. Analog zu Abschnitt I.30 gilt:

28.5 Satz. *Die Potenzreihe (10) habe die Eigenschaft*

$$\exists\, t \in \mathbb{R}_+^n\; \forall\, \mathbb{R}_+^n \ni s < t\; \exists\, C > 0\; \forall\, \alpha \in \mathbb{N}_0^n\; : \; |a_\alpha s^\alpha| \le C. \tag{12}$$

a) Dann ist für jedes $\mathbb{R}_+^n \ni r < t$ *die Familie* $(\| a_\alpha (z - c)^\alpha \|_{\overline{D}_r(c)})_{\alpha \in \mathbb{N}_0^n}$ *summierbar.*

b) Für $r < t$ *konvergiert jede Anordnung der Potenzreihe (10) zu einer Reihe über* $\mathbb{N}_0$ *gleichmäßig auf* $\overline{D}_r(c)$ *gegen*

$$f(z) := \sum_{\alpha \in \mathbb{N}_0^n} a_\alpha (z - c)^\alpha, \quad z \in D_t(c); \tag{13}$$

die Funktion $f : D_t(c) \mapsto \mathbb{K}^m$ *ist unendlich oft* $\mathbb{K}$-*differenzierbar, und ihre Ableitungen können durch gliedweises Differenzieren von (13) berechnet werden. Insbesondere gilt*

$$\partial^\alpha f(c) = \alpha!\, a_\alpha \quad \text{für } \alpha \in \mathbb{N}_0^n. \tag{14}$$

BEWEIS. a) Man wählt $s \in \mathbb{R}_+^n$ mit $r < s < t$ und erhält

$$\| a_\alpha (z - c)^\alpha \|_{\overline{D}_r(c)} \leq |a_\alpha| r^\alpha \leq C \left(\tfrac{r}{s}\right)^\alpha =: C \, q_1^{\alpha_1} \cdots q_n^{\alpha_n}$$

mit $q_j := \tfrac{r_j}{s_j} < 1$ für $j = 1, \ldots, n$. Somit folgt a) aus

$$\sum_{\alpha_1=0}^m \cdots \sum_{\alpha_n=0}^m q_1^{\alpha_1} \cdots q_n^{\alpha_n} \leq \tfrac{1}{1-q_1} \cdots \tfrac{1}{1-q_n} \quad \text{für alle } m \in \mathbb{N}_0.$$

b) Die erste Aussage folgt aus a) und Theorem I. 32.8 oder Satz 14.1, und nach Satz 3.9 ist f stetig auf $D_t(c)$. Ab jetzt sei der einfacheren Notation wegen $c = 0$. Für feste $z_2, \ldots, z_n \in \mathbb{K}$ mit $|z_j| < t_j$ hat man aufgrund des *großen Umordnungssatzes* I. 39.6*

$$f(z) = \sum_{\alpha_1=0}^\infty \Big(\sum_{\alpha_2,\ldots,\alpha_n=0}^\infty a_\alpha z_2^{\alpha_2} \cdots z_n^{\alpha_n} \Big) z_1^{\alpha_1} \quad \text{für } |z_1| < t_1,$$

und aus Satz I. 33.12 und Theorem I. 33.15* ergibt sich

$$\partial_1 f(z) = \sum_{\alpha_1=1}^\infty \alpha_1 \Big(\sum_{\alpha_2,\ldots,\alpha_n=0}^\infty a_\alpha z_2^{\alpha_2} \cdots z_n^{\alpha_n} \Big) z_1^{\alpha_1-1} \quad \text{für } |z_1| < t_1.$$

Dies gilt entsprechend auch für die Ableitungen nach den anderen Variablen. Da auch diese gliedweise differenzierten Potenzreihen (12) erfüllen, folgt nun induktiv die C^∞-Eigenschaft und insbesondere (14).   ◇

28.6 Definitionen und Bemerkungen. Das Innere $B = S^\circ$ der Menge

$$S := \{ z \in \mathbb{K}^n \mid (a_\alpha (z - c)^\alpha)_{\alpha \in \mathbb{N}_0^n} \text{ ist summierbar} \}$$

wird als *Konvergenzbereich* der Potenzreihe (10) bezeichnet; durch (13) wird dann eine C^∞-Funktion $f : B \mapsto \mathbb{K}^m$ definiert. Im Gegensatz zum Fall $n = 1$ muß *nicht* $B = D_t(c)$ für ein $t \in \mathbb{R}_+^n$ gelten (vgl. etwa Aufgabe 28.7); eine genaue Charakterisierung der Konvergenzbereiche von Potenzreihen im Fall $\mathbb{K} = \mathbb{C}$ findet man etwa in [15], section 2.4.   □

28.7 Definition. *Es sei $D \subseteq \mathbb{K}^n$ offen. Eine Funktion $f : D \mapsto \mathbb{K}^m$ heißt $\mathbb{K}$-analytisch, falls zu jedem $c \in D$ ein $t \in \mathbb{R}_+^n$ mit $D_t(c) \subseteq D$ existiert, so daß f in $D_t(c)$ eine Potenzreihenentwicklung (13) hat. $\mathcal{A}_\mathbb{K}(D, \mathbb{K}^m)$ bezeichne den Raum aller $\mathbb{K}^m$-wertigen $\mathbb{K}$-analytischen Funktionen auf D.*

28.8 Bemerkungen. a) Nach Satz 28.5 sind $\mathbb{K}$-analytische Funktionen unendlich oft $\mathbb{K}$-differenzierbar, und nach (14) sind ihre lokalen Potenzreihenentwicklungen gerade die entsprechenden *Taylor-Entwicklungen;* somit stimmt insbesondere $\mathcal{A}_\mathbb{R}(D, \mathbb{R})$ mit dem in 20.18 definierten Raum der *reellanalytischen* Funktionen überein.

b) Insbesondere sind $\mathbb{C}$-analytische Funktionen auf offenen Mengen $D \subseteq \mathbb{C}^n$ *holomorph;* in Band 3 wird auch die *Umkehrung* dieser Aussage bewiesen (vgl. etwa auch [10], Satz 7.F.13).

c) Dagegen ist bereits für *reelle Intervalle* $\mathcal{A}_\mathbb{R}(I, \mathbb{R}) \neq C^\infty(I, \mathbb{R})$ (vgl. Beispiel I. 36.9). Analog zu Aufgabe I. 36.4 gilt: $\qquad\qquad\qquad\qquad\square$

28.9 Satz. *Es seien* $D \subseteq \mathbb{R}^n$ *offen und* $f \in C^\infty(D, \mathbb{R}^m)$. *Es gelte die folgende Abschätzung für das* Wachstum der Ableitungen *von* f:

$$\forall\, c \in D \;\exists\, s, h \in \mathbb{R}_+^n, C > 0 \;\forall\, \alpha \in \mathbb{N}_0^n \;:\; \| \partial^\alpha f \|_{D_s(c)} \le C\,\alpha!\,h^\alpha. \tag{15}$$

Dann ist f *reell-analytisch auf* D.

BEWEIS. Aus (15) folgt mit $t := \frac{1}{h}$ offenbar $\left| \frac{\partial^\alpha f(c)}{\alpha!}\, t^\alpha \right| \le C$, also (12) für die Taylor-Reihe von f in c; nach Satz 28.5 gehört somit $D_t(c)$ zu deren Konvergenzbereich. Man wählt nun $r \in \mathbb{R}_+^n$ mit $r < t$ und $r \le s$ sowie $\max\limits_{1 \le j \le n} h_j r_j < q < 1$; für $m = 1$ erhält man dann aus (15) und der *Taylor-Formel* (20.19) für $x \in D_r(c)$ die Abschätzung

$$\left| f(x) - \sum_{|\alpha| \le k} \frac{\partial^\alpha f(c)}{\alpha!}\,(x-c)^\alpha \right| \;\le\; \left| \sum_{|\alpha| = k+1} \frac{\partial^\alpha f(c + \theta(x-c))}{\alpha!}\,(x-c)^\alpha \right|$$

$$\le\; C \sum_{|\alpha| = k+1} h^\alpha r^\alpha$$

$$\le\; C\,(k+2)^n\, q^{k+1} \to 0 \quad \text{für } k \to \infty. \quad \Diamond$$

28.10 Bemerkungen. a) Die folgenden Aussagen in b) und c) lassen sich ähnlich wie in Satz I. 33.11 und Theorem I. 39.11* beweisen. Für $\mathbb{K} = \mathbb{C}$ folgen sie auch leicht aus Bemerkung 28.8 b), und für $\mathbb{K} = \mathbb{R}$ kann man dann Satz 28.13 verwenden:

b) Eine konvergente Potenzreihe (10) definiert auf ihrem Konvergenzbereich B gemäß (13) eine $\mathbb{K}$-*analytische* Funktion; diese ist also nicht nur um c, sondern um *jeden* Punkt aus B in eine Potenzreihe entwickelbar.

c) Es ist $\mathcal{A}_\mathbb{K}(D, \mathbb{K})$ eine *Funktionenalgebra*, und *Kompositionen* $\mathbb{K}$-analytischer Abbildungen sind wieder $\mathbb{K}$-analytisch. $\qquad\qquad\qquad\qquad\square$

Analytische Funktionen auf *Gebieten* sind durch ihre Werte auf „beliebig kleinen" *offenen* Teilmengen ihres Definitionsbereichs bereits eindeutig festgelegt. Es gilt sogar der folgende

28.11 Identitätssatz. *Es seien* $G \subseteq \mathbb{K}^n$ *ein Gebiet und* $f \in \mathcal{A}_\mathbb{K}(G, \mathbb{K}^m)$. *Gibt es* $c \in G$ *mit* $\partial^\alpha f(c) = 0$ *für alle* $\alpha \in \mathbb{N}_0^n$, *so ist* $f = 0$.

BEWEIS. Die Menge $M := \{z \in G \mid \partial^\alpha f(c) = 0$ für alle $\alpha \in \mathbb{N}_0^n\}$ ist wegen der Stetigkeit der Ableitungen $\partial^\alpha f$ *abgeschlossen* und wegen (14) auch *offen* in G; wegen $M \neq \emptyset$ folgt dann $M = G$ aufgrund von Theorem 8.12. $\diamondsuit$

Im Fall $n = 1$ gilt auch die folgende wichtige Variante:

28.12 Identitätssatz. *Es seien $G \subseteq \mathbb{K}$ ein Gebiet und $f \in A_{\mathbb{K}}(G, \mathbb{K}^m)$. Hat die Menge $N_0(f) = \{z \in G \mid f(z) = 0\}$ der Nullstellen von f in G einen Häufungspunkt $c \in G$, so ist $f = 0$.*

BEWEIS. Es gibt $\rho > 0$ und eine auf $K_\rho(c) \subseteq G$ konvergente Potenzreihenentwicklung $f(z) = \sum\limits_{k=0}^{\infty} a_k(z - c)^k$. Weiter gibt es eine Folge $(z_j) \subseteq K_\rho(c) \backslash \{c\}$ mit $z_j \to c$ und $f(z_j) = 0$ für alle $j \in \mathbb{N}$. Aus der Stetigkeit von f folgt $a_0 = f(c) = \lim\limits_{j \to \infty} f(z_j) = 0$. Ist schon $a_0 = \ldots = a_{n-1} = 0$ gezeigt, so ist auch $g(z) := \frac{f(z)}{(z-c)^n} = \sum\limits_{k=n}^{\infty} a_k(z - c)^{k-n}$ auf $K_\rho(c)$ stetig, und aus $g(z_j) = 0$ für alle $j \in \mathbb{N}$ folgt auch $a_n = g(c) = 0$. Somit gilt also $f^{(k)}(c) = k! \, a_k = 0$ für alle $k \in \mathbb{N}_0$, und die Behauptung folgt aus Satz 28.11. $\diamondsuit$

Reell-analytische Funktionen können auf eindeutige Weise zu komplex-analytischen Funktionen fortgesetzt werden:

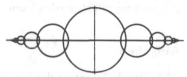

Abb. 28a

28.13 Satz. *Es seien $D \subseteq \mathbb{R}^n$ ein Gebiet und $f \in A_{\mathbb{R}}(D, \mathbb{R}^m)$. Dann gibt es ein Gebiet $G \subseteq \mathbb{C}^n$ mit $D = G \cap \mathbb{R}^n$ und eine eindeutig bestimmte Funktion $g \in A_{\mathbb{C}}(G, \mathbb{C}^m)$ mit $g|_D = f$.*

BEWEIS (vgl. Abb. 28a). a) Zu $c \in D$ gibt es $t(c) > 0$ mit $K_{t(c)}(c) \subseteq D$ und eine Potenzreihenentwicklung

$$f(x) = \sum_{\alpha \in \mathbb{N}_0^n} a_\alpha(x - c)^\alpha \quad \text{für } x \in \mathbb{R}^n \text{ mit } |x - c| < t(c). \quad \text{Durch}$$

$$g_c(z) := \sum_{\alpha \in \mathbb{N}_0^n} a_\alpha(z - c)^\alpha \quad \text{für } z \in \mathbb{C}^n \text{ mit } |z - c| < t(c)$$

wird dann f zu $g_c \in A_{\mathbb{C}}(K(c), \mathbb{C}^m)$ fortgesetzt (vgl. Bemerkung 28.10 b)), wobei die Notation $K(c) = \{z \in \mathbb{C}^n \mid |z - c| < t(c)\}$ verwendet wurde.

b) Es ist $G := \bigcup \{K(c) \mid c \in D\}$ ein *Gebiet* im $\mathbb{C}^n$ mit $G \cap \mathbb{R}^n = D$, da ja Punkte aus $K(c_1)$ und $K(c_2)$ durch einen Weg über c_1 und c_2 verbunden werden können. Ist $K(c_1) \cap K(c_2) \neq \emptyset$, so ist auch $K(c_1) \cap K(c_2) \cap \mathbb{R}^n \neq \emptyset$ und *offen* in $\mathbb{R}^n$; es gibt also $b \in K(c_1) \cap K(c_2) \cap \mathbb{R}^n$ mit der Eigenschaft $\partial^\alpha g_{c_1}(b) = \partial^\alpha f(b) = \partial^\alpha g_{c_2}(b)$ für alle $\alpha \in \mathbb{N}_0^n$, und aus dem Identitätssatz 28.11 folgt $g_{c_1} = g_{c_2}$ auf $K(c_1) \cap K(c_2)$.

c) Durch $g(z) := g_c(z)$ für $z \in K(c)$ wird somit eine Funktion $g \in \mathcal{A}_{\mathbb{C}}(G, \mathbb{C}^m)$ mit $g|_D = f$ definiert; die Eindeutigkeit von g ergibt sich wie am Ende von Beweisteil b).   ◇

Natürlich liefert umgekehrt jede Einschränkung einer komplex-analytischen Funktion auf $\mathbb{R}^n$ eine reell-analytische Funktion.

28.14 Bemerkungen. Wie bereits in 27.5 b) bemerkt wurde, *gilt* der *Satz über inverse Funktionen für holomorphe* Abbildungen; in der Tat zeigen die Argumente in 21.12 (Beweisschritt 4) die *Holomorphie* der lokalen Umkehrabbildungen. Aufgrund von Bemerkung 28.8 b) gilt der Satz über inverse Funktionen daher auch für *komplex-analytische* Abbildungen und aufgrund von Satz 28.13 dann auch für *reell-analytische* Abbildungen. Auch der *Satz über implizite Funktionen* ist in diesen Situationen gültig, da wegen Bemerkung 28.10 c) dieser wie in Abschnitt 23 auf den Satz über inverse Funktionen zurückgeführt werden kann.   □

Aufgaben

28.1 Durch Trennung der komplexen Monome z^n, $n = 2, 3, 4, 5$, in Real- und Imaginärteil finde man reelle harmonische Polynome auf $\mathbb{R}^2$.

28.2 Es seien $G \subseteq \mathbb{C}$ ein Gebiet und $f : G \mapsto \mathbb{R}$ komplex-differenzierbar. Man zeige, daß f konstant ist.

28.3 Es seien $G \subseteq \mathbb{C} \backslash \{0\}$ ein Gebiet und $A : G \mapsto \mathbb{R}$ ein Zweig des Arguments auf G (vgl. Bemerkung 8.16 b)). Man zeige, daß $A \in \mathcal{C}^\infty(G)$ harmonisch ist.

28.4 Man zeige, daß $f(z) := \log|z|$ auf $\mathbb{C} \backslash \{0\}$ harmonisch ist. Ist f auf $\mathbb{C} \backslash \{0\}$ Realteil einer holomorphen Funktion?

28.5 Es seien $G \subseteq \mathbb{C}$ ein sternförmiges Gebiet und $f \in \mathcal{C}^1(G, \mathbb{C})$ holomorph. Man konstruiere eine holomorphe Funktion $g \in \mathcal{C}^2(G, \mathbb{C})$ mit komplexer Ableitung $g' = f$.

28.6 Gibt es eine analytische Funktion $f \in \mathcal{A}_{\mathbb{C}}(\mathbb{C}, \mathbb{C})$ mit der Eigenschaft $f(\frac{1}{n}) = f(-\frac{1}{n}) = \frac{1}{n}$ für alle $n \in \mathbb{N}$?

28.7 Man berechne die Taylor-Reihe der Funktion $f(z,w) := \frac{1}{1-z+w}$ im Nullpunkt und bestimme ihren Konvergenzbereich.

28.8 Es seien $D \subseteq \mathbb{C}^n$ offen und $f \in \mathcal{A}_{\mathbb{C}}(D,\mathbb{C})$ komplex-analytisch. Man zeige $\operatorname{Re} f, \operatorname{Im} f \in \mathcal{A}_{\mathbb{R}}(D,\mathbb{R})$.

29 Koordinatentransformationen

Viele Probleme der Analysis können durch geeignete *Koordinatentransformationen* wesentlich vereinfacht werden. Ist etwa $D \subseteq \mathbb{R}^n$ offen und $f \in C^1(D,\mathbb{R})$ mit $f(a) = 0$ und $\partial_1 f(a) \neq 0$, so hat f in geeigneten Koordinaten $u = \Psi^{-1}(x)$ nahe $0 = \Psi^{-1}(a)$ die einfache Form $(f \circ \Psi)(u) = u_1$ (vgl. Beispiel 21.14). Nach dem *Morse-Lemma* 29.9 kann f in *regulären kritischen* Punkten a in ein einfaches *quadratisches Polynom* transformiert werden, woran sich u. a. sofort ablesen läßt, ob in a ein *lokales Extremum* vorliegt.

Es ist somit wichtig, das Verhalten von Objekten und Operationen der Analysis unter Koordinatentransformationen zu untersuchen. In diesem Abschnitt wird dies für *Skalare* und *Vektorfelder* sowie teilweise für die *Differentialoperatoren der Vektoranalysis* durchgeführt, im nächsten Abschnitt für die (totale) *Ableitung*.

Der Abschnitt schließt unmittelbar an Abschnitt 25 an; nur für Beispiel 29.5 e) wird Satz 28.1 benötigt. Das *Morse-Lemma* kann unmittelbar im Anschluß an Abschnitt 21 gelesen werden.

Zunächst wird die Transformation von *Punkten, Skalaren, Wegen* und *Vektorfeldern* unter allgemeinen C^1-Abbildungen diskutiert; dies erfaßt neben Koordinatentransformationen auch den wichtigen Fall *lokaler Parametrisierungen* von *Mannigfaltigkeiten* (vgl. Definition 23.5 c)).

29.1 Definitionen und Bemerkungen. Es seien $U \subseteq \mathbb{R}^p$ und $D \subseteq \mathbb{R}^n$ offen sowie $\psi \in C^1(U,\mathbb{R}^n)$ mit $\psi(U) \subseteq D$.

a) *Punkte* $u \in U$ werden durch ψ auf Punkte $\psi(u) \in D$ abgebildet.

b) *Funktionen* $f : D \mapsto \mathbb{K}$ werden gemäß

$$\psi^* : \mathcal{F}(D) \mapsto \mathcal{F}(U), \quad \psi^*(f) := f \circ \psi, \tag{1}$$

in solche auf U transformiert. Dagegen können Funktionen $g : U \mapsto \mathbb{K}$ nicht ohne weiteres nach D transformiert werden.

c) Ein *Weg* $\gamma : I \mapsto U$ wird durch ψ in den Weg $\beta := \psi_*(\gamma) = \psi \circ \gamma : I \mapsto D$ transformiert. Besitzt γ in $t \in I$ einen Tangentenvektor $t_\gamma = \dot{\gamma}(t)$, so hat $\beta = \psi_*(\gamma)$ dort den Tangentenvektor

$$t_{\psi_*(\gamma)} = \dot{\beta}(t) = \psi'(u)(\dot{\gamma}(t)) = \psi'(u)(t_\gamma) \quad \text{mit } u = \gamma(t) \in U. \tag{2}$$

d) Für ein *Vektorfeld* v auf U ist $v(u) \in T_u(\mathbb{R}^p)$ Tangentenvektor eines geeigneten Weges in U (vgl. Definition 19.11). Nach c) wird daher v durch

$$\psi_*(v)(\psi(u)) := \psi'(u)(v(u)) = D\psi(u)v(u), \quad u \in U, \tag{3}$$

in ein Vektorfeld $\psi_*(v)$ auf $\psi(U) \subseteq D$ transformiert. □

Für die *Länge* des durch ψ transformierten Weges hat man:

29.2 Satz. *Es seien* $U \subseteq \mathbb{R}^p$ *offen,* $\psi \in C^1(U, \mathbb{R}^n)$ *und* $\gamma : [a, b] \mapsto U$ *ein* C^1 *-Weg. Dann gilt*

$$L(\psi_*(\gamma)) = \int_a^b \sqrt{\langle \dot{\gamma}(t), D\psi(\gamma(t))^\top D\psi(\gamma(t))\, \dot{\gamma}(t) \rangle}\, dt. \tag{4}$$

BEWEIS. Man hat $\frac{d}{dt}\psi_*(\gamma)(t) = \frac{d}{dt}(\psi \circ \gamma)(t) = D\psi(\gamma(t))\,\dot{\gamma}(t)$ und somit $|\frac{d}{dt}\psi_*(\gamma)(t)|^2 = |D\psi(\gamma(t))\,\dot{\gamma}(t)|^2 = \langle D\psi(\gamma(t))\,\dot{\gamma}(t), D\psi(\gamma(t))\,\dot{\gamma}(t) \rangle = \langle \dot{\gamma}(t), D\psi(\gamma(t))^\top D\psi(\gamma(t))\,\dot{\gamma}(t) \rangle$. ◇

29.3 Definitionen und Bemerkungen. a) Für eine Matrix $A \in M_\mathbb{R}(n, p)$ heißt die *symmetrische* Matrix $G := (g_{ij}) := A^\top A \in M(p, p)$ die *Gramsche Matrix* oder der *Maßtensor* von A. Besteht $A = (a_1, \ldots, a_n)$ aus den *Spaltenvektoren* a_j, so besteht $A^\top$ aus den *Zeilenvektoren* $a_1^\top, \ldots, a_n^\top$, und somit gilt

$$G = (g_{ij}) = A^\top A = (a_i^\top a_j) = (\langle a_i, a_j \rangle). \tag{5}$$

b) Nach (5) gilt genau dann $G = I$, wenn die Spaltenvektoren von A in $\mathbb{R}^n$ ein *Orthonormalsystem* bilden, was nur für $p \leq n$ möglich ist. Wegen

$$\langle Gh, k \rangle = \langle A^\top Ah, k \rangle = \langle Ah, Ak \rangle \quad \text{für alle } h, k \in \mathbb{R}^p \tag{6}$$

ist dies dazu äquivalent, daß A alle Skalarprodukte, also alle *Längen* und *Winkel invariant* läßt. Matrizen A mit dieser Eigenschaft heißen *Isometrien;* sie besitzen stets den maximal möglichen Rang $\text{rk}\, A = p$.

c) Eine Abbildung $\psi \in C^1(U, \mathbb{R}^n)$ heißt *isometrisch,* wenn alle Funktionalmatrizen $D\psi(u)$, $u \in U$, Isometrien sind, wenn also für die Maßtensoren

$$G\psi(u) := D\psi(u)^\top D\psi(u) = I \quad \text{für alle } u \in U \tag{7}$$

gilt. Nach (4) sind *Weglängen* unter isometrischen Abbildungen *invariant*.

d) Im Fall $p = 1$ gilt $G = |\dot{\psi}|^2$; folglich sind auf Bogenlänge 1 normierte glatte C^1 -Wege isometrisch. Im Fall $p = n$ dagegen sind isometrische Koordinatentransformationen bereits notwendigerweise *affin* (vgl. etwa [10], Satz 6.B.10), also von der Form $\Psi : u \mapsto Au + b$ mit $A \in O_\mathbb{R}(n)$. □

Nun wird das Verhalten der Gradientenbildung unter Koordinatentransformationen untersucht:

29.4 Beispiele und Bemerkungen. a) Es seien $U, D \subseteq \mathbb{R}^n$ offen und $\Psi : U \mapsto D$ eine C^1-Koordinatentransformation. Für $f \in C^1(D)$ ist dann $\Psi_*^{-1}(\mathrm{grad}\, f)$ das durch Ψ nach U transformierte Gradientenfeld. Andererseits gilt für $g := \Psi^* f = f \circ \Psi$ aufgrund der Kettenregel $Dg(u) = Df(\Psi(u)) D\Psi(u)$ und somit $\mathrm{grad}\, g(u) = D\Psi(u)^\top \mathrm{grad}\, f(\Psi(u))$. Dies bedeutet offenbar $\mathrm{grad}\, f(\Psi(u)) = (D\Psi(u)^\top)^{-1} \mathrm{grad}\, g(u)$, und es folgt

$$
\begin{aligned}
\Psi_*^{-1}(\mathrm{grad}\, f)(u) &= D\Psi^{-1}(\Psi(u))\, \mathrm{grad}\, f(\Psi(u)) \\
&= D\Psi^{-1}(\Psi(u))\, (D\Psi(u)^\top)^{-1}\, \mathrm{grad}\, g(u) \\
&= (D\Psi(u)^\top D\Psi(u))^{-1}\, \mathrm{grad}\, g(u), \quad \text{also}
\end{aligned}
$$

$$
\Psi_*^{-1}(\mathrm{grad}\, f)(u) = (G\Psi(u))^{-1}\, \mathrm{grad}(\Psi^* f)(u). \tag{8}
$$

Die Gradientenbildung ist also genau dann unter der Koordinatentransformation Ψ *invariant*, wenn Ψ *isometrisch* ist.

b) Für Polar- und Kugelkoordinaten folgt aus Aufgabe 21.1 und (21.12)

$$
G\Psi(r, \varphi) = \mathrm{diag}(1, r^2), \tag{9}
$$
$$
G\Psi(r, \varphi, \vartheta) = \mathrm{diag}(1, r^2 \cos^2 \vartheta, r^2); \tag{10}
$$

diese sind also *nicht isometrisch*. Nach (8) hat man mit $g := f \circ \Psi$:

$$
\Psi_*^{-1}(\mathrm{grad}\, f)(r, \varphi) = \left(\frac{\partial g}{\partial r}, \frac{1}{r^2} \frac{\partial g}{\partial \varphi} \right)^\top, \tag{11}
$$

$$
\Psi_*^{-1}(\mathrm{grad}\, f)(r, \varphi, \vartheta) = \left(\frac{\partial g}{\partial r}, \frac{1}{r^2 \cos^2 \vartheta} \frac{\partial g}{\partial \varphi}, \frac{1}{r^2} \frac{\partial g}{\partial \vartheta} \right)^\top. \quad \Box \tag{12}
$$

29.5 Definitionen, Bemerkungen und Beispiele. a) Für Polar- und Kugelkoordinaten sind also die Gramschen Matrizen stets *diagonal*. Dies bedeutet, daß die Spaltenvektoren $\{\partial_j \psi(u)\}_{j=1,\dots,p}$ der Funktionalmatrizen $D\psi(u)$ in $\mathbb{R}^n$ stets orthogonal sind. Diese sind gerade die Tangentenvektoren an die Wege $\psi(u + te_j)$; somit schneiden sich also die Bilder der u-*Koordinatenlinien* in D stets *rechtwinklig* (vgl. etwa Abb. 1j).
b) Allgemein heißen für eine *Einbettung* $\psi \in C^1(U, \mathbb{R}^n)$ (vgl. Definition 23.5 b)) die durch $u = \psi^{-1}(x)$ auf $\psi(U)$ gegebenen Koordinaten *orthogonal*, wenn die Gramschen Matrizen $G\psi(u)$ stets diagonal sind[11].
c) Wegen (1.7) und (6) läßt $A \in M_{\mathbb{R}}(n, p)$ genau dann alle *Winkel invariant*, wenn $G = c^2 I$ für ein $c > 0$ gilt. Dies bedeutet, daß die Spaltenvektoren von A in $\mathbb{R}^n$ *orthogonal* sind *und alle die gleiche Länge* $c > 0$ besitzen. Eine Abbildung $\psi \in C^1(U, \mathbb{R}^n)$ heißt *konform*, falls $G\psi(u) = c(u)^2 I$ für geeignete $c(u) > 0$ gilt; im Fall einer *Einbettung* heißen dann auch die

---

[11]Dieser Begriff ist nicht mit dem der orthogonalen Matrix zu verwechseln!

durch $u = \psi^{-1}(x)$ auf $\psi(U)$ gegebenen Koordinaten *konform*. Dies ist also genau dann der Fall, wenn ψ alle *Schnittwinkel* zwischen Wegen invariant läßt.

d) Die *Inversion*

$$\psi(u) := \frac{u}{|u|^2} \tag{13}$$

an der Einheitssphäre ist eine konforme Koordinatentransformation auf $\mathbb{R}^n \backslash \{0\}$; die *stereographischen Projektionen* aus Beispiel 23.6 d) liefern lokale konforme Koordinaten auf der Sphäre S^2.

e) Eine C^1-Koordinatentransformation $\Psi : U \mapsto D$ von Gebieten in der Ebene $\mathbb{C} \cong \mathbb{R}^2$ ist genau dann konform, wenn stets

$$D\Psi(u) = \begin{pmatrix} a(u) & -b(u) \\ b(u) & a(u) \end{pmatrix} \quad \text{oder} \quad D\Psi(u) = \begin{pmatrix} a(u) & b(u) \\ b(u) & -a(u) \end{pmatrix}$$

gilt; aus Stetigkeitsgründen trifft dann für alle Punkte des *Gebietes* der gleiche Fall zu. Nach Satz 28.1 ist also Ψ *genau dann konform, wenn* Ψ *komplex-differenzierbar ist oder* $\overline{\Psi}$ *komplex-differenzierbar ist.* $\quad\square$

Das Verhalten von *Divergenz-* und *Rotationsbildung* unter allgemeinen Koordinatentransformationen ist recht kompliziert (vgl. etwa [16], Formeln 17.4 und 17.5); hier werden daher nur *affine* Koordinatentransformationen untersucht.

29.6 Bemerkungen. a) Für ein C^1-Vektorfeld v gilt

$$\operatorname{div} v = \sum_{\nu=1}^{n} \partial_\nu v_\nu = \operatorname{tr} Dv, \quad \text{wobei} \tag{14}$$

$$\operatorname{tr}(a_{\mu\nu}) := \sum_{\nu=1}^{n} a_{\nu\nu} \tag{15}$$

die *Spur* einer Matrix $A = (a_{\mu\nu}) \in \mathbb{M}(n)$ bezeichnet. Für $A, B \in \mathbb{M}(n)$ gilt stets $\operatorname{tr}(AB) = \operatorname{tr}(BA)$ und daher $\operatorname{tr}(A^{-1}BA) = \operatorname{tr} B$ für $A \in GL(n)$ (vgl. etwa [22], Satz 11.A.18).

b) Für $\Psi : u \mapsto Au + b$ mit $A \in GL(n)$ und Vektorfelder v auf $D \subseteq \mathbb{R}^n$ hat man nun

$$(\Psi_*^{-1}v)(u) = D\Psi^{-1}(\Psi(u))\, v(\Psi(u)) = A^{-1}\, v(Au + b)$$

und somit aufgrund der Kettenregel

$$\begin{aligned}
\operatorname{div}(\Psi_*^{-1}v)(u) &= \operatorname{tr} D(\Psi_*^{-1}v)(u) = \operatorname{tr} A^{-1}\, Dv(Au + b)\, A \\
&= \operatorname{tr} Dv(\Psi(u)) = (\operatorname{div} v)(\Psi(u)) = \Psi^*(\operatorname{div} v)(u),
\end{aligned}$$

also *Invarianz* der Divergenzbildung unter *affinen* Koordinatentransformationen.   □

29.7 Beispiele und Bemerkungen. a) Nach den Bemerkungen 29.4 und 29.6 ist der *Laplace-Operator* $\Delta = \text{div grad}$ unter *affinen Isometrien invariant*. Diese transformieren also harmonische Funktionen wieder in harmonische Funktionen.

b) Für allgemeine $\mathcal{C}^2$-Koordinatentransformationen $\Psi : U \mapsto D$ und $f \in \mathcal{C}^2(D)$ gilt

$$\Psi^*(\Delta f)(u) = \frac{1}{\sqrt{g(u)}} \sum_{\mu,\nu=1}^{n} \frac{\partial}{\partial u_\mu} \left(\sqrt{g}\, g^{\mu\nu} \frac{\partial(\Psi^* f)}{\partial u_\nu} \right)(u) \tag{16}$$

mit $(g^{\mu\nu}(u)) := (G\Psi(u))^{-1}$ und $g(u) := \det G\Psi(u)$; dies wird in Band 3 bewiesen. Speziell hat man in ebenen Polarkoordinaten

$$\Delta = \frac{1}{r} \frac{\partial}{\partial r}(r\frac{\partial}{\partial r}) + \frac{1}{r} \frac{\partial}{\partial \varphi}(\frac{1}{r} \frac{\partial}{\partial \varphi}) = \frac{\partial^2}{\partial r^2} + \frac{1}{r} \frac{\partial}{\partial r} + \frac{1}{r^2} \frac{\partial^2}{\partial \varphi^2} . \quad □ \tag{17}$$

29.8 Bemerkungen. a) Die *Spiegelung* an der $x_1 x_2$-Ebene im $\mathbb{R}^3$ ist gegeben durch $\Psi : (u_1, u_2, u_3) \mapsto (x_1, x_2, x_3) := (u_1, u_2, -u_3)$. Für das Vektorfeld $v(u) := e_3 \times u = (-u_2, u_1, 0)^\top$ gilt $\Psi_* v(x) = v(u) = (-x_2, x_1, 0)^\top$ und somit $\text{rot}_x \Psi_* v(x) = 2e_3$, andererseits aber offenbar $\Psi_*(\text{rot}_u v)(x) = \Psi_*(2e_3)(x) = -2e_3(u) = -2e_3$. Die Rotationsbildung ist also *nicht* unter allen linearen Isometrien invariant.

b) Die Nicht-Invarianz der Rotationsbildung gegen Spiegelungen zeigt, daß die Interpretation von $\text{rot}\, v$ als Vektorfeld problematisch ist (in der Physik heißt $\text{rot}\, v$ oft „Pseudovektorfeld" oder „axiales Vektorfeld"). Angemessener als die Vorstellung einer „gerichteten Strecke" ist die einer „Achse mit Drehsinn" (vgl. Abb. 29a), da dieser Drehsinn bei Spiegelung erhalten bleibt.

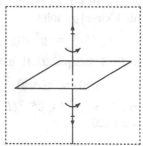

Abb. 29a

c) Die Rotationsbildung ist gegen *Translationen* und *Drehungen invariant*. Für $\Psi : u \mapsto x = Au$ mit $A \in \mathbb{O}(n)$ gilt allgemeiner

$$\begin{aligned} \text{rot}_x(\Psi_* v)(x) &= \text{rot}_x((Av)(A^{-1}x)) = \det A \cdot A(\text{rot}_u v)(A^{-1}x) \\ &= \det A \cdot \Psi_*(\text{rot}_u v)(x) . \end{aligned}$$ □

Es folgt nun das bereits am Ende von Abschnitt 21 und in der Einleitung dieses Abschnitts angekündigte

29.9 Theorem (Morse-Lemma). *Es seien* $D \subseteq \mathbb{R}^n$ *offen,* $3 \leq k \leq \infty$ *und* $f \in C^k(D, \mathbb{R})$ *mit* $f(a) = 0$ *und* $Df(a) = 0$ *für ein* $a \in D$. *Ist die* Hesse-Matrix $Hf(a)$ *regulär, so gibt es eine* C^{k-2}-*Koordinatentransformation* $\Psi : U \mapsto V$ *einer offenen Umgebung* U *von* $0 \in \mathbb{R}^n$ *auf eine offene Umgebung* $V \subseteq D$ *von* a *mit* $\Psi(0) = a$ *und*

$$(\Psi^* f)(u) = u_1^2 + \cdots + u_d^2 - u_{d+1}^2 - \cdots - u_n^2, \quad u \in U; \tag{18}$$

hierbei ist $d \in \{0, \ldots, n\}$ *die Anzahl der positiven Eigenwerte von* $Hf(a)$.

BEWEIS. a) Man kann $a = 0$ annehmen. Die Taylor-Formel (20.8) liefert ein $\delta > 0$ und Funktionen $b_{ij} \in C^{k-2}(K_\delta(0))$ mit

$$f(x) = \sum_{i,j=1}^{n} b_{ij}(x)\, x_i\, x_j \text{ für } |x| < \delta \text{ und } (b_{ij}(0)) = \tfrac{1}{2} Hf(0). \tag{19}$$

Mit $B(x) := (b_{ij}(x)) \in \mathbb{S}_\mathbb{R}(n)$ gilt dann also $f(x) = x^\top B(x)\, x$.

b) Es seien nun $\{\lambda_1 \geq \lambda_2 \geq \ldots \geq \lambda_n\} \subseteq \mathbb{R}\backslash\{0\}$ die Eigenwerte von $H := Hf(0)$ und $\Lambda := \mathrm{diag}(\lambda_1, \ldots, \lambda_n)$. Nach dem Spektralsatz 20.10 gibt es eine orthogonale Matrix $V \in \mathbb{O}_\mathbb{R}(n)$ mit $\Lambda = V^{-1}HV = V^\top HV$. Mit $W := \sqrt{2}\, \mathrm{diag}(\sqrt{|\lambda_1|}, \ldots, \sqrt{|\lambda_n|})^{-1} \in GL_\mathbb{R}(n)$ hat man

$$\tfrac{1}{2} W^\top \Lambda W = J := \mathrm{diag}(1, \ldots, 1, -1, \ldots, -1),$$

wobei genau die ersten d Diagonalelemente von J gleich $+1$ sind. Mit $S := VW \in GL_\mathbb{R}(n)$ gilt dann $J = \tfrac{1}{2} S^\top HS$, und mit $A(y) := S^\top B(Sy)\, S$ für kleine $|y|$ folgt

$$f(Sy) = y^\top A(y)\, y \text{ und } A(0) = \tfrac{1}{2} S^\top HS = J. \tag{20}$$

c) Nach Beispiel 21.15 hat man nun für genügend kleine $|y|$ eine Zerlegung

$$A(y) = g(A(y))^\top J g(A(y)) =: C(y)^\top J C(y)$$

mit $C := g \circ A \in C^{k-2}(K_\varepsilon(0), GL_\mathbb{R}(n))$. Für $u := Q(y) := C(y)y$ gilt dann nach (20)

$$f(Sy) = u^\top J u = u_1^2 + \cdots + u_d^2 - u_{d+1}^2 - \cdots - u_n^2. \tag{21}$$

Man hat $Q(0) = 0$ und $Q \in C^{k-2}(K_\varepsilon(0), \mathbb{R}^n)$, und wegen $C(0) = I$ gilt

$$Q(y) = (I + O(|y|))y = y + O(|y|^2),$$

also $Q'(0) = I$. Nach dem Satz über inverse Funktionen ist also Q eine C^{k-2}-Koordinatentransformation nahe 0, und dies gilt dann auch für $\Psi := S \circ Q^{-1}$. Mit (21) folgt dann sofort $(\Psi^* f)(u) = f(\Psi(u)) = u^\top J u$ und somit die Behauptung (18). ◇

29.10 Beispiele und Bemerkungen. a) Aus (18) folgt sofort, daß im Fall $d = n$ bzw. $d = 0$ die Funktion f in a ein isoliertes lokales Minimum bzw. Maximum besitzt, im Fall $0 < d < n$ aber kein lokales Extremum (vgl. Satz 20.7).

b) In der Situation des Morse-Lemmas ist a eine *Singularität* der *Niveau-Menge* $N_0(f)$, die wegen der Regularität von $Hf(a)$ ebenfalls *regulär* genannt wird. Das Morse-Lemma liefert also eine *Klassifikation* der regulären Singularitäten durch den *Index d* der Hesse-Form.

c) Offenbar bedeutet Regularität genau $\Delta(a) := \det Hf(a) \ne 0$. Im Fall $n = 2$ ist $\Delta(a) > 0$ äquivalent zu $d = 2$ oder $d = 0$ (vgl. Aufgabe 20.2); dann hat also f ein isoliertes lokales Extremum in a, und a ist ein *isolierter Punkt* von $N_0(f)$. Für die Funktion $f(x,y) = 2y^2 - x(x-1)^2$ aus Beispiel 20.8 a) ist dies im Punkt $a = (\frac{1}{3}, 0)$ der Fall.

Der Fall $\Delta(a) < 0$ ist äquivalent zu $d = 1$. Nach dem Morse-Lemma gibt es dann eine Koordinatentransformation Ψ mit

$$\Psi^* f(\xi, \eta) = f(\Psi(\xi, \eta)) = \xi^2 - \eta^2 \,. \tag{22}$$

Offenbar besteht $N_0(\Psi^* f)$ aus zwei sich in 0 schneidenden Geraden, und daher besteht $N_0(f)$ nahe a aus zwei sich in a schneidenden glatten Jordankurven. Beispiele für diese Situation sind etwa der Nullpunkt bei einer Lemniskate (vgl. Aufgabe 9.7) oder bei einem Cartesischen Blatt (vgl. Aufgabe 22.6 b)).

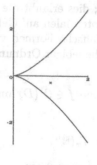

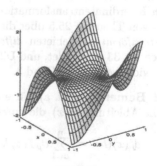

Abb. 29b   Abb. 29c

d) Auf die Untersuchung nicht regulärer Singularitäten kann hier nicht eingegangen werden. Im Fall ebener Kurven sind auch andere Singularitäten als die in c) besprochenen möglich; so hat etwa die durch $f(x,y) := x^3 - y^2$ gegebene *Neilsche Parabel* eine *Spitze* im Nullpunkt (vgl. Abb. 29b). Im Fall der in Polarkoordinaten durch $(\Psi^* f)(r, \varphi) = r^m \sin m\varphi$ gegebenen Funktion f besteht $N_0(f)$ aus m sich in 0 schneidenden Geraden; für $m = 3$

etwa wird der Graph von $f(x,y) = 3x^2y - y^3$ ein „*Affensattel*" genannt (vgl. Abb. 29c). □

Aufgaben

29.1 Unter welchen Koordinatentransformationen ist der Differentialoperator ∂_1 invariant?

29.2 Man bestätige die Aussagen von Beispiel 29.5 d).

29.3 Man gebe einen ausführlichen Beweis der Aussage von Beispiel 29.5 e).

29.4 a) Man bestätige (17) ohne Verwendung von (16).
b) Welche Funktionen der Form $f(r)\,g(\varphi)$ sind harmonisch auf $\mathbb{R}^2\setminus\{0\}$?
c) Man berechne Δ in Kugelkoordinaten.

29.5 Man beweise die Aussage von Bemerkung 29.8 c).

30 Pfaffsche Formen

Im letzten Abschnitt wurde gezeigt, daß die Differentialoperatoren der Vektoranalysis nur unter *speziellen* Koordinatentransformationen *invariant* sind. In diesem Abschnitt wird nun bewiesen, daß die (totale) *Ableitung* unter *allen* Koordinatentransformationen *invariant* ist; dies erlaubt die Erweiterung von Theorem 25.5 über die Existenz von Potentialen auf Gebiete, die zu *sternförmigen* Gebieten *diffeomorph* sind. Pfaffsche Formen werden in Abschnitt 33 verwendet, und Differentialformen beliebiger Ordnung spielen eine wichtige Rolle in Band 3.

30.1 Bemerkungen. a) Für eine skalare Funktion $f \in C^1(D)$ und $x \in D$ ist die Ableitung $df(x)$ die durch

$$df(x)(h) = \sum_{\mu=1}^{n} \partial_\mu f(x) h_\mu \quad \text{für } h \in \mathbb{R}^n = T_x(\mathbb{R}^n) \tag{1}$$

gegebene *Linearform* auf $\mathbb{R}^n$ ($= T_x(\mathbb{R}^n)$). Speziell für die Koordinatenfunktion $x_\nu : x \mapsto x_\nu$ hat man $dx_\nu(x)(h) = h_\nu$, d.h. für alle $x \in D$ bilden die Linearformen $\{dx_\nu\}$ die zur Standardbasis des $\mathbb{R}^n$ *duale Basis* des $(\mathbb{R}^n)' = L(\mathbb{R}^n, \mathbb{R})$.
b) Für eine C^k-Abbildung $\omega : D \mapsto (\mathbb{R}^n)'$ hat man somit die Darstellung

$$\omega(x) = \sum_{\nu=1}^{n} a_\nu(x)\,dx_\nu \tag{2}$$

mit C^k-Funktionen $a_\mu(x) = \omega(x)(e_\mu)$. Für $f \in C^1(D)$ schreibt man dann (1) in der Form

$$df(x) = \sum_{\nu=1}^{n} \partial_\nu f(x)\, dx_\nu\,. \quad \square \tag{3}$$

30.2 Definition. *Es sei* $D \subseteq \mathbb{R}^n$ *offen. Eine* Pfaffsche Form, Differential-form erster Ordnung *oder* 1-Form *auf* D *ist eine Abbildung* $\omega : D \mapsto (\mathbb{R}^n)'$. *Mit* $\Omega_k^1(D)$ *wird der Raum aller Pfaffschen* C^k-*Formen auf* D *bezeichnet.*

Zur *Transformation Pfaffscher Formen* hat man die folgenden

30.3 Bemerkungen und Definitionen. Es seien $U \subseteq \mathbb{R}^p$ und $D \subseteq \mathbb{R}^n$ offen, $\psi \in C^{k+1}(U, \mathbb{R}^n)$ mit $\psi(U) \subseteq D$ und $\omega \in \Omega_k^1(D)$. Aufgrund von Bemerkung 29.1 c) werden Vektoren $h \in \mathbb{R}^p$ ($= T_u(\mathbb{R}^p)$) mittels $\psi_*(u)(h) = \psi'(u)(h)$ zu Vektoren in $\mathbb{R}^n$ ($= T_{\psi(u)}(\mathbb{R}^n)$) transformiert, auf die die Linearform $\omega(\psi(u))$ angewendet werden kann. Durch

$$(\psi^*\omega)(u)(h) := \omega(\psi(u))(\psi_*(u)(h))\,, \quad u \in U\,, \quad h \in \mathbb{R}^p\,, \tag{4}$$

wird daher eine Linearform $(\psi^*\omega)(u) \in (\mathbb{R}^p)'$ definiert. Nach (4) hat man $u \mapsto (\psi^*\omega)(u)(h) \in C^k(U)$ für alle $h \in \mathbb{R}^p$ (vgl. Aufgabe 19.6), und daher gilt $\psi^*(\omega) \in \Omega_k^1(U)$. Man nennt $\psi^*(\omega)$ die durch ψ nach U transformierte Pfaffsche Form. $\qquad\qquad\square$

30.4 Satz. *Es seien* $U \subseteq \mathbb{R}^p$ *und* $D \subseteq \mathbb{R}^n$ *offen,* $\psi \in C^1(U, \mathbb{R}^n)$ *mit* $\psi(U) \subseteq D$ *und* $f \in C^1(D)$*. Dann gilt*

$$\psi^*(df) = d(\psi^*f)\,. \tag{5}$$

BEWEIS. Aufgrund der Kettenregel hat man

$$(\psi^*(df))(u)(h) = df(\psi(u))(\psi'(u)h) = d(f \circ \psi)(u)(h) = d(\psi^*(f))(u)(h)$$

und somit (5). $\qquad\qquad\qquad\qquad\qquad\qquad\qquad\qquad\qquad\qquad\qquad\diamond$

30.5 Beispiele. a) Mit $\psi = (\psi_1, \ldots, \psi_n)^\top : U \mapsto \mathbb{R}^n$ gilt in der Situation von Satz 30.4 speziell

$$\psi^*(dx_\nu)(u) = d\psi_\nu(u)\,, \quad \nu = 1, \ldots, n\,, \tag{6}$$

und somit (vgl. (2))

$$\psi^*\Big(\sum_{\nu=1}^{n} a_\nu(x)\, dx_\nu\Big)(u) = \sum_{\nu=1}^{n} a_\nu(\psi(u))\, d\psi_\nu(u)\,. \tag{7}$$

b) Im Gegensatz zu (25.11) gilt bei Polarkoordinaten mit $g = \Psi^* f$ nach (5) einfach

$$\Psi^*(df)(r,\varphi) \;=\; dg(r,\varphi) \;=\; \tfrac{\partial g}{\partial r}(r,\varphi)\,dr + \tfrac{\partial g}{\partial \varphi}(r,\varphi)\,d\varphi\,. \tag{8}$$

Zur Illustration wird dies konkret nachgerechnet:

$$
\begin{aligned}
\Psi^*(df) \;&=\; \Psi^*\!\big(\tfrac{\partial f}{\partial x}\,dx + \tfrac{\partial f}{\partial y}\,dy\big) \;=\; \tfrac{\partial f}{\partial x}\,d(r\cos\varphi) + \tfrac{\partial f}{\partial y}\,d(r\sin\varphi)\\
&=\; \tfrac{\partial f}{\partial x}\,(\cos\varphi\,dr - r\sin\varphi\,d\varphi) + \tfrac{\partial f}{\partial y}\,(\sin\varphi\,dr + r\cos\varphi\,d\varphi)\\
&=\; \big(\tfrac{\partial f}{\partial x}\cos\varphi + \tfrac{\partial f}{\partial y}\sin\varphi\big)\,dr + \big(\tfrac{\partial f}{\partial y}\,r\cos\varphi - \tfrac{\partial f}{\partial x}\,r\sin\varphi\big)\,d\varphi\\
&=\; \tfrac{\partial g}{\partial r}\,dr + \tfrac{\partial g}{\partial \varphi}\,d\varphi\,. \qquad\qquad\qquad\qquad\qquad\qquad\quad \square
\end{aligned}
$$

30.6 Bemerkungen. Unter Benutzung des Skalarprodukts (1.6) auf $\mathbb{R}^n$ können mittels

$$(jv)(x)(h) := \langle h, v(x) \rangle \quad \text{für} \quad x \in D \ \text{ und } \ h \in \mathbb{R}^n = T_x(\mathbb{R}^n) \tag{9}$$

Vektorfelder $v \in C^k(D, \mathbb{R}^n)$ mit Pfaffschen Formen $\omega = j(v) \in \Omega^1_k(D)$ identifiziert werden (vgl. auch die Bemerkungen 13.11); dabei gilt

$$j\,(a_1(x),\ldots,a_n(x))^{\mathsf{T}} \;=\; \sum_{\nu=1}^{n} a_\nu(x)\,dx_\nu\,. \tag{10}$$

Natürlich ist diese Identifikation nur unter affinen Isometrien invariant. Für $g \in C^1(D)$ hat man

$$\operatorname{grad} g = v \ \Leftrightarrow \ dg = \omega \ \Leftrightarrow \ \partial_\nu g = a_\nu \quad \text{für} \quad \nu = 1,\ldots,n\,. \quad \square \tag{11}$$

Nach Satz 25.3 besitzen höchstens *wirbelfreie* Vektorfelder *Potentiale*. Die entsprechenden Begriffe für Pfaffsche Formen sind:

30.7 Definition. *a) Eine Form* $\omega = \sum_{\nu=1}^{n} a_\nu(x)\,dx_\nu \in \Omega^1_1(D)$ *heißt geschlossen, falls die Integrabilitätsbedingungen*

$$\partial_\nu a_\mu - \partial_\mu a_\nu = 0 \quad \text{für} \quad 1 \le \mu, \nu \le n$$

aus (25.2) erfüllt sind.
b) Eine Form $\omega \in \Omega^1_0(D)$ *heißt exakt, falls es* $g \in C^1(D)$ *mit* $dg = \omega$ *gibt. In diesem Fall heißt* g Stammfunktion *von* ω.

Nach dem Satz von Schwarz sind exakte C^1-Formen stets geschlossen. Umgekehrt sind über einem Gebiet D genau dann alle geschlossenen C^1-Formen exakt, wenn alle wirbelfreien C^1-Vektorfelder ein Potential besitzen. Nach Theorem 25.5 ist dies für *sternförmige* Gebiete der Fall. Nun ist nach Satz 30.4 der Begriff „exakt" gegen Koordinatentransformationen invariant; dies gilt auch für den Begriff „geschlossen":

30.8 Satz. *Es seien* $U \subseteq \mathbb{R}^p$ *und* $D \subseteq \mathbb{R}^n$ *offen,* $\psi \in C^2(U, \mathbb{R}^n)$ *mit* $\psi(U) \subseteq D$ *und* $\omega \in \Omega^1_1(D)$. *Ist* ω *geschlossen, so gilt dies auch für* $\psi^* \omega \in \Omega^1_1(U)$.

BEWEIS. Für $\omega = \sum\limits_{\nu=1}^{n} a_\nu(x) \, dx_\nu$ gilt nach (7) und (3)

$$\psi^* \omega = \sum_{\nu=1}^{n} a_\nu(\psi(u)) \, d\psi_\nu(u) = \sum_{j=1}^{p} b_j(u) \, du_j \quad \text{mit}$$

$$b_j(u) = \sum_{\nu=1}^{n} a_\nu(\psi(u)) \frac{\partial \psi_\nu}{\partial u_j}.$$

Man berechnet nun

$$\frac{\partial b_j}{\partial u_k} = \sum_{\nu=1}^{n} \frac{\partial (a_\nu \circ \psi)}{\partial u_k} \frac{\partial \psi_\nu}{\partial u_j} + \sum_{\nu=1}^{n} (a_\nu \circ \psi) \frac{\partial^2 \psi_\nu}{\partial u_k \partial u_j}$$

$$= \sum_{\nu=1}^{n} \sum_{\mu=1}^{n} \Big(\frac{\partial a_\nu}{\partial x_\mu} \circ \psi \Big) \frac{\partial \psi_\mu}{\partial u_k} \frac{\partial \psi_\nu}{\partial u_j} + \sum_{\nu=1}^{n} (a_\nu \circ \psi) \frac{\partial^2 \psi_\nu}{\partial u_k \partial u_j}$$

und genauso

$$\frac{\partial b_k}{\partial u_j} = \sum_{\nu=1}^{n} \sum_{\mu=1}^{n} \Big(\frac{\partial a_\nu}{\partial x_\mu} \circ \psi \Big) \frac{\partial \psi_\mu}{\partial u_j} \frac{\partial \psi_\nu}{\partial u_k} + \sum_{\nu=1}^{n} (a_\nu \circ \psi) \frac{\partial^2 \psi_\nu}{\partial u_j \partial u_k}.$$

Wegen $\dfrac{\partial a_\nu}{\partial x_\mu} = \dfrac{\partial a_\mu}{\partial x_\nu}$ ergibt dann die Vertauschung der Indizes μ und ν in der Doppelsumme die Behauptung $\dfrac{\partial b_k}{\partial u_j} = \dfrac{\partial b_j}{\partial u_k}$. $\diamond$

Damit ergibt sich nun die folgende Erweiterung von Theorem 25.5:

30.9 Satz. *Es sei* $D \subseteq \mathbb{R}^n$ *ein Gebiet, so daß ein* C^2 *-Diffeomorphismus* $\Psi : D \mapsto G$ *auf ein sternförmiges Gebiet* $G \subseteq \mathbb{R}^n$ *existiert. Dann ist jede geschlossene Pfaffsche Form* $\omega \in \Omega^1_1(D)$ *auf* D *exakt.*

BEWEIS. Nach Satz 30.8 ist auch $\eta := (\Psi^{-1})^* \omega \in \Omega^1_1(G)$ geschlossen. Da G sternförmig ist, besitzt η eine Stammfunktion $f \in C^2(G)$. Für $g := \Psi^* f \in C^2(D)$ gilt dann $dg = \Psi^*(df) = \Psi^* \eta = \omega$ aufgrund von (5). $\diamond$

Auch Theorem 25.5, Satz 28.3 und die Aussage von Aufgabe 28.5 gelten für Gebiete D wie in Satz 30.9.

30.10 Beispiele und Bemerkungen. a) Es gibt viele nicht sternförmige Gebiete, die zu sternförmigen Gebieten diffeomorph sind. So wird etwa das (bezüglich jedes Punktes $a \geq 2$) sternförmige Gebiet

$$G := \{ z \in \mathbb{C} \mid |\operatorname{Arg} z| < \tfrac{\pi}{3}, |z| > 1 \}$$

durch den (sogar *konformen*, vgl. Definition 29.5 c) und Bemerkung 29.5 e))
Diffeomorphismus $z \mapsto z^2$ auf das nicht sternförmige Gebiet

$$D := \{z \in \mathbb{C} \mid |\operatorname{Arg} z| < \tfrac{2\pi}{3}, |z| > 1\}$$

abgebildet (vgl. Abb. 30a).

b) Nach dem *Riemannschen Abbildungssatz* (vgl.
etwa [20], Chapter 14) kann jedes *einfach zusammenhängende* Gebiet $D \neq \mathbb{C}$ in $\mathbb{C}$ mittels einer
komplex differenzierbaren konformen Abbildung in
den offenen Einheitskreis $K_1(0)$ transformiert werden. Der Begriff des einfachen Zusammenhangs
wird erst in Band 3 behandelt; er bedeutet in etwa,
daß das Gebiet „keine Löcher besitzt".　　□

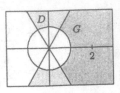

Abb. 30a

Aufgaben

30.1 a) Sind die Pfaffschen Formen $\alpha = \frac{x\,dy - y\,dx}{x^2 + y^2}$ auf $\mathbb{R}^2 \setminus \{0\}$ und
$\gamma = -\frac{x\,dx + y\,dy + z\,dz}{(x^2 + y^2 + z^2)^{3/2}}$ auf $\mathbb{R}^3 \setminus \{0\}$ geschlossen bzw. exakt?

b) Es seien $G \subseteq \mathbb{R}^2 \setminus \{0\}$ ein Gebiet und $A : G \mapsto \mathbb{R}$ ein Zweig des Arguments auf G (vgl. Bemerkung 8.16 b)). Man zeige $dA = \alpha$ auf G.

c) Es sei $\omega \in \Omega_1^1(\mathbb{R}^2 \setminus \{0\})$ geschlossen. Man finde $r \in \mathbb{R}$, so daß $\omega - r\alpha$ auf $\mathbb{R}^2 \setminus \{0\}$ exakt ist.

30.2 Es seien $U_1 \subseteq \mathbb{R}^p$ und $U_2 \subseteq \mathbb{R}^q$ offen, $\psi_1 \in C^1(U_1, \mathbb{R}^q)$ mit
$\psi_1(U_1) \subseteq U_2$ und $\psi_2 \in C^1(U_2, \mathbb{R}^n)$. Man zeige $(\psi_2 \circ \psi_1)^* = \psi_1^* \circ \psi_2^*$.

30.3 a) Für eine Pfaffsche Form $\omega \in \Omega_{k+1}^1(D)$ wird mittels des Isomorphismus (27.4) durch

$$\delta\omega := \beta \circ \omega' \in C^k(D, T^2(\mathbb{R}^n; \mathbb{R}))$$

ein (kovariantes) *Tensorfeld* (zweiter Stufe) auf D definiert; der durch

$$d\omega(x)(k, h) := 2\,[\delta\omega(x)](k, h) := \delta\omega(x)(k, h) - \delta\omega(x)(h, k)$$

erklärte *antisymmetrische* oder *alternierende* Teil $d\omega \in \Omega_k^2(D)$ ist eine *Differentialform zweiter Ordnung* oder *2-Form* auf D, die *äußere, alternierende* oder *Cartan-Ableitung* von ω. Man zeige, daß ω genau dann *geschlossen* ist, wenn $d\omega = 0$ gilt.

b) Man definiere analog zu (4) die *Transformation* von Tensorfeldern zweiter Stufe und beweise

$$\psi^*(d\omega) = d(\psi^*\omega) \quad \text{für } \omega \in \Omega_1^1(D) \text{ und } \psi \in C^2(U, D).$$

Gilt auch stets $\psi^*(\delta\omega) = \delta(\psi^*\omega)$?

III. Gewöhnliche Differentialgleichungen

In diesem letzten Kapitel werden in diesem Buch entwickelte *Methoden der Analysis* auf die *Untersuchung von (Systemen von) gewöhnlichen Differentialgleichungen* angewendet.

In den Abschnitten 31 und 33 werden *Wachstumsprozesse* für eine und zwei *(„Räuber-Beute-Modell")* zeitabhängige Populationen mittels Differentialgleichungen *erster* Ordnung untersucht, in Abschnitt 34 *Schwingungen* mittels Differentialgleichungen *zweiter* Ordnung. Eine wichtige in Abschnitt 33 diskutierte Lösungsmethode benutzt die *Konstruktion von Stammfunktionen* zu *geschlossenen Pfaffschen Formen* gemäß Theorem 25.5 und Satz 30.9. Eine wesentliche Rolle bei der Lösung *linearer* Differentialgleichungen spielt die *Exponentialfunktion*. Ein System $\dot{x}(t) = Ax(t)$ mit *konstanten Koeffizienten* wird in Abschnitt 36 durch $x(t) = e^{At} c$ gelöst, und die Berechnung der Matrizen e^{At} gelingt mit Hilfe der *Jordanschen Normalform* von A.

Allgemeine *Existenzsätze* von *Picard-Lindelöf* und *Peano* für *Anfangswertprobleme* $\dot{x}(t) = f(x,t)$, $x(a) = \xi$ bei Systemen von gewöhnlichen Differentialgleichungen werden in den Abschnitten 35 und 37 bewiesen. Unter einer *Lipschitz-Bedingung* ist die Lösung *eindeutig* und kann mit dem *Iterationsverfahren* des *Banachschen Fixpunktsatzes* konstruiert werden. Mit Hilfe des *Eulerschen Polygonzugverfahrens* werden Folgen *stückweise affiner approximativer Lösungen* konstruiert; auch im Fall einer nur stetigen Funktion f liefert dann der *Satz von Arzelà-Ascoli* gleichmäßig konvergente Teilfolgen und somit *Lösungen* des Anfangswertproblems. Abschließend wird noch auf die *Konvergenzgeschwindigkeit* des Polygonzugverfahrens und auf numerisch günstigere Verfeinerungen, insbesondere das *Runge-Kutta-Verfahren*, kurz eingegangen.

31 Wachstumsprozesse

Aufgabe: Die Weltbevölkerung in den Jahren 1969/1978/1990 betrug jeweils etwa 3, 55/4, 258/5, 32 Milliarden Menschen. Man versuche, damit die Größe der Weltbevölkerung in den Jahren 1960 und 2000 zu schätzen.

Das Wachstum einer zeitabhängigen Population $x = x(t)$ kann oft durch eine Differentialgleichung

$$\dot{x}(t) = a(x,t) \cdot x(t) \tag{1}$$

beschrieben werden. Hängt die *Wachstumsrate* a nicht explizit von x ab, so handelt es sich um eine *homogene lineare Differentialgleichung erster Ordnung.*

31.1 Feststellung. *Es seien* $I \subseteq \mathbb{R}$ *ein Intervall und* $a \in C(I, \mathbb{K})$. *Mit einer* Stammfunktion $A \in C^1(I)$ *von* a *sind alle* $\mathbb{K}$*-wertigen Lösungen von*

$$\dot{x}(t) = a(t) \cdot x(t) \tag{2}$$

über einem Intervall $I_0 \subseteq I$ *gegeben durch* $x(t) = C\, e^{A(t)}$, $C \in \mathbb{K}$.

BEWEIS. Offenbar ist $x(t) = C\, e^{A(t)}$ eine Lösung von (2). Ist $\varphi : I_0 \mapsto \mathbb{K}$ differenzierbar mit $\dot{\varphi}(t) = a(t)\varphi(t)$, so folgt sofort

$$\tfrac{d}{dt}\left(\varphi(t)\, e^{-A(t)}\right) = (\dot{\varphi}(t) - a(t)\varphi(t))\, e^{-A(t)} = 0. \qquad \diamond$$

31.2 Beispiele und Bemerkungen. a) In der Situation von Feststellung 31.1 kann man *Eindeutigkeit* der Lösung durch Spezifikation eines *Anfangswertes* $x(t_0) = x_0$ für ein $t_0 \in I_0$ erreichen; es ist dann

$$x(t) = x_0\, \exp(\textstyle\int_{t_0}^{t} a(t)\, dt), \quad t \in I, \tag{3}$$

die eindeutige Lösung des *Anfangswertproblems*

$$\dot{x}(t) = a(t) \cdot x(t), \quad x(t_0) = x_0. \tag{4}$$

b) Im Fall einer *konstanten* Wachstumsrate a hat man über $I = \mathbb{R}$ die allgemeine Lösung $x(t) = C\, e^{at}$ von (2) und die eindeutige Lösung $x(t) = x_0\, e^{a(t-t_0)}$ des Anfangswertproblems (4).   □

31.3 Beispiel. In vielen Fällen ist ein durch eine konstante Wachstumsrate $a > 0$ verursachtes exponentielles Wachstum einer Population nicht realistisch. Ein anderes Modell wird durch die Wachstumsrate $a(x) = b(g - x)$ beschrieben, bei der die *Grenzpopulation* $g > 0$ nicht überschritten werden kann. Die Differentialgleichung

$$\dot{x} = b\,(g - x)\, x =: ax - bx^2, \quad a, b, g > 0, \tag{5}$$

hat offenbar die nicht interessante Lösung $x = 0$ und die *Grenzlösung* $x = g$. Für Lösungen $x > 0$ erfüllt $y := \tfrac{1}{x}$ die Differentialgleichung

$$\dot{y} = -ay + b. \tag{6}$$

Der Grenzlösung $x = g$ entspricht die konstante Lösung $y = \tfrac{1}{g} = \tfrac{b}{a}$; nach Feststellung 31.4 unten ist dann $y(t) = \tfrac{1}{g} + C\, e^{-at}$ die allgemeine Lösung von (6), und alle *positiven Lösungen* von (5) sind gegeben durch

$$x(t) = \left(\tfrac{1}{g} + C\, e^{-at}\right)^{-1}, \quad C \geq 0. \tag{7}$$

Es zeigt Abb. 31a diese Lösung für das Wachstum der Weltbevölkerung, wobei die Konstanten a, g, C mit Hilfe der Daten der Jahre 1969/1978/1990 berechnet wurden; der Nullpunkt wurde ins Jahr 1997 gelegt. Natürlich handelt es sich um ein grob vereinfachtes und recht instabiles Modell (vgl. Aufgabe 31.1).   □

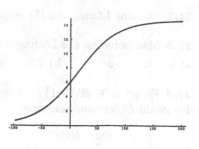

Abb. 31a

Es werden nun *inhomogene* lineare Differentialgleichungen erster Ordnung

$$\dot{x} = a(t)\,x + b(t) \ , \quad a, b \in \mathcal{C}(I, \mathbb{K}) \ , \tag{8}$$

mit *variablen* Koeffizienten besprochen. Durch $D : x \mapsto \dot{x} - a\,x$ wird offenbar ein (stetiger) linearer Operator von $\mathcal{C}^1(I, \mathbb{K})$ nach $\mathcal{C}(I, \mathbb{K})$ definiert, dessen *Kern* $N(D)$ nach Feststellung 31.1 *eindimensional* ist.

31.4 Feststellung. *Es seien* E, F *Vektorräume und* $D : E \to F$ *linear. Gilt* $D\,x_s = b$ *für ein* $x_s \in E$, *so ist der affine Raum*

$$x_s + N(D) \ = \ \{x = x_s + x_0 \mid D x_0 = 0\} \tag{9}$$

die Menge aller Lösungen der Gleichung $D x = b$.

31.5 Bemerkungen. Eine spezielle Lösung von (8) läßt sich durch *„Variation der Konstanten"* bestimmen. Der Ansatz

$$x_s(t) := C(t)\,e^{A(t)} \tag{10}$$

führt auf $\dot{x}_s(t) = (\dot{C}(t) + a(t)C(t))e^{A(t)} \overset{!}{=} a(t)C(t)e^{A(t)} + b(t)$, also

$$\dot{C}(t) = b(t)\,e^{-A(t)} \ , \tag{11}$$

und daraus kann $C(t)$ durch Integration berechnet werden.   □

Aufgaben

31.1 Die Weltbevölkerung im Jahre 1960 betrug etwa 3,01 Milliarden Menschen. Unter der Annahme von Formel (7) für ihr Wachstum schätze man die Grenzbevölkerung g einerseits mit Hilfe der Daten von 1969/1978/1990 und andererseits mit Hilfe derjenigen von 1960/1978/1990.

31.2 Für eine Lösung von (5) zeige man $\ddot{x}(t) > 0 \Leftrightarrow x(t) < \frac{g}{2}$.

31.3 Man berechne alle Lösungen der Differentialgleichungen
a) $\dot{x} - 4x = -3e^{-3t}$,   b) $\dot{x} = (1+x)\cos t$.

31.4 Es sei $\alpha \in \mathbb{R}\backslash\{0,1\}$. Man zeige, daß für positive Lösungen einer *Bernoulli-Differentialgleichung*

$$\dot{x} = a(t)x + b(t)x^\alpha$$

die Funktion $y := x^{1-\alpha}$ eine *lineare* Differentialgleichung löst.

31.5 Man löse das Anfangswertproblem $2\dot{x} + x = 2(t-1)x^3$, $x(0) = 1$.

32   Differentialgleichungen mit getrennten Variablen

In diesem Abschnitt wird eine weitere spezielle Klasse von Differentialgleichungen behandelt. Zunächst soll der Lösungsbegriff für *explizite Differentialgleichungen erster Ordnung* (1) präzisiert werden:

32.1 Definition. *Es seien $D \subseteq \mathbb{R} \times \mathbb{K}$ offen und $f \in C(D, \mathbb{K})$. Für ein
Intervall $I_0 \subseteq \mathbb{R}$ heißt eine differenzierbare Funktion $\varphi : I_0 \mapsto \mathbb{K}$ Lösung
der Differentialgleichung*

$$y' = f(x,y), \tag{1}$$

wenn $\Gamma(\varphi) \subseteq D$ ist und $\varphi'(x) = f(x, \varphi(x))$ für alle $x \in I_0$ gilt.

32.2 Bemerkungen. a) Eine Lösung $\varphi : I_0 \mapsto \mathbb{K}$ von (1) liegt automatisch
in $C^1(I, \mathbb{K})$.
b) Im Fall $\mathbb{K} = \mathbb{R}$ kann f *geometrisch* als *Richtungsfeld interpretiert* werden
(vgl. Abb. 32a), das jedem Punkt $(x,y) \in D$ die *Gerade* durch (x,y) mit
Steigung $f(x,y)$ zuordnet. Die Tangenten an den Graphen einer Lösung
von (1) stimmen dann in jedem Punkt mit diesen vorgegebenen Geraden
überein.   □

Wegen der geometrischen Interpretation in Bemerkung 32.2 b) wird im Gegensatz zum letzten Abschnitt die unabhängige Variable hier mit x bezeichnet.

32.3 Bemerkungen. a) Es seien $I, J \subseteq \mathbb{R}$ Intervalle, $f \in C(I, \mathbb{R})$ und $g \in C(J, \mathbb{R})$. Das Problem

$$y' = f(x) g(y) \tag{2}$$

wird als *Differentialgleichung mit getrennten Variablen* bezeichnet. Ist $y_0 \in J$ und $g(y_0) = 0$, so ist offenbar $\varphi(x) = y_0$ eine *(stationäre)* Lösung von (2).

b) Nun sei $g(y) \neq 0$ für alle $y \in J$, und $G \in C^1(J)$ sei eine Stammfunktion von $\frac{1}{g}$. Ist $\varphi \in C^1(I_0)$ eine Lösung von (2), so gilt

$$(G \circ \varphi)'(x) = G'(\varphi(x))\, \varphi'(x) = \frac{\varphi'(x)}{g(\varphi(x))} = f(x), \quad x \in I_0 ;$$

mit einer Stammfunktion $F \in C^1(I)$ von f gilt daher

$$G(\varphi(x)) = F(x) + C \quad \text{für ein } C \in \mathbb{R}, \tag{3}$$

woraus man φ im Prinzip berechnen kann. $\square$

Genauer gilt der folgende

32.4 Satz. *Es seien $I, J \subseteq \mathbb{R}$ offene Intervalle, $f \in C(I)$, $g \in C(J)$ und $g(y) \neq 0$ für alle $y \in J$. Zu $x_0 \in I$ und $y_0 \in J$ gibt es dann ein offenes Intervall $I_0 \subseteq I$ mit $x_0 \in I_0$, so daß das* Anfangswertproblem

$$y' = f(x) g(y) , \quad y(x_0) = y_0 \tag{4}$$

genau eine Lösung $\varphi \in C^1(I_0)$ hat. Mit $G(y) := \int_{y_0}^{y} \frac{ds}{g(s)}$ und $F(x) := \int_{x_0}^{x} f(t)\, dt$ ist diese gegeben durch

$$\varphi(x) = G^{-1}(F(x)), \quad x \in I_0 . \tag{5}$$

BEWEIS. a) *Existenz:* Wegen $g(y) \neq 0$ auf J gilt aufgrund des Zwischenwertsatzes $g > 0$ oder $g < 0$ auf J. Somit ist G streng monoton, $G(J) \subseteq \mathbb{R}$ ein offenes Intervall und $G^{-1} : G(J) \mapsto J$ eine C^1-Funktion. Wegen $F(x_0) = 0 = G(y_0)$ gilt $F(x_0) \in G(J)$, und wegen der Stetigkeit von F gibt es ein offenes Intervall $I_0 \subseteq I$ mit $x_0 \in I_0$ und $F(I_0) \subseteq G(J)$. Somit ist $\varphi(x) := G^{-1}(F(x))$ auf I_0 wohldefiniert und C^1. Weiter gilt $\varphi(x_0) = G^{-1}(0) = y_0$ und

$$\varphi'(x) = (G^{-1})'(F(x))\, F'(x) = \frac{1}{G'(G^{-1}(F(x)))}\, f(x)$$
$$= g(G^{-1}(F(x)))\, f(x) = g(\varphi(x))\, f(x) .$$

b) *Eindeutigkeit:* Es sei $\psi \in C^1(I_0)$ eine weitere Lösung von (4). Aus (3) folgt sofort $G \circ \psi = G \circ \varphi + C$, wegen $G(\psi(x_0)) = 0 = G(\varphi(x_0))$ aber $C = 0$ und somit $\psi = \varphi$. $\diamond$

32.5 Beispiel. a) Das Richtungsfeld der Differentialgleichung

$$y' = -\frac{x}{y} \tag{6}$$

auf $I \times J := \mathbb{R} \times (0, \infty)$ zeigt Abb. 32a. Mit $x_0 = 0$ und $y_0 > 0$ gilt
$F(x) = -\int_0^x t\, dt = -\frac{x^2}{2}$ und $G(y) = \int_{y_0}^y s\, ds = \frac{1}{2}(y^2 - y_0^2)$. Die Lösung von
(4) ist nach (5) gegeben durch $\frac{1}{2}(\varphi(x)^2 - y_0^2) = -\frac{x^2}{2}$, also $\varphi(x)^2 = y_0^2 - x^2$,

$\varphi(x) = \sqrt{y_0^2 - x^2}$ auf $I_0 := (-y_0, y_0)$.

b) Das Existenzintervall I_0 der Lösung
hängt also von dem Anfangswert y_0 ab.
Allgemein kann man in der Situation
von Satz 32.4 als I_0 das *größtmögliche*
Intervall wählen, für das $F(I_0) \subseteq G(J)$
gilt.   □

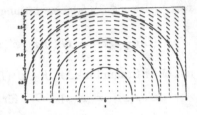

Abb. 32a

32.6 Beispiel. a) Die Differentialgleichung

$$y' = \sqrt{|y|} \tag{7}$$

besitzt die stationäre Lösung $y = 0$. Wegen $F(x) = \int 1\, dx = x$ und
$G(y) = \int \frac{dy}{\sqrt{y}} = 2\sqrt{y}$ für $y > 0$ sind Lösungen von (7) über $\mathbb{R} \times (0, \infty)$
gegeben durch $2\sqrt{\varphi(x)} = x + C \; (> 0\,!)$ oder

$$\varphi(x) = \left(\tfrac{x+C}{2}\right)^2, \quad x \in I_C := (-C, \infty).$$

Entsprechend sind Lösungen von (7) über $\mathbb{R} \times (-\infty, 0)$ gegeben durch
$\varphi(x) = -\left(\frac{C-x}{2}\right)^2, \; x \in (-\infty, C)$.

b) Für $a \leq b$ erhält man auf ganz $\mathbb{R}$ definierte Lösungen von (7) durch

$$\varphi_{a,b}(x) = \begin{cases} \left(\frac{x-b}{2}\right)^2 & , \; x > b \\ 0 & , \; a \leq x \leq b \; , \\ -\left(\frac{a-x}{2}\right)^2 & , \; x < a \end{cases} \tag{8}$$

vgl. Abb. 32b. Für *Anfangswertprobleme*

$$y' = \sqrt{|y|}, \quad y(0) = y_0 \tag{9}$$

hat dies folgende Konsequenzen: Im Fall $y_0 \neq 0$ ist (9) nach Satz 32.4 nahe
$(0, y_0)$ eindeutig lösbar, doch kann sich die Lösung an der Stelle $\varphi(x) = 0$
verzweigen. Im Fall $y_0 = 0$ hat (9) in jeder Umgebung von $(0, 0)$ etwa die
Lösungen 0 und $\varphi_{0,0}$, ist also selbst *lokal nicht eindeutig* lösbar.   □

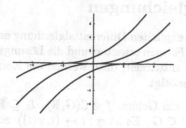

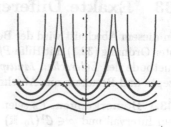

Abb. 32b

Abb. 32c

32.7 Beispiel. a) Für die Differentialgleichung (vgl. Abb. 32c)

$$y' = e^y \sin x \tag{10}$$

besitzt wegen $e^y > 0$ jedes Anfangswertproblem eine eindeutige Lösung über einem geeigneten Intervall I_0. Wegen $F(x) = \int \sin x\, dx = -\cos x$ und $G(y) = \int e^{-y}\, dy = -e^{-y}$ sind Lösungen von (10) gegeben durch $e^{-\varphi(x)} = \cos x + C$ ($> 0\,!$). Mit der Anfangsbedingung $y(0) = y_0$ wird $C = e^{-y_0} - 1$ und somit

$$\varphi(x) = -\log(\cos x + e^{-y_0} - 1), \quad x \in I_0 = I_0(y_0). \tag{11}$$

b) Man beachte, daß Existenzintervall und Struktur der Lösung sehr stark von dem Anfangswert y_0 abhängen: Für $e^{-y_0} - 1 > 1$, also $y_0 < -\log 2$, existiert φ auf ganz $\mathbb{R}$ und ist dort C^∞ und 2π-periodisch; für $y_0 = \log 2$ existiert φ nur auf $(-\pi, \pi)$ und ist dort unbeschränkt, und für $y_0 > -\log 2$ existiert $\varphi(x)$ nur für $|x| < \arccos(1 - e^{-y_0})$ ($\to 0$ für $y_0 \to \infty$). $\qquad\Box$

Aufgaben

32.1 Man berechne die Lösung von $y' = \frac{y \log y}{x \log x}$, $y(2) = 8$.

32.2 a) Aus einer Differentialgleichung der Form $y' = f(ax + by + c)$ leite man für $u(x) := ax + by(x) + c$ eine Differentialgleichung mit getrennten Variablen ab.
b) Man berechne alle Lösungen von $y' = (x + y)^2$.

32.3 a) Aus einer Differentialgleichung der Form $y' = f(\frac{y}{x})$ leite man für $u(x) := \frac{y(x)}{x}$ eine Differentialgleichung mit getrennten Variablen ab.
b) Man berechne alle Lösungen von $y' = 1 + \frac{y}{x} + \frac{y^2}{x^2}$.

33   Exakte Differentialgleichungen

In diesem Abschnitt wird der Begriff der expliziten Differentialgleichung erster Ordnung (32.1) mit Hilfe *Pfaffscher Formen* erweitert und die Lösungsmethode der *Eulerschen Multiplikatoren* entwickelt; dazu werden die Konzepte und Resultate aus Abschnitt 30 benötigt.

33.1 Bemerkungen. Es seien $G \subseteq \mathbb{R}^2$ ein Gebiet, $f \in C(G, \mathbb{R})$, $I_0 \subseteq \mathbb{R}$ ein Intervall und $\varphi \in C^1(I_0, \mathbb{R})$ mit $\Gamma(\varphi) \subseteq G$. Es ist $\gamma : t \mapsto (t, \varphi(t))$ ein glatter C^1-Weg mit $(\gamma) \subseteq G$. Für die Pfaffsche Form

$$\omega := dy - f(x, y)\, dx \tag{1}$$

gilt dann (vgl. (30.4))

$$\gamma^*(\omega) = \dot{\varphi}(t)\, dt - f(t, \varphi(t)) \cdot 1\, dt = (\dot{\varphi}(t) - f(t, \varphi(t)))\, dt\,,$$

und somit ist φ genau dann eine Lösung der Differentialgleichung

$$y' = f(x, y)\,, \tag{2}$$

wenn $\gamma^*(\omega) = 0$ gilt. Dies motiviert die folgende Begriffsbildung: □

33.2 Definition. *Es sei* $\omega = a(x, y)\, dx + b(x, y)\, dy \in \Omega_0^1(G)$ *eine stetige Pfaffsche Form auf einem Gebiet* $G \subseteq \mathbb{R}^2$. *Ein glatter* C^1-*Weg* $\gamma : I_0 \mapsto G$ *heißt* Lösung der Differentialgleichung

$$\omega = 0\,, \tag{3}$$

falls $\gamma^*(\omega) = 0$ *gilt.*

33.3 Bemerkungen. a) Ist $\alpha : I_1 \mapsto I_0$ eine C^1-Koordinatentransformation reeller Intervalle und $\gamma_1 = \gamma \circ \alpha$, so folgt aus $\gamma^*(\omega) = 0$ auch $\gamma_1^*(\omega) = \alpha^*(\gamma^*(\omega)) = 0$ (vgl. Aufgabe 30.2). Ist also γ eine Lösung von (3), so gilt dies auch für jeden im Sinn von Definition 9.7 zu γ oder zu $-\gamma$ äquivalenten glatten C^1-Weg.

b) Für $h \in C(G, \mathbb{R})$ mit $h(x, y) \neq 0$ für alle $(x, y) \in G$ gilt

$$\gamma^*(\omega) = 0 \iff \gamma^*(h\omega) = 0 \tag{4}$$

wegen $\gamma^*(h\omega) = (h \circ \gamma)\, \gamma^*(\omega)$ (vgl. (30.7)). Ist also $\omega(x_0, y_0) \neq 0$, so ist (3) nach Bemerkung 33.1 in einer Umgebung von (x_0, y_0) zu einer expliziten Differentialgleichung $\frac{dy}{dx} = f(x, y)$ oder $\frac{dx}{dy} = g(y, x)$ äquivalent.

c) Das Problem (3) kann folgendermaßen *geometrisch interpretiert* werden: Für $q = (x, y) \in G$ und $\omega(q) \neq 0$ legt $\omega(q) \in T_q(\mathbb{R}^2)'$ den eindimensionalen Unterraum

$$N(\omega(q)) = \{h \in T_q(\mathbb{R}^2) \mid \omega(q)(h) = 0\} \tag{5}$$

von $T_q(\mathbb{R}^2)$, also eine Gerade durch q fest; ein glatter C^1-Weg $\gamma : I_0 \mapsto G$ ist genau dann eine Lösung von (3), falls stets $\dot{\gamma}(t) \in N(\omega(\gamma(t)))$ gilt. Im Unterschied zu den Richtungsfeldern für (2) (vgl. Bemerkung 32.2 b)) können die Geraden $N(\omega(q))$ auch parallel zur y-Achse liegen; in (3) ist keine der beiden Koordinaten ausgezeichnet. Für $\omega = x\,dx + y\,dy$ wird das „Geradenbündel" $N(\omega)$ in Abb. 33a veranschaulicht.   □

33.4 Definition. *Die Differentialgleichung (3) heißt exakt, falls die Pfaffsche Form ω exakt ist Eine Stammfunktion $A \in C^1(G, \mathbb{R})$ von ω heißt dann ein Integral von (3).*

33.5 Satz. *Es sei $A \in C^1(G, \mathbb{R})$ ein Integral von (3). Ein glatter C^1-Weg $\gamma : I_0 \mapsto G$ ist genau dann eine Lösung von (3), wenn $A \circ \gamma$ konstant ist.*

BEWEIS. Nach Satz 30.4 gilt $\gamma^*(\omega) = \gamma^*(dA) = d(\gamma^*(A)) = d(A \circ \gamma)$.   ◇

33.6 Beispiele und Bemerkungen. a) Lösungen von (3) verlaufen also stets in den Niveaumengen von A. Ist umgekehrt $\omega(q) \neq 0$ und $c = A(q)$, so ist nach dem *Satz über implizite Funktionen* nahe q die Niveaumenge $N_c(A) = \{p \in G \mid A(p) = c\}$ eine *eindimensionale C^1-Mannigfaltigkeit*, also Spur eines glatten Jordanweges γ durch q, der dann eine Lösung von (3) ist. Weiter kann γ als Graph einer Funktion $y = \varphi(x)$ oder $x = \varphi(y)$ gewählt werden. Ist c ein *regulärer Wert* von A und $N_c(A)$ *kompakt,* so ist $N_c(A)$ eine endliche disjunkte Vereinigung glatter C^1-geschlossener Jordankurven (vgl. Aufgabe 23.4).

b) Wie in (32.2) sei $y' = f(x)\,g(y)$ eine Differentialgleichung mit getrennten Variablen über $I \times J$, und es gelte $g(y) \neq 0$ auf J. Nach Bemerkung 33.1 ist (32.2) äquivalent zu $dy - f(x)\,g(y)\,dx = 0$ und wegen (4) dann auch zu $\omega := \frac{dy}{g(y)} - f(x)\,dx = 0$. Sind F und G Stammfunktionen von f und $\frac{1}{g}$, so ist $A(x, y) := G(y) - F(x)$ eine solche von ω, und die Lösungen ergeben sich wie in (32.3) aus $G(y) - F(x) = c$, $c \in \mathbb{R}$.

c) Die Differentialgleichung $y' = -\frac{x}{y}$ aus (32.6) ist über $\mathbb{R} \times (0, \infty)$ und auch über $\mathbb{R} \times (-\infty, 0)$ äquivalent zu $\omega := x\,dx + y\,dy = 0$; die letzte Gleichung ist sogar über ganz $\mathbb{R}^2$ definiert. Da $A(x, y) := \frac{1}{2}(x^2 + y^2)$ eine Stammfunktion von ω ist, verlaufen alle Lösungen wie etwa $\gamma_r(t) := (r \cos t, r \sin t)$ in Kreisen um den Nullpunkt (vgl. Abb. 33a).   □

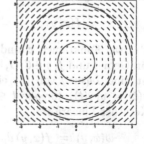

Abb. 33a

Es sei nun $\omega \in \Omega_0^1(G)$ eine Pfaffsche Form auf G. Wegen (4) kann Satz 33.5 auf die Differentialgleichung (3) angewendet werden, wenn es $h \in C(G, \mathbb{R})$ mit $h(x, y) \neq 0$ auf G gibt, so daß $h\omega$ *exakt* ist; eine solche Funktion h heißt dann *Eulerscher Multiplikator* oder *integrierender Faktor* für (3). Eine C^1-Form $h\omega$ ist nach Satz 30.9 über Gebieten, die zu einem *sternförmigen Gebiet diffeomorph* sind (vgl. dazu Bemerkung 30.10 b)), bereits dann exakt, wenn $h\omega$ *geschlossen* ist.

33.7 Satz. *Es seien* $\omega = a(x, y)\, dx + b(x, y)\, dy \in \Omega_1^1(G)$ *und* $h \in C^1(G, \mathbb{R})$. *Dann ist* $h\omega$ *genau dann geschlossen, wenn mit* $\delta := \frac{\partial a}{\partial y} - \frac{\partial b}{\partial x}$ *die folgende partielle Differentialgleichung erfüllt ist:*

$$b \frac{\partial h}{\partial x} - a \frac{\partial h}{\partial y} = h\delta. \tag{6}$$

BEWEIS. Es ist $h\omega$ genau dann geschlossen, wenn

$$\frac{\partial(hb)}{\partial x} - \frac{\partial(ha)}{\partial y} = b \frac{\partial h}{\partial x} - a \frac{\partial h}{\partial y} + h \frac{\partial b}{\partial x} - h \frac{\partial a}{\partial y} = 0$$

gilt, und dies ist äquivalent zu (6).   ◇

33.8 Bemerkungen. a) Die Lösung von (6) ist i. a. schwierig. Ist aber etwa $G = I \times J$ ein Rechteck, $b(x, y) \neq 0$ auf G und $d := \frac{\delta}{b}$ *nur von* x *abhängig*, so hat (6) eine ebenfalls nur von x abhängige Lösung h, die der gewöhnlichen Differentialgleichung

$$\frac{dh}{dx} = h(x)\, d(x) \tag{7}$$

genügt, also durch $h(x) = c \exp(\int d(x)\, dx)$ gegeben ist.
b) Entsprechendes gilt bei Vertauschung der Rollen von x und y. Ein weiteres Beispiel für eine Lösung von (6) folgt in 33.10 unten.   □

Es wird nun auf *autonome* (d. h. nicht explizit zeitabhängige) *Differentialgleichungssysteme*

$$\dot{x} = f(x, y), \quad \dot{y} = g(x, y) \tag{8}$$

für zwei Funktionen x und y der Zeit t eingegangen; dabei sind $G \subseteq \mathbb{R}^2$ ein Gebiet und $f, g \in C(G, \mathbb{R})$. Mit dem *Vektorfeld* $v := (f, g)^\top \in C(G, \mathbb{R}^2)$ ist eine *Lösung* von (8) ein C^1-Weg $\gamma : I_0 \mapsto \mathbb{R}^2$ mit $\langle \gamma \rangle \subseteq G$ und $\dot{\gamma}(t) = v(\gamma(t))$ für alle $t \in I_0$. Für $(x, y) \in G$ liegt $v(x, y)$ offenbar im Kern der Linearform

$$\omega(x, y) := f(x, y)\, dy - g(x, y)\, dx \,; \tag{9}$$

daher gilt der folgende

33.9 Satz. *Für ein System (8) sei eine Pfaffsche Form* $\omega \in \Omega_0^1(G)$ *gemäß (9) definiert. Dann ist jede Lösung* $\gamma \in C^1(I_0, G)$ *von (8) auch eine Lösung der Gleichung* $\omega = 0$.

BEWEIS. Man hat $\gamma^*(\omega)(t) = \big(f(\gamma(t))\,\dot{\gamma}_2(t) - g(\gamma(t))\,\dot{\gamma}_1(t)\big)\,dt = 0$. $\diamond$

Ist insbesondere $h \in C(G, \mathbb{R})$ und $h\omega = dA$ für ein $A \in C^1(G, \mathbb{R})$, so verläuft jede Lösung von (9) in einer Niveaumenge von A. Die *Existenz* von Lösungen von (8) wird in den Abschnitten 35 und 37 bewiesen.

33.10 Beispiel. a) Es wird ein *gekoppelter Wachstumsprozeß* für *zwei* Populationen, das *Räuber-Beute-Modell* von Lotka-Volterra diskutiert: Die konstante Wachstumsrate $\alpha > 0$ einer Beute-Population x wird durch einen zur Anzahl der Räuber proportionalen Term $-\rho y$ vermindert, die konstante negative Wachstumsrate $-\mu$ der Räuber-Population y entsprechend durch einen zur Anzahl der Beutetiere proportionalen Term βx erhöht. Man erhält dann das System (vgl. Abb. 33b)

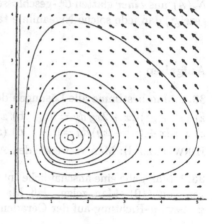

Abb. 33b

$$\dot{x} = (\alpha - \rho y)\,x, \quad \dot{y} = (\beta x - \mu)\,y, \quad (\alpha, \rho, \beta, \mu > 0). \tag{10}$$

b) Nach Satz 33.9 ist jede Lösung von (10) in $\mathbb{R}_+^2$ auch eine solche von

$$\omega := (\alpha - \rho y)\,x\,dy + (\mu - \beta x)\,y\,dx = 0. \tag{11}$$

Für die in (6) auftretende Funktion δ gilt

$$\delta = \frac{\partial a}{\partial y} - \frac{\partial b}{\partial x} = (\mu - \beta x) - (\alpha - \rho y),$$

und weiter gilt $x\,a(x,y) - y\,b(x,y) = (\mu - \beta x)\,xy - (\alpha - \rho y)\,xy = xy\,\delta(x,y)$. Für einen *nur von* xy *abhängigen* Eulerschen Multiplikator $h = h(xy)$ gilt nach (6)

$$b\frac{\partial h}{\partial x} - a\frac{\partial h}{\partial y} = byh' - axh' = h\delta,$$

also $h'(s) = -\frac{1}{s}\,h(s)$ und $h(s) = \frac{1}{s}$. Folglich ist $h(x,y) = \frac{1}{xy}$ ein Eulerscher Multiplikator für ω, und eine Stammfunktion von

$$\frac{1}{xy}\,\omega(x,y) = \frac{\alpha - \rho y}{y}\,dy + \frac{\mu - \beta x}{x}\,dx$$

ist gegeben durch

$$A(x,y) = \mu \log x - \beta x + \alpha \log y - \rho y .\tag{12}$$

c) Der einzige kritische Punkt von A ist offenbar $(x_0, y_0) = (\frac{\mu}{\beta}, \frac{\alpha}{\rho})$, und wegen $A \to -\infty$ für $x \to 0^+, \infty$ und $y \to 0^+, \infty$ muß A in (x_0, y_0) sein Maximum auf $\mathbb{R}^2_+$ annehmen. Jede Zahl $c < c_0 := A(x_0, y_0)$ ist dann *regulärer Wert* von A, und die entsprechende Niveaumenge $N_c(A) = \{(x,y) \in G \mid A(x,y) = c\}$ ist *kompakt*. Nach Abb. 33b besteht $N_c(A)$ aus *einer* glatten C^1-geschlossenen Jordankurve[11]. In Satz 35.9 wird gezeigt, daß jede solche Niveaulinie tatsächlich Spur einer Lösung von (10) ist. □

Aufgaben

33.1 Man bestimme alle Lösungen der Differentialgleichungen
a) $(x^2 + y^2)\,dx + 2xy\,dy = 0$, b) $x^2 y\,dx - 2y^2\,dy = 0$,
c) $x\,y\,dx + (x^2 - xy)\,dy = 0$, d) $(x^3 + xy^2)\,dx - (y^3 + yx^2)\,dy = 0$.
HINWEIS zu d): Man verwende den Ansatz $h = h(x^2 + y^2)$.

33.2 Man gebe eine anschauliche Interpretation für den Verlauf von Lösungen von (10). Man zeige, daß Maximum und Minimum von $N_c(A)$ in x- bzw. y-Richtung auf der Geraden $y = y_0$ bzw. $x = x_0$ liegen.

34 Schwingungen

In diesem Abschnitt werden einige Differentialgleichungen *zweiter Ordnung* der *klassischen Mechanik* untersucht. Es sei $x(t) \in \mathbb{R}$ der Ort eines Punktes mit Masse $m > 0$ zur Zeit $t \in I \subseteq \mathbb{R}$; wirkt auf diesen ein *Kraftfeld* $f \in C(I)$, so gilt die *Bewegungsgleichung*

$$m\ddot{x} = f(x) .\tag{1}$$

34.1 Bemerkungen und Definitionen. a) Es ist (1) äquivalent zu dem *System erster Ordnung*

$$\dot{x} = \tfrac{y}{m}, \quad \dot{y} = f(x) ;\tag{2}$$

hierbei ist y der *Impuls* des Massenpunktes. Die Lösungskurven von (2) in der xy-Ebene *(„Phasenebene")* bilden das *Phasenportrait* von (2).

---

[11]Einen Beweis dieser Aussage mit Hilfe des Jordanschen Kurvensatzes findet man in [24], Anhang A VIII.

b) Nach Satz 33.9 ist jede Lösung von (2) auch eine solche von

$$\omega(x,y) := \tfrac{y}{m}\,dy - f(x)\,dx = 0\,.\tag{3}$$

Ist nun $U \in C^1(I)$ eine Stammfunktion von $-f$, in physikalischer Notation also ein *Potential* von f, so ist die *Energie*

$$E(x,y) := \tfrac{1}{2m}y^2 + U(x)\tag{4}$$

offenbar eine Stammfunktion von ω. Diese ist also entlang der Lösungen von (2) konstant *(Energieerhaltungssatz)*. Natürlich kann man dies auch ohne Verwendung Pfaffscher Formen direkt nachrechnen (Aufgabe 34.1). $\square$

34.2 Beispiele und Bemerkungen. a) Die *kritischen Punkte* von E sind gegeben durch $\{(x,0) \mid U'(x) = -f(x) = 0\}$; diese sind die *Ruhelagen* des Systems (2).

b) Für $U(x) = cx^2$ mit $c > 0$ sind die Niveaulinien von E *Ellipsen* (vgl. Abb. 1h), bei geeigneter Wahl der Konstanten speziell *Kreise;* der Massenpunkt *schwingt* dann um die *stabile* Ruhelage $(0,0)$. Hat U ein *Minimum* in 0, so ergibt sich ein ähnliches Bild (vgl. Abb. 34a für $m = 1$ und $U(x) = \tfrac{1}{4}x^4$).

c) Für $U(x) = -cx^2$ sind die Niveaulinien von E *Hyperbeln*, und die Ruhelage $(0,0)$ ist *abstoßend* (vgl. Abb. 1i).

d) Das Potential $U(x) = cx^3$ hat einen *Wendepunkt* in 0. Die Niveaulinien von E laufen an der Ruhelage $(0,0)$ vorbei und nähern sich im Unendlichen der Niveaulinie $N_0(E)$ (vgl. Abb. 34b für $m = 1$ und $c = \tfrac{1}{4}$). $\square$

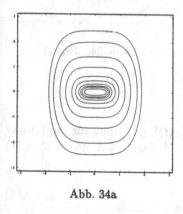
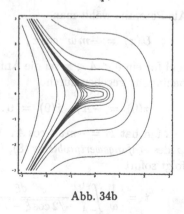

Abb. 34a   Abb. 34b

34.3 Bemerkungen. Mit Hilfe des Energieerhaltungssatzes

$$\tfrac{m}{2}\dot{x}^2 + U(x) = \tfrac{1}{2m}y^2 + U(x) = E\tag{5}$$

können nun *Lösungen* φ von (1) konstruiert werden. Für diese muß stets $U(\varphi(t)) \leq E$ für alle t gelten, und dann ist (5) äquivalent zu der Differentialgleichung mit getrennten Variablen

$$\dot{x} = \pm\sqrt{\tfrac{2}{m}(E - U(x))}. \tag{6}$$

Für *Anfangswerte* $\dot{x}(t_0) = v_0 > 0$ und $x(t_0) = x_0$ mit $U(x_0) < E$ gibt es nach Satz 32.4 genau eine nahe t_0 definierte Lösung φ von (6) mit diesen Anfangswerten, und für diese gilt

$$t - t_0 = \int_{x_0}^{\varphi(t)} \frac{d\xi}{\sqrt{\tfrac{2}{m}(E - U(\xi))}}. \tag{7}$$

Aus $\tfrac{m}{2}\dot{\varphi}(t)^2 + U(\varphi(t)) = E$ folgt durch Differentiation sofort

$$m\,\dot{\varphi}(t)\,\ddot{\varphi}(t) + U'(\varphi(t))\,\dot{\varphi}(t) = 0,$$

also in der Tat $m\,\ddot{\varphi}(t) - f(\varphi(t)) = 0$.   □

34.4 Beispiel. a) Der Auslenkungswinkel eines *starren ebenen Pendels* x der Länge $\ell > 0$ erfüllt mit $g > 0$ die Differentialgleichung $m\ell\ddot{x} = -mg\sin x$ (vgl. Abb. 34c), mit $\omega^2 := = \tfrac{g}{\ell} > 0$ also

$$m\,\ddot{x} = -m\,\omega^2 \sin x. \tag{8}$$

Als Potential wählt man

$$U(x) = -m\,\omega^2 \cos x, \tag{9}$$

und für ein $0 < A < \pi$ sei die Anfangsbedingung gegeben durch

$$x(0) = -A, \quad \dot{x}(0) = 0. \tag{10}$$

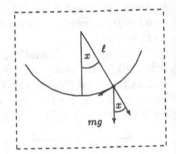

Abb. 34c: Pendel

b) Man hat $E = -m\,\omega^2 \cos A$. Wegen $U(\varphi(t)) \leq E$ muß für die Lösung φ des *Anfangswertproblems* (8), (10) stets $-A \leq \varphi(t) \leq A$ gelten. Aus (7) folgt sofort

$$t = \frac{1}{\omega} \int_{-A}^{\varphi(t)} \frac{d\xi}{\sqrt{2\cos\xi - 2\cos A}}. \tag{11}$$

Nun beachtet man

$$2\cos\xi - 2\cos A = 4k^2\left(1 - \tfrac{1}{k^2}\sin^2\tfrac{\xi}{2}\right) \quad \text{mit} \quad k := \sin\tfrac{A}{2},$$

substituiert

$$\sin \eta := \frac{1}{k} \sin \frac{\xi}{2}, \quad \frac{d\xi}{d\eta} = \frac{2k \cos \eta}{\sqrt{1 - k^2 \sin^2 \eta}}$$

und erhält mit $a(t) := \arcsin(\frac{1}{k} \sin \frac{\varphi(t)}{2})$ dann

$$
\begin{aligned}
t &= \frac{1}{\omega} \int_{-\pi/2}^{a(t)} \frac{d\eta}{\sqrt{1 - k^2 \sin^2 \eta}} = \frac{1}{\omega}\left(F(a(t), k) - F(-\frac{\pi}{2}, k)\right) \\
&= \frac{1}{\omega}\left(u(\frac{1}{k} \sin \frac{\varphi(t)}{2}, k) + K(k)\right)
\end{aligned}
$$

mit dem *elliptischen Integral erster Gattung* $F(s, k) = u(\sin s, k)$ zum Modul k (vgl. Abschnitt I. 30*). Die Lösung φ des *Anfangswertproblems* (8), (10) ist *periodisch* mit Periode $T = \frac{4}{\omega} K(k)$ und mittels der elliptischen Funktion *Sinus Amplitudinis* gegeben durch (vgl. Abb. 34d für $\omega = 1$, $A = \frac{\pi}{2}$, $k = \frac{\sqrt{2}}{2}$, $K(k) = 1,854\ldots$ und $T = 7,416\ldots$)

$$\varphi(t) = 2 \arcsin(k\, \text{sn}(\omega t - K(k), k)), \quad k = \sin \frac{A}{2}. \tag{12}$$

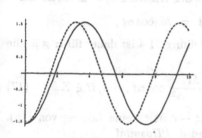

Abb. 34d   Abb. 34e

c) Das Phasenportrait von (8) in Abb. 34e enthält neben den geschlossenen Niveaulinien um 0, die den periodischen Lösungen mit Amplitude $0 < A < \pi$ entsprechen, noch ebensolche um die Punkte von $2\pi\mathbb{Z}$ sowie zu höheren Energiebeträgen nicht geschlossene Niveaulinien, die volle Pendel-Rotationen bescheiben. Läßt man den Winkel x statt in $\mathbb{R}$ auf der *Kreislinie* S^1 variieren, so werden auch diese Niveaulinien geschlossen und die entsprechenden Lösungen periodisch. $\qquad \square$

34.5 Beispiele. a) Für kleine Winkel x kann man die Differentialgleichung (8) näherungsweise durch die *linearisierte* Version

$$m\ddot{x} = -\frac{mg}{\ell} x = -m\omega^2 x \tag{13}$$

ersetzen; als Potential wählt man dann $U(x) = \frac{m}{2}\omega^2 x^2$. Dieser *harmonische Oszillator* hat *Ellipsen* als Phasenportrait, vgl. Beispiel 34.1 a). Ähnlich wie in Beispiel 34.4 erhält man

$$\varphi(t) = A \sin(\omega t - \tfrac{\pi}{2}) = -A \cos\omega t \qquad (14)$$

als *Lösung* des Anfangswertproblems (13), (10); diese ergibt sich auch aus der allgemeinen Lösung

$$x(t) = B \sin\omega t - A \cos\omega t, \quad A, B \in \mathbb{K}, \qquad (15)$$

von (13) (vgl. Aufgabe I.24.5). Die Periode $T = \frac{2\pi}{\omega}$ der Lösungen in (14) oder (15) hängt also im Gegensatz zu der in (12) nicht von ihren Amplituden ab. Es zeigt Abb. 34d die Funktionen aus (12) und (14) (gestrichelt) für $\omega = 1$ und $A = \frac{\pi}{2}$.

b) Wirkt eine äußere Kraft $mF(t)$ auf das Pendel, so erhält man für kleine Winkel x die *inhomogene* Differentialgleichung

$$\ddot{x} + \omega^2 x = F(t). \qquad (16)$$

Ist $F(t) := M \cos\alpha t$ periodisch, so führt der *Ansatz* $x(t) = C \cos\alpha t$ auf

$$\ddot{x} + \omega^2 x = (-C\alpha^2 + C\omega^2) \cos\alpha t = M \cos\alpha t,$$

also $C = \frac{M}{\omega^2 - \alpha^2}$ für $\alpha \neq \omega$. Nach Feststellung 31.4 ist daher für $\alpha \neq \omega$ die allgemeine Lösung gegeben durch

$$\varphi(t) = B \sin\omega t - A \cos\omega t + \frac{M}{\omega^2 - \alpha^2} \cos\alpha t, \quad A, B \in \mathbb{K}. \qquad (17)$$

Insbesondere ist $\varphi_\alpha(t) := \frac{M}{\omega^2 - \alpha^2} (\cos\alpha t - \cos\omega t)$ eine Lösung von (16). Für $\alpha \to \omega$ erhält man mit der *Regel von de l'Hospital*

$$\varphi_\omega(t) = \frac{M}{2\omega} t \sin\omega t, \qquad (18)$$

und diese für $t \to \infty$ *unbeschränkte* Funktion ist in der Tat eine Lösung von (16) im *Resonanz*-Fall $\alpha = \omega$. Man beachte allerdings, daß (16) nur für *kleine* Winkel x das Pendel beschreibt. □

34.6 Beispiele. a) Durch Berücksichtigung eines *Reibungsterms* $2\rho > 0$ erhält man die (16) verallgemeinernde lineare Differentialgleichung

$$\ddot{x} + 2\rho\dot{x} + \omega^2 x = F(t). \qquad (19)$$

In Satz 36.2 b) wird gezeigt, daß der Lösungsraum der *homogenen* Gleichung *zweidimensional* ist. Der *Ansatz* $x(t) = e^{\lambda t}$ mit zu bestimmenden Zahlen $\lambda \in \mathbb{C}$ führt auf $\lambda^2 + 2\rho\lambda + \omega^2 = 0$, also

$$\lambda_\pm = -\rho \pm \sqrt{\rho^2 - \omega^2}. \qquad (20)$$

b) Im Fall $\rho \geq \omega$ sind λ_+ und λ_- *reell*, und man erhält die exponentiell abklingenden Lösungen

$$\varphi(t) = A e^{\lambda_+ t} + B e^{\lambda_- t} \quad \text{für } \rho > \omega, \tag{21}$$

$$\varphi(t) = A e^{-\rho t} + B t e^{-\rho t} \quad \text{für } \rho = \omega. \tag{22}$$

Ein Reibungsterm $2\rho \geq 2\omega$ erzeugt also eine so starke Dämpfung, daß keine Schwingung stattfindet.

c) Im Fall $\rho < \omega$ ist $\lambda_\pm = -\rho \pm i\sigma$ mit $\sigma = \sqrt{\omega^2 - \rho^2}$. Aus (21) ergibt sich dann die allgemeine *reelle* Lösung der homogenen Differentialgleichung (19) als *gedämpfte Schwingung*

$$\varphi(t) = A e^{-\rho t} \cos \sigma t + B e^{-\rho t} \sin \sigma t. \tag{23}$$

d) Für das *inhomogene* Problem (16) mit periodischer äußerer Kraft $F(t) = M e^{i\alpha t}$ ($M, \alpha > 0$) führt der *Ansatz* $x(t) = C e^{i\alpha t}$ auf

$$\ddot{x} + 2\rho\dot{x} + \omega^2 x = (-C\alpha^2 + C2\rho i\alpha + C\omega^2) e^{i\alpha t} = M e^{i\alpha t},$$

also $C = \frac{M}{\omega^2 - \alpha^2 + 2i\rho\alpha}$. Mit $\delta := \operatorname{Arg} C$ ist dann

$$\varphi(t) = \frac{M}{\sqrt{(\omega^2 - \alpha^2)^2 + 4\rho^2\alpha^2}} e^{i(\alpha t + \delta)} \tag{24}$$

eine spezielle Lösung von (16), zu der noch exponentiell abklingende Terme (21), (22) oder (23) zu addieren sind. Im Fall $\omega^2 > 2\rho^2$ erreicht die Amplitude $|C|$ von φ ihr *Maximum* bei $\alpha = \sqrt{\omega^2 - 2\rho^2}$, also nicht genau bei der *Eigenfrequenz* ω. Wegen $\operatorname{Im} C < 0$ gilt stets $\delta < 0$; die *erzwungene Schwingung* ist also gegenüber der äußeren Kraft *verzögert*. $\square$

Aufgaben

34.1 Man beweise den Energieerhaltungssatz ohne Verwendung Pfaffscher Formen.

34.2 Man zeige, daß die Lösung des Anfangswertproblems

$$m\ddot{x} = -\gamma \frac{mM}{x^2}, \quad x(0) = R > 0, \ \dot{x}(0) = v_0 > 0$$

genau dann für $t \to \infty$ *unbeschränkt* ist, wenn

$$E \geq 0 \iff v_0 \geq v_F := \sqrt{\frac{2\gamma M}{R}}$$

gilt (v_F ist die *Fluchtgeschwindigkeit* eines Massenpunktes in einem *Gravitationsfeld*). Für den Fall $v_0 = v_F$ berechne man die Lösung explizit.

34.3 Man zeige, daß für $F \in C(\mathbb{R})$ durch $\varphi(t) := \frac{1}{\omega} \int_0^t F(s) \sin\omega(t-s)\,ds$ eine Lösung von (13) gegeben wird und versuche, eine ähnliche Formel für eine Lösung von (19) zu finden.

34.4 Für einen Massenpunkt in einem Kraftfeld $f = -U'$ wird durch

$$L(t,x,\dot{x}) := \frac{m}{2}\dot{x}^2 - U(x)$$

die *Lagrange-Funktion* definiert. Mittels Satz 27.8 zeige man, daß alle lokalen Extremalstellen des Funktionals $V : x \mapsto \int_a^b L(t,x(t),\dot{x}(t))\,dt$ die Bewegungsgleichung (1) erfüllen *(Prinzip der kleinsten Wirkung)*.

35   Der Satz von Picard-Lindelöf

In diesem Abschnitt wird ein *Existenz-* und *Eindeutigkeitssatz* für Lösungen von *Anfangswertproblemen* bei *(Systemen von) gewöhnlichen Differentialgleichungen* unter einer *Lipschitz-Bedingung* bewiesen. Dies erfaßt insbesondere *explizite* gewöhnliche Differentialgleichungen *beliebiger Ordnung:*

35.1 Definition. *Es seien $I \subseteq \mathbb{R}$ ein Intervall, $D \subseteq \mathbb{K}^n$ offen, $\Omega = I \times D$ und $f \in C(\Omega, \mathbb{K})$. Für ein Intervall $I_0 \subseteq I$ heißt eine Funktion $\varphi \in C^n(I_0, \mathbb{K})$ Lösung der Differentialgleichung*

$$x^{(n)} = f(t,x,\dot{x},\ldots,x^{(n-1)}), \tag{1}$$

wenn $\{(\varphi(t),\dot{\varphi}(t),\ldots,\varphi^{(n-1)}(t)) \mid t \in I_0\} \subseteq D$ ist und für alle $t \in I_0$ $\varphi^{(n)}(t) = f(t,\varphi(t),\dot{\varphi}(t),\ldots,\varphi^{(n-1)}(t))$ gilt.

Differentialgleichungen n-ter Ordnung lassen sich auf *Systeme* von Differentialgleichungen *erster Ordnung* transformieren:

35.2 Definition. *Es seien $I \subseteq \mathbb{R}$ ein Intervall, $D \subseteq \mathbb{K}^n$ offen, $\Omega = I \times D$ und $f \in C(\Omega, \mathbb{K}^n)$. Für ein Intervall $I_0 \subseteq I$ heißt eine Funktion $\varphi \in C^1(I_0, \mathbb{K}^n)$ Lösung des Systems von Differentialgleichungen*

$$\dot{x} = f(t,x), \tag{2}$$

wenn $\varphi(I_0) \subseteq D$ ist und $\dot{\varphi}(t) = f(t,\varphi(t))$ für alle $t \in I_0$ gilt.

Es sei nun eine Differentialgleichung (1) gegeben. Mit $X := (x_0,\ldots,x_{n-1})$ definiert man

$$F : \Omega \mapsto \mathbb{K}^n, \quad F(t,X) := (x_1,\ldots,x_{n-1},f(t,X)). \tag{3}$$

Die folgende Aussage ergibt sich dann unmittelbar durch Einsetzen:

35.3 Feststellung. *a) Für eine Lösung* $\varphi \in C^n(I_0, \mathbb{K})$ *von (1) ist* $\Phi := (\varphi, \dot{\varphi}, \ldots, \varphi^{(n-1)}) \in C^1(I_0, \mathbb{K}^n)$ *eine Lösung des* Systems

$$\dot{X} = F(t, X). \tag{4}$$

b) Ist $\Phi := (\varphi_0, \varphi_1, \ldots, \varphi_{n-1}) \in C^1(I_0, \mathbb{K}^n)$ *eine Lösung von (4), so gilt* $\varphi_j = \varphi_0^{(j)}$ *für* $j = 0, \ldots, n-1$, *und* φ_0 *ist eine Lösung von (1).*

Es werden nun *Anfangswertprobleme*

$$\dot{x} = f(t, x), \quad x(a) = \xi, \tag{5}$$

für *Systeme* (2) von gewöhnlichen Differentialgleichungen gelöst:

35.4 Satz. *Es seien* $I \subseteq \mathbb{R}$ *ein Intervall,* $D \subseteq \mathbb{K}^n$ *offen,* $\Omega = I \times D$, $f \in C(\Omega, \mathbb{K}^n)$ *und* $I_0 \subseteq I$ *ein Intervall. Eine Funktion* $\varphi \in C^1(I_0, \mathbb{K}^n)$ *mit* $\varphi(I_0) \subseteq D$ *ist genau dann eine Lösung von (5), wenn* φ *die folgende Integralgleichung löst:*

$$\varphi(t) = \xi + \int_a^t f(s, \varphi(s)) \, ds, \quad t \in I_0. \tag{6}$$

BEWEIS. Aus (6) folgt sofort $\varphi(a) = \xi$ und aufgrund des Hauptsatzes auch $\dot{\varphi}(t) = f(t, \varphi(t))$ für alle $t \in I_0$. Analog folgt aus (5) umgekehrt

$$\varphi(t) = \varphi(a) + \int_a^t \dot{\varphi}(s) \, ds = \xi + \int_a^t f(s, \varphi(s)) \, ds, \quad t \in I_0. \qquad \diamond$$

Die Integralgleichung (6) ist ein *Fixpunktproblem* für den Operator

$$T : \varphi \mapsto \xi + \int_a^t f(s, \varphi(s)) \, ds, \tag{7}$$

das unter geeigneten Voraussetzungen mit Hilfe des *Banachschen Fixpunktsatzes* 21.8 gelöst werden kann. Bei dem folgenden Resultat wird eine beliebige Norm auf $\mathbb{K}^n$ verwendet.

35.5 Theorem (Picard-Lindelöf). *Es seien* $J \subseteq \mathbb{R}$ *ein kompaktes Intervall,* $D \subseteq \mathbb{K}^n$ *offen,* $\Omega = J \times D$, $(a, \xi) \in \Omega$, *und* $f \in C(\Omega, \mathbb{K}^n)$ *erfülle eine* Lipschitz-Bedingung

$$\| f(t, x_1) - f(t, x_2) \| \leq L \| x_1 - x_2 \| \quad \text{für } t \in J, \ x_1, x_2 \in D. \tag{8}$$

Im Fall $D = \mathbb{K}^n$ *sei* $I_0 = J$, *sonst wähle man* $b > 0$ *mit* $\overline{K}_b(\xi) \subseteq D$ *und setze* $I_0 := J \cap \overline{K}_\delta(a)$ *mit* $\delta := b \| f \|_{J \times \overline{K}_b(\xi)}^{-1}$. *Dann hat das Anfangswertproblem (5) genau eine Lösung* $\varphi \in C^1(I_0, \mathbb{K}^n)$.

BEWEIS. a) Der Operator T aus (7) wird im Banachraum $\mathcal{C}(I_0, \mathbb{K}^n)$ untersucht. Im Fall $D = \mathbb{K}^n$ hat man

$$\begin{aligned} \|(T\varphi)(t) - (T\psi)(t)\| &= \left\| \int_a^t \left(f(s, \varphi(s)) - f(s, \psi(s)) \right) ds \right\| \\ &\leq |t-a|\,L\,\|\varphi - \psi\| \leq L\,|I_0|\,\|\varphi - \psi\|, \end{aligned}$$

für $L\,|I_0| < 1$ also eine *Kontraktion*. Im Fall $L\,|I_0| \geq 1$ verwendet man auf $\mathcal{C}(I_0, \mathbb{K}^n)$ die *äquivalente Norm*

$$\|\varphi\|_L := \sup_{t \in I_0} \|\varphi(t)\|\, e^{-2L|t-a|} \tag{9}$$

und erhält dann

$$\begin{aligned} \|T\varphi(t) - T\psi(t)\| &\leq L \int_a^t \|\varphi(s) - \psi(s)\|\, e^{-2L|s-a|}\, e^{2L|s-a|}\, ds \\ &\leq L\,\|\varphi - \psi\|_L \int_a^t e^{2L|s-a|}\, ds \leq L\,\|\varphi - \psi\|_L\, \frac{e^{2L|t-a|}}{2L}, \end{aligned}$$

also $\|T\varphi - T\psi\|_L \leq \frac{1}{2}\|\varphi - \psi\|_L$. Die Behauptung folgt somit aus dem Banachschen Fixpunktsatz und Satz 35.4.

b) Im Fall $D \neq \mathbb{K}^n$ ist der Operator T aus (7) auf der Menge

$$X := \{\varphi \in \mathcal{C}(I_0, \mathbb{K}^n) \mid \varphi(I_0) \subseteq \overline{K}_b(\xi)\}$$

definiert. Es ist X in $\mathcal{C}(I_0, \mathbb{K}^n)$ abgeschlossen und somit ein *vollständiger* metrischer Raum. Für $\varphi \in X$ und $t \in I_0$ gilt

$$\|(T\varphi)(t) - \xi\| = \left\| \int_a^t f(s, \varphi(s))\, ds \right\| \leq \delta\,\|f\|_{J \times \overline{K}_b(\xi)} = b,$$

also auch $T\varphi \in X$. Wie in a) sieht man, daß $T : X \mapsto X$ eine Kontraktion ist, und die Behauptung folgt wieder aus dem Banachschen Fixpunktsatz und Satz 35.4.   ◇

35.6 Bemerkungen. a) Der Beweis von Theorem 35.5 ist *konstruktiv:* Man startet mit einem $\varphi_0 \in X$, z. B. $\varphi_0(t) = \xi$, und erhält die Lösung als *gleichmäßigen Limes* der *Iteration*

$$\varphi_{n+1}(t) = \xi + \int_a^t f(s, \varphi_n(s))\, ds, \quad t \in I_0. \tag{10}$$

b) Die Lösung $\varphi = \varphi(t, \xi, f)$ des Anfangswertproblems (5) auf einem *genügend kleinen* Intervall $I_1 \subseteq I_0$ *hängt stetig von dem Anfangswert ξ und der Funktion f ab*, wobei f in einer Menge von Funktionen mit *gleicher Lipschitzkonstanten* variiert (vgl. Aufgabe 35.3). Man beachte, daß das *globale* Verhalten einer Lösung *nicht* stetig von ξ abhängen muß (vgl. Beispiel 32.7).

c) Im Fall $f \in \mathcal{C}^k(\Omega, \mathbb{K}^n)$ erhält man aus (2) sofort $\varphi \in \mathcal{C}^{k+1}(I_0, \mathbb{K}^n)$.   □

Ein Spezialfall des Satzes von Picard-Lindelöf ist:

35.7 Folgerung. *Es seien* $I \subseteq \mathbb{R}$ *ein offenes Intervall,* $D \subseteq \mathbb{K}^n$ *offen,* $\Omega = I \times D$ *und* $f \in C(\Omega, \mathbb{K}^n)$*, so daß* $\partial_{x_1} f, \ldots, \partial_{x_n} f$ *stetig auf* Ω *existieren. Für* $(a, \xi) \in \Omega$ *gibt es dann ein offenes Intervall* I_0 *mit* $a \in I_0 \subseteq I$*, so daß das Anfangswertproblem (5) genau eine Lösung* $\varphi \in C^1(I_0, \mathbb{K}^n)$ *hat.*

BEWEIS. Die Lipschitz-Bedingung (8) ergibt sich über kompakten Mengen $J \times \overline{K}_b(\xi) \subseteq I \times D$ sofort aus dem Hauptsatz (vgl. Bemerkung 19.21 c)). ◇

Für *Fortsetzungen* dieser *lokalen Lösungen* gilt:

35.8 Satz. *In der Situation von Folgerung 35.7 besitzt das Anfangswertproblem (5) genau eine maximale Lösung* $\varphi^* : I^* \mapsto D$ *(mit* $I^* \subseteq I$ *), deren Graph in keiner kompakten Teilmenge von* Ω *enthalten ist.*

BEWEIS. a) Sind $I_1, I_2 \subseteq I$ offene Intervalle um a und $\varphi_1 : I_1 \mapsto \mathbb{K}^n$ und $\varphi_2 : I_2 \mapsto \mathbb{K}^n$ Lösungen von (5), so folgt $\varphi_1 = \varphi_2$ auf $I_{12} := I_1 \cap I_2$. In der Tat gilt $a \in M := \{t \in I_{12} \mid \varphi_1(t) = \varphi_2(t)\}$, und M ist abgeschlossen in I_{12}. Für $c \in M$ gilt wegen der Eindeutigkeitsaussage von Folgerung 35.7 für das Anfangswertproblem $\dot{x} = f(t, x)$, $x(c) = \varphi_1(c)$, auch $\varphi_1(t) = \varphi_2(t)$ für t nahe c; somit ist M auch *offen* in I_{12}, und es folgt $M = I_{12}$.

b) Auf der Vereinigung $I^* := (a^*, b^*) \subseteq I$ aller Existenzintervalle von Lösungen von (5) ist nach a) eine Lösung $\varphi^* : I^* \mapsto D$ definiert, die auf kein größeres offenes Intervall fortsetzbar ist.

c) Es sei nun etwa $b^* \in I$, und für ein $c \in I^*$ gelte (vgl. Abb. 35a)

$$\{(t, \varphi^*(t)) \mid c \leq t < b^*\} \subseteq K, \quad K \subseteq \Omega \text{ kompakt}.$$

Dann hat man $\| f(t, x) \| \leq C$ auf K, und aus (5) folgt $| \dot{\varphi}^* | \leq C$ auf $[c, b^*)$. Somit ist φ^* auf $[c, b^*)$ *gleichmäßig* stetig, und es existiert $x_0 := \lim\limits_{t \to (b^*)-} \varphi^*(t) \in D$. Für φ^* gilt dann (6), also auch (5) über $(a^*, b^*]$, und die Lösung des Anfangswertproblems $\dot{x} = f(t, x)$, $x(b^*) = x_0$, liefert eine Fortsetzung der Lösung φ^* von (5) auf ein Intervall $(a^*, b^* + \varepsilon)$ im Widerspruch zu b). ◇

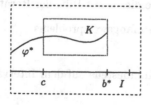

Abb. 35a

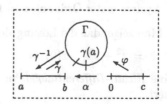

Abb. 35b

Maximale Lösungen von (5) in Ω „laufen also von Rand zu Rand". Als Anwendung wird nun bewiesen, daß die Lotka-Volterra-Gleichungen (33.10) *periodische Lösungen* besitzen. Allgemeiner gilt:

35.9 Satz. *Es seien $D \subseteq \mathbb{R}^n$ offen, $f \in C^1(D, \mathbb{R}^n)$ und $\Gamma \subseteq D$ eine geschlossene Jordankurve mit $f(x) \neq 0$ auf Γ. Weiter sei $\varphi : I^* \mapsto D$ eine maximale Lösung des autonomen Systems*

$$\dot{x} = f(x) \tag{11}$$

mit $\varphi(I^*) \subseteq \Gamma$. Dann gilt $I^* = \mathbb{R}$, $\varphi(I^*) = \Gamma$, und φ ist periodisch.

BEWEIS. a) Wegen $\Omega = \mathbb{R} \times D$ und $\varphi(I^*) \subseteq \Gamma$ folgt $I^* = \mathbb{R}$ aus (dem Beweis von) Satz 35.8.

b) Es sei $\gamma : [a, b] \mapsto \Gamma$ eine Jordan-Parametrisierung von Γ mit $\gamma(a) = \gamma(b) = \varphi(0)$. Ist $\varphi([0, c]) \neq \Gamma$ für $c > 0$, so ist γ^{-1} auf $\varphi([0, c])$ definiert und stetig. Wegen $\dot{\varphi}(t) \neq 0$ ist φ *lokal injektiv*, und dies gilt dann auch für die stetige Funktion $\alpha := \gamma^{-1} \circ \varphi : [0, c] \mapsto [a, b]$ (vgl. Abb. 35b). Aufgrund des Zwischenwertsatzes ist dann α sogar injektiv und somit *streng monoton* (vgl. Aufgabe 8.6 und Satz I.9.13*).

c) Gilt nun $\varphi([0, c]) \neq \Gamma$ *für alle $c > 0$*, so wird durch die Konstruktion in b) eine streng monotone Funktion $\alpha : [0, \infty) \mapsto [a, b]$ definiert. Dann existiert $\lim_{t \to \infty} \alpha(t)$ und damit auch $\lim_{t \to \infty} \varphi(t) =: \ell \in \Gamma$. Es folgt $\lim_{t \to \infty} \dot{\varphi}(t) = f(\ell) \neq 0$ und damit der Widerspruch $|\varphi(t)| \to \infty$ für $t \to \infty$.

d) Nach b) und c) gibt es also $c > 0$ mit $\varphi([0, c]) = \Gamma$. Ist φ auf $[0, c]$ injektiv, so ist $\varphi : [0, c] \mapsto \Gamma$ nach Theorem 6.14 eine Homöomorphie im Widerspruch zu Aufgabe 9.8 und Bemerkung 8.6 b).

e) Nach d) gibt es also $0 \le s < s + p \le c$ mit $\varphi(s + p) = \varphi(s)$. Da φ und $\varphi_p : t \mapsto \varphi(t + p)$ Lösungen von (11) mit $\varphi_p(s) = \varphi(s)$ sind, impliziert Satz 35.8 sofort $\varphi_p = \varphi$; somit ist φ also p-periodisch. $\diamond$

Aufgaben

35.1 Man transformiere das Anfangswertproblem

$$\ddot{x} = x, \quad x(0) = 0, \dot{x}(0) = 1$$

in ein System erster Ordnung und löse dieses mit Hilfe der Iteration (10).

35.2 Man zeige, daß die Lösung des Anfangswertproblems

$$\dot{x} = t^2 + x^2, \quad x(0) = 1,$$

für eine *Ricatti-Differentialgleichung* mindestens auf dem Intervall $[-\frac{1}{5}, \frac{1}{5}]$ existiert.

35.3 Man zeige analog zu Beispiel 26.7, daß die Iteration (10) *schneller als linear* konvergiert.

35.4 Man gebe eine präzise Formulierung und einen Beweis für Bemerkung 35.6 b).

35.5 Es seien $D \subseteq \mathbb{R}^n$ offen, $f \in C^1(D, \mathbb{R}^n)$ und $\Gamma \subseteq D$ eine *offene* Jordankurve (d. h. homöomorphes Bild eines offenen Intervalls) mit $f(x) \neq 0$ auf Γ. Weiter sei $\varphi : I^* \mapsto D$ eine maximale Lösung des *autonomen* Systems (11) mit $\varphi(I^*) \subseteq \Gamma$. Man zeige $\varphi(I^*) = \Gamma$.

36 Lineare Differentialgleichungen

Aufgabe: Man berechne alle Lösungen des Systems $\dot{x} = -4x - 4y$, $\dot{y} = 9x + 8y$.

In diesem Abschnitt werden *lineare Systeme* von Differentialgleichungen

$$\dot{x} = A(t)\,x + b(t), \quad A \in C(I, \mathbb{M}_{\mathbb{C}}(n)), \; b \in C(I, \mathbb{C}^n), \tag{1}$$

und *lineare Differentialgleichungen höherer Ordnung* untersucht.

36.1 Satz. *Es seien $I \subseteq \mathbb{R}$ ein Intervall, $a \in I$, $\xi \in \mathbb{C}^n$, $A \in C(I, \mathbb{M}_{\mathbb{C}}(n))$ und $b \in C(I, \mathbb{C}^n)$. Dann hat das Anfangswertproblem*

$$\dot{x} = A(t)\,x + b(t), \quad x(a) = \xi \tag{2}$$

genau eine Lösung $\varphi \in C^1(I, \mathbb{C}^n)$.

BEWEIS. Für die Funktion $f(t, x) := A(t)\,x + b(t)$ gilt offenbar

$$\| f(t, x_1) - f(t, x_2) \| \leq \| A(t) \| \, \| x_1 - x_2 \|;$$

für kompakte Intervalle $J \subseteq I$ ist also die *Lipschitz-Bedingung* (35.8) über $J \times \mathbb{C}^n$ erfüllt. Der Satz von Picard-Lindelöf liefert daher eindeutige Lösungen von (2) über allen kompakten Intervallen $J \subseteq I$ mit $a \in J$, die wegen der Eindeutigkeit die gesuchte Lösung über I definieren. ◇

Genauer studiert werden nun zunächst *homogene* Systeme

$$\dot{x} = A(t)\,x, \quad A \in C(I, \mathbb{M}_{\mathbb{C}}(n)). \tag{3}$$

36.2 Satz. *a) Für Lösungen $\varphi_1, \ldots, \varphi_r \in C^1(I, \mathbb{C}^n)$ des homogenen Systems (3) sind die folgenden Aussagen äquivalent:*
(α) Die Funktionen $\varphi_1, \ldots, \varphi_r$ sind linear unabhängig in $C^1(I, \mathbb{C}^n)$,

(β) Die Vektoren $\varphi_1(t), \ldots, \varphi_r(t) \in \mathbb{C}^n$ sind für alle $t \in I$ linear unabhängig,

(γ) Die Vektoren $\varphi_1(t_0), \ldots, \varphi_r(t_0) \in \mathbb{C}^n$ sind für ein $t_0 \in I$ linear unabhängig.

b) Die Lösungsmenge $L(A) := \{\varphi \in C^1(I, \mathbb{C}^n) \mid \dot{\varphi}(t) = A(t)\,\varphi(t)\}$ von (3) ist ein Vektorraum der Dimension n.

BEWEIS. a) Die Aussagen „(β) $\Rightarrow$ (γ)" und „(γ) $\Rightarrow$ (α)" sind klar.

„(α) $\Rightarrow$ (β)": Es seien $t_1 \in I$ und $\lambda_1, \ldots, \lambda_r \in \mathbb{C}$ mit $\sum\limits_{k=1}^{r} \lambda_k\,\varphi_k(t_1) = 0$.

Die Funktion $\varphi := \sum\limits_{k=1}^{r} \lambda_k\,\varphi_k$ löst offenbar das Anfangswertproblem $\dot{x} = A(t)\,x$, $x(t_1) = 0$; die Eindeutigkeitsaussage von Satz 36.1 impliziert dann $\varphi = 0$, und wegen (α) folgt $\lambda_1 = \ldots = \lambda_r = 0$.

b) Wegen a) muß jedenfalls $\dim L(A) \leq n$ sein. Nach Satz 36.1 gibt es für $j = 1, \ldots, n$ Lösungen $\varphi_j \in C^1(I, \mathbb{C}^n)$ der Anfangswertprobleme

$$\dot{x} = A(t)\,x, \quad x(t_0) = e_j := (\delta_{jk}), \tag{4}$$

die offenbar linear unabhängig sind. $\diamond$

36.3 Definition. Es seien $\varphi_1, \ldots, \varphi_n \in C^1(I, \mathbb{C}^n)$ linear unabhängige Lösungen des homogenen Systems (3). Dann heißt die Matrix-wertige Funktion

$$\Phi := (\varphi_1, \ldots, \varphi_n) \in C^1(I, \mathbb{M}_{\mathbb{C}}(n)) \tag{5}$$

ein Fundamentalsystem von (3).

36.4 Bemerkungen. a) Ist Φ ein Fundamentalsystem von (3), so sind nach Satz 36.2 b) alle Lösungen von (3) gegeben durch

$$\varphi(t) = \Phi(t)\,c, \quad c \in \mathbb{C}^n. \tag{6}$$

b) Sind $\varphi_1, \ldots, \varphi_n$ Lösungen von (3), so löst die Matrix Φ aus (5) die Matrix-Differentialgleichung

$$\dot{X} = A(t)\,X. \tag{7}$$

c) Ist Φ_0 ein festes Fundamentalsystem von (3), so sind alle Lösungen Φ von (7) gegeben durch

$$\Phi(t) = \Phi_0(t)\,C, \quad C \in \mathbb{M}_{\mathbb{C}}(n). \tag{8}$$

Ist in der Tat $C(t) := \Phi(t)\,\Phi_0(t)^{-1}$, so folgt aus

$$\dot{\Phi} = \dot{\Phi}_0\,C + \Phi_0\,\dot{C} = A\,\Phi_0\,C + \Phi_0\,\dot{C} = A\,\Phi + \Phi_0\,\dot{C}$$

und $\dot{\Phi} = A\,\Phi$ sofort $\Phi_0\,\dot{C} = 0$; somit muß C konstant sein. $\square$

36.5 Definition. *Für eine Lösung* $\Phi \in C^1(I, M_C(n))$ *der Matrix-Differentialgleichung (7) heißt* $W := W_\Phi := \det \Phi$ *Wronski-Determinante von* Φ.

36.6 Satz. *Es sei* $\Phi \in C^1(I, M_C(n))$ *eine Lösung von (7). Die Wronski-Determinante* $W = W_\Phi$ *löst dann die Differentialgleichung*

$$\dot{W}(t) = \operatorname{tr} A(t) W(t). \tag{9}$$

BEWEIS. a) Für $\tau \in I$ sei $\Phi_\tau = (\varphi_1, \ldots, \varphi_n)$ die Lösung des Anfangswertproblems $\dot{X} = A(t) X$, $X(\tau) = I$. Man hat (vgl. Aufgabe 19.5)

$$\tfrac{d}{dt} \det \Phi_\tau(t) = \sum_{j=1}^{n} \det(\varphi_1, \ldots, \varphi_{j-1}, \dot{\varphi}_j, \varphi_{j+1}, \ldots, \varphi_n)(t);$$

wegen $\Phi_\tau(\tau) = I$, $\dot{\varphi}_j(\tau) = A(\tau)e_j$ folgt für $t = \tau$ mit $A(t) =: (a_{ij}(t))$:

$$\tfrac{d}{dt} \det \Phi_\tau(\tau) = \sum_{j=1}^{n} \det(e_1, \ldots, e_{j-1}, A(\tau)e_j, e_{j+1}, \ldots, e_n)$$

$$= \sum_{j=1}^{n} a_{jj}(\tau) = \operatorname{tr} A(\tau).$$

b) Es sei nun Φ irgendeine Lösung von (7). Nach Bemerkung 36.4 c) gilt $\Phi(t) = \Phi_\tau(t) C$ für ein konstantes $C = C(\tau) \in M_C(n)$. Aus a) folgt dann

$$\dot{W}_\Phi(\tau) = \dot{W}_{\Phi_\tau}(\tau) \det C = \operatorname{tr} A(\tau) W_{\Phi_\tau}(\tau) \det C = \operatorname{tr} A(\tau) W_\Phi(\tau)$$

und somit die Behauptung, da dies für alle $\tau \in I$ gültig ist.   ◇

Inhomogene Systeme (1) lassen sich mit Hilfe eines Fundamentalsystems Φ von (3) durch *Variation der Konstanten* lösen (vgl. Bemerkung 31.5). Der Ansatz $\psi(t) := \Phi(t) c(t)$ führt auf

$$\dot{\psi} = \dot{\Phi} c + \Phi \dot{c} = A\Phi c + \Phi \dot{c} = A\psi + \Phi \dot{c}$$

und somit auf die Bedingung $\Phi \dot{c} = b$. Folglich gilt:

36.7 Satz. *Für ein Fundamentalsystem* Φ *von (3) und* $a \in I$ *ist*

$$\psi_0(t) = \Phi(t) \int_a^t \Phi(s)^{-1} b(s) \, ds \tag{10}$$

die Lösung von (1) mit $\psi_0(a) = 0$. *Durch* $\psi(t) = \psi_0(t) + \Phi(t) c$, $c \in \mathbb{C}^n$, *sind alle Lösungen von (1) gegeben.*

Für ein Intervall $I \subseteq \mathbb{R}$ und Funktionen $a_0, \ldots, a_{n-1} \in C(I, \mathbb{C})$ wird nun der folgende *lineare Differentialoperator* untersucht:

$$Lx := x^{(n)}(t) + a_{n-1}(t) x^{(n-1)}(t) + \cdots + a_1(t) \dot{x}(t) + a_0(t) x. \tag{11}$$

36.8 Bemerkungen und Definitionen. a) Für $b \in C(I, \mathbb{C})$ ist nach Feststellung 35.3 die Differentialgleichung $Lx = b$ äquivalent zu dem linearen System

$$\dot{X} = A(t)X + B(t) \tag{12}$$

mit $B(t) = (0, \ldots, 0, b(t))^\mathsf{T}$ und

$$A(t) = \begin{pmatrix} 0 & 1 & 0 & \cdots & 0 \\ 0 & 0 & 1 & \cdots & 0 \\ \vdots & \vdots & \ddots & \ddots & \vdots \\ 0 & 0 & 0 & \ddots & 1 \\ -a_0(t) & -a_1(t) & -a_2(t) & \cdots & -a_{n-1}(t) \end{pmatrix}; \tag{13}$$

für eine Lösung $\varphi(t)$ von $Lx = b$ ist $\varphi^*(t) := (\varphi(t), \dot{\varphi}(t), \ldots, \varphi^{(n-1)}(t))$ die entsprechende Lösung von (12).

b) Satz 36.2 gilt auch für Lösungen $\varphi_1, \ldots, \varphi_n \in C^{n-1}(I)$ der *homogenen* Differentialgleichung $Lx = 0$; der Kern $N(L) := \{\varphi \in C^{n-1}(I) \mid L\varphi = 0\}$ ist ein Vektorraum der Dimension n. Für $\varphi_1, \ldots, \varphi_n \in N(L)$ heißt

$$W(t) = W(\varphi_1, \ldots, \varphi_n)(t) = \det \begin{pmatrix} \varphi_1 & \varphi_2 & \cdots & \varphi_n \\ \dot{\varphi}_1 & \dot{\varphi}_2 & \cdots & \dot{\varphi}_n \\ \vdots & \vdots & \vdots & \vdots \\ \varphi_1^{(n-1)} & \varphi_2^{(n-1)} & \cdots & \varphi_n^{(n-1)} \end{pmatrix} \tag{14}$$

die *Wronski-Determinante* von $(\varphi_1, \ldots, \varphi_n)$. Wegen $\operatorname{tr} A(t) = -a_{n-1}(t)$ ergibt sich aus Satz 36.6 für $a \in I$ die Formel

$$W(t) = W(a) \exp \left(- \int_a^t a_{n-1}(s)\, ds \right). \tag{15}$$

Weiter sei $W_k(\varphi_1, \ldots, \varphi_n)(t) = (-1)^{k+n} W(\varphi_1, \ldots, \varphi_{k-1}, \varphi_{k+1}, \ldots, \varphi_n)(t)$ die Determinante, die durch Ersetzen der k-ten Spalte der Wronski-Determinante $W(\varphi_1, \ldots, \varphi_n)(t)$ durch $(0, \ldots, 0, 1)^\mathsf{T}$ entsteht. $\square$

Die *Variation der Konstanten* liefert die folgende spezielle Lösung einer *inhomogenen* Differentialgleichung $Lx = b$:

36.9 Satz. *Es seien* $\varphi_1, \ldots, \varphi_n \in C^n(I)$ *linear unabhängige Lösungen der homogenen Differentialgleichung* $Lx = 0$. *Dann ist eine Lösung der inhomogenen Differentialgleichung* $Lx = b$ *gegeben durch*

$$\psi_0(t) = \sum_{k=1}^n \varphi_k(t) \int_a^t \frac{W_k(s)}{W(s)} b(s)\, ds. \tag{16}$$

BEWEIS. Es ist $\Phi := (\varphi_1^*, \ldots, \varphi_n^*)$ ein Fundamentalsystem des Systems $\dot{X} = A(t)X$, und nach (10) löst $\psi_0^*(t) = \Phi(t) \int_a^t \Phi(s)^{-1} B(s)\,ds$ das inhomogene System (12). Mit $\Phi(t)\,\Phi(s)^{-1} = (m_{ij}(t,s))$ gilt dann für die erste Komponente $\psi_0(t)$ von $\psi_0^*(t)$:

$$\psi_0(t) = \int_a^t m_{1n}(t,s)\,b(s)\,ds.$$

Nach der *Cramerschen Regel* ist $\frac{1}{W(s)}\,(W_1(s), \ldots, W_n(s))^\top$ die letzte Spalte von $\Phi(s)^{-1}$; daher folgt $m_{1n}(t,s) = \sum\limits_{k=1}^{n} \varphi_k(t)\,\frac{W_k(s)}{W(s)}$ und somit (16). $\diamond$

Es wird nun ein Fundamentalsystem für ein homogenes System (3) mit *konstanten Koeffizienten* berechnet. Für $A \in \mathbb{M}_{\mathbb{C}}(n)$ kann für das *Anfangswertproblem*

$$\dot{X} = AX, \quad X(0) = I \tag{17}$$

die *Picard-Iteration* (35.10) explizit durchgeführt werden: Mit $\Phi_0 = I$ folgt

$$\begin{aligned}
\Phi_1(t) &= I + \int_0^t A\,ds = I + At, \\
\Phi_2(t) &= I + \int_0^t A\,(I + As)\,ds = I + At + \tfrac{1}{2}\,(At)^2, \ldots \\
\Phi_n(t) &= I + \int_0^t A \sum_{k=0}^{n-1} \frac{(As)^k}{k!}\,ds = \sum_{k=0}^{n} \frac{1}{k!}\,(At)^k.
\end{aligned} \tag{18}$$

Mit $n \to \infty$ erhält man die Lösung $\Phi(t) = e^{At}$ von (17). Die *Exponentialfunktion* kann allgemein auf *Banachalgebren* erklärt werden:

36.10 Definition. *Es sei B eine Banachalgebra. Für $x \in B$ definiert man*

$$e^x := \exp(x) := \sum_{k=0}^{\infty} \frac{x^k}{k!} \in B. \tag{19}$$

36.11 Bemerkungen. a) Wegen $\|x^k\| \le \|x\|^k$ ist die Reihe in (19) in B absolut konvergent.

b) Wie in Satz I. 11.1 gilt auch $\exp(x) = \lim\limits_{n \to \infty} (1 + \tfrac{x}{n})^n$.

c) Wie in Satz I. 37.3 zeigt man für *kommutierende* Elemente $x, y \in B$ (die also $xy = yx$ erfüllen) die *Funktionalgleichung* $\exp(x+y) = \exp(x)\,\exp(y)$.

d) Insbesondere gilt $\exp(x)\,\exp(-x) = \exp(-x)\,\exp(x) = \exp(0) = e$, und $\exp(x)$ ist *invertierbar* in B.

e) Für $x \in B$ und $t, \tau \in \mathbb{K}$ gilt

$$\begin{aligned}
\tfrac{1}{\tau}\,(\exp(x(t+\tau)) - \exp(xt)) &= \exp(xt)\,\frac{\exp(x\tau)-e}{\tau} \\
&= \exp(xt)\,(x + \tfrac{1}{2}\tau x^2 + \tfrac{1}{3!}\tau^2 x^3 + \cdots),
\end{aligned}$$

und mit $\tau \to 0$ ergibt sich die $\mathbb{K}$-Ableitung

$$\frac{d}{dt} \exp(xt) = \exp(xt)\, x = x \exp(xt). \quad \Box \tag{20}$$

Aus Bemerkung 36.11 e) ergibt sich unmittelbar:

36.12 Feststellung. *Für* $A \in \mathbb{M}_{\mathbb{C}}(n)$ *ist* $\Phi(t) := e^{At}$ *die Lösung von (17), also das Fundamentalsystem von* $\dot{x} = Ax$ *mit* $\Phi(0) = I$.

36.13 Bemerkungen. a) Zur *Berechnung* von e^{At} *transformiert* man $A \in \mathbb{M}_{\mathbb{C}}(n)$ mittels $S \in GL_{\mathbb{C}}(n)$ zu $J := S^{-1}AS \in \mathbb{M}_{\mathbb{C}}(n)$. Wegen $J^k = S^{-1}A^k S$ gilt dann auch

$$e^{Jt} = \sum_{k=0}^{\infty} \tfrac{1}{k!} J^k t^k = \sum_{k=0}^{\infty} \tfrac{1}{k!} S^{-1} A^k S t^k = S^{-1} \sum_{k=0}^{\infty} \tfrac{1}{k!} A^k t^k S = S^{-1} e^{At} S.$$

b) Ist A *diagonalisierbar*, so kann man $J = \mathrm{diag}(\lambda_1, \ldots, \lambda_n)$ wählen; die Spalten von S sind dann die entsprechenden Eigenvektoren $v_1, \ldots, v_n$ von A. Es folgt $J^k = \mathrm{diag}(\lambda_1^k, \ldots, \lambda_n^k)$ und dann $e^{Jt} = \mathrm{diag}(e^{\lambda_1 t}, \ldots, e^{\lambda_n t})$; folglich ist

$$e^{At} S = S e^{Jt} = (v_1 e^{\lambda_1 t}, \ldots, v_n e^{\lambda_n t}) \tag{21}$$

ein Fundamentalsystem von $\dot{x} = Ax$. Dies kann man natürlich auch ohne Verwendung der Exponentialfunktion unmittelbar nachrechnen.
c) Jede Matrix $A \in \mathbb{M}_{\mathbb{C}}(n)$ kann nach einem Satz der Linearen Algebra (vgl. etwa [22], Abschnitt 11.D) in eine *Jordanmatrix* $J = S^{-1}AS$ transformiert werden. Es ist $J = \mathrm{diag}(J_0, \ldots, J_q)$ *Block-diagonal* mit einem *diagonalen Block* $J_0 = \mathrm{diag}(\mu_1, \ldots, \mu_p)$ und *Jordan-Blöcken*

$$J_i = \begin{pmatrix} \lambda_i & 1 & 0 & \cdots & 0 \\ 0 & \lambda_i & 1 & \ddots & \vdots \\ \vdots & \ddots & \ddots & \ddots & 0 \\ \vdots & & \ddots & \lambda_i & 1 \\ 0 & \cdots & \cdots & 0 & \lambda_i \end{pmatrix}, \quad i = 1, \ldots, q, \tag{22}$$

der Größe $r_i \geq 2$; dabei sind die nicht notwendig verschiedenen Zahlen $\mu_1, \ldots, \mu_p, \lambda_1, \ldots, \lambda_q$ die *Eigenwerte* von A, und weiter hat man $p + r_1 + \cdots + r_q = n$. Wie in b) gilt $e^{Jt} = \mathrm{diag}(e^{J_0 t}, \ldots, e^{J_q t})$ und $e^{J_0 t} = \mathrm{diag}(e^{\mu_1 t}, \ldots, e^{\mu_p t})$.

d) Nach (22) gilt $J_i =: \lambda_i I + N_i$ mit $N_i = (\delta_{i+1,j})_{ij}$. Man berechnet leicht $N_i^k = (\delta_{i+k,j})_{ij}$ für $1 \le k < r_i$ und $N_i^{r_i} = 0$; für die *nilpotente* Matrix N_i gilt also

$$e^{N_i t} = \sum_{k=0}^{r_i-1} \frac{t^k}{k!} N_i^k = \begin{pmatrix} 1 & t & \frac{t^2}{2} & \cdots & \frac{t^{r_i-1}}{(r_i-1)!} \\ 0 & 1 & t & \ddots & \vdots \\ \vdots & \ddots & \ddots & \ddots & \frac{t^2}{2} \\ \vdots & & 0 & 1 & t \\ 0 & \cdots & 0 & 0 & 1 \end{pmatrix} . \tag{23}$$

Damit ergibt sich $e^{J_i t} = e^{(\lambda_i I + N_i)t} = e^{\lambda_i I t} e^{N_i t} = e^{\lambda_i t} e^{N_i t}$, und somit ist e^{Jt} vollständig berechnet.

e) Wie in b) ist nun ein Fundamentalsystem von $\dot{x} = Ax$ gegeben durch $\Phi(t) = e^{At}S = Se^{Jt}$. Schreibt man

$$S = (v_1^0, \ldots, v_p^0, v_1^1, \ldots, v_{r_1}^1, \ldots, v_1^q, \ldots, v_{r_q}^q) \tag{24}$$

emtsprechend der Blockstruktur von J, so gilt wegen $AS = SJ$

$$(A - \mu_1 I)v_1^0 = 0, \ \ldots \ (A - \mu_p I)v_p^0 = 0,$$
$$(A - \lambda_1 I)v_1^1 = 0, \quad (A - \lambda_1 I)v_2^1 = v_1^1, \ \ldots, \ (A - \lambda_1 I)v_{r_1}^1 = v_{r_1-1}^1,$$
$$\vdots \tag{25}$$
$$(A - \lambda_q I)v_1^q = 0, \quad (A - \lambda_q I)v_2^q = v_1^q, \ \ldots, \ (A - \lambda_q I)v_{r_q}^q = v_{r_q-1}^q.$$

Es sind also $v_1^0, \ldots, v_p^0$ *Eigenvektoren* zu den Eigenwerten $\mu_1, \ldots, \mu_p$ und $v_1^i, \ldots, v_{r_i}^i$ *Jordanketten* aus *Eigenvektoren* und *Hauptvektoren* zu den Eigenwerten $\lambda_1, \ldots, \lambda_q$ von A. Man beachte, daß S und J durch Lösung der Gleichungen (25) berechnet werden können und daß die jeweils „nächsten" Gleichungen $(A - \mu_j I)x = v_j^0$ und $(A - \lambda_i I)x = v_{r_i}^i$ nicht lösbar sind. □

Zusammenfassend erhält man das folgende

36.14 Theorem. *Die Matrix $A \in M_{\mathbb{C}}(n)$ besitze die Eigenwerte $\mu_1, \ldots, \mu_p$, $\lambda_1, \ldots, \lambda_q$ und das System $\{v_1^0, \ldots, v_p^0, v_1^1, \ldots, v_{r_1}^1, \ldots, v_1^q, \ldots, v_{r_q}^q\}$ von Eigenvektoren und Hauptvektoren gemäß (24) und (25). Dann wird mit*

$$\varphi_1^0 = e^{\mu_1 t} v_1^0, \ldots, \varphi_p^0 = e^{\mu_p t} v_p^0, \ldots,$$

$$\varphi_1^1 = e^{\lambda_1 t} v_1^1, \varphi_2^1 = e^{\lambda_1 t}(tv_1^1 + v_2^1), \ldots, \varphi_{r_1}^1 = e^{\lambda_1 t} \sum_{k=0}^{r_1-1} \frac{t^k}{k!} v_{r_1-k}^1, \ldots \tag{26}$$

$$\varphi_1^q = e^{\lambda_q t} v_1^q, \varphi_2^q = e^{\lambda_q t}(tv_1^q + v_2^q), \ldots, \varphi_{r_q}^q = e^{\lambda_q t} \sum_{k=0}^{r_q-1} \frac{t^k}{k!} v_{r_q-k}^q,$$

durch $\Phi = (\varphi_1^0, \ldots, \varphi_p^0, \varphi_1^1, \ldots, \varphi_{r_1}^1, \ldots, \varphi_1^q, \ldots, \varphi_{r_q}^q)$ ein Fundamentalsystem der Differentialgleichung $\dot{x} = Ax$ gegeben.

Homogene lineare Differentialgleichungen mit konstanten Koeffizienten

$$Lx := x^{(n)}(t) + a_{n-1} x^{(n-1)}(t) + \cdots + a_1 \dot{x}(t) + a_0 x(t) = 0 \qquad (27)$$

lassen sich durch Anwendung von Theorem 36.14 auf das homogene System
$\dot{X} = AX$ lösen, wobei A die Matrix aus (13) ist. Man stellt leicht fest, daß

$$P_L(\lambda) := \lambda^n + a_{n-1} \lambda^{n-1} + \cdots + a_1 \lambda + a_0 \qquad (28)$$

das charakteristische Polynom von A ist. Das folgende Ergebnis läßt sich
aber auch unabhängig von Theorem 36.14 zeigen:

36.15 Satz. Es sei $P_L(\lambda) = \prod_{j=1}^{r} (\lambda - \lambda_j)^{m_j}$ die Zerlegung von P_L in Line-
arfaktoren gemäß (I. 27.19). Dann sind durch

$$e^{\lambda_1 t}, te^{\lambda_1 t}, \ldots, t^{m_1-1} e^{\lambda_1 t}, \ldots, e^{\lambda_r t}, te^{\lambda_r t}, \ldots, t^{m_r-1} e^{\lambda_r t} \qquad (29)$$

genau n linear unabhängige Lösungen von (27) gegeben.

BEWEIS. a) Für $\lambda \in \mathbb{C}$ hat man (mit $a_n := 1$)

$$L(e^{\lambda t}) = \sum_{k=1}^{n} a_k \lambda^k e^{\lambda t} = P_L(\lambda) e^{\lambda t}. \qquad (30)$$

Für $m \in \mathbb{N}$ gilt $t^m e^{\lambda t} = \frac{d^m}{d\lambda^m} e^{\lambda t}$; aus dem Satz von Schwarz und (30) folgt

$$L(t^m e^{\lambda t}) = \frac{d^m}{d\lambda^m} L(e^{\lambda t}) = \frac{d^m}{d\lambda^m} (P_L(\lambda) e^{\lambda t}),$$

insbesondere also $L(t^m e^{\lambda_j t}) = 0$ für $m = 0, \ldots, m_j - 1$.
b) Die lineare Unabhängigkeit der angegebenen Lösungen folgt aus der Aussage von Aufgabe 36.4.   ◊

Inhomogene lineare Differentialgleichungen mit konstanten Koeffizienten
$Lx = b(t)$ lassen sich stets mittels Variation der Konstanten (Satz 36.9)
lösen; in speziellen Fällen gelingt dies aber schneller durch geeignete Ansätze
(vgl. Aufgabe 36.3).

Aufgaben

36.1 a) Es seien L wie in (11) und $\varphi_0 \neq 0$ eine Lösung von $Lx = 0$. Mit
dem Ansatz $\varphi := \psi \cdot \varphi_0$ für eine weitere Lösung zeige man, daß ψ' einer
linearen Differentialgleichung der Ordnung $n-1$ genügt (Reduktionsverfah-
ren von d'Alembert).
b) Es ist $\varphi_0(t) = \frac{1}{t}$ eine Lösung von $x^{(3)} + \frac{1}{t} \ddot{x} + \dot{x} + \frac{1}{t} x = 0$. Man berechne
ein Fundamentalsystem für diese Gleichung.

36.2 Man zeige, daß eine *Eulersche Differentialgleichung*

$$x^{(n)}(t) + a_{n-1}\, t^{n-1}\, x^{(n-1)}(t) + \cdots + a_1\, t\, \dot{x}(t) + a_0 = b(t), \quad t > 0,$$

durch die Substitution $t = e^y$ auf eine lineare Differentialgleichungen mit konstanten Koeffizienten transformiert wird.

36.3 Es seien $\mu \in \mathbb{C}$ eine k-fache Nullstelle ($k \geq 0$) des *charakteristischen Polynoms* P_L von L (vgl. (28)) und $Q \in \mathbb{C}[t]$ ein Polynom vom Grad m. Man zeige, daß die Differentialgleichung $Lx = Q(t)\, e^{\mu t}$ eine Lösung $R(t)\, e^{\mu t}$ hat, wobei $R \in \mathbb{C}[t]$ ein Polynom vom Grad $m + k$ ist.

36.4 Es seien $\lambda_1, \ldots, \lambda_n \in \mathbb{C}$ verschiedene Zahlen, $P_1, \ldots, P_n \in \mathbb{C}[t]$ Polynome und $I \subseteq \mathbb{R}$ ein offenes Intervall. Aus $\sum\limits_{k=1}^{n} P_k(t)\, e^{\lambda_k t} = 0$ auf I folgere man $P_1 = \ldots = P_n = 0$.

36.5 Man finde Matrizen $A, B \in \mathbb{M}_\mathbb{C}(2)$ mit $e^{A+B} \neq e^A\, e^B$.

36.6 Man berechne ein Fundamentalsystem von $\dot{x} = \begin{pmatrix} 3 & 0 & 0 \\ 0 & 1 & -1 \\ 0 & 1 & 3 \end{pmatrix} x$.

36.7 a) Für eine Matrix $A \in \mathbb{M}_\mathbb{R}(n)$ konstruiere man ein *reelles* Fundamentalsystem von $\dot{x} = Ax$.
b) Für $a_{n-1}, \ldots, a_0 \in \mathbb{R}$ konstruiere man ein *reelles* Fundamentalsystem von $Lx = 0$.

36.8 Für eine Matrix $A \in \mathbb{M}_\mathbb{C}(n)$ zeige man:
a) Es gilt genau dann $\lim\limits_{t \to \infty} e^{At} = 0$, wenn $\operatorname{Re} \lambda < 0$ für alle $\lambda \in \sigma(A)$ ist.
b) Es gilt genau dann $\sup \{ \| e^{At} \| \mid t \geq 0 \} < \infty$, wenn $\operatorname{Re} \lambda \leq 0$ für alle $\lambda \in \sigma(A)$ ist und alle rein imaginären Eigenwerte *halbeinfach* sind, d. h. die gleiche *algebraische* und *geometrische Multiplizität* besitzen.

37 Das Eulersche Polygonzugverfahren

Lösungen von Differentialgleichungen sind nur in speziellen Fällen explizit angebbar; oft können nur *Approximationen* an Lösungen *numerisch berechnet* werden. In diesem letzten Abschnitt wird das einfachste Verfahren zur Berechnung solcher Approximationen, das *Eulersche Polygonzugverfahren*, vorgestellt. Zusammen mit dem *Satz von Arzelà-Ascoli* liefert dieses auch einen *Existenzsatz* für Lösungen von Anfangswertproblemen bei (Systemen von) gewöhnlichen Differentialgleichungen mit nur *stetiger* rechter Seite; außerdem ergibt sich ein weiterer Beweis für die Eindeutigkeitsaussage des Satzes von Picard-Lindelöf. Schließlich werden die *Konvergenzgeschwindigkeit* des Polygonzugverfahrens sowie die einiger *Einschrittverfahren höherer Ordnung* kurz diskutiert.

37.1 Eulersches Polygonzugverfahren. a) Wie in der Situation des Satzes von Picard-Lindelöf seien $a \in \mathbb{R}$, $\xi \in \mathbb{K}^n$, $d, b > 0$, $R = [a, a + d] \times \overline{K}_b(\xi)$ und $f \in C(R, \mathbb{K}^n)$ gegeben; es wird allerdings (zunächst) *keine Lipschitz-Bedingung* (35.8) vorausgesetzt. Mit $M := \| f \|_R$ definiert man $\delta := \min \{d, \frac{b}{M}\}$ und $I := [a, a + \delta]$. Für $m \in \mathbb{N}$ und *Schrittweiten* $h = h_m = \frac{\delta}{m} > 0$ konstruiert man nun in den Punkten der *äquidistanten Zerlegungen*

$$I_h := \{t_j = a + jh \mid j = 0 \ldots m\} \tag{1}$$

von I Näherungen an eine Lösung des Anfangswertproblems

$$\dot{x} = f(t, x), \quad x(a) = \xi : \tag{2}$$

b) Für eine Lösung $\varphi \in C^1(I, \mathbb{K}^n)$ von (2) gilt natürlich $\varphi(a) = \xi$ und

$$\varphi(t + h) - \varphi(t) = \int_t^{t+h} f(s, \varphi(s)) \, ds \quad \text{für } t, t + h \in I_h. \tag{3}$$

Man ersetzt nun das Integral einfach durch $h f(t, \varphi(t))$ und (3) durch das *Anfangswertproblem* für ein *System von Differenzengleichungen*

$$y_0 = \xi, \quad y_{j+1} - y_j = h f(t_j, y_j) \quad \text{für } j = 0 \ldots m - 1. \tag{4}$$

Es ist (4) *wohldefiniert* und besitzt *eindeutige Lösungen* $y_0^h, \ldots, y_m^h$: Zunächst gilt $\| y_1^h - \xi \| \leq hM \leq b$, also $(t_1, y_1^h) \in R$. Sind für $1 \leq k \leq m - 1$ bereits $y_1^h, \ldots, y_k^h$ mit (4) und $\| y_j^h - \xi \| \leq jhM \leq b$, insbesondere also $(t_j, y_j^h) \in R$, konstruiert, so liefert (4) genau ein $y_{k+1}^h \in \mathbb{K}^n$ mit

$$\| y_{k+1}^h - \xi \| \leq \| y_{k+1}^h - y_k^h \| + \| y_k^h - \xi \| \leq hM + khM = (k+1)hM \leq b,$$

insbesondere also auch $(t_{k+1}, y_{k+1}^h) \in R$.

c) Der *Polygonzug* durch die Punkte $(a, \xi), (t_1, y_1^h), \ldots, (a + \delta, y_m^h)$ ist der Graph der Funktion

$$y^h : I \mapsto \mathbb{K}^n, \quad y^h(t) := y_j^h + (t - t_j) f(t_j, y_j^h) \quad \text{für } t_j \leq t \leq t_{j+1}. \tag{5}$$

Es ist y^h stückweise affin, und aus b) ergibt sich

$$\| y^h(t) - y^h(s) \| \leq M (t - s) \quad \text{für alle } s \leq t \in I. \tag{6}$$

d) Da f gleichmäßig stetig ist, gibt es zu $\varepsilon > 0$ ein $\alpha > 0$ mit

$$\| f(t_1, x_1) - f(t_2, x_2) \| \leq \varepsilon \quad \text{für} \quad (t_1, x_1), (t_2, x_2) \in R \tag{7}$$
$$\text{mit} \quad |t_1 - t_2| \leq \alpha \quad \text{und} \quad \| x_1 - x_2 \| \leq \alpha.$$

Für Schrittweiten $h < \gamma := \min\{\alpha, \frac{\alpha}{M}\}$ und $t \in (t_j, t_{j+1})$ gilt nun $\dot{y}^h(t) = f(t_j, y_j^h)$ und $\| y^h(t) - y_j^h \| \leq M(t - t_j) < M\gamma \leq \alpha$, und aus (7) folgt

$$\| \dot{y}^h(t) - f(t, y^h(t)) \| = \| f(t_j, y_j^h) - f(t, y^h(t)) \| \leq \varepsilon.$$

Setzt man noch $\dot{y}^h(t_j) := f(t_j, y_j^h)$, so gilt also

$$\sup_{t \in I} \| \dot{y}^h(t) - f(t, y^h(t)) \| \to 0 \quad \text{für} \quad h \to 0; \tag{8}$$

die $\mathcal{C}_{st}^1$-Funktionen y^h sind also *approximative Lösungen* von (2). □

Aus dem *Satz von Arzelà-Ascoli* ergibt sich nun der folgende *Existenzsatz:*

37.2 Theorem (Peano). *Für $a \in \mathbb{R}$, $\xi \in \mathbb{K}^n$, $d, b > 0$ und $f \in \mathcal{C}(R, \mathbb{K}^n)$ sei $R = [a, a + d] \times \overline{K}_b(\xi)$. Mit $M := \| f \|_R$ und $\delta := \min\{d, \frac{b}{M}\}$ besitzt dann das Anfangswertproblem*

$$\dot{x} = f(t, x), \quad x(a) = \xi \tag{2}$$

eine Lösung $\varphi \in \mathcal{C}^1(I, \mathbb{K}^n)$ über dem Intervall $I := [a, a + \delta]$.

BEWEIS. Die mittels des Eulerschen Polygonzugverfahrens in 37.1 konstruierte Folge $(y^{h_m}) \subseteq \mathcal{C}_{st}^1(I, \mathbb{K}^n)$ ist wegen $y^{h_m}(I) \subseteq \overline{K}_b(\xi)$ *beschränkt* und wegen (6) auch *gleichstetig;* nach dem *Satz von Arzelà-Ascoli* hat also (y^{h_m}) eine gleichmäßig konvergente Teilfolge $\varphi_k := y^{h_{m_k}} \to \varphi \in \mathcal{C}(I, \mathbb{K}^n)$. Für $t \in I$ hat man

$$\varphi_k(t) = \varphi_k(a) + \int_a^t \dot{\varphi}_k(s)\, ds = \xi + \int_a^t f(s, \varphi_k(s))\, ds + \int_a^t d_k(s)\, ds \tag{8}$$

mit $d_k(s) := \dot{\varphi}_k(s) - f(s, \varphi_k(s))$. Nach (8) gilt $\| d_k \|_{\sup} \to 0$ für $k \to \infty$, und wegen (7) auch $f(s, \varphi_k(s)) \to f(s, \varphi(s))$ gleichmäßig auf I; aus (8) folgt daher

$$\varphi(t) = \xi + \int_a^t f(s, \varphi(s))\, ds \quad \text{für} \quad t \in I$$

und somit die Behauptung aufgrund von Satz 35.4.   ◇

37.3 Bemerkungen. a) Der Existenzsatz von Peano gilt analog auch für Intervalle *links* von a; für offene Mengen $\Omega \subseteq \mathbb{R} \times \mathbb{K}^n$, $(a, \xi) \in \Omega$ und $f \in \mathcal{C}(\Omega, \mathbb{K}^n)$ liefert er eine *lokale Lösung* des Anfangswertproblems (2).

b) Beispiel 32.6 zeigt, daß es i. a. *mehrere* Lösungen des Anfangswertproblems (2) geben kann.   □

Unter der Annahme der *Lipschitz-Bedingung*

$$\| f(t, x_1) - f(t, x_2) \| \leq L \| x_1 - x_2 \| \quad \text{für } t \in [a, a+d], \; x_1, x_2 \in \overline{K}_b(\xi) \quad (9)$$

wird nun die *Konvergenzgeschwindigkeit* des Polygonzugverfahrens abgeschätzt. Für die *lokalen Abschneidefehler*

$$T_h(t) := \tfrac{1}{h} \int_t^{t+h} f(s, \varphi(s))\, ds - f(t, \varphi(t)) \quad \text{für } t \in I_h^* := I_h \setminus \{a + \delta\} \quad (10)$$

gilt aufgrund der gleichmäßigen Stetigkeit von f offenbar

$$\| T_h \| := \max_{t \in I_h^*} \| T_h(t) \| \to 0 \quad \text{für } h \to 0. \quad (11)$$

37.4 Satz. *In der Situation des Satzes von Peano sei* $\varphi \in C^1(I, \mathbb{K}^n)$ *eine Lösung des Anfangswertproblems (2). Erfüllt* $f \in C(R, \mathbb{K}^n)$ *die Lipschitz-Bedingung (9), so gilt für die in (5) definierten Funktionen* y^h *die Abschätzung*

$$\| y^h(t) - \varphi(t) \| \leq (t - a) \| T_h \| e^{L(t-a)} \quad \text{für } t \in I_h. \quad (12)$$

BEWEIS. Nach (3), (4) und (10) erfüllen die *Fehler*

$$r_j := r_j^h := y^h(t_j) - \varphi(t_j) \quad (13)$$

in den Punkten $t_j \in I_h$ die Differenzengleichung

$$\begin{aligned}
r_{j+1} - r_j &= y^h(t_{j+1}) - \varphi(t_{j+1}) - (y^h(t_j) - \varphi(t_j)) \\
&= h\, f(t_j, y^h(t_j)) - \int_{t_j}^{t_j + h} f(s, \varphi(s))\, ds \\
&= h\, (f(t_j, y^h(t_j)) - f(t_j, \varphi(t_j))) - h\, T_h(t_j)\,;
\end{aligned}$$

aus der Lipschitz-Bedingung (9) folgt also

$$\| r_{j+1} \| \leq \| r_j \| + h L \| r_j \| + h \| T_h \|.$$

Für $t = t_0$ ist (12) klar. Gilt (12) für $t = t_j$, so folgt wegen $1 + hL \leq e^{hL}$ und $h \leq h e^{L(t_{j+1} - a)}$ auch

$$\begin{aligned}
\| r_{j+1} \| &\leq e^{hL} (t_j - a) \| T_h \| e^{L(t_j - a)} + h \| T_h \| \\
&\leq (t_{j+1} - a) \| T_h \| e^{L(t_{j+1} - a)},
\end{aligned}$$

also (12) für $t = t_{j+1}$ und somit die Behauptung. $\diamond$

37.5 Bemerkung. Es sei $t = a + \tfrac{p}{q}\delta$ für eine rationale Zahl $\tfrac{p}{q} \in [0, 1]$. Dann gilt $t \in I_h$ für $h = \tfrac{1}{kq}$, $k \in \mathbb{N}$, und aus (10) und (11) folgt

$\varphi(t) = \lim_{k \to \infty} y^{1/k_q}(t)$. Folglich ist $\varphi(t)$ durch (2) eindeutig bestimmt, und wegen der Dichtheit der Menge $\{a + \frac{p}{q}\delta \in I \mid p, q \in \mathbb{N}\}$ in I gibt es in der Situation von Satz 37.4 *genau eine* Lösung $\varphi \in C^1(I, \mathbb{K}^n)$ des Anfangswertproblems (2). Somit liefern Theorem 37.2 und Satz 37.4 auch einen *weiteren Beweis* des Satzes von Picard-Lindelöf. $\quad\Box$

37.6 Bemerkung. Gilt $f \in C^1(R, \mathbb{K}^n)$ in der Situation des Satzes von Peano, so folgt $\varphi \in C^2(I, \mathbb{K}^n)$ für die Lösung des Anfangswertproblems (2). Für die lokalen Abschneidefehler aus (10) gilt dann aufgrund der Taylor-Formel mit Integral-Restglied (vgl. (20.7))

$$T_h(t) = \tfrac{1}{h}\left(\varphi(t+h) - \varphi(t)\right) - \varphi'(t) = h \int_0^1 \varphi''(t + sh)\,(1 - s)\,ds$$

und somit

$$\|T_h\| = \max_{t \in I_h^*} \|T_h(t)\| \leq \tfrac{1}{2}\|\varphi''\|\,h. \tag{14}$$

Aus Satz 37.4 ergibt sich dann sofort die $O(h)$-Abschätzung

$$\max_{t \in I_h} \|y^h(t) - \varphi(t)\| \leq \tfrac{\delta}{2}\, e^{L\delta}\,\|\varphi''\|\,h \tag{15}$$

für die *Konvergenzgeschwindigkeit* des Eulerschen Polygonzugverfahrens. $\Box$

37.7 Bemerkungen und Definitionen. a) Man erhält schneller konvergente Verfahren, wenn man das Integral in (3) durch eine *bessere Approximation* als $h\,f(t, \varphi(t))$ ersetzt; statt (4) löst man dann Systeme

$$y_0 = \xi, \quad y_{j+1} - y_j = h\,\Phi_h(t_j, y_j) \quad \text{für } j = 0 \ldots m - 1 \tag{16}$$

von Differenzengleichungen mit geeigneten Funktionen $\Phi_h(t, x)$. Durch (16) wird ein *Einschrittverfahren* zur Lösung von (2) definiert; auf *Mehrschrittverfahren,* bei denen y_{j+1}^h aus mehreren vorhergehenden Werten $y_j^h, \ldots, y_{j-s}^h$ berechnet wird, kann hier nicht eingegangen werden.

b) Das Verfahren (16) heißt *konsistent,* wenn für die *lokalen Abschneidefehler*

$$T_h(t) := \tfrac{1}{h} \int_t^{t+h} f(s, \varphi(s))\,ds - \Phi_h(t, \varphi(t)) \quad \text{für } t \in I_h^* := I_h \backslash \{a + \delta\} \tag{17}$$

bei Einsetzen der Lösung $\varphi \in C^1(I, \mathbb{K}^n)$ von (2) wieder $\|T_h\| \to 0$ für $h \to 0$ gilt (vgl. (11)); es besitzt die *Konsistenzordnung* $p \in \mathbb{N}$, wenn

$$\|T_h\| = O(h^p) \quad \text{für } h \to 0 \tag{18}$$

ist. Gilt nun eine in $0 < h \leq h_0$ gleichmäßige *Lipschitz-Bedingung*

$$\|\Phi_h(t, x_1) - \Phi_h(t, x_2)\| \leq L\,\|x_1 - x_2\| \tag{19}$$

in einer Umgebung $\{(t, x) \mid a \leq t \leq a + \delta, \|x - \varphi(t)\| \leq \beta\}$ der Lösung φ, so folgt wie in Satz 37.4

$$\max_{t \in I_h} \| y^h(t) - \varphi(t) \| \to 0 \tag{20}$$

für konsistente Verfahren und

$$\max_{t \in I_h} \| y^h(t) - \varphi(t) \| = O(h^p) \quad \text{für} \quad h \to 0 \tag{21}$$

für Verfahren der Konsistenzordnung $p \in \mathbb{N}$. Die Lipschitz-Bedingung (19) impliziert auch die *Stabilität* des Verfahrens (gegen kleine Störungen der Daten, insbesondere gegen Rundungsfehler).   □

37.8 Beispiele. a) Approximation des Integral in (3) durch die *Sehnentrapezregel* (vgl. (I. 43.2)*) liefert

$$\int_t^{t+h} f(s, \varphi(s)) \, ds \sim \tfrac{h}{2} \left(f(t, \varphi(t)) + f(t + h, \varphi(t + h)) \right)$$

und mit $\varphi(t + h) \sim \varphi(t) + h f(t, \varphi(t))$ dann das *modifizierte Polygonzugverfahren* (16) mit

$$\Phi_h(t, x) := \tfrac{1}{2} \left(f(t, x) + f(t + h, x + h f(t, x)) \right). \tag{22}$$

b) Approximation des Integral in (3) durch die *Keplersche Faßregel* (vgl. (I. 43.4)*) liefert

$$\int_t^{t+h} f(s, \varphi(s)) \, ds \sim \tfrac{h}{6} \left(f(t, \varphi(t)) + 4 f(t + \tfrac{h}{2}, \varphi(t + \tfrac{h}{2})) + f(t + h, \varphi(t + h)) \right);$$

mit den Hilfsfunktionen

$$\begin{aligned}
k_0(h, t, x) &:= f(t, x), \\
k_1(h, t, x) &:= f(t + \tfrac{h}{2}, x + \tfrac{h}{2} k_0(t, x)), \\
k_2(h, t, x) &:= f(t + \tfrac{h}{2}, x + \tfrac{h}{2} k_1(t, x)), \\
k_3(h, t, x) &:= f(t + h, x + h k_2(t, x))
\end{aligned}$$

konstruiert man dann das *Runge-Kutta-Verfahren* (16) mit

$$\Phi_h(t, x) := \tfrac{1}{6} (k_0 + 2k_1 + 2k_2 + k_3)(h, t, x). \tag{23}$$

c) Das modifizierte Polygonzugverfahren und das Runge-Kutta-Verfahren sind konsistent mit den Konsistenzordnungen 2 und 4 (für $f \in C^2(R, \mathbb{K}^n)$ bzw. $f \in C^4(R, \mathbb{K}^n)$); aus der Lipschitz-Bedingung (9) für f folgt die Lipschitz-Bedingung (19) für Φ_h (für Beweise dieser Aussagen sei auf Lehrbücher über numerische Mathematik verwiesen). Nach Bemerkung 37.7 b) sind die beiden Verfahren also konvergent und besitzen die Konvergenzordnungen 2 und 4 für $f \in C^2(R, \mathbb{K}^n)$ bzw. $f \in C^4(R, \mathbb{K}^n)$.   □

Lösung ausgewählter Aufgaben

2.2 In b) und f) werden Normen, in a) wird eine Halbnorm definiert. Der Ausdruck in e) ist eine Norm auf $\mathbb{R}^3$, nicht aber auf $\mathbb{C}^3$.

2.3 Es gelten (8) und (10). Für die diskrete Metrik gilt (9) nicht.

2.4 Die drei Mengen sind unbeschränkt.

2.5 Alle Antworten lauten „Nein".

2.7 Die Abbildung $\phi : t \mapsto \frac{t}{1+t}$ bildet $[0, \infty)$ streng monoton wachsend auf $[0, 1)$ ab, und es ist $\phi^{-1}(s) = \frac{s}{1-s}$. Wegen $d^* \leq 1$ gibt es i. a. keine Abschätzung $d \leq C d^*$, d. h. d^* muß *nicht* äquivalent zu d sein.

3.1 Eine Lösung ist $f(x,y) := 0$ für $x < 0, y > 0$ und $f(x,y) := x + y$ für $x > 0, y < 0$.

3.3 Dies gilt für jede stetige Funktion $f : \mathbb{R} \mapsto \mathbb{R}$, da f auf kompakten Intervallen gleichmäßig stetig ist.

3.4 f ist nur in $(0,0)$ unstetig, g ist stetig auf $\mathbb{R}^2$ und h ist nur in den Punkten $(x,-x) \in \mathbb{R}^2$ mit $2x^2 \notin \pi\mathbb{Z}$ unstetig.

3.5 Nein; man hat $f(y^2, y) = \frac{1}{2}$.

3.6 Man benutze die Dreiecksungleichung und (I. 18.1).

3.7 Für die Stetigkeit auf der Diagonalen verwende man den Mittelwertsatz.

3.8 $d(f,g) := \sup_{x \in M} \frac{d(f(x), g(x))}{1 + d(f(x), g(x))}$.

3.9 Die Addition ist stetig, die Skalarmultiplikation nicht.

4.1 d) Für $M = \mathbb{Q}^2$ gilt $\overline{M} = \partial M = \mathbb{R}^2$ und $M^\circ = \emptyset$.

4.3 Es seien $A_1, \ldots, A_r$ abgeschlossen und $A := A_1 \cup \cdots \cup A_r$. Zu $x \in \overline{A}$ und $n \in \mathbb{N}$ gibt es $a_n \in A$ mit $d(x, a_n) < \frac{1}{n}$. Es gibt dann ein $j \in \{1, \ldots, r\}$ mit $a_n \in A_j$ für unendlich viele n, und man hat $x \in \overline{A_j} = A_j \subseteq A$.

4.6 Diese ist $\frac{1}{3} + 2 \cdot (\frac{1}{3})^2 + 4 \cdot (\frac{1}{3})^3 + \cdots = 1$.

4.8 Nein; die Folge $(a_n := (-1)^n)$ hat die Häufungs*werte* ± 1, die Menge $M = \{a_n \mid n \in \mathbb{N}\} = \{+1, -1\}$ aber keine Häufungs*punkte*.

4.9 Nein; man hat $f(\frac{1}{n}, 0) \to 0$ und $f(\frac{1}{n}, \frac{1}{n}) \to 1$.

4.11 Für $f(x) := \frac{1}{1+x^2}$ gilt $f(\overline{\mathbb{R}}) = f(\mathbb{R}) = (0, 1] \neq \overline{f(\mathbb{R})}$.

4.12 Nein; ein Gegenbeispiel enthält die Lösung der letzten Aufgabe.

4.13 Nein. Für $X := C[0,2]$ und $Y := C[0,1]$ ist die Einschränkungsabbildung $f : \phi \mapsto \phi|_{[0,1]}$ nicht injektiv, wohl aber ihre Einschränkung auf den (nach dem *Weierstraßschen Approximationssatz*) in X dichten Raum der Polynome.

4.14 Die Räume $(C[a,b], \| \ \|_{\text{sup}})$ und $(\mathcal{R}[a,b], \| \ \|_1)$ sind separabel, die beiden anderen nicht.

4.17 Man hat $d_M(q) = 1$, $d_M(q) = \sqrt{5} - 1$ und $d_M(q) = \frac{3}{\sqrt{5}}(\sqrt{5} - 1)$ in den Normen $\| \ \|_\infty$, $\| \ \|_2$ und $\| \ \|_1$.

5.1 „$\Leftarrow$ ": Es sei (x_k) eine Cauchy-Folge in X. Es gibt eine abgeschlossene Kugel $\overline{K}_1(a_0) \subseteq X$ mit $x_k \in \overline{K}_1(a_0)$ für $k \geq k_0$, und rekursiv findet man Kugeln $\overline{K}_{1/2^n}(a_n) \subseteq X$ mit $x_k \in \overline{K}_{1/2^n}(a_n)$ für $k \geq k_n \geq k_{n-1}$. Für $J_n := \bigcap_{j=1}^{n} \overline{K}_{1/2^j}(a_j)$

gibt es dann $x \in \bigcap_{n=1}^{\infty} J_n$, und man hat $x_n \to x$.

5.2 Für eine Cauchy-Folge (f_n) in $(C^k[a,b], \| \ \|_{C^k})$ ist $(f_n^{(k)})$ eine solche in $(C[a,b], \| \ \|_{\sup})$, also dort konvergent. Wegen der Vollständigkeit von $\mathbb{K}$ und

$$f_n^{(k-1)}(x) = f_n^{(k-1)}(a) + \int_a^x f_n^{(k)}(t)\,dt\,, \quad x \in [a,b]\,,$$

konvergiert dann auch $(f_n^{(k-1)})$ gleichmäßig auf $[a,b]$, und dies ergibt sich genauso für $(f_n^{(j)})$, $j = k-2, \ldots, 0$.

5.4 „$\Leftarrow$ " ergibt sich indirekt, „$\Rightarrow$ " wie im Beweis von Satz 5.11 a).

6.1 „$\Rightarrow$ ": Es gibt eine Folge $(x_n) \subseteq M$ mit $x_n \neq x_m$ für $n \neq m$. Diese hat eine konvergente Teilfolge $x_{n_j} \to x \in X$, und x ist Häufungspunkt von M.

„$\Leftarrow$ ": Für eine Folge $(x_n) \subseteq X$ sei $M := \{x_n \mid n \in \mathbb{N}\}$. Ist M endlich, so hat (x_n) eine konstante Teilfolge. Andernfalls hat M einen Häufungspunkt $x \in X$. Für $j \in \mathbb{N}$ gibt es dann $n_j \in \mathbb{N}$ mit $d(x_{n_j}, x) < \frac{1}{j}$ und o.E. $n_j > n_{j-1}$; dies liefert eine Teilfolge (x_{n_j}) von (x_n) mit $x_{n_j} \to x$.

6.2 Jede Folge in $A \cup B$ besitzt eine Teilfolge in A oder eine solche in B.

6.3 Mit den stetigen Projektionen $\pi_X : X \times Y \mapsto X$ und $\pi_Y : X \times Y \mapsto X$ wähle man $K = \pi_X(A)$ und $L = \pi_Y(A)$.

6.4 Nein; für $x \in \mathbb{R}\backslash\mathbb{Q}$ etwa ist $\mathbb{Z} + \mathbb{Z}x$ dicht in $\mathbb{R}$ (vgl. Satz I. 7.5*).

6.5 a) Es ist $d_A : B \mapsto \mathbb{R}$ stetig, und nach Folgerung 6.11 gibt es $b \in B$ mit $d(A,B) = \inf \{d_A(y) \mid y \in B\} = d_A(b) > 0$.
b) Man kann etwa $A = \{(x,y) \mid xy = 0\}$ und $B = \{(x,y) \mid xy = 1\}$ wählen.

6.6 Es ist $X \times X$ kompakt und $d : X \times X \mapsto \mathbb{R}$ stetig.

6.7 Nein; es ist $E : (-\pi, \pi] \mapsto \mathbb{C}$, $E(t) = e^{it}$, stetig und injektiv mit $E((-\pi, \pi]) = S = \{z \in \mathbb{C} \mid |z|\} = 1$, $E^{-1} : S \mapsto (-\pi, \pi]$ aber unstetig.

6.8 Über $[0,1)$ und $[0,1]$ konvergiert (x^n) monoton, aber nicht gleichmäßig; es ist $[0,1)$ nicht kompakt und der Limes auf $[0,1]$ nicht stetig. Die letzte Frage beantwortet Abb. I. 14d.

7.1 Man hat $\|T(x) - T_0(x_0)\| \leq \|T(x) - T(x_0)\| + \|T(x_0) - T_0(x_0)\| \leq \|T\|\,\|x - x_0\| + \|T - T_0\|\,\|x_0\| \leq C\|x - x_0\| + \|T - T_0\|\,\|x_0\|$.

7.2 a) Es ist S bezüglich aller vier Normen stetig, und man hat $\|S\| = 2$ bzgl. $\| \ \|_{\sup}$ und $\| \ \|_{C^1}$, $\|S\| = 1$ bzgl. $\| \ \|_1$ und $\|S\| = \sqrt{2}$ bzgl. $\| \ \|_2$.
b) Es ist δ nur stetig bezüglich $\| \ \|_{\sup}$ und $\| \ \|_{C^1}$ mit jeweils $\|\delta\| = 1$.

7.3 Man hat $\| \sum_{k=1}^{r} c_k \delta_{x_k} \| = \sum_{k=1}^{r} |c_k|$.

7.4 Man benutze die Höldersche Ungleichung (I. 21.4)*.

7.6 Die erste Ungleichungen ist für $\mathbf{M}(T) = (1,1)^\top$ strikt, die zweite für $T = I$.

7.7 e) Man hat $u \in \mathcal{R}_0[0,1]$ und $D \notin \mathcal{R}_0[0,1]$.

7.9 Dies ist der Fall, wenn die Folge $(\| T_n \|)$ beschränkt ist. In Band 3 wird gezeigt, daß dies für *Banachräume* E automatisch der Fall ist.

8.1 Für Wege γ in X und φ in Y ist $\gamma \times \varphi$ ein Weg in $X \times Y$.

8.2 Entfernt man die Mittelpunkte aus $[0,1]$ bzw. A_1, so verbleiben Mengen mit 2 bzw. 4 Wegkomponenten; $S \backslash \{p\}$ und $S^2 \backslash \{p\}$ sind stets wegzusammenhängend. Dies gilt auch für $S^2 \backslash \{p_1, p_2\}$, nicht aber für $S \backslash \{p_1, p_2\}$.

8.3 Die Wegkomponenten sind $GL_{\mathbb{R}}^+(n) := \{A \in GL_{\mathbb{R}}(n) \mid \det A > 0\}$ und $GL_{\mathbb{R}}^-(n) := \{A \in GL_{\mathbb{R}}(n) \mid \det A < 0\}$.

8.4 Dies folgt wie im Beweis von Theorem 8.12.

8.5 Es sei $\gamma = (\gamma_1, \gamma_2) : [a,b] \mapsto M$ ein Weg mit $\gamma(a) = (0,0)$ und $\gamma(b) \in B$. Es ist $t_0 := \sup \{t \in [a,b] \mid \gamma_1(t) = 0\} < b$, und es gibt $t_0 < c < b$ mit $|\gamma(t)| \leq \frac{1}{2}$ für $t \in [0,c]$. Man wählt $0 < \xi < \gamma_1(c)$ mit $\cos \frac{1}{\xi} = 1$ und findet $t_0 < \tau < c$ mit $\gamma_1(\tau) = \xi$; dann ist aber $\gamma(\tau) = (\xi, 1)$ im Widerspruch zu $|\gamma(\tau)| \leq \frac{1}{2}$. Die Menge B ist offen in M, aber es gilt $\overline{B} = M$.

8.6 b) Nein; ein Gegenbeispiel ist etwa $E : [-2\pi, 2\pi] \mapsto \mathbb{C}$, $E(t) = e^{it}$.

8.9 Es ist $K := \{t = (t_k) \in [0,1]^r \mid \sum\limits_{k=1}^{r} t_k = 1\}$ kompakt, und $f : (t_k) \mapsto \sum\limits_{k=1}^{r} t_k x_k$ ist eine stetige Surjektion von K auf $\Gamma(M)$.

9.2 Ist $\gamma(t_1) \notin [\gamma(a), \gamma(b)]$, so gilt für die Zerlegung $Z = \{a, t_1, b\}$ von $[a,b]$ offenbar $\mathsf{L}_Z(\gamma) = |\gamma(t_1) - \gamma(a)| + |\gamma(b) - \gamma(t_1)| > |\gamma(b) - \gamma(a)|$.

9.3 a) $\mathsf{L} = a \int_0^{2\pi} \sqrt{1 + \varphi^2}\, d\varphi = a\pi\sqrt{1 + 4\pi^2} + \frac{a}{2} \log(2\pi + \sqrt{1 + 4\pi^2}) \sim 21,256 \cdot a$,
b) $\mathsf{L} = a\sqrt{2} \int_0^{2\pi} \sqrt{1 + \cos \varphi}\, d\varphi = 8a$.

9.4 b) Ist $\psi : J \mapsto I$ die Umkehrfunktion von $x : I \mapsto J$, so gilt $f = y \circ \psi$ und es folgen $f' = \frac{\dot{y}}{\dot{x}} \circ \psi$ sowie $f'' = \frac{\dot{x}\ddot{y} - \ddot{x}\dot{y}}{\dot{x}^3} \circ \psi$.

9.5 b) Man hat $\mathsf{L}_0^{2\pi}(\gamma_1) = 8$.

9.6 $\mathsf{L} = 4 \cdot 3a \int_0^{\pi/2} \cos \varphi \sin \varphi\, d\varphi = 6a$.

9.7 Eine Parametrisierung ist $x = \sqrt{\frac{r^2 + r^4}{2}}$, $y = \sqrt{\frac{r^2 - r^4}{2}}$, $r \in [0,1]$, oder, in Polarkoordinaten, $r = \sqrt{\cos 2\varphi}$, $\varphi \in [-\frac{\pi}{4}, \frac{\pi}{4}]$.

9.8 Einer Homöomorphie $\varphi : S \mapsto \Gamma$ entspricht eine Jordan-Parametrisierung $\gamma : [-\pi, \pi] \mapsto \Gamma$, $\gamma(t) = \varphi(e^{it})$.

9.9 a) Als Parametertransformationen benutzt man alle $\mathcal{C}_{st}^1$-Bijektionen $\alpha : [a,b] \mapsto [c,d]$ mit $\dot{\alpha}_+(t) > 0$ und $\dot{\alpha}_-(t) > 0$ für alle $t \in [a,b]$.

10.2 Ist N ein präkompaktes ε-Netz von X und $\{x_1, \ldots, x_r\}$ ein ε-Netz von N, so ist $\{x_1, \ldots, x_r\}$ auch ein 2ε-Netz von X.

10.6 Es sei $\mathfrak{U}$ eine offene Überdeckung von X. Für $x \in X$ gilt offenbar $\delta(x) := \sup \{r > 0 \mid \exists U \in \mathfrak{U} \text{ mit } K_r(x) \subseteq U\} > 0$. Ist nun $\{x_n\}_{n \in \mathbb{N}}$ dicht in X und $r_n := \frac{1}{2} \delta(x_n)$, so folgt $X = \bigcup\limits_{n=1}^{\infty} K_{r_n}(x_n)$.

11.1 Man argumentiert wie im Beweis von Satz 7.1.

11.2 Nein; dazu sei etwa $Y = [0,1]$ und $f_n(y)$ die n-te Ziffer der Dezimalbruchentwicklung von y.

11.3 Nein; man wähle etwa $X = [1, \infty)$ und $f_n(x) = \sqrt[n]{x}$.

11.4 Die angegebene Bedingung bzw. (1) vererbt sich von allen f_n sofort auf f; b) ergibt sich wie im Beweis von Theorem 6.15.

11.6 Nein; man lese dazu Beispiel I. 22.13 b).

12.1 a) Die Funktion x^3 trennt die Punkte von $[a,b]$.

b) Dies gilt nur für $a \geq 0$ und für $b \leq 0$.

c) Wie in a) ist sp $\{x^{p^k} \mid k \in \mathbb{N}_0\}$ dicht in $C[a,b]$ für *ungerade* p. Nach einem *Satz von Müntz-Szasz* (vgl. [20], Theorem 15.26) ist für eine streng monoton wachsende Folge $(\lambda_k) \subseteq \mathbb{R}$ mit $\lambda_0 = 0$ der Raum sp $\{x^{\lambda_k} \mid k \in \mathbb{N}_0\}$ genau dann dicht in $C[0,1]$, wenn $\sum\limits_{k=1}^{\infty} \lambda_k^{-1} = \infty$ gilt.

12.2 Man hat $1 = \frac{1}{2\pi} \int_{-\pi}^{\pi} (e^{-it} - p(e^{it}))\, e^{it}\, dt \leq \| \bar{z} - p(z) \|_s$.

13.1 Nach (6) gilt $\langle x \pm y, x \pm y \rangle = \langle x, x \rangle \pm 2\,\mathrm{Re}\,\langle x, y \rangle + \langle y, y \rangle$.

13.2 Man hat $\| f \|_1 = \langle 2\pi, |f| \rangle \leq \| 2\pi \|_2 \| f \|_2$. Als Funktionenfolge kann man etwa $f_j = 2\pi j \chi_{[0, 1/j]}$ nehmen.

13.4 b) Für $x \in (M^\perp)^\perp$ gilt $\langle x, x - P_M x \rangle = 0$ und auch $\langle P_M x, x - P_M x \rangle = 0$, also $\| x - P_M x \|^2 = \langle x - P_M x, x - P_M x \rangle = 0$ und $x = P_M x$.

13.5 Es ist $\{v_1(x) = 1,\ v_2(x) = \frac{\sqrt{3}x}{\pi},\ v_3(x) = \frac{3\sqrt{5}}{2\pi^2}(x^2 - \frac{\pi^2}{3})\}$ eine Orthonormalbasis von F, und man hat $P_F(\sin x) = \frac{\sqrt{3}}{\pi} v_2(x)$ sowie $d_F(\sin x) = \frac{1}{\pi}\sqrt{\frac{\pi^2}{2} - 3}$.

13.8 Auf dem Raum $\mathcal{R}_2(-\pi,\pi) := \{f \in \mathcal{R}^{loc}(-\pi,\pi) \mid \int_{-\pi\downarrow}^{\uparrow\pi} |f(x)|^2\, dx < \infty\}$ wird durch $\langle f, g \rangle := \frac{1}{2\pi} \int_{-\pi\downarrow}^{\uparrow\pi} f(x)\overline{g(x)}\, dx$ ein Halbskalarprodukt definiert, und man hat $\int_{-\pi\downarrow}^{\uparrow\pi} |f(x)|\, dx = \langle 2\pi, |f| \rangle$. Weiter ist $\mathcal{R}[-\pi,\pi]$ dicht in $\mathcal{R}_2(-\pi,\pi)$, und die Behauptung folgt aus Satz 13.13 und Theorem 13.15.

13.9 „$\Leftarrow$": Aus einer in E dichten Folge gewinnt man durch Weglassen überflüssiger Elemente eine dichte *linear unabhängige* Folge, auf die man die Gram-Schmidt-Orthonormalisierung anwendet.

„$\Rightarrow$": Ist $\{v_n\}_{n\in\mathbb{Z}}$ eine Orthonormalbasis von E, so ist die abzählbare Menge $\{ \sum\limits_{k=-n}^{n} r_k v_k \mid n \in \mathbb{N},\ r_k \in \mathbb{Q}\}$ dicht in E.

14.1 Für $t \in \mathcal{T}([a,b], F)$ gilt

$$\int_a^b t(x)\, dv(x) = \sum_{k=1}^{r} t_k\, (v(x_k) - v(x_{k-1})) = \sum_{k=1}^{r} t_k \int_{x_{k-1}}^{x_k} v'(x)\, dx = \int_a^b t(x)\, v'(x)\, dx.$$

14.2 Man argumentiert ähnlich wie im Beweis von Satz I. 38.17*.

14.3 Man beachte $|v(x_k) - v(x_{k-1})| \leq V_{x_{k-1}}^{x_k}(v)$.

14.5 Es sei $y := f(x) - f(a) \neq 0$. Dann ist $\frac{d}{dt}\langle f(t), y \rangle = 0$ im Widerspruch zu $\langle f(x), y \rangle - \langle f(a), y \rangle = \| y \|^2 > 0$.

14.6 $V(f) = \int_a^b (f - E(f))^2 \, dv = \int_a^b (f^2 - 2E(f)f + E(f)^2) \, dv = E(f^2) - E(f)^2$.

15.1 Nach Satz 15.4 kann man $\mathrm{Re}(\gamma(t) - w) > 0$ annehmen und dann $\phi(t) = \mathrm{Arg}(\gamma(t) - w)$ wählen.

15.4 a) die Tangenten; nur für $\kappa(s_0) = 0$.

b) die Krümmungskreise; nur für $\kappa'(s_0) = 0$.

15.5 a) $\varepsilon(t) = (1 - t - 4c^2 t^3, \frac{1}{2c} + 2ct + 2ct^2)$ ist eine *Neilsche Parabel*.

15.6 a) Man differenziere $\varepsilon(s) = \lambda(s) + \frac{1}{\kappa(s)} i \lambda'(s)$.

16.2 a) Wie in 16.1 b) benutze man die Höldersche Ungleichung zunächst für endliche Summen.

b) Für $y = (y_k) \in \ell_q$ wähle $\alpha_k \in \mathbb{K}$ mit $\alpha_k y_k = |y_k|$; für $x := (\alpha_k |y_k|^{q-1}) \in \ell_p$ gilt dann $\eta(x) = \|x\|_p^p = \|y\|_q^q = \|y\|_q \|x\|_p$. Ist $\xi \in (\ell_p)'$, so setzt man $y_k := \xi(e_k)$ und $y := (y_k)$; dann folgt $y \in \ell_q$ und $\eta = \xi$.

c) Φ ist linear und isometrisch, aber nicht surjektiv, da ja $(\mathcal{C}[a,b], \| \ \|_q)$ im Gegensatz zu $(\mathcal{C}[a,b], \| \ \|_p)'$ nicht vollständig ist.

16.3 Eine beschränkte Menge $M \subseteq \ell_p$ ist genau dann präkompakt, wenn es zu $\varepsilon > 0$ ein $k_0 \in \mathbb{N}$ mit $\sum\limits_{k=k_0}^{\infty} |x_k|^p \leq \varepsilon^p$ für alle $x = (y_x) \in M$ gibt.

16.6 nein / ja.

16.8 b) Es seien $\widehat{X}_1$ und $\widehat{X}_2$ Vervollständigungen von X . Mit a) setzt man die Isometrie $Id : X \mapsto \widehat{X}_2$ zu einer Isometrie von $\widehat{X}_1$ in $\widehat{X}_2$ fort und verfährt umgekehrt genauso.

16.9 Man hat $\| i(a) - i(b) \| = \sup \{d(x,a) - d(x,b) \mid x \in X\} = d(a,b)$.

16.10 b) Man hat $\widehat{\beta}_p(\sum\limits_{k=m+1}^{n} x_k) \leq \max \{\widehat{\beta}_p(x_k) \mid m + 1 \leq k \leq n\}$.

17.1 Zu $y \in \overline{M}^c$ gibt es eine offene Menge U_y mit $y \in U_y$ und $U_y \cap M = \emptyset$. Dies gilt dann auch für alle $z \in U_y$; man hat also $U_y \subseteq \overline{M}^c$, und daher ist $\overline{M}^c = \bigcup \{U_y \mid y \in \overline{M}^c\}$ offen.

17.2 Folgen in M können nur in abzählbar vielen Punkten gegen 1 konvergieren. Man kann etwa $g = 0$ auf M und $g(1) = 1$ wählen.

17.3 Man setze $d((x_n), (y_n)) := \sum\limits_{n=1}^{\infty} \frac{1}{2^n} \frac{d_n(x_n, y_n)}{1 + d_n(x_n, y_n)}$ (vgl. (16.9)).

18.2 Es seien $a \in D$ und $\delta > 0$ mit $K_\delta(a) \in D$. Für $|t| < \delta$ gilt dann $f_n(a + te_j) = f_n(a) + \int_0^t (\partial_j f_n)(a + se_j) \, ds$; nach $n \to \infty$ folgt die Behauptung aus dem Hauptsatz.

18.3 Nein, ein Gegenbeispiel ist etwa Arg auf $\mathbb{C} \backslash (K_r(1) \cup \{z \mid \mathrm{Re}\, z \leq 0\})$.

18.4 Man verwende Folgerung 18.9 und die Dreiecks-Ungleichung.

18.5 Partielle Integration liefert $\int_{-\infty}^{\infty} x^2 e^{-x^2} \, dx = \frac{1}{2} \int_{-\infty}^{\infty} e^{-x^2} \, dx = \frac{1}{2} \sqrt{\pi}$.

18.6 $F(x) = \log(1 + x)$.

18.8 Man verwende (13). Mit $T(x,t) := 0$ für $t < 0$ gilt $T \in \mathcal{C}^{\infty}(\mathbb{R}^{n+1} \backslash \{0\})$.

18.9 Nein; ein Gegenbeispiel ist etwa $f(x,y) = |x|$.

18.10 Man verwende Satz I.19.12.

18.11 Es ist $\partial_x \operatorname{Arg}(x, y) = -\frac{y}{x^2+y^2}$ und $\partial_y \operatorname{Arg}(x, y) = \frac{x}{x^2+y^2}$.

18.12 a) Es ist $f(h, y) = 0$ für $|h| \leq \frac{1}{4} y^2$.

b) Für $0 < x < \frac{1}{4}$ ist $F(x) = \int_0^{\sqrt{x}} y \, dy + \int_{\sqrt{x}}^{2\sqrt{x}} (2\sqrt{x} - y) \, dy = x$.

18.13 Es ist $(f \circ \Psi)(r, \varphi) = \frac{1}{2} r^2 \sin 4\varphi$.

19.1 Man hat $(fg)'(a) = f(a) g'(a) + g(a) f'(a)$.

19.3 Ja.

19.4 Diese ist $H \mapsto A^2 H + AHA + HA^2$.

19.5 $\frac{d}{dt} \det(a_1(t), \dots, a_n(t)) = \sum_{j=1}^{n} \det(a_1(t), \dots, a_j'(t), \dots, a_n(t))$.

19.6 Man verwende Induktion über k wie in Satz I. 19.12.

19.7 Die Funktion $G : (x, u, v) \mapsto \int_u^v f(x, y) \, dy$ liegt in $C^1(D \times (a, b)^2)$, und die Behauptung folgt aus Theorem 18.10 und der Kettenregel.

19.8 a) Man hat $\frac{d}{dt} \gamma(\lambda t) = \lambda \dot{\gamma}(t)$.

b) Ist ψ eine glatte Jordan-Parametrisierung von Γ mit $\psi(0) = q$ und γ wie in (12), so folgt $\gamma = \psi \circ \alpha$ und $\dot{\gamma}(0) = \dot{\alpha}(0) \dot{\psi}(0)$, also $T_q(\Gamma) = \operatorname{sp} \{\psi(0)\}$.

19.9 a), d) $T_q(M) = T_q(\partial M)$ für $q \in \partial M$, c) $T_{(0,0)}(M) = M$,

b) $T_{(x,y)}(M) = \mathbb{R} e_1$ für $x > 0$, $y = 0$, $T_{(0,0)}(M) = \{(0, 0)\}$.

19.10 Man erweitere den Bruch mit $\frac{1}{t^2}$.

19.11 Keine der Funktionen ist total differenzierbar, nur g und h sind stetig, und (15) gilt nur für h.

19.12 Man setze etwa $f(0, 0) = 0$ und $f(x, y) = \frac{xy^3}{x^2+y^8}$ sonst.

19.13 Nein.

19.14 Es seien $m = 1$, $a \in G$ und $M := \{x \in G \mid f(x) = f(a)\}$. Dann ist M in G abgeschlossen und wegen Satz 19.18 auch *offen;* aus Theorem 8.12 folgt dann $M = G$.

20.1 a) f hat ein Minimum in $(1, 0)$ und ein Maximum in $(0, -1)$; in den beiden anderen kritischen Punkten ist Hf indefinit.

b) f hat ein (globales) Minimum in $(0, 0)$ und (globale) Maxima in $(\pm 1, 0)$;

c) die lokalen Extremalstellen sind $\{(k\pi, \ell\pi) \mid k, \ell \in \mathbb{Z}\}$.

20.2 Man beachte $\Delta > 0 \Rightarrow a \neq 0$ und das Hurwitz-Kriterium.

20.3 Das Miniumum wird im Schwerpunkt $x = \frac{1}{r} \sum_{k=1}^{r} a_k$ angenommen.

20.5 b) Für kleine $|x| > 0$ gilt $P(x, 0) > 0$ und $P(x, 2x^2) < 0$.

c) Man hat $\phi_h''(0) = 2h_2^2$, und für $h_2 = 0$ gilt $\phi_h(t) = 3t^4 h_1^4$.

20.6 b) Man lese [2], S. 118. c) folgt aus (5) und Folgerung I. 21.4.

20.8 $xyz = -z - (x - 1)z + (y + 1)z + (x - 1)(y + 1)z$.

20.9 Für die Funktion $P : x \mapsto x^\alpha$ gilt nach der Taylor-Formel

$$(a + h)^\alpha = P(a + h) = \sum_{\beta \leq \alpha} \frac{\partial^\beta P(a)}{\beta!} h^\beta = \sum_{\beta \leq \alpha} \binom{\alpha}{\beta} a^{\alpha-\beta} h^\beta.$$

Wegen $\partial_j(fg) = f\partial_j g + g\partial_j f = (\partial_j^{(f)} + \partial_j^{(g)})(fg)$ folgt damit

$$\partial^\alpha(fg) = \sum_{\beta \leq \alpha} \binom{\alpha}{\beta} (fg)(\partial_j^{(f)})^{\alpha-\beta} (\partial_j^{(g)})^\beta (fg) = \sum_{\beta \leq \alpha} \binom{\alpha}{\beta} \partial^{\alpha-\beta} f \, \partial^\beta g.$$

20.10 b) Für festes $x \in \mathbb{R}^n$ gilt $P(tx) = t^k P(x) = o(t^k)$ für $t \to 0$, also $P(x) = 0$; man verwendet dann a).

c) Gilt auch $f(a + h) = Q(h) + o(|h|^k)$, so ist $P(h) - Q(h) = o(|h|^k)$, und mit b) verschwinden die m-homogenen Summanden von $P - Q$ für $m = 0, \ldots, k$.

21.1 Man hat $\det D\Psi(r, \varphi) = r$.

21.2 $(\Psi_n)_j(r, \varphi_1, \ldots, \varphi_{n-1}) = r \cos \varphi_{n-1} \cdots \cos \varphi_j \sin \varphi_{j-1}$.

21.3 a) Man hat $\det Df(x, y) = \cos^2 x + \sinh^2 y$.

b) f stimmt mit dem komplexen Sinus überein, und für $z, w \in G_1 \cup G_2$ gilt $\sin z = \sin w \Leftrightarrow z + w = \pi$.

21.4 Man hat $\det D\sigma(t_1, t_2, t_3) = (t_1 - t_2)(t_1 - t_3)(t_2 - t_3)$.

21.5 Nach dem Satz über inverse Funktionen ist $f(D)$ offen in $\mathbb{R}^n$.

21.7 b) Es sei $a \in D$, so daß $\operatorname{rk} Df(a) = r = \max\{\operatorname{rk} Df(x) \mid x \in D\}$ ist. Nahe a seien $\{Df_1(x), \ldots, Df_r(x)\}$ linear unabhängig; wie in Aufgabe 21.6 folgt $f \circ F^{-1} = (u_1, \ldots, u_r, g_{r+1}(u_1, \ldots, u_r), \ldots, g_m(u_1, \ldots, u_r))$, so daß f nicht injektiv sein kann.

21.8 Man wende den Satz über inverse Funktionen auf die C^k-Abbildung $f : \mathbb{M}_\mathbb{R}(n) \mapsto \mathbb{M}_\mathbb{R}(n)$, $f(A) := (I + P(A))(I + Q(A))$, an.

22.1 Man hat $\frac{\partial f}{\partial y}(0, 0) = -2$, $g'(0) = 0$ und $g''(0) = 1$.

22.2 Für die Auflösung $x = g(y, z)$ gilt $\frac{\partial g}{\partial y}(1, 1) = 1$, $\frac{\partial^2 g}{\partial y^2}(1, 1) = -1$, $\frac{\partial g}{\partial z}(1, 1) = \frac{\partial^2 g}{\partial y \partial z}(1, 1) = \frac{\partial^2 g}{\partial z^2}(1, 1) = 0$. Weiter ist $h : \mathbb{R} \mapsto \mathbb{R}$, $h(t) = t^3$, bijektiv, h^{-1} in 0 aber nicht differenzierbar.

22.3 Nach allen Paaren außer (x_1, x_2).

22.4 $g(x) = a + b(x - x^*)^2 + c(x - x^*)^3 + O((x - x^*)^4)$ mit $a = 1,20461$, $b = -\frac{a + 3x^*}{5a^4 + 1 + x^{*2}} = 0.09896$, $c = -\frac{2bx^* + 1}{5a^4 + 1 + x^{*2}} = -0.06909$.

22.6 a) Die lokalen Extrema in y-Richtung sind $(\pm \frac{a}{2} \sqrt{3}, \pm \frac{a}{2})$.

b) Man hat je ein lokales Maximum, nämlich $(a \sqrt[3]{4}, a \sqrt[3]{2})$ und $(a \sqrt[3]{2}, a \sqrt[3]{4})$.

22.7 Gilt $f(a) = b$ und $Df(a) \in GL(n)$, so läßt sich nach dem Satz über implizite Funktionen das System $f(x) - y = 0$ nahe (a, b) nach x auflösen.

23.1 Nur in b) und c) werden Mengen definiert, die überall Mannigfaltigkeiten sind. Die Tangentialräume sind jeweils durch die erste Formel von (19) gegeben.

23.2 Mit $\Phi := \Phi_1 \times \Phi_2$ verifiziert man Definition 23.1.

23.3 Ist $S_i \subseteq S_j$ oder gilt $T_q(S_1) \neq T_q(S_2)$ für alle $q \in S_1 \cap S_2$, so ist $S_1 \cap S_2$ eine Mannigfaltigkeit.

23.5 Man multipliziere einen Atlas der S^1 mit $\mathbb{R}$.

23.6 c) Man hat $\varphi_+ \circ \psi_-(u, v) = \frac{1}{u^2 + v^2}(u, v)$, und die Funktionaldeterminante ist negativ.

23.7 a) Für „$(1) \Rightarrow (2)$" beachte man, daß injektive lineare Operatoren auf $\mathbb{R}^n$ bereits invertierbar sind. Weiter beachte man $\langle Ax, Ay \rangle = \langle A^\top Ax, y \rangle$ und die *Polarformel* $\langle x, y \rangle = \frac{1}{4}(|x + y|^2 - |x - y|^2)$.

23.8 Man hat $T_I(SL_{\mathbb{R}}(n)) = \{H \in M_{\mathbb{R}}(n) \mid \operatorname{tr} H = 0\}$.

24.1 Man hat $u(x,y) = 3xy^2 - x^3 + 4$ auf S^1.
a) Man bestimmt die lokalen Extrema von $x \mapsto 3x(1 - x^2) - x^3 + 4$ auf $[-1,1]$, wobei auf die Randpunkte zu achten ist.
b) Man hat $h(x,y,\lambda) = 3xy^2 - x^3 + 4 - \lambda(x^2 + y^2 - 1)$ und $\operatorname{grad} h(x,y,\lambda) = (3y^2 - 3x^2 - 2\lambda x, 6xy - 2\lambda y, -(x^2 + y^2 - 1))^\top$.
c) Man bestimmt die lokalen Extrema von $t \mapsto u(E(t)) = 3\cos t \sin^2 t - \cos^3 t + 4$ und beachtet die 2π-Periodizität von E.
24.2 Diese liegen in den 4 Punkten $(\pm\frac{1}{2}\sqrt{2}, \pm\frac{1}{2}\sqrt{2})$.
24.3 Man hat ein (globales) Maximum in $(\frac{1}{2}\sqrt{2}, 0, -\frac{1}{2}\sqrt{2})$ und ein (globales) Minimum in $(-\frac{1}{2}\sqrt{2}, 0, \frac{1}{2}\sqrt{2})$.
24.4 Man hat (globale) Maxima für $x_3 = x_4 = 0$ und (globale) Minima für $x_1 = x_2 = 0$.
24.5 Das Minimum 0 wird in der Singularität $(1,0)$ angenommen.
24.6 Die Distanz ist $\sqrt{3} - 1$.
24.7 Das Maximum n^{-n} wird für $x_1^2 = \ldots = x_n^2$ angenommen.
24.8 Man lese etwa [1], S. 191–193.
24.9 a), b) Nein. In der Situation von Beispiel 24.7 ist $HZ(q) = -Hh(q)$ negativ definit auf $T_q(S)$.

25.1 Man hat $g(x,y) = x^2y + y^3x + C(y)$ und $C(y) = 0$.
25.2 Es ist $g(x,y) := e^{x\cos y} + x$ ein Potential zu u, das Vektorfeld v ist nicht wirbelfrei, und $h(x,y,z) := x^3y^2z - xy^3 + zy$ ist ein Potential zu w.
25.3 Ein solches Potential ist $\operatorname{Arg}(x + iy)$.
25.6 b) Nein; ein Gegenbeispiel ist etwa $f(x,y) = g(x,y) = x$.

26.1 Eine solche Norm ist $\|f\| := \sum_{j=0}^{k} \frac{1}{j!} \|f^{(j)}\|_{\sup}$.

26.3 Man hat $\|A\|_{ZS} = 0,58$, $\|A\|_{SS} = 0,68$ und $\|A\|_{HS} = 0,51$. Weiter gilt
$$S_3 = \begin{pmatrix} 1.009 & 0.195 & 0.495 \\ 0.023 & 1.053 & 0.231 \\ 0.012 & 0.090 & 1.076 \end{pmatrix}, \quad (I-A)^{-1} = \begin{pmatrix} 1.00892 & 0.19711 & 0.49817 \\ 0.02340 & 1.05372 & 0.23243 \\ 0.01259 & 0.09081 & 1.07745 \end{pmatrix}.$$
26.4 Etwa $\max\limits_{i=1}^{n} \frac{1}{|t_{ii}|} \sum\limits_{j\neq i} |t_{ij}| < 1$, $\max\limits_{j=1}^{n} \sum\limits_{i\neq j} \frac{|t_{ij}|}{|t_{ii}|} < 1$ oder $\sum\limits_{i\neq j} \left|\frac{a_{ij}}{a_{ii}}\right|^2 < 1$.
26.5 Man verwende Aufgabe 26.4.
26.6 Man verwende Satz 26.5 und beachte $R_a(\lambda) = \lambda^{-1}(e - \frac{a}{\lambda})^{-1} = \frac{1}{\lambda}\sum_{k=0}^{\infty}(\frac{a}{\lambda})^k$
für $|\lambda| > r(a)$ $(\leq \|a\|)$.
26.7 Wegen $(Vf)' = f$ ist V injektiv, wegen $R(V) \subseteq C^1[0,1]$ aber nicht surjektiv. Nach (4) und (10) gilt $r(V) = 0$, nach Aufgabe 26.6 also $\sigma(V) = \{0\}$.
26.8 Die Abschätzungen sind klar, und für $|\lambda| > \|K\|$ gilt $\lambda \in \rho(K)$.

27.1 Für festes $h \in E$ gilt $T(h) = \lim\limits_{t\to 0} \frac{1}{t} T(th) = 0$.

27.2 Man hat $R_a(\lambda) = R_a(\lambda)\,(\mu e - a)\,R_a(\mu) = R_a(\lambda)\,((\mu - \lambda)e + \lambda e - a)\,R_a(\mu) = (\mu - \lambda)\,R_a(\lambda)\,R_a(\mu) + R_a(\mu)$.

27.3 Man argumentiere wie im Beweis von Satz 7.1.

27.4 Für $h \in G$ ist $g'(a)(h) = B(f_1'(a)h, f_2(a)) + B(f_1(a), f_2'(a)h)$.

27.7 Das Minimum $b - a$ von V auf $C^2([a, b], \mathbb{R})$ ist auch das Infimum auf $F_{1,1}$, wird dort aber nicht angenommen.

28.2 Wegen $f = \operatorname{Re} f$ ist $\operatorname{Im} f = 0$, und (3) liefert $\frac{\partial f}{\partial x} = \frac{\partial f}{\partial y} = 0$ auf G.

28.3 Man hat $A = \operatorname{Im} L$ für einen Zweig des Logarithmus auf G.

28.4 a) Man hat lokal $f = \operatorname{Re} L$ für geeignete Zweige des Logarithmus.
b) Nein; sonst gäbe es nach Aufgabe 28.2 einen holomorphen Zweig des Logarithmus auf $\mathbb{C}\backslash\{0\}$.

28.5 Mit $f = u + iv$ gibt es $g_1 \in C^2(G, \mathbb{R})$ mit $\partial_x g_1 = u$ und $\partial_y g_1 = -v$ und dann $g_2 \in C^2(G, \mathbb{R})$ mit $\partial_x g_2 = -\partial_y g_1$ und $\partial_y g_2 = \partial_x g_1$; dann ist $g := g_1 + ig_2$ homomorph mit $g' = f$.

28.6 Nein: aus $f(\frac{1}{n}) = \frac{1}{n}$ folgte $f(z) = z$, aus $f(-\frac{1}{n}) = \frac{1}{n}$ aber $f(z) = -z$.

28.7 Man hat $\frac{1}{1-z+w} = \sum\limits_{k=0}^{\infty} (w - z)^k$ für $|w - z| < 1$.

29.1 Unter solchen der Form $\Psi(u_1, u') = (u_1, \Psi'(u'))$.

29.4 b) Die Funktionen $c \log r$ und $c\, r^{\pm n}\, e^{\pm in\varphi}$ für $n \in \mathbb{N}$ sind harmonisch.
c) Man hat $\Delta = \partial_{rr} + \frac{2}{r}\,\partial_r + \frac{1}{r^2}\,\partial_{\vartheta\vartheta} - \frac{\tan\vartheta}{r^2}\,\partial_\vartheta + \frac{1}{r^2\cos^2\vartheta}\,\partial_{\varphi\varphi}$.

29.5 Jede Drehung des $\mathbb{R}^3$ ist ein Produkt von Drehungen um eine Koordinatenachse (*Eulersche Winkel*, vgl. etwa [22], Beispiel 14.A.13), jede Spiegelung Produkt einer Drehung und der speziellen Spiegelung aus Bemerkung 29.8 a).

30.1 a) α ist geschlossen, aber nicht exakt (vgl. Beispiel 25.4), γ ist exakt (vgl. Beispiel 25.2).
c) Es seien $g_\pm$ Stammfunktionen von ω über $\mathbb{R}^2\backslash\mathbb{R}_\pm$ mit o. E. $g_+ - g_- = 0$ für $y > 0$ und $g_+ - g_- = c$ für $y < 0$. Für den Zweig $A : \mathbb{R}^2\backslash\mathbb{R}_+ \mapsto (0, 2\pi)$ des Arguments gilt $A - \operatorname{Arg} = 0$ für $y > 0$ und $A - \operatorname{Arg} = 2\pi$ für $y < 0$. Es folgt $(g_+ - rA) - (g_- - r\operatorname{Arg}) = 0$ für $y > 0$ und $(g_+ - rA) - (g_- - r\operatorname{Arg}) = c - 2\pi r$ für $y < 0$ und somit die Behauptung für $r = \frac{c}{2\pi}$.

30.3 b) Nein. Man hat $\delta(\psi^*\omega)(u)(k, h) = (\psi^*(\delta\omega))(u)\,(k, h) + \omega(\psi(u))\,(\psi''(u)(k, h))$; der „Störterm" ist also symmetrisch.

31.1 Einerseits etwa $g = 14,7 \cdot 10^9$, andererseits etwa $g = 35,2 \cdot 10^9$.

31.2 Man hat $\ddot{x} = a\dot{x} - 2bx\dot{x}$ und $\dot{x} > 0$.

31.3 a) $x(t) = \frac{3}{7}\,e^{-3t} + Ce^{4t}$,   b) $x(t) = 1 + Ce^{\sin t}$.

31.4 Man hat $\dot{y} = (1 - \alpha)(a(t)y + b(t))$.

31.5 Die Lösung ist $x(t) = (e^t + 2t)^{-1/2}$.

32.1 Die Lösung ist $y(x) = x^3$.

32.2 a) Man hat $u' = a + b\,f(u)$.   b) Die Lösung ist $y(x) = \tan(x + C) - x$.

32.3 a) Man hat $u' = \frac{1}{x}(f(u) - u)$. b) Die Lösung ist $y(x) = \tan(\log x + C)$.

33.1 a) $(x^2 + y^2)\,dx + 2xy\,dy = d\left(\frac{1}{3}x^3 + xy^2\right)$,
b) Multiplikator $\frac{1}{y}$; dann $x^2\,dx - 2y\,dy = d\left(\frac{1}{3}x^2 - y^2\right)$,
c) Multiplikator $\frac{1}{x}$; dann $y\,dx + (x - y)\,dy = d\left(xy - \frac{1}{2}y^2\right)$,
d) Multiplikator $\frac{1}{x^2+y^2}$; dann $x\,dx - y\,dy = d\left(\frac{1}{2}x^2 - \frac{1}{2}y^2\right)$.

33.2 In einem Extremum in x- bzw. y-Richtung gilt $\frac{\partial A}{\partial x} = 0$ bzw. $\frac{\partial A}{\partial y} = 0$.

34.1 Man hat $\frac{d}{dt}E(x(t), m\dot{x}(t)) = \frac{d}{dt}\left(\frac{m}{2}\dot{x}(t)^2 + U(x(t))\right) = m\dot{x}\ddot{x} + U'(x)\dot{x} = 0$.

34.2 Für $v_0 = v_F$ hat man $x(t) = \left(\frac{3}{2}\sqrt{2\gamma M}\,t + R^{3/2}\right)^{2/3}$.

34.3 Man beachte Aufgabe 19.7, Feststellung 35.3 und Satz 36.7.

34.4 Es gilt $0 = \frac{d}{dx}\frac{\partial L}{\partial \dot{x}} - \frac{\partial L}{\partial x} = m\ddot{x} + U'(x)$.

35.1 Das System lautet $\dot{x} = y$, $\dot{y} = x$, und die Iteration liefert die Potenzreihenentwicklung von $(\sin t, \cos t)$ in 0.

35.2 Mit $J = [-d, d]$ wird $b\,\|f\|_{J \times \overline{K}_b(1}^{-1} = b(d^2 + (b+1)^2)^{-1}$ maximal für $b = \sqrt{1 + d^2}$, und die Gleichung $b = \sqrt{1 + d^2}\,(d^2 + (\sqrt{1 + d^2} + 1)^2)^{-1}$ hat für $d > 0$ genau eine Lösung $\delta = 0,2463\ldots$.

35.3 Man beweise induktiv $|\varphi_{n+1}(t) - \varphi_n(t)| \leq L^n \frac{|t - a|^{n+1}}{(n+1)!}\,\|f\|_{J \times \{\xi\}}$.

35.5 Man argumentiere ähnlich wie im Beweis von Satz 35.9.

36.1 b) Weitere Lösungen sind $\varphi_1(t) = \frac{\sin t}{t}$ und $\varphi_2(t) = \frac{\cos t}{t}$.

36.3 Man setze R mit unbestimmten Koeffizienten an!

36.4 Man differenziere $\sum_{k=1}^{n-1} P_k(t)\,e^{(\lambda_k - \lambda_n)t} + P_n(t) = 0$ auf I $\deg P_n + 1$ mal.

36.5 Etwa $A = \begin{pmatrix} 1 & 0 \\ 0 & 0 \end{pmatrix}$ und $B = \begin{pmatrix} 0 & 1 \\ 0 & 0 \end{pmatrix}$.

36.6 Etwa $\Phi(t) = \begin{pmatrix} e^{3t} & 0 & 0 \\ 0 & e^{2t} & (t-1)e^{2t} \\ 0 & -e^{2t} & -te^{2t} \end{pmatrix}$.

36.7 Mit λ ist auch $\bar{\lambda}$ ein Eigenwert; man nehme die Real- und Imaginärteile der Lösungen aus (26) bzw. (29).

36.8 Dies folgt leicht aus der expliziten Formel (26) für e^{At}.

Literatur

Eine Auswahl von Lehrbüchern der Analysis II:

1. M. Barner / F. Flohr, Analysis 2, De Gruyter, Berlin-New York 1989[2]
2. T. Bröcker, Analysis II, Spektrum Akademischer Verlag, Heidelberg-Berlin 1995
3. R. Courant, Vorlesungen über Differential- und Integralrechnung II, Springer, Berlin-Göttingen-Heidelberg 1963[3]
4. O. Forster, Analysis 2, rororo-vieweg, Braunschweig 1977
5. H. Grauert / F. Fischer, Differential- und Integralrechnung II, Springer, Berlin-Heidelberg-New York 1968
6. H. Heuser, Lehrbuch der Analysis 2, Teubner, Stuttgart 1981
7. K. Königsberger, Analysis 2, Springer, Berlin-Heidelberg-New York 1993
8. S. Lang, Analysis I, Addison-Wesley, Reading, Mass. 1968
9. W. Rudin, Analysis, Physik-Verlag, Weinheim 1980
10. U. Storch / H. Wiebe, Lehrbuch der Mathematik III, BI, Mannheim 1993
11. K. Strubecker, Einführung in die höhere Mathematik IV, Oldenbourg, München-Wien 1984
12. W. Walter, Analysis II, Springer, Berlin-Heidelberg-New York 1990

Weitere im Text zitierte Literatur:

13. H. Bauer, Wahrscheinlichkeitstheorie und Grundzüge der Maßtheorie, De Gruyter, Berlin 1968
14. R. Braun / R. Meise, Analysis mit Maple, Vieweg, Braunschweig-Wiesbaden 1995
15. L. Hörmander, An Introduction to Complex Analysis in Several Variables, van Nostrand, Princeton 1966
16. H. Holmann / H. Rummler, Alternierende Differentialformen, BI, Mannheim 1972
17. J. Lindenstrauß / L. Tzafriri, Classical Banach Spaces I, Springer, Berlin-Heidelberg-New York 1977
18. R. Meise / D. Vogt, Einführung in die Funktionalanalysis, Vieweg, Braunschweig-Wiesbaden 1992
19. E. Ossa, Topologie, Vieweg, Braunschweig-Wiesbaden 1992
20. W. Rudin, Real and Complex Analysis, McGraw–Hill, New York 1974[2]
21. H. Schubert, Topologie, Teubner, Stuttgart 1969[2]
22. U. Storch / H. Wiebe, Lehrbuch der Mathematik II, BI, Mannheim 1990
23. R. Walter, Einführung in die lineare Algebra, Vieweg, Braunschweig-Wiesbaden 1990[3]
24. W. Walter, Gewöhnliche Differentialgleichungen, Springer, Berlin-Heidelberg-New York 1993[5]

(Die kleinen Exponenten bezeichnen die jeweilige Auflage eines Buches.)

Namenverzeichnis

Sachverzeichnis

Symbolverzeichnis

$a^{-1} \in G(\dot{A})$, 172
$r(a)$, 173
$\sigma(a)$, 178
$\rho(a)$, 178
$R_a(\lambda)$, 178
$T^2(E, F; G)$, 180
$T^k(E; F)$, 182
$T(h^k)$, 182

$S(t)$, 42
$S_v(t)$, 82
$\tilde{S}_v(t)$, 84
$V(v) = V_a^b(v)$, 82
$\int_a^b f(x)\, dv(x) = \overline{S}_v(f)$, 83
$E(f)$, 83
$V(f)$, 83
$\sigma(f)$, 83

$L(\gamma) = L_a^b(\gamma)$, 54, 86
$L(\Gamma)$, 58
$\dot{\gamma}(t)$, 52
$\ddot{\gamma}(t)$, 91
$v(t)$, 91
$t(t)$, 91
$n(t)$, 93
$\kappa(t)$, 91, 92
$\rho(s)$, 92
$\varepsilon(s)$, 92
$n(\gamma; w)$, 90

$\alpha!$, 133 .
$|\alpha|$, 133
x^α, 133
$\binom{\alpha}{\beta}$, 133
$\partial^\alpha f = \partial_1^{\alpha_1} \partial_2^{\alpha_2} \cdots \partial_n^{\alpha_n} f$, 133
$r < t$, 188

$\partial_j f = \partial_{x_j} f = \frac{\partial f}{\partial x_j}$, 107
$\partial_z f$, 187
$\partial_{\bar{z}} f$, 187
$f'(a)$, 116, 179
$f''(a)$, 180
$f^{(k)}(a)$, 182
$Df(a)$, 117
$D_x f(a)$, $D_y f(a)$, 147

$df(a)$, 116
$\operatorname{grad} f$, 123
$\operatorname{div} v$, 170
$\operatorname{rot} v$, 170
∇, 170
Δ, 113
ψ_*, 193
ψ^*, 193
$G\psi(u)$, 194
$g(u)$, 197
$d\omega$, 204

$\operatorname{Arg} z$, 15
$\chi_M(x)$, 12
$\delta_a(f)$, 39
$e^x = \exp(x)$, 231
$W(\varphi_1, \ldots, \varphi_n)(t)$, 230